计算机系列教材

侯爱民 欧阳骥 胡传福 编著

面向对象分析与设计(UML)

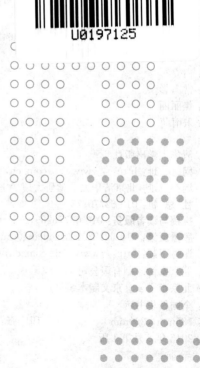

清华大学出版社
北京

内 容 简 介

本书在系统地介绍面向对象技术的基本概念、方法和语言的基础上,重点介绍统一建模语言 UML。在全面介绍 UML 的发展历史、UML 的构成、UML 中的视图、模型元素、图以及公共机制等基本知识的基础上,重点介绍 UML 的各种图模型的建模技术、方法与应用。此外,详细介绍软件设计模式、Rational 统一过程、数据建模的相关知识与应用。本书通过大量的例子或案例来解释或说明有关的概念、方法和技巧,以便于读者理解,帮助他们学以致用,达到立竿见影的效果。

全书共分 4 篇:第 1 篇(第 1~2 章)为概述篇,全面介绍面向对象技术和 UML 语言本身,包括面向对象技术的一些经典方法和 UML 的构成,最后以一个具体的应用项目的 UML 建模结束第 1 篇的内容介绍;第 2 篇(第 3~9 章)为建模篇,重点介绍 UML 在软件系统分析与设计各阶段的建模和体系结构建模,同时介绍从 UML 对象模型到关系数据库的数据模型的映射等实现细节,本篇中的各章均以一个统一的实际项目贯穿始终;第 3 篇(第 10~11 章)为架构篇,重点介绍软件设计模式和 Rational 统一过程的基本概念、方法和应用;第 4 篇(第 12 章)为应用篇,基于 UML 的软件建模实例,介绍 UML 在 Web 应用系统建模上的应用。全书提供了大量应用实例,每章后均附有习题。

本书适合作为高等院校计算机、软件工程专业高年级本科生、研究生的教材,同时可供对 UML 比较熟悉并且对软件建模有所了解的开发人员、广大科技工作者和研究人员参考。

图书在版编目(CIP)数据

面向对象分析与设计:UML/侯爱民,欧阳骥,胡传福编著.–北京:清华大学出版社,2015(2021.8重印)
计算机系列教材
ISBN 978-7-302-40263-3

Ⅰ.①面… Ⅱ.①侯… ②欧… ③胡… Ⅲ.①面向对象语言–程序设计–高等学校–教材
Ⅳ.①TP312

中国版本图书馆 CIP 数据核字(2015)第 106470 号

责任编辑:白立军
封面设计:常雪影
责任校对:焦丽丽
责任印制:朱雨萌

出版发行:清华大学出版社
    网　　　址:http://www.tup.com.cn,http://www.wqbook.com
    地　　　址:北京清华大学学研大厦 A 座　　　　　　邮　　编:100084
    社 总 机:010-62770175　　　　　　　　　　　　邮　　购:010-83470235
    投稿与读者服务:010-62776969,c-service@tup.tsinghua.edu.cn
    质量反馈:010-62772015,zhiliang@tup.tsinghua.edu.cn
    课件下载:http://www.tup.com.cn,010-83470236
印 刷 者:北京富博印刷有限公司
装 订 者:北京市密云县京文制本装订厂
经　　销:全国新华书店
开　　本:185mm×260mm　　　印　　张:28.75　　　字　　数:699 千字
版　　次:2015 年 8 月第 1 版　　　　　　　　　　印　　次:2021 年 8 月第11次印刷
定　　价:59.00元

产品编号:061425-02

面向对象技术以其显著的优势成为计算机软件领域的主流技术。产业界需要大量掌握面向对象方法和技术的人才。这些人才不仅能够使用面向对象语言进行编程，更重要的是能运用面向对象方法进行系统建模。融合众家面向对象方法之长，被学术界和产业界不断完善的统一建模语言 UML，是一种定义良好、易于表达、功能强大、随时代发展且适用于各种应用领域的面向对象的建模语言，已经被 OMG 采纳为标准。目前 UML 已经成为面向对象技术领域内占主导地位的标准建模语言。掌握 UML 语言，不仅有助于理解面向对象的分析与设计方法，也有助于对软件开发全过程的理解。

软件工程大师 James Rumbaugh 认为："UML 最大的贡献是在设计与建模上。有了 UML 这个标准，最大的好处是大家愿意在建模上发挥自己的能力，把软件开发从原来的写程序'拉'到结构良好的建模上来，这是软件最应该发展的方向，这是 UML 意义最大的所在。"这位大师还对如何学习 UML（统一建模语言）提出很好的想法："UML 就像一本很厚的书一样，一下子要把每个章节、每一页都看完相对来讲是不容易的，学习 UML 的最好方式是从最基础、最根本的方式来学习，尤其是从图像化的东西开始学起，把握一个要点，当你有这个需求要扩展更多功能的时候再从原来的基础往那个方向扩展学习的内容。不要想把所有的书一次都念完，这样会让你在学习时产生困扰。"本书试图在这个方向上努力，力求深入浅出、逐步展开，通过大量的例子或案例来解释或说明有关的概念、方法和技巧，以便于读者理解，帮助他们学以致用，达到立竿见影的效果。

本书在系统地介绍面向对象技术的基本概念和方法的基础上，重点介绍 UML 及其建模技术、方法与应用，以及得到业界广泛认同的软件设计模式、软件开发的过程、规程与实践。本书是作者多年来进行软件系统开发实践和教学的一次经验总结。教材中的诸多实际问题和应用案例，都取材于软件系统开发的实践，并按照教学的要求进行了模型简化与规范。显然，这些源于实践的工程问题，对提高软件系统分析与设计的教学的实践性和实用性，将具有很好的示范效应。

我们希望本书不仅可以作为高等院校计算机或软件工程专业的高年级本科生或硕士研究生的教学参考读物，而且可以作为从事软件系统的研制、开发、管理和维护的软件人员的参考书。

最新版本的统一建模语言（即 UML 2.0）的推出，引起了软件界的广泛关注和兴趣。为此，本书在介绍 UML 的图示法和概念时，也对与 UML 2.0 的新特征有关的部分做了必要的说明和补充，使读者在全面、系统地了解 UML 1.x 版本内容的同时，能及时地注意到今后可能的变动和改进之处。

本书由 12 章组成。

第 1 章为面向对象技术概述，介绍面向对象的概念和编程语言、面向对象的分析和设计、典型的面向对象开发方法。通过对 Booch 方法、Jacobson 方法和 Rumbaugh 方法等开发方法的介绍，有助于理解 UML 的思想源泉。

第 2 章介绍 UML 的发展历史、UML 的构成、UML 中的视图、模型元素、图以及公共机制等基本知识，还简要地介绍 UML 2.0 的主要特点。通过一个实际案例，将 UML 的各类知识有机地联系在一起。

第 3 章介绍需求建模的基础知识、方法和技巧。重点介绍从需求分析到用例建模，通过用例建模的步骤（绘制用例图）与实际案例应用的遥相呼应，帮助读者体会理论知识如何应用到实际问题中。此外，还较为全面而又详细地讨论了用例建模中常见的问题及应对策略，重点强调用例描述在需求分析中的重要作用。

第 4 章介绍静态建模的基础知识、方法和技巧。重点介绍从用例建模到对象结构建模，通过对象结构建模的步骤（绘制类图和对象图）与实际案例应用的遥相呼应，帮助读者体会理论知识如何应用到实际问题中。此外，还较为全面详细地讨论对象结构建模中关系的识别与区分策略，讨论类图与对象图的辩证关系，重点强调类版型在系统分析与设计中的重要作用。

第 5 章介绍与对象间交互相关的动态建模的基础知识、方法和技巧。重点介绍从用例建模＋对象结构建模到交互建模，通过交互建模的步骤（绘制顺序图、协作图）与实际案例应用的遥相呼应，帮助读者体会理论知识如何应用到实际问题中。此外，较为全面详细地讨论交互建模中消息的识别与区分策略，特别是信号消息的识别，较为全面详细地讨论交互建模中常见的问题及应对策略，讨论顺序图与协作图的辩证关系。

第 6 章介绍与对象行为相关的动态建模的基础知识、方法和技巧。重点介绍从用例建模＋对象结构建模到行为建模，通过行为建模的步骤（绘制状态图、活动图）与实际案例应用的遥相呼应，帮助读者体会理论知识如何应用到实际问题中。此外，较为全面详细地讨论行为建模中状态和活动的识别与区分策略，特别是状态图建模的场合，讨论状态图与活动图的辩证关系，重点强调泳道概念在用例实现的细化中的重要作用。

第 7 章介绍与体系结构相关的构架建模的基础知识、方法和技巧。重点介绍从用例实现到构架建模，通过构架建模的步骤（绘制组件图、部署图）与实际案例应用的遥相呼应，帮助读者体会理论知识如何应用到实际问题中。此外，较为全面详细地讨论构架建模中组件的识别与区分策略，特别是组件图在正向工程和逆向工程中的作用。

第 8 章介绍与分组机制相关的构架建模的基础知识、方法和技巧。重点介绍从对象结构模型到分组机制建模，通过分组机制建模的步骤(绘制包图)与实际案例应用的遥相呼应，帮助读者体会理论知识如何应用到实际问题中。此外，介绍包的设计原则，特别地重点介绍包的嵌套层次结构和包的依赖关系与程序代码存放的目录之间的映射。

第 9 章介绍与数据库设计相关的数据建模的基础知识、方法和技巧。重点介绍从对象结构模型到数据建模的相互转换，给出在 Rational Rose 2003 工具中实现对象模型与数据模型相互转换的操作细节。此外，重点介绍实体类之间的关联关系的多重性在数据模型中的映射法则。

第 10 章介绍得到软件工程学术界和产业界广泛关注的软件设计模式。重点介绍经典设计模式和 4 个具体的设计模式实例(Facade 模式、Adapter 模式、Abstract Factory 模式和 Observer 模式)。这是面向对象分析技术在软件系统设计方面的又一次成功的应用。通过设计模式的 UML，读者能够获取在实际项目中反复使用的一些解决方案的精髓。

第 11 章介绍得到软件工程学术界和产业界广泛认可的、行之有效的面向对象的软件开发过程、规程和最佳实践，即 RUP(Rational 统一过程)和 RUP 工具。重点介绍 RUP 的生命周期模型、核心概念、鲜明特点和 6 个最佳实践。

第 12 章为案例分析。目的是希望单独列出一章，再一次通过一个较为完整的实际案例的剖析，展示使用 UML 建模语言、对软件系统进行面向对象的分析与设计的具体过程，帮助读者把前面学过的一整套抽象的概念、方法和过程贯穿起来，更好地理解和掌握使用 UML 进行面向对象的建模。

本书的第 1 章由欧阳骥编写，第 10 章和第 11 章由胡传福编写，其余各章由侯爱民编写。全书由侯爱民统一筹划和统稿。

在本书的编写过程中，参阅了大量的资料，尤其是参考文献列出的资料。在此对所有资料的编著者表示衷心的感谢！另外，张宏峰、王浩彬、姚鹏、曾伟铨、杨楚豪、黄本豪、谢少蓉、刘科余为本书提供了许多习题及答案以及他们的学习体会，在此一并表示感谢！由于本书内容涉及面广，加之作者的水平限制，疏漏、欠妥、谬误之处在所难免，敬请广大读者和同行批评指正。

侯爱民
乙未年春于松山湖

第1章　面向对象技术概述

本章学习目标

(1) 了解面向对象的基本概念。

(2) 了解面向对象分析与设计。

(3) 了解面向对象的程序设计语言。

(4) 了解典型的面向对象的方法。

本章首先对比分析结构化方法和面向对象方法,从而引入面向对象的概念;再重点介绍面向对象的概念与术语、历史由来,然后介绍面向对象的分析与设计技术;最后重点介绍几种典型的面向对象方法。

1.1　结构化方法和面向对象方法

在技术层面上,软件工程是从一系列建模任务开始的。由这些任务产生出软件完整的需求规格说明和软件设计的表示。分析建模是软件开发过程的一个组成部分,主要目的是系统地提出问题域的模型。设计建模是软件开发过程的另一个组成部分,主要目的是确定设计的策略和方法以满足系统的功能要求和质量要求。分析的重点是"做什么",而设计的重点则是"如何做"。

建立系统模型一般从 3 个相关的但不相同的视图着手,这已经成为一种实践的规范。就描述一个完整的系统视图而言,需要有 3 种不同的建模视图。

(1) 数据建模(或称为对象建模):它要回答与任何数据处理应用相关的一组特定问题。系统主要处理哪些数据对象? 各个数据对象的组成如何,哪些属性描述了这些对象? 对象之间又有哪些关系? 对象和对象变换之间又有哪些关系?

(2) 功能建模:通过信息流的变换来展示系统的功能。系统以多种形式输入,应用硬件、软件及人员的元素将输入变为多种形式的输出。

(3) 行为建模:需求分析方法中的可操作性原则——它通过状态描述和导致系统改变状态的事件来显示系统的行为。

几十年来,已经发展了很多系统建模的技术,提出了许多分析、设计方法,但其中占主导地位的有两个:一个是结构化方法,另一个是面向对象方法。

结构化方法中的结构化分析(Structure Analysis,SA)侧重于对系统进行功能分解。它使用图表和文字在不同的抽象层次上描述系统。复杂的过程被层层分解为子图,直到每一个子过程都清晰得足以实现为止。SA 使用"数据流图"(Data Flow Diagram,DFD)和"实体-关系图"(Entity Relationship Diagram,ERD)来进行系统建模。之后,再为系统的每一个功能画出描述功能行为的状态-转换图(State Transition Diagram,STD)。这个模型的核心是"数据词典",它是描述软件使用或生产的所有数据对象的核心数据库。围绕这个库有 3 个图,ERD 描述数据对象之间的关系。在 ERD 中出现的每个数据对象可以用"数据对象描述"来描述。DFD 用于指明数据在系统中的变换和描述数据流变换中所完成的功能，其每个功能的描述包含在"加工规格说明"（process specification）中。STD 指明外部事件对系统的影响。STD 表示了系统的各种行为模式（称为"状态"），以及状态间变换的方式。STD 是行为建模的基础。

在面向对象方法的分析（OOA）中，分析以对象为中心，侧重于从现实对象的角度出发去研究和理解问题，在分析阶段完全不考虑具体实现的细节。

SA 和 OOA 的不同之处在于风格和侧重点，两种技术是从不同的角度看待同一个问题。例如，在一个花名册管理系统中，使用 SA 法分析，系统将花名册的功能分为：新建花名册、打开花名册、添加学生、修改学生信息、删除学生等。而用 OOA 法分析时，系统将依照客观现实世界的自然状况分为学生、班级、专业、年级等。

OOA 建模技术一般适用于以下情况。

（1）软件将用面向对象的语言（如 C++ 或 Java）来编程。

（2）客户需求陈述不清楚。

（3）从过去的经验中得知，客户会频繁地要求增加新功能。

（4）要开发的系统很复杂。

（5）其规律受业务性质控制。

SA 建模技术一般适用于以下情况。

（1）客户对他们的需求非常明确。

（2）业务过程定义得非常好，不会经常改动。

结构化方法的特点：重点放在数据结构、算法和执行步骤上；过程一般难以重用；缺乏表达能力强的可视化建模技术；要进行分析和实现之间的概念上的转换；其编程范式本质上是机器/汇编语言的抽象。

面向对象方法的特点：系统围绕对象来构造。对象间彼此发送消息（过程调用）；对象把有关的数据和行为结合起来；问题域按对象来建模，实现自然反映要处理的问题；建模过程有助于在开发者和用户之间建立公共的词汇表和公共的理解；问题的可视化模型可方便地演化为解决方案的模型，设计模型只是实现过程中的一个小步骤。

面向对象的范型（paradigm）包含完整的软件工程观点。不但要求进行面向对象的编程（OOP），而且必须考虑面向对象的需求分析（Object Oriented Request Analysis，OORA）、面向对象设计（Object Oriented Design，OOD）、面向对象领域分析（Object Oriented Domain Analysis，OODA）、面向对象数据库系统（OO-DBMS）和面向对象计算机辅助软件工程（OO-CASE）。演化模型结合构件重用的方法是 OO 软件工程的最好范型。

下面以一个简单的小程序示例来说明结构化方法和面向对象方法的区别。

【例 1.1】 任务描述：班级花名册。

要求程序能够打开（读入）一个班级花名册或是新建一个班级花名册。能够增加、删除、修改学生的信息。对一个班级的任何学生的操作最后都反映在保存在硬盘上的班级名册中。

如果采用结构化方法，首先要考虑新建花名册的功能，对于已建好的花名册还需要提供打开一个花名册的功能，对于已经建好且打开的花名册，需要提供增加、删除、修改、查询学生信息的功能，当退出或关闭一个花名册的时候还需要有保存的功能以便把操作结果最终记录到硬盘上,用于下次操作。当然这个功能也可以分散到前面的每一个增加、删除、修改这类需要掉电保存的操作上进行,以保证操作结果实时与硬盘中的数据同步。只是这样做对硬件性能是一个很大的考验!除了这些基本功能以外,输入输出也是需要的,不然用户没法操作,并且输入输出与上面的主要功能是交织在一起的。为了不至于让人眼花缭乱,刷屏的功能最好还是要具备的。有了这么多主要功能,就可以按照这些功能来逐个编码实现了。下面按步骤列出一个班级花名册的详细过程。

(1)打开菜单选项以便用户操作。主要有两项:新建花名册和打开已有花名册。因为一开始还没有任何花名册,所有菜单只能提供这两个选项。

(2)如果选新建花名册,就需要提示输入班级名称以便在硬盘上新建一个文件用来存放这个班的所有名册信息。如果选打开花名册,也需要输入要打开的班级名称以便程序找到具体的硬盘上对应这个班级的文件名。

(3)对于一个已经打开的班级花名册,就可以选择增加、删除、修改、查询学生信息这类维护的功能了。其中增加时要考虑不能重复,删除时要确定学号和姓名正确以确保不会删错了,修改时也需确定学号和姓名正确以免改错了别的学生的信息,查询一般根据查询条件显示查询结果就行了。对于每一类操作,都要提示操作成功与否,以便用户心中有数。

(4)当完成上面的维护功能后,就需要结束操作,退出程序或更换一个班级,无论是哪种情况,都需要保存上面的操作。

如果采用面向对象的方法,又会是怎样的情形呢?按照面向对象的方法来分析,客观现实世界中的班级花名册至少包含两类对象:一类是花名册,可能是几张纸订在一起的名单,也可能是存在于硬盘中的一个文本文档,代表了一个班级;另一类对象是学生。所以,根据客观现实世界的实际情况,可以至少抽象出两个类:班级类和学生类。

学生类是最基本的类,包含的属性有学号、姓名、性别、年龄、出生日期、出生地、联系方式等属于并且仅属于每个学生都有的信息;包含的行为是对这些属性的操作,每一个属性都至少有取得和设置两个最基本的操作。在 Java 中,一般把它们称为 getter/setter。它们同时也是学生类对外提供的接口,对学生属性的任何操作都必须通过这些行为来完成。在学生对象外,不允许直接存取学生对象的任何属性。

班级类一般需要一个班级名,用一个字符串来表示并与存储在硬盘中的相关文件联系起来。但班级类的最主要功能是负责处理班级中的每一个学生对象,包括增加一个学生、删除一个学生、修改某个学生的信息、查询某些学生的信息等,所以,班级类需要维护一个学生对象队列,对学生对象队列中的每一个对象进行相应的处理,每一个处理都对应班级类的一个方法。其中,增加一个学生需要调用学生类的构造方法产生学生对象并把该对象放到学生对象队列中去;删除一个学生只需要把学生对象队列中相应的对象取出来删掉即可;修改学生信息只需要把相关消息发送给学生对象队列中相应的学生对象即可(即用相应的学生对象调用相关的 setter 方法);查询则需要把学生对象队列中符合查询条件的对象全部找出来。

除了上面的两个基本类外,还需要一些辅助类,比如相关操作界面、选择菜单等来维护输入输出和屏幕显示等。

可以看出,面向对象的方法不像结构化方法那样有着严格的秩序,甚至也没有非常明确的目的,完全是从客观现实世界入手,对客观现实世界中的客观事物(Object,对象)进行分析、综合、总结、抽象出类，再通过对象间的联系相互发生作用，最后通过一个总体的菜单或界面对象把它们有机地结合在一起。

1.2　面向对象方法的由来

在面向对象的方法出现以前，一般都是采用面向过程的程序设计方法。早期的计算机是用于数学计算的工具，例如，用于计算导弹的飞行轨迹。为了完成轨迹计算，程序设计人员必须设计出一个计算方法或解决问题的过程。因此，软件设计的主要工作就是设计求解问题的过程。

随着计算机硬件系统的高速发展，计算机的性能越来越强，用途也更加广泛，不再仅限于数学计算。由于所处理的问题日益复杂，程序也就越来越复杂和庞大。20 世纪 60 年代产生的结构化程序设计思想，为使用面向过程的方法解决复杂问题提供了有力的手段。因此，在 20 世纪 70 年代到 20 世纪 80 年代，结构化程序设计方法成为所有软件开发设计领域及每个程序员都采用的方法。结构化程序设计的思路是自顶向下、逐步求精；其程序结构是按功能划分为若干个基本模块，这些模块形成一个树状结构；各模块之间的关系尽可能简单，在功能上相对独立；每一模块内部都是由顺序、分支和循环 3 种基本结构组成；模块化实现的具体方法是使用子程序。结构化程序设计由于采用了模块分解与功能抽象以及自顶向下、分而治之的方法，从而有效地将一个较复杂的程序系统的设计任务分解成很多易于控制和处理的子任务，便于开发和维护。

虽然结构化程序设计方法具有很多优点，但它仍然是一种面向过程的程序设计方法。它把数据和处理数据的过程分离为相互独立的实体，当数据结构改变时，所有相关的处理过程都要进行相应的修改，每一种相对于老问题的新方法都要带来额外的开销，程序的可重用性差。另外，由于图形用户界面的应用，使得软件使用起来越来越方便，但开发起来却越来越困难。一个好的软件，应该随时响应用户的任何操作，而不是要求用户按照既定的步骤循规蹈矩地使用。例如，文字处理程序的使用，一个好的文字处理程序使用起来非常方便，几乎可以随心所欲，软件说明书中绝不会规定任何固定的操作顺序。这种软件的功能很难用"过程"来描述和实现。如果仍用面向过程的方法，开发和维护都将十分困难。

那么，什么是面向对象的方法呢？首先，它将数据和对数据的操作放在一起，作为一个相互依存、不可分离的整体——对象。对同类型对象抽象出其共性，形成类。类中的大多数数据，只能用本类的方法处理。类通过一个简单的外部接口与外界发生关系，对象与对象之间通过消息进行通信。这样，程序模块间的关系更为简单，程序模块的独立性、数据的安全性就有了良好的保障。另外，通过继承与多态，还可以大大提高程序的可重用性，使得软件的开发和维护都更为便捷。

既然面向对象的方法有如此多的优点，那么对于初学程序设计的人来说，是否容易理解和掌握呢？答案是肯定的。面向对象方法的出现，实际上是程序设计方法发展的一个返璞归真的过程。软件开发从本质上讲，就是对软件所要处理的问题域进行正确的认识，并把这种认识描述出来。面向对象方法所强调的基本原则，正是直接面对客观存在的事物来进行软件开发，将人们在日常生活中习惯的思维方式和表达方式应用在软件开发中，使软件开发从过度专业化的方法、规则和技巧中回归到客观世界和人们通常的思维方式中。

1.3 面向对象的基本概念与术语

Peter Coad 和 Edward Yourdon 提出用以下公式来认识面向对象方法：

$$面向对象 = 对象 + 分类 + 继承 + 消息通信$$

可以说,采用这 4 个概念开发的软件系统是面向对象的。这 4 个概念涉及面向对象的基本建模原则：抽象、封装、继承、分类等。下面介绍面向对象的基本概念与术语。

1. 对象

从一般意义上讲,对象(Object)是客观现实世界中一个实际存在的事物,它可以是有形的(比如一本书、一个碗、一个钟表等),也可以是无形的(比如一项计划、一个班级等)。对象是构成世界的一个独立单位,它具有自己的静态特征(可以用某种数据来描述)和动态特征(对象所表现的行为或具有的功能)。

面向对象方法中的对象,是系统中用来描述客观事物的一个实体,它是用来构成系统的一个基本单位。对象由一组属性和一组行为构成。属性是用来描述对象静态特征的数据项,行为是用来描述对象动态特征的操作。

在计算机的世界中,对象既是结构的基本单位,也是概念化、设计和编程的基本单位。对象是有共同特征的类的实例。

2. 类

把众多的事物归纳、划分成一些类,是人类在认识客观现实世界时通常采用的思维方式。分类所依据的原则是抽象,即忽略事物的非本质特征,只注重那些与当前目标有关的本质特征,从而找出事物的共性,把具有共同性质的事物划分成一类,得出一个抽象的概念。例如,书、碗、房子、车子、桌子等都是人们在长期的生产生活实践中抽象出的概念。

面向对象方法中的"类",是具有相同属性和行为的一组对象的集合。它为属于该类的所有对象提供了统一的抽象的描述,主要包括属性和行为两部分。类与对象的关系犹如模具与铸件之间的关系,一个属于某类的对象称为该类的一个实例。

以钟表为例,客观世界的钟表形色各异,每一个钟表都是一个特定的对象,但是,无论什么样的钟表,都具有最基本的计时功能,都能描述时间(时分秒),也都能走动。从这一组对象(所有的钟表)抽象出它们的共性——指示的时间(时分秒),和共同的行为——走动、显示时间(虽然表面上显示时间是人看的,但无论人看与不看,钟表显示的时间都在那里)。可以看出,不论是机械的还是电子、古代的还是现代的钟表,它们统统具有这两个基本的属性和行为。不属于所有钟表都有的属性和行为是不能抽象成钟表的描述的,比如上发条,机械式钟表是需要的,但电子式钟表却不需要,所以,上发条这个行为是不能作为钟表的一个行为,但能作为机械钟表的一个行为来对机械钟表进行描述。

3. 封装

封装是面向对象方法的一个重要原则,是把对象的属性和行为组成一个独立的系统单位,并尽可能隐蔽对象的内部细节。这里有两个含义：第一个含义是把对象的全部属性和全部行为结合在一起,形成一个不可分割的独立单位；第二个含义也称为"信息隐蔽",即尽可能隐蔽对象的内部细节,对外形成一个边界或屏障,只保留有限的对外接口使之与外部发生联系。

上面的钟表例子中,钟表(Clock)这个类把属性(时分秒)和行为(走动、显示时间)都包含在一起组成一个独立的单位(市面上出售的钟表都是一个整体,不可能出售构成钟表的一堆零件给客户)。一般只提供有限的对外接口(如走动、显示、调整等),隐藏了内部细节(具体钟表是怎么走动的,可能它的使用者并不太关心这个,更不会关心钟表的工作原理)。钟表提供给使用者有限的功能(显示、调整等)。钟表中的行为"走动",对机械表来说是靠发条弹片积聚的势能提供动力;而电子表则是靠晶振频率来计算时间的流逝。虽然都是走动,但它们的工作原理却有天壤之别! 这就是封装和隐藏带来的好处。内部细节可以根据需要随意变动,只要对外接口不变,与外部的联系就不会受到任何影响。

4. 继承

继承是面向对象技术能够提高软件开发效率的重要原因之一,其定义是:特殊类的对象拥有其一般类的全部属性和行为,称为特殊类对一般类的继承。

继承具有重要的实际意义,它简化了人们对事物的认识和描述。例如在认识了汽车的特征之后,再考虑货车时,因为知道货车也是汽车,于是可以认为货车理应具有汽车的全部一般特征,从而只需要把精力用于发现和描述货车独有的那些特征。

继承对于软件重用有着重要的意义,使特殊类继承一般类,本身就是软件重用。不仅如此,如果将开发好的类作为构件放到构件库中,在开发新系统时便可以直接使用或继承使用。

如果开发者已经抽象了钟表这个类,那么就可以很方便地从钟表这个类上派生出机械表这么一个类,或者说用机械表来继承钟表,因为机械表也是一类钟表,它理应具有钟表的一切属性和行为,同时,机械表又具有自身不同于一般钟表的独有属性和行为,如机械表都有指针、表盘和表带,都需要上发条等。

5. 多态性

多态性是指在一般类中定义的属性或行为,被特殊类继承之后,可以具有不同的数据类型或表现出不同的行为。这使得同一个属性或行为在一般类及各个特殊类中具有不同的语义。例如,定义一个一般类"几何图形",它具有"绘图"行为,但这个行为并没有具体含义,也就是说,当"绘图"这个动作执行时,并不确定画的是一个什么样的图(因为此时尚不知道"几何图形"到底是一个什么图形,"绘图"行为当然也就无从实现)。然后再定义一些特殊类,如"圆"和"多边形",它们都继承一般类"几何图形",因此也就自动具有了"绘图"行为。然后在特殊类中根据具体需要重新定义"绘图",使之分别实现画圆和画多边形的功能。还可以定义"矩形"类继承"多边形"类,在其中使"绘图"实现绘制矩形的功能,这就是面向对象方法中的多态性。

同理,对钟表的时间显示来说,机械表一般只能靠指针来实现,而电子表则一般通过数码显示或指针来实现均可。在不明确是机械表还是数码表的情况下,一般是不能确定显示方式的,不同的钟表显示方式也可能大不相同。

6. 消息通信

面向对象的另一个原则是对象之间只能通过消息进行通信,不允许在对象之外直接存取对象内部的属性。这也是由封装原则引起的,它使消息成为对象间唯一的动态联系方式。消息传递是对象间通信的手段,一个对象通过向另一个对象发送消息来请求其服务。一个消息通常包括接收的对象名、调用的操作和相应的参数。消息只告诉接收对象要完成什么操作,并不关心接收者怎样完成操作。对象、类和它们的实例通过传递消息来通信,极大地减少了数据的复制量,还能保证对象封装的数据结构和程序的改变不会影响系统的其他部分。

对于钟表来说,用户想看几点的时候,通过查看钟表的显示就能得知。查看者并不需要关心钟表是怎么计时的,怎么计时是钟表内部的事情,用户也无须知道。同样,调整时间时,用户只需要设定需要调整的当前时间即可,至于钟表内部怎么运作这种调整,用户也无须关心。

1.4　面向对象的软件开发

在整个软件开发过程中,编写程序只是相对较小的一个部分。软件开发的真正决定性因素来自前期概念问题的提出,而非后期的实现问题。只有识别、理解和正确表达了应用问题的内在实质,才能做出好的设计,然后,才是具体的编程实现。

早期的软件开发所面临的问题比较简单,从认清要解决的问题到编程实现并不是太难的事情。随着计算机应用领域的扩展,计算机所处理的问题日益复杂,软件系统的规模和复杂度都空前扩大,以至于软件的复杂性和其中包含的错误已经达到了软件人员无法控制的程度,这就是 20 世纪 60 年代初的“软件危机”。软件危机的出现,促进了软件工程学的形成与发展。面向对象的软件工程是面向对象方法在软件工程领域的全面应用。它包括面向对象的分析(OOA)、面向对象的设计(OOD)、面向对象的编程(OOP)、面向对象的测试(OOT)和面向对象的软件维护(OOSM)等主要内容。

1. 分析

在分析阶段,要着眼于对问题的描述,建立一个说明系统重要特性的真实情况模型。为理解问题,系统分析员需要与客户一起工作。系统分析阶段应该扼要但精确地抽象出系统必须要“做什么”,而不关心“怎么做”。

面向对象的系统分析,直接用问题域中客观存在的事物建立模型中的对象,无论是对单个事物还是对事物之间的关系,都保留它们的原貌,不做转换,也不打破原有界限而重新组合,因此能够很好地映射客观事物。

关于面向对象的分析与设计,由于相对比较复杂,会在 1.7 节中以详细的例子进行阐述。

2. 设计

设计是针对系统的具体实现运用面向对象的方法。其中包括两方面的工作:一是把OOA 模型直接搬到 OOD,作为 OOD 的一部分;二是针对具体实现中的人机界面、数据存储、任务管理等补充一些与实现有关的部分。

3. 编程

编程是面向对象的软件开发最终落实的重要阶段。在 OOA 和 OOD 理论出现之前,程序员要写一个好的面向对象的程序,首先要学会运用面向对象的方法来认识问题域,所以OOP 被看作是一门比较高深的技术。现在,OOP 的工作比较简单了,认识问题域与设计系统成分的工作已经在 OOA 和 OOD 阶段完成,OOP 的工作就是用一种面向对象的程序设计语言把 OOD 模型中的每个成分描述出来。尽管如此,面向对象的程序设计仍然需要注重基本的思考过程和设计思路。

4. 测试

测试的任务是发现软件中的错误，任何一个软件产品在交付使用之前都要经过严格的测试。在面向对象的软件测试中继续运用面向对象的概念与原则来组织测试，以对象的类作为基本测试单位，可以更准确地发现程序错误，提高测试效率。

5. 维护

无论经过怎样的严格测试，软件中通常还是会存在错误。因此，软件在使用的过程中，需要不断地维护。

使用面向对象的方法开发的软件，其程序与问题域是一致的，软件工程各个阶段的表示也是一致的，从而减少了软件维护人员理解软件的难度。无论是发现了程序中的错误而追溯到问题域，还是因需求发生变化而追踪到程序，都相对比较容易；而且对象的封装性使得对一个对象的修改不会影响其他对象（或影响甚少）。因此，运用面向对象的方法可以极大地提高软件维护的效率。

1.5　面向对象方法的优缺点

从面向对象的概念和原理中可以看出：面向对象方法明确地遵循软件工程的一些基本原则，如模块性、抽象、封装与隐藏、继承与分类等。面向对象方法具有以下优点。

1. 对软件质量的支持

按照 Meyer、Sommerville 等人的观点，有 13 条综合评价软件系统质量的标准，即正确性、灵活性及可靠性（健壮性）、可维护性与可扩展性、可重用性及通用性、互操作性、效率、可移植性、可验证性、安全性、友善性、可描述性及可理解性。总体来说，面向对象方法有助于实现上述大多数目标。

面向对象技术通过自底向上设计、封装和继承 3 个方面为软件重用、可维护性和互操作性提供了重要的支持。

软件重用一直是软件设计者追求的目标之一。但在面向对象技术流行之前，软件重用仅在很小的范围内（如常用的数学库函数方面）得到了一些应用，总体上来说远远达不到软件重用的要求。因为结构化的自顶向下分解的目的是努力把问题逐步分解为很小的模块，以使个人能很快地完成编码。这种模块分解的过程是通过自然的应用特性来完成的，它往往依赖于具体的应用，所分解的模块不能直接映射到客观世界中的实体上，因而不具有任何通用性。而面向对象方法采用自底向上的、以对象为中心的分析、设计方法，分解的模块能直接映射到客观世界中的实体上，这就极大地提高了模块重用的可能性。

封装的特点使对模块的访问一般是通过接口来实现的。接口相当于模块功能的规格说明。模块的实现是隐藏的，与使用者无关。信息隐藏有利于系统的安全性，一个简单的接口集也有利于互操作性和友善性。

在一个具有继承性的面向对象系统中，功能的增加可以通过继承其基类规格说明和实现子对象来完成。按照这种方式，增量变化变得十分容易设计和实现。另一方面，可扩展性是与重用联系在一起的。如果一个模块不具有可扩展性的话，那么会限制其重用的范围。

2．对模块性的支持

模块性是软件工程的基本原则之一。Meyer 对模块性提出了 5 个标准，即可分解性、组合性、可理解性、连续性和保护性。

可分解性是软件工程和项目管理对系统的一种需求，要求系统能分解为可管理的组件，易于变动和分工。面向对象的分解是基于自底向上的方法，基于信息隐藏和简单接口的原则来实现的，所开发的软件系统易于维护，其体系结构易于理解、扩充和修改。

组合性是指模块可在系统中自由组合的特性。面向对象技术的一个重要特征是，它既支持组合性，又支持可分解性。可按规定的接口方便地组装系统，这样支持了系统的组合性和可扩展性。

可理解性有助于人们仅需参考系统的部分内容就能理解系统。由于面向对象方法以客观现实世界为基础，其解空间的结构与问题空间的结构是一致的，这样的系统结构比较稳定，也易于理解。

连续性是指系统规格说明中微小的变化仅影响部分模块，不会影响整个系统。这正是面向对象方法直接支持的。

模块保护性准则要求：异常和错误被限制在发生异常和错误的模块内，或者其影响仅涉及很少几个其他相关模块。面向对象的模块性和信息隐藏原则等特点体现了模块保护性的特点。

3．对软件开发过程的支持

软件工程的演化式开发方法具有能适应需求变化、灵活、可扩展、重用等优点，面向对象方法有力地支持了这样的开发模式，从而促进了大型软件系统的开发。相比之下，传统的结构化开发等方法，由于各阶段考虑的角度不同，造成了分析到设计、设计到实现之间过渡的困难，前一阶段的变化会造成后一阶段大的变动，因而不能适应大型系统的迭代开发要求。面向对象方法除了可平稳、自然地衔接软件开发的各个阶段工作外，还为在更高抽象层次上和更大规模的软件重用提供了支持。

简言之，面向对象方法的特点和优点可归纳为以下公式：

$$封装＋继承＋标识 ＝ 可重用性＋可扩展性＋丰富的语义$$

面向对象方法的优点在某些领域并没有实现，有的优点只能在某些环境下才能实现。比如，重用是一个主要优点，它为实现不同类型的软件重用提供了技术支持，但软件重用的实现涉及一系列难以解决的问题，包括组织、技术、经济及政策、策略等方面的问题。当前的主要问题有 7 个。

（1）开发可重用模块要增加项目的成本，对重用进行额外的投资在操作上往往是一件很困难的事。

（2）缺乏商业上可用的对象库，没有在实际项目中开发出来的类库和构件库，重用的好处很难体现出来。

（3）构件的分类、检索和评价是一个复杂的问题，目前还没有建立起这样一个成熟的构件市场。

（4）有独立于领域的构件和依赖于领域的构件，情况很复杂。还需要有可互连的对复杂对象系统进行版本控制的开发协议。因此，建立和管理构件库很困难，而且代价不菲。

（5）多数面向对象语言不能很好地支持数据和对象管理，面向对象编程和数据库团体之间的鸿沟仍然存在。

（6）如果要全面地采用对象技术，肯定会引起组织和文化上的变动。

（7）培训和再教育需要增加费用。

因此，有人认为：对象技术或许不是最新的软件工程技术。当前正在研究的基于组件的软件工程以及软件构架的评估技术等可能是继面向对象技术后的研究和开发新方向。

1.6 面向对象程序设计语言

面向对象的程序设计语言与以往各种程序设计语言的根本不同点在于，它设计的出发点就是为了能更直接地描述客观现实世界中存在的事物（即对象）以及它们之间的关系。

开发一个软件是为了解决某些问题，这些问题所涉及的业务范围称为该软件的问题域。面向对象的程序设计语言将客观事物看成是具有属性和行为（或称服务）的对象，通过抽象找出同一类对象的共同属性（静态特征）和行为（动态特征），形成类。通过类的继承与多态可以很方便地实现代码重用，大大地缩短软件开发周期，并使得软件风格统一。因此，面向对象的程序设计语言使程序能够比较直接地反映问题域的本来面目，软件开发人员能够利用人类认识事物所采用的一般思维方法来进行软件开发。

面向对象方法则起源于这些面向对象的程序设计语言，面向对象的程序设计语言经历了一个很长的发展阶段，面向对象方法的某些概念，可以追溯到20世纪50年代人工智能的早期研究。一般把20世纪60年代由挪威计算中心开发的Simula 67语言看作是面向对象语言发展史上的第一个里程碑，但是直到20世纪80年代后期，作为当时面向对象程序设计语言的代表——SmallTalk的应用都不够广泛。20世纪80年代中期到90年代，是面向对象语言走向繁荣的阶段。其主要表现是大批比较实用的面向对象的程序设计语言（Object Oriented Programming Language，OOPL）的涌现，例如C++、Objective-C、Object Pascal、CLOS（Common Lisp Object System）、Eiffel、Actor等。不断有OOPL问世，许多非OO语言增加了OO概念与机制而发展为OO语言。这表明OOPL的繁荣仍在继续，也表明面向对象是大势所趋。21世纪Java的大行其道以后，彻底奠定了面向对象的程序设计语言在程序设计中的主导地位。当今应用最广泛的面向对象程序语言是C++和Java。

从20世纪80年代后期开始，国际上有一批论述面向对象的分析与设计（或面向对象的建模与设计）的专著相继问世。这些著作的共同点是把面向对象的方法在分析与设计阶段的运用提升到理论和工程的高度（而不仅仅是一些可供参考的指导思想），各自提出了一套较为完整的系统模型、表示法和实施策略。同时，在模型、表示法和策略等方面，彼此又各有差异。

1.6.1 Simula 和 Smalltalk 语言

面向对象语言的基本思想源于Simula语言。Simula语言是Dahl和Nygaard等人在1967年设计的，当时取名为Simula 67。Simula 67在1986年被缩写成Simula，其使用范围不大，且很少用于面向对象程序设计。Simula的基础是ALGOL 60，它沿用了ALGOL 60的数据结构和控制结构，但引入了对象、类和继承等概念，不支持多重继承。信息隐藏是通过"保护"类来实现的。Simula以重载的形式支持多态性。为了提高效率，类型检查可在编译时静态进行。如果其特性被声明为 virtual，那么可以在运行时进行类型检查。Simula 有一个专用类库，其中包含了离散事件模拟所需的基本类。

Smalltalk 语言的起源可追溯到 20 世纪 60 年代后期，其主要贡献者是 Alan Kay。Smalltalk 在 Xerox PARC 历经了多次修改，最终形成了 Smalltalk 80。实际上，Smalltalk 不只是一种语言，更是一个完整的编程环境，它包括编辑器、类层次浏览器和许多第四代语言的特点。Smalltalk 确立了消息传递的思想，把消息传递作为对象之间通信的主要方式。Smalltalk 是一个真正意义上的纯粹的面向对象程序设计语言，引入了图形界面的思想和元类的概念。元类就是类的类，由此引出抽象的概念。它的缺点是效率不高，内存开销大，不支持持久性对象，只能在运行时检测到消息错误等。

1.6.2　C 扩展语言

1. Objective-C

Objective-C 和 C++ 都是对现有的 C 语言进行扩展以支持面向对象的特性的。由 Cox 研制的 Objective-C 是基于普通的 C 语言，通过增加额外的数据类型而扩展了 C，提供了 Smalltalk 语言元素大部分功能的库，但它的应用面并不广。

2. C++

C++ 是 AT&T 贝尔实验室的 Bjarne Stroustrup 在 20 世纪 80 年代初期设计的，已有多个版本。它是在 C 语言的基础上扩充而成，增加了数据抽象、继承机制、虚函数以及其他改善 C 语言结构的成分，使之成为一个灵活、高效和易于移植的面向对象程序设计语言。其主要变化是引入了一种新的初等类型 class(类)。像 C 那样，C++ 也依赖于库来提供语言的扩充。C++ 强调能够和现有的大量 C 代码实现互操作。因此，C++ 是一种面向对象思想和实用性之间的折中，它是目前使用最广的一种混合型面向对象程序设计语言。C++ 支持抽象、继承和动态联编，同时支持静态类型和动态类型。C++ 不提供自动垃圾回收功能，程序员必须自己通过编码来实现。

C++ 语言现在有几种版本，包括广泛使用的开源软件 GNU 编译器，它可以提供底层的硬件控制能力，也提供面向对象编程的好处。尽管 C++ 存在这样或那样的问题，它仍然是业界应用最广的一种面向对象程序设计语言。许多大型项目都采用 C++ 来编写，涉及了数百万的开发人员、数千个类和近千万行的程序代码。可以预见，在今后很长的一段时期，C++ 仍将是业界使用最广的面向对象程序设计语言之一。

C++ 语言的优点有 3 个。

(1) 可在操作系统的任何层次上做任何事情。

(2) 可能是现有的速度最快的面向对象程序设计语言。

(3) C++ 编译器十分流行，C++ 编程员十分普遍。

C++ 语言的缺点有 2 个。

(1) 缺乏自动垃圾回收管理，且指针的大量使用难以保证软件在运行时的安全性。

(2) 不容易成为一名优秀的 C++ 编程员。

3. C♯

C♯ 是微软公司开发的一种新的面向对象的程序设计语言。这里的 ♯ 不是"井"符号的意思，而是指在 C++ 基础上又多了两个＋，排列一下刚好就是 C♯，意思是 C♯ 是 C++ 精炼之后的产物。C♯在某些方面与 Java 很类似，如没有指针；可自动进行垃圾回收；纯粹的面向对象等。C♯是一个全新的程序设计语言，有自己的编译器，自己的语法规则，更重要的是，它是微软.NET 革命的先锋，使程序员可以快速地编写各种基于微软.NET 平台的应用程序。由于 C♯精心的面向对象设计，使它成为构建各类组件的理想语言。使用简单的 C♯语言结构，可使组件方便地转化为 XML 网络服务，从而使它们可以由任何语言在任何操作系统上通过 Internet 进行调用。C♯既增强了开发者的效率，又消除了很多常见的 C++ 中的编程错误。由于 C♯对.NET 框架的支持，加之语言本身容易学习和表达能力强，使它成为.NET 平台上最合适的本机语言。

1.6.3　Eiffel 语言

Eiffel 语言的主要设计者是 Interactive Software 公司的 Bertrand Meyer。它是一种目标明确的面向对象程序设计语言，试图解决正确性、健壮性、可移植性及效率问题等。Eiffel 语言的主要特点如下。

（1）类（class）。唯一的程序构造单位，类不但是模块，也是类型。Eiffel 程序是类的结构化集合，没有主程序的概念。

（2）Eiffel 中类的特征（feature）分为属性和例程（routine）。这里的例程相当于方法。类的例程是可作用于对象的操作。例程又分为过程和函数，前者修改对象的状态，后者原则上不能修改对象的状态，但可以返回某一状态的值。feature 可定义为私有的或公有的。

（3）Eiffel 的断言机制是其一大特色。通过"断言"使其具有说明形式化属性的能力。断言可以表达为前置条件和后置条件，也可表示类的不变式。每当调用一个例程时，前置条件总会强制执行一个检查，当例程结束或返回时，必须保证后置条件为真。并且，一旦建立了一个对象或调用例程时，不变式总是应该为真。如果前置条件、后置条件、不变式检查中出现不满足的情况，即发生异常，系统将自动地转入异常处理。提供这些机制有助于正确性证明的实现。

（4）Eiffel 可以作为设计语言，也可作为编程语言。设计可实现一系列高层次的类，之后将方法增加进去。这样能降低把形式化设计转换为代码时的错误风险。

（5）Eiffel 语言小而易学。此外，还有一个综合性编程环境和高质量的类库。

许多人都认为 Eiffel 是现有的最好的面向对象语言，但它却没有得到广泛应用，尽管有一些项目通过它获得了成功。

1.6.4　Java 语言

1995 年 SUN 公司推出的网络编程语言 Java 已是 Internet 上的主力语言，主要原因有 4 个。

（1）它是一种有助于 Web 的语言，并提供安全性和并发支持，使 Java 小程序可作为 Applet 在浏览器上运行。

（2）可用它编写完全成熟的应用程序。

（3）它的语法类似于 C++，但却是一种纯粹的面向对象语言，具有内存自动回收管理、不允许使用指针等优点，使软件更安全。

（4）成为业界公认的跨平台的通用语言，得到了很多大公司（如 SUN、IBM、Oracle 等）

的支持。

Java 语言的特点有 4 个。

(1) Java 虚拟机。Java 编译成伪代码(字节代码),这需要虚拟机来解释执行。Java 虚拟机可运行在几乎所有的平台之上,这就为 Java 程序提供了独立于平台的可移植性,不过却降低了性能。

(2) Java 的异常处理类似于 C++ 的异常处理机制,并且更加严密。

(3) JavaBean 是组件,即类和其所需资源的集合。企业 JavaBean 是 Java EE 中间件的重要组成部分。

(4) Java 有它自己的对象请求代理技术——远程方法调用(Remote Method Invocation, RMI),实现跨网络访问其他的 Java 应用程序。

1.6.5　其他面向对象语言

还有许多语言,尽管它们的面向对象的特性不像 Smalltalk 那样纯粹,但也具有面向对象的基本特征,这类语言可称为基于对象的语言。它们或者强调抽象性,或者强调继承性。在 20 世纪 80 年代中期,学术界影响较大的基于对象的语言有 Ada 和 Modula2。

Ada 原本为美国国防部的嵌入式实时系统设计的语言,在很长的一段时期内,Ada 成了美国大多数与国防工程有关的首选语言。Ada 既是设计语言,又是编程语言。据国外有关调查报告显示,Ada 是安全紧要的关键项目的首选。设计 Ada 的目的是用来构造生命周期长、高可靠的软件系统。设计时关心的重点是易读性,避免使用容易出错的表示方法;鼓励软件重用,强调协调一致和高效实现。Ada 83 于 1983 年成为 ANSI 标准,1987 年成为 ISO 标准。在加进了一些新特性后,它的后续版本 Ada 95 于 1995 年成为一个新的标准。Ada 最早提出的多任务机制、面向对象程序设计、高安全性和高可靠性机制等特点对以后的其他语言有很大影响。Ada 的包机制、强类型、异常处理机制、任务类型等优秀性质已被其他语言采用。

另外,Visual Basic、PowerBuilder 等也可算作基于对象的语言。

1.7　面向对象的分析与设计

什么是软件的分析和设计?有人说:分析是解决"做什么",不涉及"如何做";设计才解决"如何做"。这里的"做什么"实际上是指需求陈述,即用客户能理解的语言确切地描述系统的需求,其结果一般为"需求规格说明"文档。但实际上软件的分析工作,不仅仅是给出需求陈述文档,而且还要进一步给出描述需求的系统模型。众所周知,结构化分析要建立的数据流图,要在数据字典中定义与每个数据流相关的数据,要在加工说明中描述每个加工的数据转换过程。这一切不只是说明"做什么"问题。事实上,数据流图中的数据、加工、数据存储、源点、终点等,并不是直接描述用户需求而是软件开发人员在考虑如何构造一个系统模型,它既可确切地表述需求,又可为以后的设计打下基础。数据流图是一种系统模型,而不是需求陈述,数据字典和加工说明已经在一定程度上描述系统如何做了,只是抽象的层次较高,离最终实现较远。这种构造系统模型的过程称为"需求建模"。

需求建模是分析的重点,因为模型以一种简洁、准确、结构清晰的方式系统地描述了软件需求,剔除用户描述中的模糊性和不一致性,使软件需求趋于完整和一致。建模的要求和目的如下。

(1) 帮助分析人员更好地了解系统的信息、功能和行为。

(2) 模型可作为评审的一种依据,以确定系统的完整性、一致性和规格说明的准确性。

(3) 模型是下一步设计的基础,模型为设计人员提供了软件需求的基本表示。

面向对象分析方法将客观世界中与应用有关的实体及其属性抽象为问题空间的对象。通过提供对象、对象间消息传递等语言机制让分析人员直接模拟问题空间中的对象及其行为,从而避免了语义断层,为需求建模提供了直观、自然的语言支持和方法指导。

其核心思想是寻找系统中最稳定的因素——对象。面向对象分析方法的大致过程如下。

(1) 描述需求。

(2) 识别潜在对象。

(3) 筛选对象。

(4) 对象的命名。

(5) 识别对象的属性。

(6) 识别对象的行为。

(7) 识别对象所属的类。

(8) 定义类的结构。

下面,通过一个完整的例子来说明上述过程。

1. 描述需求

【例1.2】 为建立一个简单的家庭安保系统,软件的基本需求如下。

建立一个基于嵌入式处理器的家庭安保系统。它能够通过各种传感器识别异常事件,如火警和非法入侵等。当识别出异常事件后,触发警铃,并自动拨打特定电话号码向监控中心报警。在安装过程中,系统软件允许房主通过控制面板进行信息交互,操作包括:制定传感器类型和编号,设置开关密码,设置报警电话号码。控制面板用于配置系统,每个传感器被赋予一个编号和类型,设置主人密码,当传感器事件发生时进行拨号。当传感器事件发生时,系统发出一定的声音或警报,在一定延迟后,软件拨出监控服务的电话号码,并报告位置和事件性质等信息。

仅仅这样的功能性概述是不够的,因为它没有给出用户使用该系统的不同过程的描述。面向对象方法中强调要以用户的角度来描述系统,即"用例"描述。以下是"系统启动"用例的描述。

(1) 房主观察家庭安保系统的控制面板以确定系统是否已准备好接收输入。

(2) 房主使用键盘输入4位密码,系统进行密码合法性检查。如果密码不符,控制面板将鸣叫一次并复位等待再次输入;如果密码正确,控制面板会等待下一步动作。

(3) 房主选择并按下 stay 或 away 按钮以启动系统:按下 stay 按钮仅启动外围传感器,而按下 away 按钮将启动所有的传感器。

(4) 启动以后,一个红色警灯会亮起。

2. 识别潜在对象

识别潜在对象的范围包括:识别与目标系统交换信息的外部实体;实际问题域中的概

念实体;目标系统运行过程中可能出现的并需要系统记忆的事件;与目标系统发生交互的人员所扮演的各种角色;作为系统环境或上下文的场所;有关的组织机构及表示一组成分对象的聚合对象。一般可从问题陈述的需求的名词或名词短语中筛选。从问题陈述中抽取其中的名词,作为建议的候选对象,如表 1.1 所示。

表 1.1　潜在对象/类和筛选结果

潜在对象/类	一 般 分 类	筛选结果及理由
房主	角色或外部实体	拒绝:因为过程(1)、(2)失败
传感器	外部实体	接受:所有过程都适用
控制面板	外部实体	接受:所有过程都适用
安装	事件	拒绝
系统(家庭安保系统简称)	事物	接受:所有过程都适用
编号、类型	非对象,传感器的属性	拒绝:传感器的属性
密码	事物	拒绝:因为过程(3)失败
电话号码	事物	拒绝:因为过程(3)失败
传感器事件	事件	接受:所有过程都适用
警铃	外部实体	接受:因为过程(2)～(5)适用
监控服务	组织或外部实体	拒绝:因为过程(1)、(2)失败

表 1.1 还可继续补充,直到过程叙述中的所有名词全被考虑到。这些候选对象被称为潜在对象。

3. 筛选对象

Coad 和 Yourdon 建议的六条选择特征可供分析员在分析模型中对潜在对象进行筛选时考虑。

(1) 仅当潜在对象的信息必须被记住系统才能工作时,它在分析时是有用的。

(2) 潜在对象必须有一组可标识的操作,并且对象应利用其操作为目标系统中的其他对象提供服务。

(3) 对象的属性要有一定的意义。

(4) 对象的属性应适合对象的所有实例。

(5) 对象的操作应适合对象的所有实例。

(6) 对象应是软件需求模型的必要成分,与设计和实现方法无关。

只有潜在对象能满足所有(或几乎所有)上述特征,才可能会被考虑成分析模型中的合格对象。决定潜在对象是否包含在分析模型中具有某种主观性。表 1.1 中第三列给出筛选结果及理由。

4. 对象命名

对象命名最好使用单个名词或名词短语;对象名称必须简洁、精确、易于理解;尽量用人们熟悉的标准词汇或业务用语,以便于客户和开发者之间的沟通和交流。

5. 识别对象的属性

在识别对象的属性时要注意以下 3 点。

（1）对于客观存在的独立实体，应作为对象，而不应作为另一个对象的属性。

（2）为保持需求模型的简洁，对象的导出属性往往可以不考虑。"导出属性"是指可从现有属性中导出的属性。例如，"人"的对象中有"出生日期"属性，那么"年龄"就是一个导出属性，因为可以从"出生日期"属性中推出"年龄"这个属性。

（3）在需求分析阶段，如果某属性描述了对象的外部不可见状态，则应删除。

6. 识别对象的行为

识别对象的行为的目的是找出对象的操作，一般要通过由用例产生的状态-事件-响应图来识别出对象的行为。图1.1给出"系统启动"用例的状态-事件-响应图。

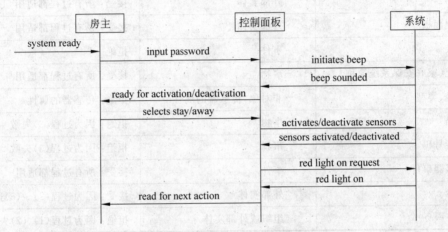

图1.1 "系统启动"用例的状态-事件-响应图

图1.1中有3个对象：房主、控制面板和系统。每个箭头表示一个事件并指出事件如何在这些对象中进行交互。第一个事件 system ready 是从外部环境导出的，并引导到"房主"，房主输入密码，事件 initiates beep 和 beep sounded 指出：密码不符时产生相应的行为，合法的密码则返回到房主。事件 selects stay/away 使控制面板发出 activate/deactivate sensors 事件，激活传感器，而后控制面板向系统发出 red light on request 事件，这时红色警灯亮起。从这些行为中可导出对象的操作。

7. 识别对象所属的类和定义类的结构

每个类的对象都应属于所属的类，类描述了具有公共属性和行为的一组对象。利用人类思维中的分类结构（一般-特殊）和组装结构（部分-整体），描述类之间的关系。

以基本的需求所识别的类和对象如下：

传感器　　　　　　　外部实体

控制面板　　　　　　外部实体

系统　　　　　　　　事物

传感器事件　　　　　事件

警铃　　　　　　　　外部实体

为每个系统对象标识其属性和操作。如系统（system）对象的属性为系统 ID、验证电话号码、系统状态、传感器表、延迟时间、电话号码和报警阈值等；系统（system）对象的操作为编程、显示、复位、问讯、修改和呼叫等。

此后可按类的特征把共性部分抽取出来,建立特殊与一般结构、整体与部分结构,从而形成不同层次的父类和子类。

面向对象分析(OOA)和面向对象设计(OOD)倾向于把系统分析和逻辑设计过程结合起来,两者之间没有很明确的界限。尽管需求推导、分析及逻辑和物理设计之间是有区别的,但面向对象的分析、设计甚至编程,在整个生命期中都以一致的对象概念模型进行工作,这样有可能从问题到系统开发具有可追溯性。面向对象的分析员、设计员以及程序员都用同样的表示、记号,而不是像结构化方法那样,在分析时用 DFD,在设计时用结构图等。

通过 OOA 和 OOD 所得到的系统模型分别称为 OOA 模型和 OOD 模型,它们都是系统的抽象描述,但是属于不同的抽象层次。

OOA 的主要工作是研究问题域和用户需求,运用面向对象的观点和原则发现问题域中与系统责任有关的对象,以及对象的特征和相互关系。OOA 的目标是建立一个能直接映射到问题域、符合用户需求的 OOA 模型,这是一个抽象层次较高的系统模型,它忽略了针对具体实现而采取的设计决策及有关细节。

OOD 的主要工作是以 OOA 模型为基础,按照实现的要求进行设计决策,包括系统设计和详细设计。OOD 的目标是产生一个能满足用户需求,且可完全实现的 OOD 模型。与 OOA 模型相比,OOD 模型是抽象层次较低的系统模型,因为它包含了与具体实现条件有关的设计细节。OOD 模型的 4 个组成部分是问题域部分的设计、人机交互部分的设计、控制驱动部分的设计、数据接口部分的设计。OOD 所涉及的具体实现条件包括 5 个。

(1) 硬件、操作系统及网络设施。选用的计算机、操作系统及网络设施对 OOD 的影响包括对象在不同站点上的分布、主动对象的设计、通信控制、性能改进措施等。

(2) 数据管理系统。选用的数据管理系统(如文件系统或 DBMS)主要影响 OOD 模型的数据接口部分的设计与编程效率。但这需要对模型做适当的修改和调整。

(3) 界面支持系统。指支持用户界面开发的软件系统,主要影响人机交互部分的设计,对问题域部分的影响较小,只是两部分需要互传信息而已。

(4) 编程语言。用于实现的编程语言对问题域部分的设计影响最大,其中包括两方面的问题:一是选定的编程语言可能不支持某些面向对象的概念和原则,如不支持多继承或多态性。此时要根据编程语言的实际表达能力对模型进行调整,以保证设计模型与源程序的一致;二是 OOA 阶段可能将某些与编程语言有关的对象细节推迟到 OOD 阶段来定义。例如,对象的创建、删除、复制、转存、初始化等系统行为,属性的数据类型、属性和服务的可见性等。编程语言确定之后,对这些问题都要给出完整的解决方案。

(5) 对重用的支持。如果存在已经设计和编码过的可重用构件,用以代替 OOA 模型中新定义的类,无疑能提高设计和编程效率。但这需要对模型做适当的修改和调整。

设计一般分为系统设计和详细设计两个阶段。

系统设计包括体系结构设计、分布方案、并发控制、人机交互、数据管理等方面的问题。OOD 方法应能支持和引导用户以面向对象的概念和表示法来表达这些问题的设计。设计结果也应通过对象来体现:OOD 将为解决以上设计问题而定义一些新的对象类,对来自OOA 的类图进行补充;还可能对类图中原有的类之间的结构做某些必要的调整。

详细设计是针对每个对象的。在各种 OOA 和 OOD 方法中,OOA 已经或多或少地给出了对象内部的细节,其详细程度因方法而异。OOD 则要求对模型中的每个对象类,包括它的每个属性和每个服务给出详细的定义。

OOD 所产生的系统模型必须对如何满足每个用户需求（包括功能需求和非功能需求）给出具体的、可实现的解决办法，其所有的设计决策都应该通过模型中的对象、对象内部的具体特征和对象间的关系表示出来。可实现是指模型中定义的每个对象类、它的内部特征和相互关系都应能落实到编程语言的代码实现。

1.8　典型的面向对象方法

1.8.1　Coad & Yourdon 方法

Coad & Yourdon 方法特别强调，OOA 与 OOD 采用完全一致的表示法，使分析与设计之间不需要任何表示上的转换。几乎所有的概念都是现有 OO 编程语言能够支持的。用于 OOA 与 OOD 的概念有对象、类、属性、服务、整体-部分结构、一般-特殊结构、实例连接、消息连接和主题等。它们的 OOA 模型包含 5 个层次。

（1）主题层：将关系较密切的类及对象组织为一个主题，整个系统由若干个主题构成。主题层相当于是描述整个系统的子系统及其结构，使读者从问题空间的高度来概括和总结整个系统。

（2）类和对象层：给出直接反映问题空间和系统责任的类和对象。

（3）结构层：描述类和对象之间的结构关系，包括一般-特殊结构和整体-部分结构。

（4）属性层：定义类和对象的属性和实例连接。

（5）服务层：定义类和对象的服务和消息连接。

Coad & Yourdon 的 OOA 的结果是一个关于问题域的五层模型，每一层以前一层为基础。这 5 个层次叠加在一起构成了一个类图。

Coad & Yourdon 的 OOD 模型从横向看，包括 4 个部分。

（1）问题域部分（Problem Domain Component，PDC）：将 OOA 的结果搬到 OOD，并根据实现条件做必要的补充与调整，其结果就是 OOD 的问题域部分。

（2）人机交互部分（Human Computer Interaction，HCI）。根据用户选择的图形用户界面系统（Graphical User Interface，GUI）和具体用户对人机界面的要求来设计系统的人机界面。它是由新定义的关于人机界面的类和对象构成。

（3）任务管理部分（Task Management Component，TMC）。用于定义系统中需要并发执行的各个任务。每个任务用一个任务模板来表示。

（4）数据管理部分（Data Management Component，DMC）。按选定的数据管理系统，设计对象存储及检索的系统部分。

从纵向看 OOD 模型的 5 个层次的含义是：它的每个部分都是像 OOA 模型那样由 5 个层次叠加而成的。

Coad & Yourdon 方法被认为是最容易学习和使用的方法，各个阶段开发的文档可以互相对应、参照。

1.8.2　Rumbaugh 方法

Rumbaugh 和他的四位合作人于 1991 年发表了面向对象的建模与设计方面的著作，其中提出的方法称为对象建模技术(Object Modeling Technique,OMT)方法。

Rumbaugh建议从3个不同的视角来为系统建模,即由对象模型、动态模型及功能模型共同构成对系统的完整描述。对象模型表示了静态的、结构化的、系统的"数据"视图;动态模型描述了暂时的、动作性的、系统的"控制"视图;而功能模型从系统的"功能"角度来表示功能的转换。

对象模型(Object Model)描述系统的对象结构,包括对象标识、对象之间的关系以及对象的属性和操作。在OMT的3种模型中,对象模型是最重要的,它为动态模型和功能模型提供了重要的框架,强调的是围绕对象而不是围绕功能来构造系统。对象模型的图形表示是对象图,在OMT的术语中,对象图包括类图和实例图两种。

动态模型(Dynamic Model)描述系统中与时间有关的方面以及操作执行顺序,包括引起变化的事件、事件的顺序、定义事件上下文的状态以及事件和状态的组织等。动态模型抓住了"控制流"特性,即系统中各个操作发生的顺序,而对这些操作到底做什么,对怎么进行操作,以及如何实现都不关心。

功能模型(Functional Model)描述系统中与数值转换有关的方面,包括函数、依赖、约束以及功能性依赖等。这与结构化分析中数据流基本相同。

OMT方法的软件开发过程包括分析、系统设计、对象设计和实现4个步骤。

1. 分析

分析的目标是建立一个关于系统要做什么的模型。从对象与关系、动态控制流和功能转换三方面来表示模型。分析阶段首先输入的是问题陈述,它主要描述要处理的问题,并提供将要产生的系统概况。分析后的输出是系统的3个方面的模型:对象间的关系、动态控制流以及基于数据约束的功能性转换。

2. 系统设计

系统设计决定系统的整个体系结构。以对象模型为依据,把系统分解为子系统,并通过把对象组织成并发的任务来实现并发。在这个阶段,还要决定处理器之间通信、数据存储和动态模型的实现等。同时在协商和反复考虑的基础上,确定处理的优先级。

3. 对象设计

在这个阶段,不断地求精和优化分析模型,产生出一个比较实用的设计。其重点从应用中的概念逐步转到计算机概念上来。首先,决定系统中主要功能的实现算法,并根据这些算法,使对象模型的结构得到最有效和最优化的实现。同时,对象设计还要考虑系统设计中定义的并发和动态控制流。由此决定每个关联和属性的实现。最后,把类和关联打包成模块。

4. 实现

将对象设计期间开发的对象类及其关系最终转换到实际的软、硬件平台,以实现系统。相对而言,编程应该是开发周期中一个较小的、机械的部分,因为所有的决策都已经在设计阶段做出。

OMT是一种自底向上和自顶向下相结合的方法。OMT的第一步是从问题的陈述入手,构造系统模型,这是一种自底向上的归纳过程;系统模型建立后的工作就是分解,这是一种基于服务(service)的分解。这种从具体到抽象、再从抽象到具体的分析、设计过程符合人类的思维方式,使得需求分析较为彻底,系统可维护性也得以改善。但OMT方法中功能模型纯粹是结构化方法的产物。该方法试图在面向对象的开发中加入结构化方法的概念、过程和文档。事实上，这不是好的主意。因为，两种不同的方法实际上很难融合，并且还加重了开发者的负担。

1.8.3 Booch 方法

Grady Booch 的 OOA&OOD 方法是从他的早期的 Ada 软件工程思想发展过来的。

Booch 认为，面向对象的分析和设计应该是一个渐进、反复的过程。他采用的 OO 开发过程分为微过程（micro process）和宏过程（macro process）。微过程是由宏过程驱动的，是开发者在宏过程的各个阶段反复进行的日常活动。微过程包括以下 4 个步骤。

（1）在给定的抽象层次上识别类和对象。

（2）识别这些对象和类的语义。

（3）识别这些类和对象之间的关系。

（4）实现类和对象的接口，主要是选择数据结构和算法。

这 4 种活动不仅仅是一个简单的步骤序列，而是对系统逻辑和物理视图不断细化的迭代和渐增的过程。类和对象的识别包括找出问题空间中关键的抽象和产生动态行为的重要机制，开发人员可以通过研究问题域的术语来发现关键的抽象。语义的识别主要是明确前一阶段所识别出的类和对象的含义，开发人员确定类的行为（即方法）以及类和对象之间的互相作用（即行为的规范描述）。该阶段利用状态转换图描述对象状态的模型，利用时态图（系统中的时态约束）和对象图（对象之间的互相作用）描述行为模型。在关系识别阶段描述静态和动态关系模型。这些关系包括封装、实例化、继承、关联和聚集等。类和对象之间的可见性也在此时确定。在类和对象的实现阶段要考虑如何用选定的程序设计语言实现，如何将类和对象组织成模块。

Booch 方法提供了丰富的符号体系，包括类图、对象图、状态转换图、时序图、模块图和进程图等。其中类图、对象图、模块图和进程图称为基本图，是不可缺少的；状态图和时序图称为补充图，只有在必要时才使用。在基本图中，类图和对象图既用于分析，又用于设计；模块图和进程图只用于设计，而且是最重要的设计文档。

宏过程是 Booch 方法对整个软件生命周期的过程布局。宏过程的每个步骤对应软件生命周期的一个大的开发阶段，其内部是由前面的微过程构成的。宏过程的步骤如下。

（1）概念化。建立核心需求。

（2）分析。开发一个系统的行为模型。

（3）设计。创建一个可实现的系统结构。

（4）演化。通过不断的细化而逐步实现系统。

（5）维护。管理系统交付之后的演化。

Booch 认为，分析的目的是提供一个系统的行为。在这一阶段追求类的设计、表示或其他技术决策是不合适的。分析是通过识别形成问题域词汇的类和对象来建模现实世界。设计是建立一种可提供分析模型所需的制品。分析阶段包含以下活动。

（1）识别系统的基本功能点。如果可能的话，将它们组织到功能相关的类簇中。

（2）对每个值得考虑的功能点，用用例（use case）、行为分析和 CRC（Class Responsibility Collaborator）卡技术编排一个剧本。当每个剧本的语义都清楚时，就建立对象图，以表示启动或提供行为并协作完成剧本活动的那些对象。

(3) 如果需要,则生成二级剧本,以表示异常情况下的行为。

(4) 当某些对象生命周期对一个剧本很重要时,则开发这些对象类的状态转换图。

(5) 整理剧本之间的模式,并以更抽象、更一般的剧本来表示这些模式,或用类图来表示关键抽象类之间的关系。

(6) 对演化中的数据字典进行更新,并在剧本所识别的类和对象上得到反映。

Booch 方法的设计阶段包括系统结构设计、策略设计和发布设计。系统结构设计的主要工作是将分析结果的功能点簇,分配到系统结构的不同层次和部分中。若一组功能建立在另一组功能之上,则按不同层次分配;若在同一抽象层次上完成某一行为,则分配到同一层的不同部分。策略设计则按问题域,列出系统结构的不同元素需采用的共同策略。有些策略是独立于领域的,如存储管理、出错处理等;有些策略是针对领域的,如实时系统中控制策略和信息管理系统中事务处理和数据库等。发布设计将有关功能点分配到一系列系统发布中。

Booch 方法强调基于类和对象的系统逻辑视图与基于模块和进程的系统物理视图之间的区别,同时也区别了系统的静态和动态模型。但是,这种方法侧重于系统的静态描述,对动态描述支持的相对较少。

1.8.4 Jacobson 方法

Jacobson 方法又称为面向对象软件工程(Object Oriented Software Engineering)方法,简称为 OOSE 方法。所建议的系统开发方法由分析、构造和测试 3 个阶段构成,如图 1.2 所示。

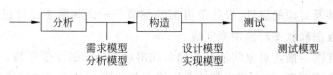

图 1.2 OOSE 方法的过程和模型

分析过程包括需求分析和健壮性分析两个子过程,分别产生需求模型和分析模型;构造过程包括设计和实现两个子过程,分别产生设计模型和实现模型;测试过程产生测试模型。

1. 需求分析和需求模型

OOSE 的需求分析是名副其实的需求分析,即分析和表达系统的用户需求,特别是功能需求。其主要工作是以系统边界外的执行者与系统对话的方式,描述每个系统功能的使用情况。每个这样的描述称为一个用例。把执行者、用例以及它们之间的关系用一些图形符号来表示,所构成的图称为用例图。该子过程的输入是需求说明,它是对需求初步而粗略的描述;其输出是需求模型,包括用例模型和关于用例的文字描述。OOSE 的需求模型不但是健壮性分析的输入,而且是设计、实现、测试等所有其他过程的依据和基础。所以,Jacobson 把他的方法称为"一种用例驱动的方法"。

2. 健壮性分析和分析模型

OOSE 把健壮性分析称为开发实际系统的开始。需求分析只是定义用户需求,从健壮性分析开始才算真正地开发实际的系统。健壮性分析是独立于实现环境来构造系统,目标是定义一个稳定、健壮、可扩充、可维护的模型,称为分析模型。OOSE 将分析模型的对象分为实体对象、接口对象和控制对象3种不同类型。它们分别从信息、表示、行为3个不同的维度来刻画系统。健壮性分析的过程，就是在用例的驱动下发现这些对象，建立由这些对象以及它们之间的关系所构成的分析模型。

3. 设计模型和实现模型

OOSE 的设计根据实现环境对分析模型进行细化，要求精确地定义对象的接口和操作语义，其输出为设计模型。设计模型是由对象构成的，但采用了与分析模型不同的表示符号，即每个对象（块）用一个小矩形来表示。各种关联的表示符号与分析模型的相同。设计模型用4个维度来刻画，即在分析模型的三维基础上增加了一个被称为实现环境的维。在OOSE中，块是设计模型中的对象表示，它是实现的一种抽象表示。一个块可用源程序中的一个类来实现，也可以用源程序中的多个类来实现。在 OOSE 的关于设计的讨论中，还用到了"对象模块"（object module）这个术语。这是用不同的编程语言来实现对象的总称。例如，它可以是 C++ 中的一个类，也可以是 Ada 中的一个包。

设计的第一步是把分析模型机械地转换为初始的设计模型，然后根据选定的实现环境来补充和细化初始的设计模型。OOSE 的实现环境包括以下方面。

（1）目标环境，包括操作系统、处理机和网络等。

（2）编程语言。

（3）构件及构件库。

（4）现有的产品，包括数据库管理系统、用户界面系统和网络设施等。

（5）将与本系统协作的其他应用系统。

设计中要考虑的其他因素还包括性能要求、资金限制、人员和组织等。由于 OOSE 的分析过程几乎不涉及对象的属性、操作等方面的细节——这些属于设计过程的事。对象的细化主要通过交互图和状态转换图来完成。

OOSE 的交互图是描述对象间消息传递和找出对象操作的主要手段。其策略是：针对每个用例建立一个交互图，图中列出与这个用例有关的所有对象，按时间顺序画出在执行用例过程中相关对象的操作和对象操作间所传递的"激发"（stimulus）。在 OOSE 的术语中，激发就是消息和信号的总称，消息和信号分别指进程内部和进程之间消息传送。OOSE 在设计过程中通过状态转换图来描述对象的行为。

实现是构造过程的一个子过程，主要工作是将设计所产生的结果进行实际的编码。OOSE 指出了设计模型的 OO 语言和非 OO 语言的实现方法，以 C++ 和 Ada 两个语言为例，表1.2 给出了分析阶段和设计阶段的概念的对应关系以及在具体的编程语言中的对应实现。

表1.2　分析阶段和设计阶段的概念及编程语言中的概念的对应表

分 析 阶 段	设 计 阶 段	C++ 程序	Ada 程序
分析对象	块	一到多个类	包
对象行为	操作	若干函数	过程或任务
类属性	类属性	静态变量	包体中全局变量
实例属性	实例属性	实例变量	一部分私有类型的变量
关联	关联	实例变量	变量引用

续表

分析阶段	设计阶段	C++程序	Ada 程序
通信关联	通信关联	函数引用	过程调用
对象间交互	激发	函数调用	过程调用或实体调用
用例	设计的用例	调用序列	调用序列
子系统	子系统	文件	包

4. 测试

测试包括单元测试、集成测试和系统测试 3 个子过程。这与一般的测试方法没有什么不同。但 OOSE 强调的是以类、块、服务包、用例、子系统和系统等概念为基础来组织测试，以体现面向对象的原则。

在 OOSE 方法中，需求分析和设计密切相关：需求分析阶段的活动包括：定义潜在的角色（指使用系统的人和与系统相互作用的软、硬件环境），识别问题域中的对象和关系，基于需求规格说明和角色的要求发现用例，详细描述用例。设计阶段包括两个主要活动：从需求分析模型中发现设计对象；针对实现环境调整设计模型。

OOSE 方法的主要特色是用例驱动。在系统分析中通过用例来定义对象，在设计中通过用例来定义对象的细节，在实现中则通过用具体的编程概念来实现用例。基于这种系统视图，OOSE 方法将用例模型与上述的 4 种系统模型有机地结合起来。

(1) 分析模型：通过分析来构造用例模型。

(2) 设计模型：通过设计来具体化用例模型。

(3) 实现模型：依据具体化的设计来实现用例模型。

(4) 测试模型：用来测试具体化的用例模型。

OOSE 方法的用例驱动概念被之后的 UML 和统一建模过程所采用。但 OOSE 对用例的依赖程度超出了它的实际能力。例如，OOSE 认为分析模型的所有对象（包括实体对象、控制对象和接口对象）都可以从用例中提取出来。但这种假设是靠不住的。实际上，大型系统中可能有许多实体对象位于很低的调用层次。以描述系统的外部可见行为（功能）为宗旨的用例，通常不能体现这种对象的行为，甚至不能体现它的存在。在这种情况下，不能指望通过用例来发现这种对象。因此，实际应用时，还有一个由用例到分析、设计阶段的对象细节的逐步提取的过程。

1.8.5 RDD 方法

20 世纪 80 年代后期由 Wirfs-Brock 发明的职责驱动方法（Responsibility Driven Design，RDD），又称为 CRC（类、责任、协作）方法，是一种独特的面向对象方法。这种方法经受了时间的考验，已经成为探究对象交互的一种极为有效的方法。虽然其 CRC 图不是 UML 的组成部分，但在熟练的对象设计人员中却是一种颇为流行的技术。该方法的核心是用类所承担的责任来描述系统，用索引卡（即 CRC 卡）来捕获初始的类、责任和协作，同时也记录超类-子类关系以及由超类定义的公共职责，如表 1.3 所示。

表 1.3　CRC 卡片样例

订　　单	
核查库存项	订单行
定价	客户
核查有效付款	
发往交付地址	

表 1.3 中第一栏为类名,左半部分指出类的职责,右半部分指出参与的协作。CRC 方法的一个重要部分是认识职责。职责是一个短句,它概括了一个对象应做的事。例如,对象施行的一个动作,对象持有的某种知识,或者对象进行的某些选定。目的是让分析人员概括出具有这些职责的类。这样做,能帮助分析人员更清楚地构思各个类的设计。

CRC 的第 3 个字母 C 指协作者(collaborator),即这个类需要与之协作的别的类,使人能对各类之间的连接有某种想法。

CRC 卡片主要用于软件开发中的设计阶段。它的特点是用人格化的方法,将软件系统中的每个部件(即类)看成一个独立的个体,在探索如何与其他个体合作完成某一系统功能中逐步完成自身的定位。它的工作步骤如下。

(1) 识别类和职责。首先识别类,或者说是识别对象。CRC 卡片的作者建议用自然语言的分析方法,从用户需求规格说明中的名词、物理和概念的实体中发现有用的类。然后,从用户需求说明中寻找有关的信息和行为的描述,以发现职责。

(2) 分配职责。将职责分配到类,并记录在相应的卡片上。CRC 的作者指出,应尽可能地将职责分布到所有的类上,并且确保行为与有关信息不要分开,同一实体的信息要集中在一起。如有必要,有些职责可以由几个类共同承担。

(3) 寻找协作。任何一个类在完成自己的职责时往往需要其他类的协作,这一步要找到每个类的协作者,并记录在相应的卡片上。

(4) 细化。CRC 的作者强调模拟执行每个基本功能时系统出现的内部场景。不同的场景,包括异常和出错情况,都应逐一进行模拟。在这个过程中,可以验证已有的定义,并不断发现新的类、职责以及协作。常常有这样的情况:在模拟了不同的场景后,会意识到需要重新分配某些职责,从而使工作不断深化。

CRC 卡片的一个主要好处是,鼓励开发人员讨论实现用例中涉及的类之间的交互。利用 CRC 卡片,可以通过收集、整理卡片来回移动来对交互建模。与使用时序图相比,它快捷而方便。

1.9　本章小结

(1) 面向对象的软件工程是面向对象方法在软件工程领域的全面应用,它包括面向对象的分析(OOA)、面向对象的设计(OOD)、面向对象的编程(OOP)、面向对象的测试(OOT)和面向对象的软件维护(OOSM)等主要内容。

(2) 面向对象技术充分体现了分解、抽象、模块化、信息隐蔽等思想,可以有效地提高软件生产率,缩短软件开发时间,提高软件质量。

(3) 与传统的结构化软件开发方法相比,面向对象软件开发方法具有更大的优势。学术界、工业界的多年研究和实践表明,面向对象方法是解决软件危机的有效途径之一。

1.10 习　　题

1.10.1 填空题

1. 面向对象方法至少应当包含 4 个方面:_____、_____、_____和_____。

2. "面向对象"是把一组对象中的数据结构和行为_____结合在一起组织系统的一种策略。

3. _____是一个对象可识别的特性。

4. _____是用来描述对象动态特征(行为)的一个操作序列。

5. _____就是把对象的属性服务结合成为一个独立的系统单位,并尽可能隐蔽对象的内部细节。

6. _____就是向对象发出的服务请求,它应该含有下述信息:提供服务的_____、服务标识、_____和回答信息。

7. 结构化分析方法侧重于对系统进行_____,面向对象分析方法侧重于从_____的角度出发去研究和理解问题。

8. 面向对象的基本建模原则:_____、_____、_____和_____。

9. 面向对象的软件工程包括_____、_____、_____、_____和_____等主要内容。

10. RDD 方法,又称为_____。

11. 对象的概念是_____,类的概念是_____。

12. 类和对象的关系是_____,_____。

13. 属性的定义是_____,服务的定义是_____。

14. 类属性的定义是_____。

15. 类的定义要包含_____、_____和_____三要素。

16. 面向对象程序设计的三大特性是_____、_____和_____。

17. 面向对象方法中的_____机制使得子类可以自动地拥有(复制)父类的全部属性和操作。

18. 面向对象技术采用以类为中心的_____、_____、_____等特性不仅支持软件复用,而且使软件维护工作可靠有效,可实现软件系统的柔性制造。

19. 面向对象的系统分析要确立 3 个系统模型是_____、_____和_____。

1.10.2 选择题

1. 以下(　　)功能是面向对象软件开发环境应具有的。

A. 有一个支持复用和共享的类库及其浏览、维护界面

B. 有一个存储并管理永久对象的对象管理系统(OMS)

    C. 有一个或多个基于类库和 OMS 的面向对象的编程语言

    D. 提供一套覆盖软件生命周期各阶段的面向对象的开发工具

2. （   ）不是对象具有的特性。

    A. 标识   B. 继承   C. 顺序   D. 多态性

3. （   ）不是方法学的设计阶段。

    A. 分析   B. 系统设计   C. 物理设计   D. 对象设计

4. 构成对象的两个主要因素是（   ）。

    A. 属性   B. 封装   C. 服务   D. 继承

5. 描述对象之间的静态联系用（   ）。

    A. 一般-特殊结构   B. 整体-部分结构

    C. 实例连接   D. 消息连接

6. （   ）描述两个或多个实例之间的关系，而（   ）描述单一实例的不同的特性。

    A. 关联   B. 整合   C. 连接   D. 概括

7. （   ）编程语言不是面向对象编程语言。

    A. FORTRAN   B. PASCAL   C. SmallTalk   D. Ada

8. （   ）是面向对象方法。

    A. Coad & Yourdon 方法   B. 维也纳方法

    C. OMT 方法   D. Booch 方法

9. 如果想对一个类的意义进行描述，那么应该采取（   ）。

    A. 标记值   B. 规格说明   C. 注释   D. 构造型

10. 下面选项中不是面向对象特征的是（   ）。

    A. 抽象   B. 继承   C. 封装   D. 泛化

11. 下列关于类与对象的关系的说法正确的是（   ）。

    A. 有些对象是不能被抽象成类的

    B. 类给出了属于该类的全部对象的抽象定义

    C. 类是对象集合的再抽象

    D. 类用来在内存中开辟一个数据区，存储新对象的属性

12. 类的定义要包含（   ）。

    A. 类的属性   B. 类所要执行的操作

    C. 类的编号   D. 属性的类型

13. 封装是指把对象的（   ）结合在一起，组成一个独立的对象。

    A. 属性和操作   B. 信息流   C. 消息和事件   D. 数据的集合

14. 封装是一种（   ）技术，目的是使对象的生产者和使用者分离，使对象的定义和实现分开。

    A. 工程化   B. 系统维护   C. 信息隐藏   D. 产生对象

15. 面向对象方法中的（   ）机制使子类可以自动地拥有（复制）父类全部属性和操作。

    A. 约束   B. 对象映射   C. 信息隐藏   D. 继承

16. 使得在多个类中能够定义同一个操作或属性名，并在每一个类中有不同的实现的

一种方法是( )。

    A. 继承   B. 多态性   C. 约束   D. 接口

17. 建立对象的动态模型的步骤有( )。

    A. 准备脚本   B. 确定事件

    C. 构造状态图   D. 准备事件跟踪表

1.10.3 简答题

1. 叙述对象和类的关系。

2. 简述面向对象的概念。

3. 简述面向对象设计的原则。

4. 对象之间如何协同工作？

5. 简述封装与信息隐藏的关系。

6. 多态性说明了什么？

7. 简述重载与覆盖的区别。

1.10.4 简单分析题

某银行办理取款手续的需求描述如下。

问题陈述：储户把存折和取款单一并交给银行柜台出纳员检验。出纳员核对账目，一旦发现存折有效性问题、取款单填写问题、账目与取款单不符等问题，出纳员停止本次取款活动，并将原因告知储户。在检查通过后，出纳员将取款信息登记在存折和账目上，并将现金交付给储户。

根据上述需求，完成以下任务：

① 确定"取款"用例的描述；

② 识别对象；

③ 识别对象的属性；

④ 识别对象的行为，确定并画出"取款"用例的状态-事件-响应图；

⑤ 确定对象所属的类，定义类的结构。

第 2 章 统一建模语言 UML 概述

本章学习目标

(1) 掌握软件建模的基本概念。

(2) 理解软件建模的作用和原则。

(3) 了解 UML 的概念及发展历史。

(4) 掌握 UML 的构成。

(5) 理解 UML 中图模型与视图之间的关系。

(6) 了解 UML 的规范及 UML 2.0 的新增特性。

(7) 理解各种图模型如何统一地描述一个软件系统。

本章首先介绍软件建模，UML 的概念、发展历史及构成；再重点介绍 UML 中的图模型与视图之间的关系；然后介绍 UML 的规范及 UML 2.0 的新增特性；最后通过一个具体案例；重点介绍各种图模型的相关知识及建模方法。

2.1 UML 概述

2.1.1 为什么要建模

模型是某个事物的抽象，其目的是在构建这个事物之前先来理解它。因为模型忽略了那些非本质的细节，这样有利于更好地理解和表示事物。

在软件系统开发之前首先要理解所要解决的问题。对问题理解得越透彻，就越容易解决它。当完全理解了一个问题的时候，通常就已经解决了这个问题。为了更好地理解问题，人们常常采用建立问题模型的方法。

为了开发复杂的软件系统，开发人员应该从不同角度抽象出目标系统的特性，使用精确的表示方法构造系统的模型，验证模型是否满足用户对目标系统的需求，并在设计过程中逐渐把与实现有关的细节加进模型中，直至最终用程序语言实现模型。

随着软件系统规模的增加，以及开发团队人数的增加，需要在软件系统开发过程中引入更多的规范。采用建立模型的方法是人类理解和求解问题的一种有效策略，也是软件工程方法学中最常使用的工具。

1. 模型的概念

模型是为了理解事物而对事物做出的一种抽象，是对事物规范的、无歧义描述的一种工具。

模型可以帮助人们思考问题、定义术语，在选择术语时做出适当的假设，并且帮助人们保持定义和假设的一致性。

常见的模型可以分为 3 种类型：数学模型、描述模型和图形模型。

1）数学模型

数学模型是描述系统技术方面的一系列公式，用来精确表示系统的某些特征。

例如，用等式来表示所需的网络吞吐量，用函数计算查询所需要的响应时间。这些模型就是技术需求的例子。在工资管理系统中，使用一个总工资等于标准工资加上加班费的模型就很明确地描述了工资的基本结构。

2）描述模型

描述模型是描述系统某些方面的叙述性的备忘录、报表或列表。

例如，最初与用户的调查谈话需要开发人员以描述的形式大概记录下来，开发人员在编辑这些信息时，可以把这些描述性的叙述转化成模型。比方说，通过结构化英语或伪代码等方法可以精确描述业务处理过程或流程。

3）图形模型

图形模型是由一组图形符号和组织这些符号的规则组成的，利用它们来定义和描述问题域中的概念和术语。

图形模型有助于理解那些很难用语言来描述的复杂关系。在计算机图形学中，有一句名言，"一图胜千言"。例如，北京"鸟巢"体育馆的外形，用建筑草图可以非常形象地、直观地描述出该体育馆的外形特征。其条形带的纵横交错的布局却是用千言万语的自然语言也难于表达清楚。

在系统开发中要使用很多图形模型。每个图形模型突出（或抽象）了软件系统某些方面的重要细节。理想情况下，每一类图形模型应该使用特有的、标准的符号来表示一些信息。这样，无论什么人都能看懂模型。一些图形模型事实上看起来很像实际系统的一部分，例如，界面设计或报表布局设计等。

2. 模型的作用

模型具有以下 5 个方面的作用。

1）精确捕获和表达系统的需求与应用领域中的知识，以使各方面的利益相关者能够理解并达成一致

软件作为一种逻辑思维的产品，其抽象性和不可见性限制了用户对软件系统的认识。软件系统的不同模型可以捕获关于这个软件的应用领域、使用方法和构造模式等方面的需求信息。各方面的利益相关者包括软件结构设计师、系统开发人员、程序员、项目经理、顾客、投资者、最终用户和使用软件的操作员。在软件系统实际建立之前，先利用模型来描述产品的特征和结构，使参与产品设计和开发的人员都能了解目标系统的设计思路、内部结构、产品功能与流程，并能从中找出产品设计和开发过程中的问题与风险所在。为了方便用户参与软件系统的开发，最终提供用户满意的产品，利用模型的可视性，开发人员可以方便地与用户进行交流。

2）便于用户和各个领域的专家审查

由于模型的规范化和系统化，就比较容易暴露出开发人员对目标系统的认识的片面性和不一致性。通过审查，往往会发现许多错误，这些错误在成为目标系统中的错误之前，就被预先清除掉。例如，通过模型用户可以发现开发人员对系统的理解是否存在偏差、遗漏或错误等，及时对模型加以补充和完善，而对模型的修改和完善是非常方便和经济的。

3）降低复杂性

一个大型软件系统由于其复杂程度，可能无法直接进行开发，但模型使之成为可能。当面对大量模糊的、涉及众多专业领域的、错综复杂的信息时，开发人员往往感到无从下手，因为人类思维每次只能处理有限的信息。模型提供了组织大量信息的一种有效机制。通过每次处理分解出的少量重要事物，模型省略了一些不必要的细节，所以对模型的操作要比对原始实体操作更加容易。在编写程序代码之前，软件系统的模型可以帮助软件开发人员方便地研究软件的多种构架和设计方案。在进行详细设计之前，建模可以让开发人员对软件的构架有全面的认识。在不损失细节的情况下，模型可以抽象到一定的层次以使人们能够理解。

4）提高开发效率和质量

随着软件系统规模的不断扩大，要求软件的生产过程具备工业化生产的特点。对于复杂的软件系统，要求由开发团队的多名开发人员分工合作，协同工作才能开发成功。软件产品的市场竞争压力需要软件所采用的技术是可重用的，以达到软件版本的快速更新的目的。软件生产的质量要求是稳定的。模型提供了对系统重要方面的简明描述；模型为开发团队的不同成员之间及与用户之间提供了有效的通信手段。人们在试图理解一个系统时，可以根据他所关心的某一方面的问题，查阅对应的系统模型，从而得到对此问题的理解。通过研究一个大型软件系统的模型，可以提出多个设计方案，并可以对它们进行相互比较。当然模型不可能做得足够精细，但即使一个粗糙的模型也能够说明在最终设计中所要解决的许多问题。

5）模型可以作为软件系统维护和升级时的文档

由于投资在新系统上的资源十分巨大，所以保留一个清晰的文档记录是十分重要的。在实施过程中一个关键的活动就是把文档正确地、完整地、以一种后来开发人员能够使用的方式集成起来。大多数文档都是由项目开发过程中建立的模型组成的。

3. 建模目的

（1）使用模型可以更好地理解问题。

（2）使用模型可以加强人员之间的沟通。

（3）使用模型可以更早地发现错误或疏漏的地方。

（4）使用模型可以获得设计结果。

（5）模型为最后的代码生成提供依据。

4. 建模原则

研究和建立模型应运用抽象概括和创造思维，进行综观全局的科学总结。在建模过程中必须遵循以下原则。

1）准确原则

模型必须准确地反映软件系统的真实情况。如果缺乏有效的建模手段，最初的设计和最终的产品产生了分离，使得模型不能真实地反映系统的真实情况，就使模型失去了应有的价值。模型必须准确，这意味着在软件系统开发的整个周期内，模型必须与产品始终保持一致。

2）分层原则

在建模过程中，必须有不同的模型，以不同的抽象程度，反映系统的不同侧面。模型要随时间进展变化。深度细化的模型源于较为抽象的模型,具体模型源于逻辑模型。例如,开始阶段建立的模型是整个系统的一个高层视图。随着时间的推进,模型中增加了一些细节内容,并引入了一些变化。再随着时间的推进,模型的核心焦点从一个以用户为中心的前端逻辑视图转变成了一个以实现为中心的后端物理视图。随着开发过程的进行和对系统的深入理解,必须在各种层次上反复说明模型以获得更好的理解,而用一个单一视角或线性过程理解一个大型系统是不可能的。在软件系统开发的不同阶段,不同的人员看待软件的侧重面有所不同。因此,软件系统的建模需要不同的模型以反映系统的不同侧面。

3) 分治原则

软件系统是复杂的,对于软件系统的任意一个侧面,会存在许多不同特征的信息。因此,不可能用一个模型来反映这个侧面的所有特征。所以,需要把问题分解为不同的子问题,分别处理。针对这些子问题的模型相互独立,但又相互联系,综合起来就构成了此侧面的一个完整的模型。例如,需求分析阶段建立的模型用来捕获系统的需求、描绘与真实世界相应的基本类和协作关系;设计阶段建立的模型是需求分析模型的扩充,为实现阶段准备指导性的、技术上的解决方案;实现阶段建立的模型是源代码,编译后的源代码就变成了程序。

4) 标准原则

模型必须在某种程度上是通用的。建模的一个基本目的就是进行交流。在一个开发团队里,开发人员需要交流。同一软件的不同时期的或不同版本的开发团队,需要参考以前版本的开发团队的设计原理和实现方案。不同软件的开发团队之间也需要交流,以实现最大程度的软件重用,从而提高开发效率。如果各开发团队在建模时采用同样的方法和符号,交流才会高效地进行。否则,交流的时候就会发生困难,甚至失败。

2.1.2　什么是 UML

UML 是 Unified Modeling Language(统一建模语言)的简称。Grady Booch 在其经典的 *The Unified Modeling Language User Guide* 一书中对 UML 的定义是:UML 是对软件密集型系统中的制品进行可视化、详述、构造和文档化的语言。定义中所说的制品(artifact)是指软件开发过程中产生的各种各样的产物,如模型、源代码、测试用例等。

作为一种语言,UML 定义了一系列的图形符号来描述软件系统。这些图形符号有严格的语义和清晰的语法。这些图形符号及其背后的语义和语法组成了一个标准,使得软件开发的所有相关人员都能用它来对软件系统的各个侧面进行描述。模型元素代表面向对象中的类、对象、消息和关系等概念,是构成图的最基本的单位。一个模型元素可以用在多个不同的图中;无论怎样使用,它总是具有相同的含义和相同的符号表示。

虽然 UML 定义了系统建模所需的概念并给出其可视化表示法,但是它并不涉及如何进行系统建模。因此,它只是一种建模语言,而不是一种建模方法。从企业信息系统到基于 Web 的分布式应用,甚至实时嵌入式系统,都适合用 UML 来建模。

UML 是独立于过程的,即可以适应不同的建模过程,既可以用于软件系统的建模,也可以用于业务建模以及其他非软件系统的建模。

1. UML 是一种语言

语言提供了用于交流的词汇表和在词汇表中组合词汇的规则。建模语言的词汇表和规则注重于对系统进行概念上和物理上的描述,产生对系统的理解。UML 这样的建模语言是用于软件蓝图的标准语言，它的词汇表和规则可以说明如何创建或理解结构良好的模型。

2. UML 是一种可视化语言

软件产品是程序员头脑中的概念模型在具体编程语言上的实现。为了真正理解程序代码的含义，除了领会程序代码中的文字注释（即文字建模）外，很多情况下还需要领会图形符号表达的概念模型（即图形建模）。无论是理解文字建模，还是理解图形建模，歧义性都是造成错误理解的内在原因。

UML 提供了一组图形符号，方便人们对系统中仅用文字描述无法完全阐述清楚的结构进行图形描述。此外，UML 表示法中的每个符号都有明确语义，确保每个人可以无歧义地理解他人所绘制的图形模型。

3. UML 是一种适于详细描述的语言

详细描述意味着所建的模型是精确的、无歧义的、完整的。特别地，UML 适于对所有重要的分析、设计和实现决策进行详细描述。

4. UML 是一种构造语言

UML 不是一种可视化的编程语言，但用 UML 描述的模型可以映射成编程语言，甚至可以映射成关系数据库中的表，或者映射成面向对象数据库中的永久存储。

这种映射允许进行正向工程，即从 UML 模型到编程语言的代码生成。在工具支持和人的干预下，这种映射也允许进行逆向工程，即由编程语言代码重新构造 UML 模型。

5. UML 是一种用于文档化的语言

一个健康的软件组织除了生产可执行的源代码之外，还要给出各种制品。这些制品包括（但不限于）需求、体系结构、设计、源代码、项目计划、测试、原型、发布。这些制品不但是项目交付时所要求的，而且无论是在开发期间还是在交付使用后对控制、度量和理解系统也是关键所在。

UML 适于建立系统体系结构及其所有细节的文档，还提供了用于表达需求和测试的语言。此外，UML 提供了对项目计划活动和发布管理活动进行建模的语言。

2.1.3　UML 的发展历史

UML 是由世界著名的面向对象技术专家 G. Booch、J. Rumbaugh 和 I. Jacobson 发起，在 Booch 方法、OMT 方法和 OOSE 方法的基础上，汲取其他面向对象方法的优点，广泛征求意见，几经修改而完成的。目前 UML 被对象管理组织（Object Management Group，OMG）采纳为标准，得到了诸多大公司的支持，如 IBM、HP、Oracle、Microsoft 等，已成为面向对象技术领域内占主导地位的标准建模语言。

通常公认的第一个面向对象语言是 1967 年由 Dahl 和 Nygaard 在挪威开发的 Simula-67。虽然该语言从来没有得到大量拥护者，但是它的概念给后来的语言发展以很大启发。Smalltalk 在 20 世纪 80 年代早期得到广泛应用，到 20 世纪 80 年代晚期出现了其他面向对象语言，如 Objective C、C++ 和 Eiffel 等。方法学家面对新类型的面向对象编程语言的涌现和不断增长的应用系统复杂性，开始试验用不同的方法来进行分析和设计，由此在 20 世纪 80 年代出现了面向对象建模语言。

在 1989 年到 1994 年之间，面向对象的方法从不足 10 种增加到 50 种以上。每种方法的提出者都声称自己语言的好处，极力推崇自己的产品，并在实践中不断完善，出现了所谓的"方法战（method wars）"。例如，1988 年 Shlaer/Mellor 提出的面向对象的系统分析（Object-oriented Systems Analysis）方法；1990 年 Rebecca Wirfs-Brock 提出的职责驱动（Responsibility-Driven）CRC 卡片法（CRC-cards）；1991 年 Peter Coad 和 Edward Yourdon 提出的 OOA/OOD 方法；1991 年 Grady Booch 提出的 Booch 方法；1991 年 James Rumbaugh 提出的 OMT（Object Modeling Technique）方法；1992 年 Ivar Jacobson 提出的 OOSE（Object-oriented Software Engineering）方法。还有其他很多方法，在此不一一列举。这些方法中的每一种方法都是完整的，但又都有各自的优点和缺点。例如，Booch 方法在项目的设计和构造阶段规划软件系统的表达力特别强；OOSE 对以用例作为一种途径来驱动需求获取、分析和高层设计提供了极好的支持；OMT 对于分析数据密集型的信息系统最为有用。

面对众多的各有千秋的建模语言，用户由于没有能力区别不同语言之间的差别，因此很难找到一种比较适合其应用特点的语言。此外，众多语言的细微差别，也妨碍了用户之间的交流。因此在客观上，有必要在比较不同的建模语言优缺点及总结面向对象技术应用实践的基础上，根据应用需求，取其精华，去其糟粕，求同存异，统一建模语言，从而诞生了 UML。随着 UML 被 OMG 采纳为标准，面向对象领域的这场方法学大战也宣告结束。众多方法的提出者也开始转向 UML 方面的研究。

1994 年 10 月，James Rumbaugh 从通用电气公司加入到 Grady Booch 所在的 Rational 公司，正式拉开了 UML 的统一工作的序幕。他们首先将 Booch93 和 OMT-2 统一起来，提出"统一方法"（Unified Method，UM）0.8 版本（草案），于 1995 年 10 月发布。同年秋，Ivar Jacobson 也加入了 Rational 公司，把 OOSE 结合进来，扩充了 UM 的范围。经过 3 个人的共同努力，于 1996 年 6 月和 10 月分别发布了两个新的版本，即 UML 0.9 和 UML 0.91。并将 UM 重新命名为 UML。这是 UML 演化发展的第一阶段。

1996 年后，一些机构将 UML 作为其商业策略已日趋明显。UML 的开发者得到来自众多的正面反馈，并倡议成立了"UML 伙伴组织"。当时的成员有 DEC、HP、I-Logis、Itellicorp、IBM、ICON Computing、MCI Systemhouse、Microsoft、Oracle、Rational Software、TI 以及 Unisys 等。他们推出了 UML 1.0 版本，于 1997 年 1 月提交到 OMG 作为初步的提案申请。此后，又有几家公司向 OMG 提交了自己的建模语言申请。于是，UML 伙伴组织把这些公司也吸收到自己的阵营中来。为了反映这些新成员的意见，又对 UML 1.0 进行了修改，于 1997 年 9 月产生了 UML 1.1 版。该提案于 1997 年 11 月被 OMG 正式采纳，成为标准。这是 UML 演化发展的第二阶段。

在 OMG 组织控制下，对 UML 进行了持续的修订与改进。为此，成立了 UML 修订任务组（Revision Task Force，RTF），负责有关评论，提出修改意见。先后于 1999 年 6 月、2001 年 9 月、2003 年 3 月，产生了 UML 1.3、UML 1.4 和 UML 1.5 版本。其中 UML 1.3 版是较为重要的修订版，目前广泛流行的主要是这个版本。但 UML 1.3 版对 UML 1.1 版的修订还是技术细节方面问题，没有对 UML 做大的变动。随着修订过程中发现新问题，UML 规范的标准化进入一个循环反复的过程。为了 UML 的下一次重大发布，UML 2.0 修订的主持者广泛收集了各方面的意见，计划对 UML 做重大变动。UML 2.0 版首先简化了 UML 内容，形成一个精炼的核心和定义良好的外围或扩展机制。其次还将对 UML 的底层结构、上层结构和对象约束语言做出重大改进。UML 2.0 的正式版本于 2005 年初被

OMG 采纳。这是 UML 演化发展的第三阶段。

下面列举的公司和个人为 UML 的设计和发展产生过深远的影响。

(1) Colorado State University：Robert France。

(2) Computer Associates：John Clark。

(3) Concept 5 Technologies：Ed Seidewitz。

(4) Data Access Corporation：Tom Digre。

(5) Enea Data：Karin Palmkvist。

(6) Hewlett-Packard Company：Martin Griss。

(7) IBM Corporation：Steve Brodsky、Steve Cook。

(8) I-Logix：Eran Gery，David Harel。

(9) ICON Computing：Desmond D'Souza。

(10) IntelliCorp and James Martin & Co.：James Odell。

(11) Kabira Technologies：Conrad Bock。

(12) Klasse Objecten：Jos Warmer。

(13) MCI Systemhouse：Joaquin Miller。

(14) OAO Technology Solutions：Ed Seidewitz。

(15) ObjectTime Limited：John Hogg、Bran Selic。

(16) Oracle Corporation：Guus Ramackers。

(17) PLATINUM Technology Inc.：Dilhar DeSilva。

(18) Rational Software：Grady Booch、Ed Eykholt、Ivar Jacobson、Gunnar Overgaard、Jim Rumbaugh。

(19) SAP：Oliver Wiegert。

(20) SOFTEAM：Philippe Desfray。

(21) Sterling Software：John Cheesman、Keith Short。

(22) Sun Microsystems：Peter Walker。

(23) Telelogic：Cris Kobryn、Morgan Björkander。

(24) Taskon：Trygve reenskaug。

(25) Unisys Corporation：Sridhar Iyengar、GK Khalsa、Don Baisley。

2.1.4　UML 的特点

UML 的主要特点可归纳为以下 5 点。

1. 统一的标准

UML 是被 OMG 接受为标准的建模语言，越来越多的开发人员使用 UML 进行软件开发，越来越多的开发厂商支持 UML。

2. 面向对象

UML 是支持面向对象软件开发的建模语言。

3. 可视化

UML 规定了一组图，用丰富的图形符号隐含表示了模型元素的语法，图形符号的组合表达了模型的语义。

4. 独立于过程

UML 不依赖于特定的软件开发过程。

5. 概念明确

建模表示法简洁，图形结构清晰，可视化、表示能力强大，容易掌握和使用。

2.2 UML 的构成

2.2.1 UML 的概念模型

UML 的构成图如图 2.1 所示。作为一种建模语言，UML 的概念模型由 3 个要素构成：①UML 的基本构造块；②支配这些构造块如何放在一起的规则；③一些运用于整个 UML 的公共机制。

UML 由 基 本 构 造 块（basic building block）、语义规则（rule）和公共机制（common mechanism）组成。

1. 基本构造块

基本构造块包括事物（thing）、关系（relationship）和图（diagram）。

UML 把可以在图中使用的概念统称为模型元素。UML 定义了两类模型元素的图形表示：事物和关系。

1）事物

事物这类模型元素用于表示模型中的某个概念，是对模型中首要成分的抽象。事物又分为 4 种类型。

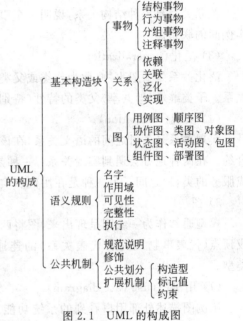

图 2.1 UML 的构成图

（1）结构事物（structural thing）。

结构事物是 UML 模型中的名词，它们通常是模型的静态部分，描述概念元素或物理元素。结构事物总称为类目（classifier）。包括类（class）、接口（interface）、协作（collaboration）、用例（use case）、主动类（active class）、组件（component）、制品（artifact）和结点（node）。

（2）行为事物（behavioral thing）。

行为事物是 UML 模型中的动词，它们通常是模型的动态部分，描述跨越时间和空间的行为。包括交互（interaction）、状态机（state machine）和活动（activity）。

（3）分组事物（grouping thing）。

分组事物是 UML 模型的组织部分，它们是一些由模型分解成的"盒子"。主要的分组事物是包（package）。整个模型可以看成是一个根包，它间接包含了模型中的所有内容。子系统是另一种特殊的包。

（4）注释事物（annotational thing）。

注释事物是 UML 模型的解释部分。它们用来描述、说明和标注模型的任何元素。主要的注释事物是注解(note)，它给建模者提供依附于元素之上的信息的文本说明，但没有语义作用。

2) 关系

关系这类模型元素把事物结合在一起，用于表示事物之间的相互连接。关系又分为4种类型。

(1) 依赖(dependency)。

依赖关系是一种使用关系，说明一个事物(如类 Window)使用另一个事物(如类 Event)的信息和服务。从本质上讲，依赖关系反映的是两个模型元素间的语义关系，其中一个元素(独立元素)发生变化会影响另一个元素(依赖元素)的语义。

(2) 关联(association)。

关联关系是一种结构关系，说明一个事物的实例(如类的实例是对象)与另一个事物的实例间的联系。

(3) 泛化(generalization)。

泛化关系是一般事物(称为超类或父类)和该事物的较为特殊的种类(称为子类)之间的关系。子类继承(即共享)父类的特性(特别是属性和操作)，也可以定义自己的特性。

(4) 实现(realization)。

实现关系是类目之间的语义关系，在该关系中一个类目描述了另一个类目保证执行的合约。在两种地方会遇到实现关系：一种是在接口和实现它们的类或构件(为其提供操作或服务的类目)之间。另一种是在用例和实现它们的协作之间。

3) 图

模型通常作为一组图呈现出来，图将两类模型元素聚集在一起。大多数情况下把图画成顶点(代表事物)和弧(代表关系)的连通图。UML 1.5 之前的版本将图又分为 10 种类型。

(1) 用例图(use case diagram)。

用例图描述外部用户看到的系统功能。用例图展现了一组用例、参与者(一种特殊的类)及它们之间的关系。

(2) 顺序图(sequence diagram)。

顺序图描述对象之间传递消息的时间顺序。顺序图展现了一组对象及它们之间收发消息的时序关系。

(3) 协作图(collaboration diagram)。

协作图描述在一次交互中有意义的对象和对象间的链连接。协作图展现了收发消息的对象的结构组织。

(4) 类图(class diagram)。

类图描述系统的静态结构。类图展现了一组类、接口、协作和它们之间的关系。

(5) 对象图(object diagram)。

对象图描述系统在某个时刻的静态结构。对象图展现了一组对象以及它们之间的关系，是类图中所建立的事物的实例的静态快照。

(6) 状态图(statechart diagram)。

状态图描述一类对象所经历的历程中各个状态和连接这些状态的变迁。每个状态描述一个对象在其生命周期中满足某种条件的一个时间段内的行为。状态图展现了一个状态机，它由状态、转移、事件和活动组成。状态图专注于对象的动态视图。

(7) 活动图(activity diagram)。

活动图描述系统的流程，可以是工作流，也可以是事件流。工作流期间完成的任务就是活动。活动图展现了进程或其他计算的结构内部的一步步的控制流和数据流。活动图专注于系统的动态视图。

(8) 组件图(component diagram)。

组件图描述实现系统的各种组件及其之间的关系。组件是系统设计的模块化部件，它的实现隐藏在一组外部接口之后。组件图展现了一个封装的类和它的接口、端口以及由内嵌的构件和连接件组成的内部结构。组件图专注于表示系统的静态设计的实现视图。

(9) 部署图(deployment diagram)。

部署图描述位于结点实例上的运行组件实例的安排。部署图展现了对运行时的处理结点以及在其中生存的组件的配置。部署图专注于体系结构的静态部署视图。

(10) 包图(package diagram)。

包图描述组织系统的建模元素的分组机制，以此表达系统总体结构模型。这些模型元素可以是类、接口、组件、结点、用例和子包等。包图展现了控制软件系统复杂性的分解策略，使得开发人员更容易理解模型，以便控制修改模型元素的影响范围。

2. 语义规则

UML 的模型图不是由模型元素简单地堆砌而成的，而是必须按特定的规则有机地组成合法的 UML 图，形成结构良好的模型。结构良好的模型应该在语义上自我一致，并且与所有的相关模型协调一致。

语义规则包括 5 个方面。

1) 名字(name)

任何一个 UML 成员(事物、关系、图)都必须包含一个名字。

2) 作用域(scope)

UML 成员所定义的内容起作用的上下文环境，使名字具有特定含义的语境。某个成员在每个实例中代表一个值，还是代表这个类元的所有实例的一个共享值，由上下文决定。

3) 可见性(visibility)

UML 成员能被其他成员引用的方式(看见和使用)。

4) 完整性(integrity)

UML 成员之间互相连接的合法性和一致性。

5) 执行(execution)

UML 成员在运行时的特性，描述运行或模拟动态模型的含义是什么。

3. 公共机制

在软件开发的生命周期里，随着系统细节的展开和变动，不可避免地要出现一些不太规范的模型。例如，隐藏某些元素以简化视图的省略模型，可能遗漏了某些元素的不完全模型，不保证模型的完整性的不一致模型，等等。UML 的规则鼓励(不是强迫)专注于最重要的分析、设计和实现问题，这将促使模型随着时间的推移而具有良好的结构。

以图的方式建立模型是不够的，即使这些图是按照规则构成的良好结构的模型。对于各种图中的模型元素,还要按一定的要求进行详细的说明和解释,即为图加上说明规范的方式构成完整的模型。这就好比房子可以按一定的结构模式(它定义了建筑风格)建造成维多利亚式的或法国乡村式的。通过与具有公共特征的模式取得一致,可以使一个软件系统更为简单和更为协调。

UML 使用贯穿整个语言且一致应用的公共机制为图附加一些信息。公共机制包括4 个方面。

1) 规范说明(specification)

UML 的图形符号是简洁、形象、直观的;同时也提供了足够的详细信息(即模型的规范说明)以供建造之用。在图形表示法的每部分背后都有一个规范说明。提供了对构造块的语法和语义的文字叙述。例如,在类的图符背后有一个规范说明,它提供了对该类所拥有的属性、操作(包括完整的特征标记)和行为的全面描述。UML 的图形表示法用来对系统进行可视化;UML 的规范说明用来描述系统的细节。UML 的规范说明提供了一个语义底版,它包含了一个系统的各个模型的所有部分,各部分以一致的方式相互联系。

2) 修饰(adornment)

在图的模型元素上添加修饰,可为模型元素附加一定的语义。例如,某个类是否是抽象类,或它的属性和操作是否可见。可以把很多这样的细节表示为图形或文字的修饰,添加到类的基本矩形符号上。

3) 公共划分(common division)

在面向对象的系统建模中,通常有 3 种划分方法。

第一种方法是对类和对象的划分。类是一种抽象,对象是这种抽象的一个具体表现。UML 的很多构造块都存在像类/对象这样的二分法,可以划分为抽象的描绘和具体的实例这两种存在形式。例如,对象和类使用同样的图形符号,只是用名字加以识别。用普通样式的名字表示类名,用带下划线的名字表示对象名。

第二种方法是接口和实现的分离。接口声明了一个合约,实现表示了对该合约的具体实施,它负责如实地实现接口的完整语义。UML 的很多构造块都存在像接口/实现这样的二分法。例如,用例和实现它们的协作;操作和实现它们的方法。

第三种方法是类型和角色的分离。类型声明了实体的种类,角色描述了实体在语境中的含义。任何作为其他实体结构中的一部分的实体(例如属性)都具有两个特性:从它固有的类型派生出一些含义,从它在语境中的角色派生出一些含义。

4) 扩展机制(extensibility mechanism)

扩展机制为 UML 提供了扩充其表达内容的范围的能力,以描述各种新出现的事物,使人们能够以受控的方式来扩展该语言。

扩展机制又分为 3 种类型。

(1) 构造型(stereotype)。

构造型也称为版型,扩展了 UML 的词汇,可以用来创造新的构造块。这个新构造块既可以从现有的构造块派生,又专门针对要解决的问题。

(2) 标记值(tagged value)。

标记值扩展了 UML 构造型的特性,可以用来创建构造型的规范说明的新信息,使得用户也可以定义自己的特性,以维护元素的附加信息。

（3）约束（constraint）。

约束扩展了 UML 构造块的语义，可以用来增加新的规则或修改现有的规则。

2.2.2　UML 中的视图

可以将所有 UML 图归属为以下 4 种建模技术。

（1）需求建模。通过用例图描述需求。

（2）静态建模。通过类图和对象图描述软件系统的静态元素。

（3）动态建模。通过协作图、顺序图、活动图、状态图描述静态元素的行为。

（4）构架建模。通过组件图和部署图，在多个层次（如表示、业务、资源）上描述软件系统的构架。

对于复杂系统建模需要从多个不同的方面来描述，这是因为各种人员——最终用户、分析人员、开发人员、系统集成人员、测试人员、技术资料作者和项目管理者——各自带着项目的不同日程，在项目的生命周期内各自在不同的时间、以不同的方式来看系统。软件体系结构或许是满足上述要求的最重要的制品，它可以驾驭不同的观点，并在整个项目的生命周期内控制对系统的迭代和增量式开发。

UML 用视图来表示被建模系统的各个方面，它是在某一个抽象层次上对系统的抽象表示。UML 把软件体系结构划分为 5 个视图，每一个视图代表在一个特定的方面对系统的组织和结构进行的投影。每一个视图又由一种或多种模型图构成。模型图描述了构成相应视图的基本模型元素及它们之间的相互关系。一个特定视图中的图应该足够简单，便于交流，而且一定要与其他图的视图连贯一致，因而所有视图结合在一起（通过它们各自的图）就描述了系统的完整画面。图 2.2 给出了 UML 的视图。UML 中的视图包括用例视图（use case view）、逻辑视图（logical view）、进程视图（process view）、实现视图（implementation view）、部署视图（deployment view）。这 5 个视图一般称为"4＋1"视图。另外，通过视图可以把建模语言和系统开发时选择的方法或过程连接起来。

图 2.2　UML 的视图

1. 用例视图

用例视图用来支持软件系统的需求分析，它定义系统的边界，关注的是系统应该交付的功能，即外部参与者所看到的功能。它从外部参与者的角度描述系统的外部行为和静态的功能组合。用例视图的使用者是最终用户、开发人员、测试人员。客户对系统的期望用法（即要求的功能）被当作多个用例在用例视图中进行描述，一个用例就是对系统的一个用法的通用描述。用例视图的静态方面由用例图表现；动态方面由顺序图、协作图、状态图和活动图表现。

用例视图是"4+1"视图的核心，它的内容驱动其他视图的开发。系统的最终目标，也就是系统将提供的功能是在用例视图中描述的。同时该视图还有其他一些非功能特性的描述，因此，用例视图将会对所有其他的视图产生影响。另外，通过测试用例视图，可以检验和最终校验系统。这种测试来自两个方面：一方面是客户，可以询问客户"这是您想要的吗"；另一方面就是已完成的系统，可以询问"系统是按照要求的方式运作的吗"。

2. 逻辑视图

逻辑视图定义系统的实现逻辑。它描述了为了实现用例视图中提出的系统功能，在对软件系统进行设计时所产生的设计概念（设计概念又称为软件系统的设计词汇）。逻辑视图从设计的角度关注系统的静态和动态表示，从而确保系统所有重要的需求得以实现。逻辑视图的使用者是分析人员、开发人员。逻辑视图关注系统的内部，即描述系统的静态结构（类、对象及它们之间的关系），也描述系统内部的动态协作关系。这种协作发生在为了实现既定功能，各对象之间进行消息传递的时刻。另外，逻辑视图也定义像永久性和并发性这样的特性，同时还定义类的接口和内部结构。对逻辑视图的描述在原则上与软件系统的实现平台无关。逻辑视图的静态方面由类图和对象图表现；动态方面由顺序图、协作图、状态图和活动图表现。

3. 进程视图

进程视图描述给定时刻系统中不同的执行进程，说明系统中并发执行和同步的情况。进程视图的焦点是通过性能、可伸缩性和吞吐量来评价进程的执行。进程视图的使用者是最终用户、分析人员、系统集成人员。进程视图关注进程执行中的信息流和处理时的数据修改。进程视图的静态方面由类图和对象图表现；动态方面由顺序图、协作图、状态图和活动图表现。

4. 实现视图

实现视图用来说明代码的结构，描述的是组成一个软件系统的各个物理部件，这些物理部件以各种方式（例如，不同的源代码经过编译，构成一个可执行系统；或者不同的软件组件配置成为一个可执行的系统；或者不同的网页文件，以特定的目录结构，组成一个网站等）组合起来，构成一个可实际运行的系统。实现视图的使用者是最终用户、开发人员、测试人员、项目管理者。对于最终用户和项目管理者来说，其重要性在于版本发行的计划；对于开发人员和测试人员来说，其重要性在于知道需要装配成系统的最终的构件。实现视图的静态方面由组件图表现；动态方面由顺序图、协作图、状态图和活动图表现。

5. 部署视图

部署视图描述软件系统在计算机硬件系统和网络上的安装、分发和分布情况。例如，计算机和设备（结点），以及它们之间是如何连接的。部署视图的使用者是最终用户、开发人员、系统集成人员、测试人员。部署视图也包括一个显示组件如何在物理结构中部署的映射，例如，一个程序或对象在哪台计算机上执行。部署视图的静态方面由部署图表现；动态方面由顺序图、协作图、状态图和活动图表现。

UML 中的"4+1"视图最早是由 Philippe Kruchten 提出的，Kruchten 把其作为软件体系结构的表示方法。由于比较合理，所以被广泛接受。软件体系结构不仅关心结构和行为，而且还关心用法、功能、性能、弹性、复用、可理解性、经济与技术约束及其折中，以及审美的考虑。需要说明的是，UML 中的视图并不是只有这 5 个，视图只是 UML 中图的组合，如果认为这 5 个视图不能完全满足需要,用户也可以定义自己的视图。

2.2.3 UML 1.5 版的规范

OMG 的 UML 1.5 版的规范文件包含以下 6 部分内容。

1. UML 概要

UML 概要(UML summary)是对 UML 的概括介绍,内容包括主要制品、动机、目标、范围及历史、现状和未来。

2. UML 语义

UML 语义(UML semantics)说明了 UML 结构模型和行为对象模型的语义。"结构模型"(又称为静态模型)强调系统中对象的结构,包括它们的类、接口、属性和关系。"行为对象模型"(又称为动态模型)强调系统中对象的行为,包括它们的方法、交互、协作和状态历史。该文件为"UML 图示法指南"中描述的所有建模方法提供了完整语义。

3. UML 图示法指南

UML 图示法指南(UML notation guide)给出了 UML 的可视化表示法。对建模所用到的每个图和图中用到的建模概念,都简略地叙述其语义,描绘它的可视化图示法,并给出选项、风格指导和例子。UML 图示法指南是从应用者的角度学习掌握 UML 的最重要的文献资料。

4. UML 外围实例

UML 外围实例(UML example profiles)定义了两个"UML 外围"。"外围"就是一套预定义的版型、标签值、约束和表示图标。其作用是,可按特定领域或过程进行特定化和剪裁 UML。

第一个外围称为"用于软件开发过程的 UML 外围"(UML profile for software development processes)。它是基于软件工程的统一过程的一个外围实例,允许建模者利用 UML 的扩展机制为特定领域(如软件开发过程)定制 UML。请注意,这个外围不是统一过程(unified process)的完整定义,而是强调如何使用外围术语和图示法。这个外围实例仅用到版型和约束定义,也包括一些标签值。

第二个外围称为"用于业务建模的 UML 外围"(UML profile for business modeling)。它是描述为业务建模而定制 UML 的一个外围实例。尽管所有的 UML 概念适用于这个领域,但实例强调的是公共版型和某些有用的术语。请注意,UML 可用于为不同类型的系统建模(如软件系统、硬件系统和现实世界中组织)。

5. UML 模型交换

UML 模型交换(UML model interchange)是基于元对象设施(MOF)1.3 规范。UML 语义抽象语法被映射到称为 UML 交换元模型(UML interchange metamodel)的一组 MOF 包。这组包作为 XML 文档提供,称为 UML_1.4_Interchange_Metamodel.xml。它的文档类型是基于 MOF 1.3 模型和 XML 元数据交换 XMI(XML metadata interchange)1.1 规范。XML 规定了在不同系统之间交换元数据时使用的基于 XML 的数据格式。除了数据类型(Data_Types)包外,UML 交换元模型的每个包都定义了一个独立的依从性单元。核心包定义了最基本的依从性级别。

6. 对象约束语言规范

对象约束语言规范（object constraint language，OCL）定义了一种对象约束语言，可用于描述模型中关于对象的附加约束。因为 UML 的各种图通常不足以详细地表达模型规则的所有信息。用自然语言表达这些信息会产生歧义，而传统的形式化语言则难以被一般的建模者所理解。OCL 的目的就是弥补这一鸿沟。尽管它是一个形式化语言，但较容易书写和阅读。它是一种纯表达式语言，在对 OCL 表达式求值时，它不会有副作用，即求值不会改变相应的执行系统的状态。它不是编程语言，不能书写程序逻辑或控制流。OCL 可用于说明和描述类图中的类和类型的不变式、版型的类型不变式、操作和方法的前置条件和后置条件、警戒条件、操作的约束，并可为导航语言。

UML 规范的篇幅很长，因为它的读者不只是做应用建模的一般用户，还包括 OMG 和其他标准化组织、工具开发者、元模型建模者、方法学家等其他读者。作为一般应用开发者，可以重点学习"UML 图示法指南"中的各种模型图以及直接用于应用建模的概念和图示法，对该语言的体系结构和定义方式只需大致了解就行了。

正如方法学大师 James Rumbaugh 所说的那样：UML 就像一本很厚的书一样，一下子要把每个章节、每一页都看完相对来讲是不容易的。学习 UML 的最好方式是从最基础、最根本的方式来学，尤其是从图像化的东西开始学起，把握一个要点，当你有这个需求要扩展更多功能的时候再从原来的基础往那个方向扩展学习的内容。

James Rumbaugh 还指出：UML 最大的贡献是在设计与建模上。有了 UML 这个标准，最大的好处是大家愿意在建模上发挥自己的能力，把软件开发从原来的写程序"拉"到结构良好的建模上来，这是软件最应该发展的方向，这是 UML 意义最大的所在。

2.3　UML 2.0 简介

虽然 UML 1.x 取得了巨大成功，但是由于以下种种因素，导致 UML 1.x 不能完全适应新形势了。

（1）开发工具在实现 UML 潜力方面不尽如人意。

（2）企业应用中基于构件的开发和面向服务的架构（SOA）占据了主流地位。

（3）实时应用领域通常使用更为成熟的建模语言来定义构件和系统构架。例如 SDL（Specification and Description Language）和 ROOM（Real-Time Object-Oriented Modeling）。

（4）应用开发的焦点已经从代码上升到模型，模型驱动体系结构（MDA）技术走向实用阶段。各种模型转换和代码生成技术可以自动将模型转化为应用程序。

为了应对上述挑战，OMG 对 UML 进行了一次大规模的修订，发布了 UML 2.0 规范，在可视化建模方面做了许多革新和增强。加强了系统构架建模能力，可以描述现今软件系统中的许多开发技术。加强了可执行模型和完全代码生成的能力，可以作为 MDA 的合适基础。提倡模块化结构，易于采用"核心＋可选的专用子语言"模式进行建模。提高了语义精确性和概念清晰性。

这里就 UML 2.0 中变化较大的规范（底层结构和上层结构）、图型（指图形模型，下同）和性质做一简单介绍。

2.3.1 底层结构

UML 2.0 定义了两个补充规范：UML 2.0 Infrastructure 和 UML 2.0 Superstructure。底层结构(Infrastructure)旨在定义其他规范中可能(部分或全部)使用的基础性概念。它仅包含 UML 的基本静态概念,且主要是面向数据结构的描述。

底层结构库由核心(Core)包和外围(Profiles)包组成。前者包含元模型建模时使用的核心概念,后者定义为定制元模型使用的机制。图 2.3 给出了底层结构库包的组成。

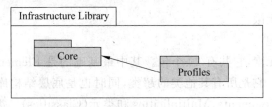

图 2.3　底层结构库包

1. 外围包

如图 2.3 所示,外围包依赖于核心包。外围包定义了由现有的元模型剪裁出特定平台(如 C++ 、CORBA 或 EJB)或特定领域的机制。比如,为对法律和教育领域建模而改写 UML 时,可以以 UML 为基础添加内容,而外围包指出建模者要添加的内容。

外围包的第一位目标是 UML,但可以将外围与基于公共核心的任何元模型一起使用。外围必须基于一个元模型(如扩充 UML 的一种方法),一般不单独使用。

2. 核心包

核心包是为高度可重用而专门设计的一个完整的元模型,使处于同一元级的元模型的其他元模型可导入到或特化到它的特定元类。如图 2.4 所说明的那样,UML、CWM(公共仓库模型)、MOF(元对象设施)都依赖公共核心。因为这些元模型都是模型驱动构架(MDA)的关键部件,可把公共核心看作为 MDA 的构架内核。这样,让 UML 和其他 MDA 元模型重用核心包的全部或一部分,可使其他元模型从已定义好的抽象语法和语义中得益。

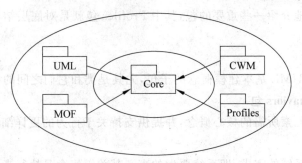

图 2.4　公共核心包的角色

核心包拥有 Primitive Types、Abstractions、Basic 及 Constructs 4 个包,如图 2.5 所示。

1) Primitive Types 包

该包包含一些元模型建模时常用的若干预定义数据类型,如 Integer、Boolean、String 及 UnlimitedNatural 等。最后一种数据类型表示自然数组成的无限集合中一个元素,它指定

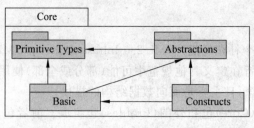

图 2.5　核心包

使用星号（＊）来表示无限。

2）Abstractions 包

该包多数为抽象元素，它共有 20 个包。其中最基础的是 Element 包，它只拥有一个名为 Element 的抽象类。它是所有其他类的超类，同时也是底层结构库的元——元类。其他包还有 Relationship、Comments、Multiplicities 和类元（Classifies）。类元是描述结构和行为方面的元素。

3）Basic 包

该包提供了最低限度的基于类的建模语言。它是构建复杂语言的基础。Basic 中元类用 4 个图型（Types、Classes、DataTypes 和 Packages）来说明。

4）Constructs 包

该包多数为引导面向对象建模的具体元类，该包可为 MOF 和 UML 重用。该包对Abstractions 包和 Basic 包有很多依赖。它组合了来自这些包的内容，并添加了类、关系和数据类型这样的细节。

2.3.2　上层结构

上层结构（Superstructure）定义了用户实践过的完整的 UML。有一个称为内核（kernel）的 Superstructure 的子集，收编了 Superstructure 文档中有关底层结构部分的内容。图 2.6 给出了上层结构的组成。

下面只是概括地介绍一些重要的包，其中 Profiles 包就是对底层结构库包中的 Profiles包的重用。

1. Classes 包

该包包含处理 UML 基本建模概念的子包，尤其是类和它们之间的关系。

2. CommonBehaviors 包

该包指出动态元素所需的核心概念，并提供支持关于行为的更详细定义的基础设施。

3. UseCases 包

该包用来获取系统的需求，即系统要做的事。其关键概念是执行者、用例和主题。

4. CompositeStructures 包

该包除了说明符合结构图的规范外，还说明端口和接口。这个包还说明类之间的协作是如何发生的。

5. AuxiliaryConstructs 包

该包定义了关于信息流、模型、基本类型和模板等方面的机制。

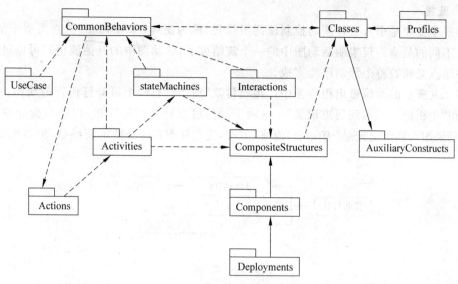

图 2.6 上层结构

2.3.3 活动图

活动图是 UML 所有图中变化最大的一种。活动图的目的发生了相当大的变化。它本来用于描述工作流程(以下简称"流"),现在它也包含一些必需的新特性以便可以支持工作流程的自动化。

1. 动作

第一个变化是活动图的结点不再称为活动(activities),而是改称为动作(action)。活动成了一个更高层次的概念,它包含一个动作序列。因此,一个活动图展现了一系列的动作,这些动作一起组成了活动。

如果一个动作拥有前置条件和/或后置条件,则这些约束表现为附着在动作上具有相应版型的注释,如图 2.7 所示。动作触发前必须满足前置条件,动作完成后必须满足后置条件。

2. 输入流

第二个变化是动作可以有多个输入流。当所有的输入流都触发时,动作才会触发。信号是另外一种触发动作的方式。UML 2.0 引入了一种新的信号图形符号,代表定时信号。当预先指定的时间段结束后(图 2.8 中指出的时间段为三天后),定时信号就被触发。

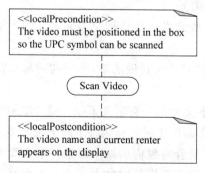

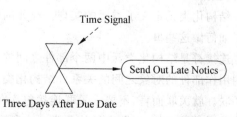

图 2.7 动作、前置条件和后置条件   图 2.8 触发活动的定时信号

3．流终

第三个变化是引入一种新的控制流图形符号，称为流终（flow final）。它类似于活动终结点。不同的是流终仅表明活动图中的一个流结束了，活动图中的其他流仍然可以进行；而活动终结点意味着整个活动已经完成。

图 2.9 所示的录像带出租事务中，"接收付款"动作后有两个可并行执行的动作："打印收据"和"出租记录加入到历史记录"。这两个动作可以被并行地发送，以便减少处理时间。"出租记录加入到历史记录"有一个"流终"图符，这意味着：这个特定流终结，但整个活动并未结束。

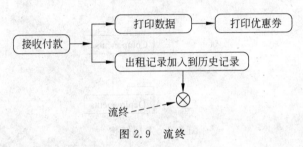

图 2.9　流终

4．连接符

第四个变化是引入了连接符（Connector）。连接符描述了流跨越活动图，从一个活动图延续到另一个活动图的情形。

在图 2.10 中，在两个活动图中有两个名字都是 A 的连接符，这意味着：图 2.10(a) 中的 A 和图 2.10(b) 中的 A 在逻辑上是同一个结点。动作 Send Out Late Notice 的下一个动作就是 Place Hold On Account。

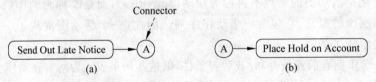

图 2.10　连接符使流跨越两个活动图

2.3.4　结构化类元

UML 2.0 中的类元（classifier）是指一种描述行为和结构特征的模型元素，包括用例、构件、结点、子系统、接口和类等。类是最重要的一种类元。

类元的内部结构由端口、部件和连接符定义。这些元素是在结构化类元定义的上下文内定义的。

结构化类元定义了类元的实现。类元的接口描述了类元要做的事，类元的内部结构描述了如何做这些事。

连接符是结构化类元中两个部件之间的一种上下文关系。它定义了作为同一结构化对象内用作部件的对象之间的关系。结构化类元的两个部件之间的连接符不同于两个类之间的关联。就关联而言，不要求关联连接包含在同一个复合对象内的两个对象。单个类中的每个关联是独立的；而单个结构化类元中所有连接符可共享运行时的上下文。连接符可由一般的关联实现,也可由临时关系(如过程调用、变量、全局值)实现。

结构化类元的封装是通过外部环境和内部部件之间的所有交互(通过端口)来实现的。端口是具有良定义的接口的一种交互点。端口可以连接到内部部件,也可连接到内部部件中的端口。端口也可直接与结构化类元的行为连接,端口收到的消息自动地转发给部件或行为(反之亦然)。

2.3.5 组合

UML 2.0 包含以下 3 种新方式来对动作进行组合或分解:子活动、扩展区域和扩展泳道线。

1. 子活动

一个动作可以被分解为一系列其他动作的组合,这些动作的组合就是子活动。

在图 2.11 中,Return Video 动作就实现为一个子活动。

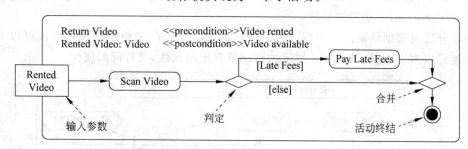

图 2.11　子活动图

活动除了可以通过活动图来描述外,还可以通过活动结点来显示声明,活动名字(Return Video)在活动结点的左上角,名字下面是参数(Rented Video)和类型(Video)。活动的逻辑(一系列动作)包含在活动结点中。前置条件(Video rented)和后置条件(Video avaiable)可以放在活动结点的中心位置。

2. 扩展区域

扩展区域是一个活动的嵌套区域,如图 2.12 所示。扩展区域的输入是一个集合。对于集合中的每一个元素,扩展区域中的活动都被执行一次。其实,扩展区域是一种迭代,它从语义上类似于输入集合上的 for 循环。

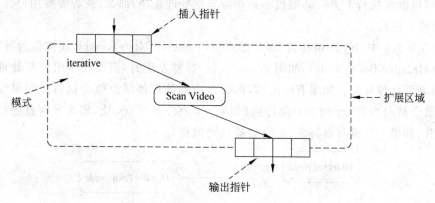

图 2.12　返回多个 Video 的扩展区域

扩展区域的输出集合必须和输入集合类型一致。实际上，不仅集合的类型要一致，而且集合中值的类型也要相同。当扩展区域执行的时候，输入集合的某一个位置上元素对应的输出会被插入到输出集合的相同位置上。输入输出集合大小相同。

扩展区域中的单个动作由一个速记符号来指明。动作符号不能出现在扩展区域中，它们只能和输入输出脚相连。

3. 扩展泳道线

在绘制活动图时经常会遇到多维泳道线问题。例如，有一个软件系统开发项目，架构师和业务分析师围绕需求说明，要分别在上海和北京两个地方执行一些动作。业务分析师在上海进行监理需求和冻结需求的动作；又要在北京进行评审需求的动作。架构师在上海进行建立领域模型的动作；又要在北京进行建立用户接口设计的动作。

在以往的多维泳道线绘制中，每条泳道线可以代表一个角色（如架构师或业务分析师）要进行的活动，但是难以反映出地域信息（如上海和北京）。UML 2.0 通过引入活动分区（Activity Partition）来扩展泳道线。

活动分区可根据活动的一组特征（如角色、地域、组织等）来组织动作。分区可以嵌套，使得维度可以多于两维。图 2.13 展示的活动既有地域属性，又有部门属性。

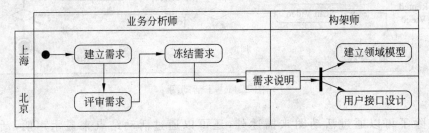

图 2.13　使用活动分区来表示动作的角色和位置

2.3.6　异常

异常处理由两个阶段组成。第一阶段，在 try 块的代码中的某处抛出异常（一个异常可以被多次抛出）。第二阶段，异常被捕获并被放在 catch 块中的代码进行处理。

catch 块是可以嵌套的。如果该异常有相应异常处理程序，那么发生的异常就得到解决，程序可以继续执行下去。如果找不到相应异常处理程序，那么，或者需要用户介入处理，或者程序终止运行。

在 UML 2.0 中，try 块被称为"保护结点"（Protected Node），catch 块被称为异常"处理体结点"（Handler Body Node），如图 2.14 所示。异常发生时，需要在一组异常处理体结点中查找以处理这种异常。如果有匹配的，那么对应的处理体结点就会执行。如果没有匹配的，异常就会被向当前 try 块的外部传播（如果 try 块外还有 try 块，那么异常就会被外部的 try 块捕获；如果一直没有被捕获，最终会被系统捕获）。

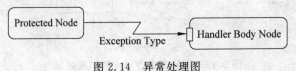

图 2.14　异常处理图

下面以一个简单的浏览器为例,它的功能是提示用户输入地址(URL),并把地址可以定位的资源在显示器上显示,如图 2.15 所示。该活动的逻辑是:

① 打开新的地址;

② 打开显示窗口;

③ 复制内容;

④ 关闭和地址关联的流以及显示器。如果一切顺利,资源的内容会被正常显示。

在上述过程中,有两个地方可能会出现异常。一个是 URL 格式不正确而导致出现非法地址格式异常(MalformedURLException),它会在打开地址的时候被检测到。另一个是输入输出异常(IOException),它可以在很多地方发生,例如地址可能是有效的,但是地址所在的资源不可读或者显示不可用等。

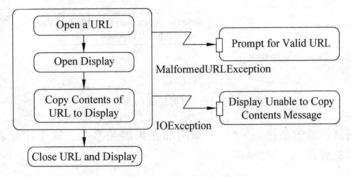

图 2.15　一个简单浏览器的异常处理

在图 2.15 所示的例子中,一共有 4 个活动,3 个放在保护结点中。有两个"异常处理体结点"代表上述的两种异常。异常处理体结点和保护结点的后继处理是相同的,因而可以把关闭地址和显示窗口活动作为最终(finally)结点。

2.3.7　交互概观图

交互概观图(interactive overview diagram)是 UML 2.0 的一个新图,图 2.16 给出了理解这个概念的一个例子。

假设在一个图书馆中,一个借书者要完成这 3 个步骤:

① 从图书馆的数据库中查找到一本书;

② 把这本书拿到服务台去办理借阅登记;

③ 在离开图书馆前,门卫检验借阅记录。

现在,分析一下每个活动内的交互动作,从而导出相应的 3 个交互图。第 1 个活动中涉及用户与图书馆中数据库的交互;第 2 个活动中图书馆管理员为用户办理借阅手续,这涉及用户与管理员的交互;第 3 个活动中涉及用户与门卫的交互。

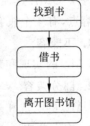

图 2.16　在图书馆的 3 个活动

如果用反映这些交互活动的顺序图来替代上面活动中每个活动,就可以得到一个交互概观图。

2.3.8 用例图

UML 1.3 中加入了扩展点来表现用例是如何扩展的。在 UML 2.0 中,扩展点功能进一步加强了。它展现了一个用例扩展另外一个用例的逻辑必然性。另外也清楚地指出了扩展的确切位置。

图 2.17 说明了电话会议用例如何扩展打电话用例的。首先开始普通电话用例,然后在电话会议一方的电话机上,轻轻按下挂起键(flash),并且拨出特征激活号码,听见拨号音时,就可以进行电话会议了。这里,基础用例清楚地被扩展了。

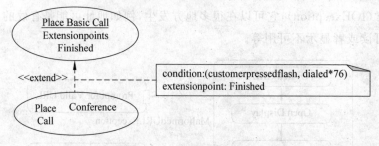

图 2.17　用例扩展的条件

为了展示用例扩展的条件,一个注释被附加在扩展关系上。这个注释表明了打电话用例扩展的条件和扩展点。

2.3.9 UML 一致性

UML 的早期版本没有说明怎么才叫对标准的支持。结果是 UML 工具厂商们可以比较容易地声称自己支持的 UML 特性是符合标准的。一方面这是有利的,因为厂商们可以更好地发展 UML;另一方面则是不利的,它导致不同厂商之间的工具产生的模型之间非常难以交互,而从一种工具产生的模型转换到另一种工具产生的模型则会丢失很多信息。

UML 2.0 版本定义了 38 个兼容点。兼容点是一个 UML 领域(例如"用例")。所有的 UML 2.0 实现都必须实现一个核心兼容点,其他的 37 个都是可选的。这样,用户就可以知道某一个 UML 建模工具支持哪些模型元素,以及对这些模型元素支持的程度。对于每一个兼容点,有 4 个兼容等级,它们刻画了兼容的程度。

1. 不兼容

UML 的实现和兼容点的语法、规则、图符不兼容。

2. 部分兼容

UML 的实现和兼容点的语法、规则、图符部分兼容。

3. 完全兼容

UML 的实现和兼容点的语法、规则、图符完全兼容。

4. 互操作兼容

UML 的实现和兼容点的语法、规则、图符完全兼容,和兼容点的 XMI 模式也完全兼容。

按 38 个兼容点的支持程度构成了 3 个兼容级别:基础(一级)、中等(二级)和完全(三级）。基础兼容需要实现前 10 个兼容点。中等兼容还要实现接下来的 15 个兼容点。完全兼容则要实现所有的 38 个兼容点。换句话说，基础兼容需要兼容类图、活动图、交互图、用例图；中级兼容还需兼容状态图、外围图、构件图和部署图；完全兼容还需兼容动作图和其他一些高级特征。

2.3.10　小结

UML 2.0 列出了 13 种正式图型，如表 2.1 所示，并进行了分类，如图 2.18 所示。UML 标准指明某种图典型地画在某种图型上，但这并不是一种规定。

表 2.1　UML 2.0 的正式图型

图　　名	目　　的	联　　系
活动（activity）	过程行为与平行行为	UML 1.x 中有
类（class）	类、特征与关系	UML 1.x 中有
通信（communication）	对象间交互，着重连接	UML 1.x 中协作图
构件（component）	构件的结构和连接	UML 1.x 中有
复合结构（composite structure）	类的运行时刻分解	UML 2.0 的新图
部署（deployment）	制品在结点上的配置	UML 1.x 中有
交互概观（interactive overview）	顺序图和活动图的混合	UML 2.0 的新图
对象（object）	类的实例	UML 1.x 中非正式图
包（package）	编译时刻层次结构	UML 1.x 中非正式图
顺序（sequence）	对象间交互，着重顺序	UML 1.x 中有
状态机（state machine）	事件如何改变生命期中对象	UML 1.x 中有
定时（timing）	对象间交互，着重定时	UML 2.0 的新图
用例（use case）	用户在系统中如何交互	UML 1.x 中有

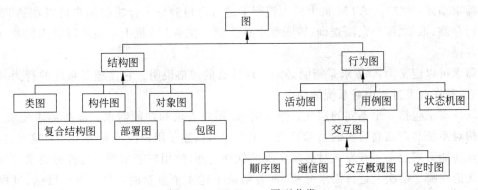

图 2.18　UML 2.0 图型分类

UML 2.0 的图分为结构图（structure diagram）和行为图（behavior diagram）两大类。结构图显示系统中对象的静态结构。因此，它们描述的是与时间无关的规格说明中的元素。结构图中元素代表了应用中有意义的概念,包括抽象的概念、现实世界中的概念和实现中的概念。结构图可分为类图、复合结构图、构件图、部署图、对象图和包图。

例如,飞机订票系统中的结构图可包含座位分配算法、机票和信贷授权服务的类元。结构图不显示动态行为的信息,这由行为图说明。然而,结构图可以显示展示在结构图中的类元行为的关系。

行为图显示系统中对象的动态行为,包括它们的方法、协作、活动和状态历史。系统的动态行为可描述为系统在一段时间里发生的一系列的变化。行为图可分为活动图、用例图、状态机图和交互图,而交互图又可分为顺序图、通信图、交互概观图和定时图。

需要注意的是,这种分类是不同类型图的一种逻辑组织,但这并不排斥不同类型图的混合,可以有结构和行为元素组合而成的图(例如,嵌入在内部结构的一个状态机)。因此,不是严格地分清不同类型图之间的界线。

UML 正在迅速地成为一种可视化建模环境,以满足当今软件开发中对于技术(例如异常)和沟通(例如活动分割)的需要。UML 覆盖的领域也在扩展中,它不再仅仅用来描述软件系统。随着 SOA 和 MDA 的兴起,UML 不仅需要成为一个平台独立的系统描述语言,而且必须能用来描述和自动完成商业流程。

下一代 UML 将在现有的特性的基础上,加入少量新的特性,以提高语义的精确性和概念清晰性。由于它的构架建模能力,其应用也必然扩展到各种大型软系统;由于采用模块化结构,将容易地派生出专用领域的建模语言;它将成为 MDA 的合适基础。以实现可执行模型和完全的模型代码生成。

2.4   一个 UML 的例子

本节通过一个简化的银行 ATM 系统的例子,对 UML 中所使用的图型进行概览,说明如何用各种不同的概念来描述一个系统。

2.4.1   需求分析

需求描述:储户在 ATM 机上插入银行卡进行身份验证。合法的储户可以在 ATM 机上进行存款、取款、账户余额查询、转账等事务。储户在 ATM 机上不能进行信用付款、修改密码等操作。

需求可以定义为:"需求是指明必须实现什么的规格说明。它描述了系统的行为、特性或属性,和在开发过程中对系统的约束。"

软件需求包括 3 个不同的层次:业务需求、用户需求和功能需求。业务需求反映了组织机构对系统和产品高层次的目标要求。用户需求描述了用户使用系统和产品时要实现的任务。功能需求定义了开发人员必须实现的软件功能,使用户能实现满足业务要求的任务。

无论在哪个层次上进行需求分析,都要明确下述 4 个概念的具体内容:目标、过程、资源和规则。目标是指希望资源处于什么样的状态。过程是指被执行的活动,这些活动会改变资源的状态。资源是指使用或产生的对象,如人、物料、信息、产品等。规则是指在某些方面进行规定或约束的声明,如一个过程应该怎样执行、资源的结构应该是怎样的等。

在上述简化的银行 ATM 系统例子中,资源有银行卡、账户和现金。进一步分析可知,银行卡和现金是物理产品,账户是电子信息。

过程有登录、存款、取款、账户余额查询、转账。

"登录"过程包括以下活动:储户在 ATM 机的读卡终端上插入银行卡,储户在 ATM 机的键盘上输入密码。如果密码正确,则成功登录系统。储户可以进行后续的操作:存款、取款、账户余额查询、转账。

"存款"过程包括以下活动:储户在 ATM 机的存款终端上放入现金,系统验证现金的真伪,并统计现金的总额,系统修改账户余额数目。

"取款"过程包括以下活动:储户在 ATM 机的键盘上输入取款金额,系统判断账户余额是否足额,储户从 ATM 机的存款终端上取走现金,系统修改账户余额数目。

"账户余额查询"过程包括以下活动:储户在 ATM 机的键盘上输入查询选项(1 表示查余额;2 表示查历史记录),ATM 机的显示终端上显示账户余额数目或存取操作历史记录。

"转账"过程包括以下活动:储户在 ATM 机的键盘上输入转账选项,储户在 ATM 机的键盘上输入他人的账号,储户在 ATM 机的键盘上输入转账金额,系统判断账户余额是否足额,系统修改账户余额数目。

规则有以下 7 种类型。

规则 1:账号由 15~19 位的数字 0~9 组成。

规则 2:密码由 6 位的数字 0~9 组成。

规则 3:每天每次输入密码时,正确性验证三次。三次错误,则禁止当天的 ATM 机的操作。

规则 4:无论是进行存款、取款还是转账,对最终的操作给予确认提示。

规则 5:每次取款或转账时,当账户余额不足时,终止后续操作。

规则 6:每天取款最多 2 万元,每次取款最多 5 千元。

规则 7:每次存款或取款时,对现金进行真币验证,禁止伪币流通。

目标有以下两种类型。

目标 1:账号、密码、账户余额,三者构成一个一对一的整体。

目标 2:账户余额正确反映储户在银行中的存款数目。

2.4.2　用例图

采用用例驱动的分析方法分析需求的主要任务是识别出系统的参与者和用例,并通过绘制用例图,建立用例模型。用例图是被称为参与者的外部用户所能观察到的系统功能的模型图。用例是系统中的一个功能单元,可以被描述为参与者与系统之间的一次交互作用。用例模型的用途是列出系统中的用例与参与者,并显示哪个参与者参与了哪个用例的执行。参与者是系统的主体,表示提供或接收系统信息的人或系统。图 2.19 显示了本例的用例图。

在本例中,参与者是储户,系统有 5 个功能:登录、存款、取款、账户余额查询、转账。实际上对应 5 个过程,因为每个过程体现了参与者与系统的一次交互行

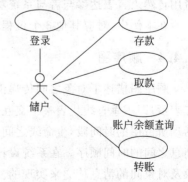

图 2.19　银行 ATM 系统的用例图

为。所以，系统有 5 个用例。但是，用例图中只是描述了参与者与用例之间的（使用或通信）关系，至于它们之间的交互行为则要通过用例描述进行说明，即在用例描述中使用自然语言描述参与者与用例的交互行为。至于用例描述的详细介绍，请参考第 3 章的相关内容。

2.4.3 活动图

活动图显示了系统的流程，可以是工作流，也可以是事件流。在活动图中定义了流程从哪里开始，到哪里结束，以及在这之中包括哪些活动。活动是工作流期间完成的任务。活动图描述了活动发生的顺序。在系统分析阶段，可以用活动图描述系统的业务流程，对应某个用例的交互行为。图 2.20 显示了本例的"登录"活动图，图 2.21 显示了本例的"存款"活动图。

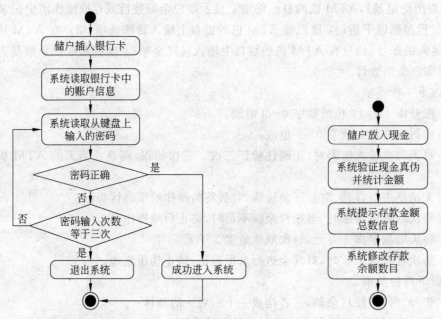

图 2.20　银行 ATM 系统的"登录"活动图　　图 2.21　银行 ATM 系统的"存款"活动图

在本例中，每个过程对应一个活动图。事实上，在业务建模阶段，用活动图描述业务流程，对应于某个用例的用例描述。不过，前者用图型表达参与者与系统功能的交互行为，后者用自然语言表达参与者与系统功能的交互行为。

在本例中，对应其他 3 个过程，分别存在 3 个活动图。限于篇幅，在此略去。

2.4.4 顺序图

顺序图描述了对象之间传递消息的时间顺序。在顺序图中，每一个对象用一条生命线来表示，即用垂直线代表整个交互过程中对象的生命周期。生命线上的矩形表示一个交互活动所占用的时间段，生命线之间的箭头连线表示消息。从上到下，消息的位置关系表达了消息之间的时间顺序。在系统设计阶段，顺序图实际上表达了用例的用例描述是如何用对象及对象间的消息传递来实现的。图 2.22 显示了本例的"登录"用例的用例描述对应的顺序图，图 2.23 显示了本例的"存款"用例的用例描述对应的顺序图。

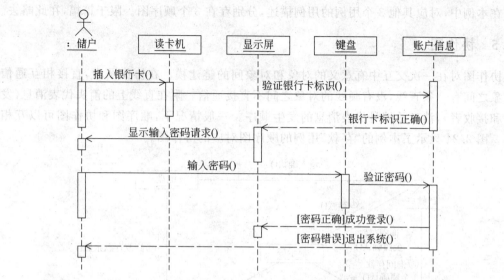

图 2.22　银行 ATM 系统的"登录"用例对应的顺序图

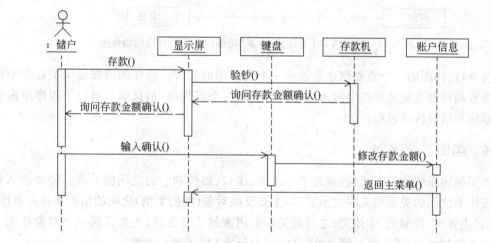

图 2.23　银行 ATM 系统的"存款"用例对应的顺序图

在图 2.22 和图 2.23 中，读卡机对象代表读卡机驱动程序，完成从银行卡中读取储户的账号及银行信息。显示屏对象代表显示器驱动程序，完成信息的显示输出。键盘代表键盘驱动程序，完成从键盘上读取输入的数字信息。存款机对象代表存款机驱动程序，完成从存款机中获取现金、验钞、统计现金金额。账户信息对象代表在银行数据库中储存的储户账户实体类，包括账号、密码、银行行号、存款余额等信息。

在本例中，每个用例的用例描述对应一个顺序图。它是在对象层次上用图型表达参与者与系统功能的交互行为。对于同一个用例的用例描述，存在 3 种表达方式：用例描述、活动图、顺序图。用例描述和活动图在描述参与者与系统功能的交互行为时，基本单位是活动。顺序图在描述参与者与系统功能的交互行为时，基本单位是对象及对象间消息。若干个对象及它们之间的消息传递完成一个活动的任务。例如，图 2.22 中的"储户"对象、"读卡机"对象，以及"插入银行卡"消息，共同完成了图 2.20 中的"储户插入银行卡"活动。

在本例中，对应其他 3 个用例的用例描述，分别存在 3 个顺序图。限于篇幅，在此略去。

2.4.5 协作图

协作图对在一次交互中有意义的对象和对象间的链建模。在协作图中，直接相互通信的对象之间有一条直线，没有画线的对象之间不直接通信。附在直线上的箭头代表消息（发送者和接收者），消息的编号代表消息的发生顺序。一般情况下，顺序图和协作图可以互相转换。图 2.24 显示了本例的"存款"用例的顺序图对应的协作图。

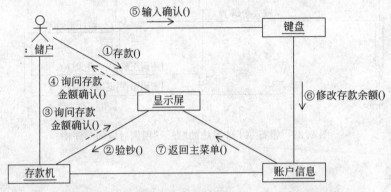

图 2.24　银行 ATM 系统的"存款"用例的顺序图对应的协作图

另外，协作图的一个重要用途是表示一个类操作的实现。协作图可以说明类操作中用到的参数和局部变量及操作中的永久链。当实现一个行为时，消息编号对应了程序中嵌套调用结构和信号传递过程。

2.4.6 类图

类图描述系统的静态结构，展现了一组类、接口、协作和它们之间的关系。需要永久储存的实体类之间的关系用关联关系表示，主要反映对象（类的实例）之间的结构连接多重性。其他类（边界类、控制类、实体类）之间的关系常用依赖关系表示，主要反映一个对象使用另一个对象的属性和/或方法。图 2.25 显示了银行 ATM 系统的类图。

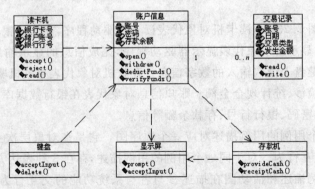

图 2.25　银行 ATM 系统的类图

在本例中，"账户信息"类和"交易记录"类之间是一对多的关联关系，其他类之间（这些类包括读卡机、键盘、显示屏、存款机、账户信息）是依赖关系。这些依赖关系对应着顺序图中的消息传递,这些消息传递属于操作调用类型。例如,"读卡机"类依赖于"账户信息"类,是因为前者要调用后者的 verifyFunds()方法。

2.4.7 状态图

状态图是一个类对象所经历的所有历程的模型图,它由对象的各个状态和连接这些状态的变迁组成。每个状态对一个对象在其生命周期中满足某种条件的一个时间段建模。当一个事件发生时,它会触发状态间的变迁,导致对象从一种状态转化到另一种状态。图 2.26 显示了本例的"账户信息"类对象的状态图。

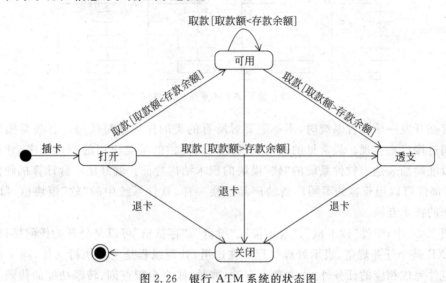

图 2.26 银行 ATM 系统的状态图

在本例中,"账户信息"类对象可以有几种不同的状态:打开、可用、透支、关闭。如果储户没有插入银行卡,则"账户信息"类对象是不可用的,即无法进行存款、取款、账户余额查询、转账等操作。插入银行卡后,"账户信息"类对象处于"打开"状态,此时,还没有进行任何操作的选择,所以处于等待状态。如果储户选择的操作是存款或账户余额查询,则"账户信息"类对象不会发生异常现象,所以不用描述这两类操作引起的状态变迁。如果储户选择的操作是取款或转账,则在取款额大于存款余额的情况下,"账户信息"类对象会发生异常现象,所以要描述这两类操作引起的状态变迁。取款或转账可以连续操作,只要存款余额充足即可,所以"可用"状态可以有自反变迁(也称为递归变迁)。"透支"状态会引发程序的异常处理,其实质就是取消当前的取款或转账操作。无论在"打开"状态、"可用"状态、"透支"状态中的哪个状态,只要出现"退卡"事件,就可以结束"账户信息"类对象的本次活动期。

针对一个具体的软件系统,通常情况下,不会对所有的类对象都建立一个状态图,只有那些需要刻画属性取不同值的类对象,才有可能和必要建立状态图。此外,状态图的一个重要用途是表示一个类操作的实现。在模型转换和代码生成自动化技术的支持下,从状态图可以自动生成类操作的代码。此外,状态图也支持测试用例的设计和测试活动的进行。

2.4.8 组件图

组件图描述了系统中的各种组件(也称为构件),用于描述系统的体系架构。组件可以是源代码组件、二进制文件组件或可执行文件组件。组件之间也存在着依赖关系，利用这种依赖关系可以方便地分析一个组件的变化会给其他组件带来怎样的影响。图 2.27 显示了本例的组件图。

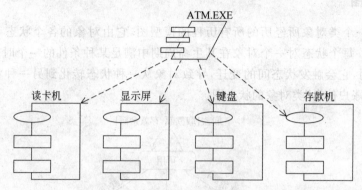

图 2.27　银行 ATM 系统的组件图

通常在开发一个软件系统时，不一定要对所有的类的操作编写代码。有些类操作的实现可以通过接口来实现。最常见的接口实现是厂商提供的某类应用的驱动程序。因此，组件图可以准确地表达出软件系统的"软"模块的积木结构特征。就好比一台计算机硬件系统中，CPU 部件可以用兼容的不同厂商的产品互换一样，软件系统中的"软"模块也可以实现不同厂商的技术互换。

在图 2.27 中，组件"读卡机"、"显示屏"、"键盘"、"存款机"可以是公开的任何接口，组件 ATM.EXE 是个任务规范，表示处理线程。在这里，处理线程是个可执行文件，除了调用其他 4 个组件完成相应的任务外，主要负责存款、取款、账户余额查询、转账功能的代码实现。

2.4.9　部署图

部署图描述了位于结点实例上的运行组件实例的安排，描述系统的实际物理结构。结点是一组运行资源，如计算机、设备、存储器、显示器、打印机等。有些资源具备运算能力，有些资源不具备运算能力。图 2.28 显示了本例的部署图。

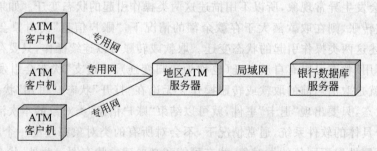

图 2.28　银行 ATM 系统的部署图

图 2.28 显示了 ATM 系统的主要布局。ATM 系统采用三层结构，分别针对银行数据库服务器、地区 ATM 服务器和客户机。

ATM 客户机结点上的可执行文件主要是 ATM 系统，在不同地点的多个 ATM 客户机上运行，完成存款、取款、账户余额查询、转账功能。ATM 客户机结点通过专用网与地区

ATM 服务器结点通信。

地区 ATM 服务器结点上的可执行文件主要是多用户分布式操作系统，完成不同储户在不同地点的 ATM 客户机上的同时操作响应，并提供与银行数据库的统一的事务处理功能。地区 ATM 服务器结点通过局域网与银行数据库服务器结点通信。

银行数据库服务器结点上的可执行文件主要是大型关系型数据库管理系统，完成数据库的事务处理功能（包括新增、修改、删除、查询各种数据表中的记录，备份和恢复数据库，数据库操作权限管理和日志管理等）。

2.5　本章小结

（1）顾名思义，UML 是统一的、用于建模的语言。在系统分析和设计时，UML 的作用非常重要。

（2）UML 最初是由 Booch、Rumbaugh、Jacobson 三人设计的，它是软件工程领域中具有划时代意义的研究成果。UML 的出现结束了面向对象领域的方法学大战。

（3）UML 汲取了面向对象技术领域中各种流派的长处。UML 包含的内容非常丰富，涉及软件工程的很多方面，其应用领域也非常广泛。

（4）UML 目前已成为面向对象技术领域内占主导地位的标准建模语言，已被越来越多的公司和个人所接受和使用。

（5）对象建模把世界看作交互对象的系统。对象包含信息并且能够执行功能。UML 模型有两种。

——静态结构：侧重什么类型的对象是重要的，它们是如何相关的。

——动态结构：侧重对象是如何协作来执行系统的功能。

（6）UML 由 3 个构造块组成。

——事物：结构事物是 UML 模型的名词。行为事物是 UML 模型的动词。仅有一个分组事物——包，运用它来分组语义相关的事物。仅有一个注释事物——注解，它就像一个便笺。

——关系：把事物链接到一起。

——图：展示了模型的可视化视图。

（7）UML 具有 4 种公共机制。

——规范说明：它是模型元素的特征和语义的文本描述。

——修饰：它是图中建模元素上附加的信息项以表现某个要点。

——公共划分：

① 类元和实例。类元是一类事物的抽象概念。实例是一类事物的特定实例。

② 接口和实现。接口是说明事物行为的契约。实现提供了事物是如何工作的特殊细节。

——扩展机制：

① 约束允许对模型元素添加新的规则。

② 构造型基于已有的建模元素引入新的建模元素。

③ 标记值允许为模型元素添加新的特性，标记值是带有相关值的关键字。

④ UML 档案是一组约束、构造型和标记值。它允许 UML 使用者为特定用途定制 UML。

（8）UML 是基于系统构架的"4＋1"视图。

——逻辑视图：描述系统功能和词汇。

——进程视图：描述系统性能、可伸缩性和吞吐量。

——实现视图：描述系统组装和配置管理。

——部署视图：描述系统的拓扑结构、分布、移交和安装。

这些视图由用例视图所统一，它描述利益相关人（Stakeholder）的需求。

（9）UML 图包括类图、对象图、用例图、顺序图、协作图、活动图、状态图、包图、组件图、部署图。

（10）UML 将表现系统不同方面的多个视图组成一个模型。只有把所有的视图结合起来，才可以得到将要完成的系统的一个完整画面。视图不是图形。视图的内容用多个图来描绘，而图是由各种模型元素组成的图形。

（11）模型元素包括类、对象、接口、用例、协作、结点、组件、关系（关联关系、泛化关系、依赖关系、实现关系）等。模型元素有语义，即模型元素的意义和表示模型元素的图形符号。

（12）系统是用几种不同的模型类型来描述的，每一种模型类型都有其与众不同的目的。UML 也允许在多个不同模型（它们分别面向该企业级应用的不同级别）之间进行信息的交流。其中，分析模型描述了系统的功能需求，并建立了在真实世界中存在的那些类的模型。设计模型将分析模型转换为一个技术解决方案，即一个完整的可运作的软件设计方案。实现模型利用面向对象编程语言编制软件代码，从而实现系统。测试模型描述验证系统功能的途径，以便发现代码中的错误。最后，部署模型将实现的程序放置到由计算机和设备（称为结点）组成的物理结构中。以上这些工作并不是严格按照顺序进行的，而是不断反复、不断迭代地进行。

2.6 习 题

2.6.1 填空题

1. UML 中主要包含 4 种关系，分别是_____、_____、_____和_____。

2. 从可视化的角度对 UML 的概念和模型进行划分，可以将 UML 的概念和模型划分为_____、_____和_____。

3. 物理视图包含两种视图，分别是_____和_____。

4. 常用的 UML 扩展机制分别是_____、_____和_____。

5. UML 的公共机制分别是_____、_____和_____。

6. UML 分析和设计模型由三类模型图表示，分别是_____模型图、_____模型图和_____模型图。

7. UML 中的 5 个不同的视图可以完整地描述出所建造的系统，分别是_____视图、_____视图、_____视图、_____视图和_____视图。

8. UML 中有 10 种基本图可以完整地描述出所建造的系统，分别是_____图、

_____图、_____图、_____图、_____图、_____图、_____图、_____图、_____图和_____图。

9. UML 由_____、_____和_____3 个部分组成。

10. UML 的系统分析进一步要确立的 4 个模型是_____、_____、_____和_____。

11. UML 的优点是_____、_____、_____、_____和_____。

2.6.2 选择题

1. UML 中的事物包括结构、分组、注释和(　　)。
   A. 实体　　　　　B. 边界　　　　　C. 控制　　　　　D. 行为
2. UML 中有 4 种关系,分别是依赖、泛化、关联和(　　)。
   A. 继承　　　　　B. 合作　　　　　C. 实现　　　　　D. 抽象
3. 用例用来描述系统在事件做出响应时所采取的行动,用例之间是具有相关性的。在"订单输入子系统"中,创建新订单和更新订单都需要检查用户账号是否正确。那么,用例"创建新订单"、"更新订单"与用例"检查用户账号"之间是(　　)关系。
   A. 包含　　　　　B. 扩展　　　　　C. 分类　　　　　D. 聚集
4. (　　)不是 UML 中的静态视图。
   A. 状态图　　　　B. 用例图　　　　C. 对象图　　　　D. 类图
5. 下列关于状态图的说法中,正确的是(　　)。
   A. 状态图是 UML 中对系统的静态方面进行建模的 5 种图之一
   B. 状态图是活动图的一个特例,状态图中的多数状态是活动状态
   C. 活动图和状态图是对一个对象的生命周期进行建模,描述对象随时间变化的行为
   D. 状态图强调对有几个对象参与的活动过程建模,而活动图更强调对单个反应型对象建模
6. UML 的软件以(　　)为中心,以系统体系结构为主线,采用循环、迭代、渐增的方式进行开发。
   A. 用例　　　　　B. 对象　　　　　C. 类　　　　　　D. 程序
7. UML 的(　　)模型图由类图、对象图、包图、组件图和部署图组成。
   A. 用例　　　　　B. 静态　　　　　C. 动态　　　　　D. 系统
8. UML 的(　　)模型图由活动图、顺序图、状态图和协作图组成。
   A. 用例　　　　　B. 静态　　　　　C. 动态　　　　　D. 系统
9. UML 的最终产物就是最后提交的可执行的软件系统和(　　)。
   A. 用户手册　　　　　　　　　　　B. 类图
   C. 动态图　　　　　　　　　　　　D. 相应的软件文档资料
10. 在 UML 的需求分析建模中,(　　)模型图必须与用户反复交流并加以确认。
    A. 配置　　　　　B. 用例　　　　　C. 包　　　　　　D. 动态

2.6.3 简答题

1. 软件建模的原因是什么？

2. 常见的模型分为几种类型？各自的特点是什么？

3. 模型有哪些用途？

4. 建模原则有哪些？

5. UML 的 3 个主要创始人是谁？他们各自提出了什么方法？

6. UML 的发展历程经历了哪些阶段？

7. 管理 UML 规范的组织是什么？其目标是什么？

8. UML 的业务需求建模的图是什么？简述其用途。

9. UML 的结构视图包含哪些图？简述它们各自的用途。

10. UML 的行为视图包含哪些图？简述它们各自的用途。

11. UML 的构成是什么？简述 UML 的三要素之间的关系。

12. UML 的 5 种视图是什么？简述它们各自的用途和之间的关系。

13. UML 2.0 的图型分类构成是什么？简述它与 UML 1.x 之间的图型对应关系。

14. UML 软件开发过程的开发步骤中，分析包括哪些内容？

15. UML 软件开发过程的开发步骤中，设计包括哪些内容？

16. UML 软件开发过程的开发步骤中，实现包括哪些内容？

17. UML 软件开发过程的开发步骤中，测试包括哪些内容？

18. UML 软件开发过程的开发步骤中，配置包括哪些内容？

19. UML 软件开发过程的开发步骤中，核心支持工作包括哪些内容？

20. UML 软件开发过程产生哪些模型？

21. UML 软件开发过程产生哪些文档？

22. 什么是 UML？它的特点和主要用途是什么？

23. 需求建模、静态建模、动态建模、构架建模各与哪些 UML 图有关？

2.6.4 简单分析题

1. 假设要构建一个和用户下棋的计算机系统，哪些种类的 UML 图对设计该系统有用途？为什么？

2. 假设要开发一个简化的图书借阅系统，试根据需求描述，设计能反映该系统的功能及实现的各种图模型，对该系统进行建模。并给予简单的说明。

需求描述：读者通过图书借阅系统查询可以借阅的图书。读者在书架上找到相应的书籍后，到柜台通过图书管理员办理借阅手续。想还书的读者在柜台上通过图书管理员办理归还手续。还书时，必须检查借阅时间是否超期；若超期，则进行相应罚款。图书借阅系统不进行书籍的入库操作（即新书登记、旧书下架）。

第3章 用 例 图

本章学习目标

（1）理解用例模型的基本概念。

（2）掌握识别参与者、用例的方法。

（3）掌握用例模型中各种关系的分析。

（4）掌握用例描述的分析与编写。

（5）熟悉 UML 中用例建模的过程。

（6）了解 UML 中用例建模的注意事项。

本章首先介绍参与者、用例的概念、它们之间的关系；再重点介绍如何识别参与者和用例，如何组织用例描述的内容；然后介绍 UML 的用例建模及注意事项；最后通过一个具体案例，重点介绍用例建模的过程。

3.1 参 与 者

3.1.1 参与者的概念

参与者（Actor）是指系统以外的、需要使用系统或与系统交互的外部实体，包括人、设备、外部系统等。在国内，Actor 有很多不同的译名，包括参与者、活动者、执行者、行动者。在本书中，采用参与者这个译名。

【例 3.1】 在一个银行业务系统中，可能会有以下参与者。

（1）客户：在银行业务系统中办理了账户的居民。他们通过银行业务系统进行金融交易。

（2）管理人员：负责银行业务系统具体操作事务的办事人员。他们为客户办理存款、取款等金融交易。

（3）厂商：进行转账支付的企业。他们通过银行业务系统进行对公金融交易。

（4）Mail 系统：负责银行业务系统向个人发送电子邮件的软件系统。

实际上，参与者是一个集合概念。一个具体的外部实体仅代表同一参与者的一个实例。例如，在银行业务系统中，办理了账户的客户可能是张三，也可能是李四。因此，张三或李四都是"客户"参与者。此外，一个具体的外部实体可以充当多种不同的角色。例如，张三既可以是客户，也可以是银行的管理人员。因此，在用例建模中，不需要指向具体的参与者实例，而是指向集合特征的参与者。

在 UML 规范中，使用人形图标或带有版型标记的类图标来表示参与者。图 3.1 给出了参与者的 3 种表示形式。一般用人形图标表示的参与者是人，用类图标表示的参与者是设备或外部系统。

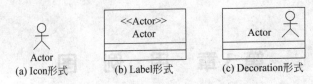

图 3.1　参与者的 3 种表示形式

【例 3.2】　在一个大学图书管理系统中，可能会有以下参与者。

（1）学生：在大学图书管理系统中办理了借书证的读者。他们通过大学图书管理系统进行书籍借还操作。

（2）教师：在大学图书管理系统中办理了借书证的读者。他们通过大学图书管理系统进行书籍借还操作。

（3）图书管理员：负责大学图书管理系统具体的书籍借还操作。学生或教师的书籍借还要通过图书管理员之手来完成。

（4）系统管理员：负责大学图书管理系统的用户维护和数据维护等操作。

一个参与者可以执行多个用例，一个用例也可以由多个参与者使用。需要注意的是，参与者实际上并不是系统的一部分，尽管他们会在用例模型中出现。参与者的内部实现是与系统无关的。

3.1.2　参与者之间的关系

由于参与者实质上也是类，用例图中的参与者之间有时会出现泛化的关系，这种泛化关系和类图中类之间的泛化关系是相似的。泛化关系的含义是把某些参与者的共同行为提取出来表示成通用行为，并描述成超类。参与者之间的泛化（Generalization）关系表示一个一般性的参与者（称为父参与者）与另一个更为特殊的参与者（称为子参与者）之间的联系。子参与者继承了父参与者的行为和含义，还可以增加自己特有的行为和含义，子参与者可以出现在父参与者能出现的任何位置上。

在 UML 规范中，泛化关系用带空心三角形箭头的实线表示，箭头指向父参与者。图 3.2 给出了参与者之间的泛化关系。

在下面的例子中，例 3.3 给出参与者之间在"含义"层次上的泛化关系，例 3.4 给出参与者之间在"行为"层次上的泛化关系。

【例 3.3】　在一个银行业务系统中，图 3.3 给出银行账户中部分角色之间的关系。"账户"参与者是父参与者，它描述了账户的基本特征（例如，账号、姓名、联系电话、住址等）。由于客户申请账户的方式不同：一类是通过柜台填表办理开户手续；另一类是通过网络申请办理开户手续，这类方式需要网络登录密码等信息。显然，两类客户具有相同的基本特征，但也有区别。因此，这两类参与者可以通过泛化关系来定义。

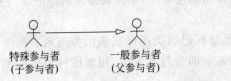

图 3.2　参与者之间的泛化关系

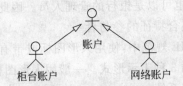

图 3.3　银行账户参与者之间的泛化关系

【例3.4】 在一个网上购物系统中,一定会遇到用户权限问题。普通用户只能浏览网站上陈列的商品,而注册会员除了普通用户具有的操作之外,还有权限进行在线购物。其用例图如图3.4所示。

从图3.4中可以发现注册会员是一种特殊的普通用户,他们拥有普通用户所拥有的全部权限,此外他们还拥有自己独有的权限。因此,可进一步在普通用户和注册会员之间建立一个泛化关系,如图3.5所示。普通用户是父参与者,注册会员是子参与者。通过泛化关系,有效地较少了用例图中通信关联的个数,简化用例模型,便于人们理解。

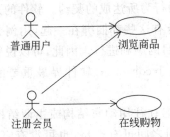 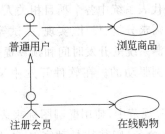

图3.4　购物网站用户的用例图　　　　图3.5　泛化后的购物网站用户的用例图

3.1.3　参与者和用例之间的关系

参与者和用例之间存在着一定的关系,这种关系属于关联关系(Association),又称为通信关联(Communication Association)。这种关系表明了哪个参与者与用例通信。

在UML规范中,用例图中的参与者和用例之间的关联关系用带箭头或不带箭头的实线表示,箭头表示在这一关系中哪一方是对话的主动发起者,箭头所指方是对话的被动接受者。在图3.4中,"普通用户"参与者主动调用"浏览商品"用例,浏览网站上陈列的商品。所以,箭头指向"浏览商品"用例。

如果不想强调对话中的主动者与被动者,或者参与者和用例互为主动者与被动者,则可以使用不带箭头的实线来表示它们之间的关联关系。

3.2　用　　例

3.2.1　用例的概念

用例(Use Case)这个概念是Ivar Jacobson在爱立信公司开发AKE、AXE系列系统时发明的,并在其博士论文 *Concepts for Modeling Large Realtime Systems*(1985年)和1992年出版的论著 *Object-Oriented Software Engineering：A Use Case Driven Approach* 中做了详细论述。

自Jacobson的著作出版后,面向对象领域已广泛接纳了用例这一概念,并认为它是第二代面向对象技术的标志。在国内,Use Case有很多不同的译名,包括用况、用案、用例。在本书中,采用用例这个译名。

目前对用例并没有一个被所有人接受的标准定义,不同的人对用例有不同的理解,不同的OO书籍中对用例的定义也是各种各样的。下面是两个比较有代表性的定义。

定义 1　用例是对一个活动者（Actor）使用系统的一项功能时所进行的交互过程的一个文字描述序列。

定义 2　用例是系统、子系统或类和外部的参与者（Actor）交互的动作序列的说明，包括可选的动作序列和会出现异常的动作序列。

用例（Use Case）是参与者（Actor）可以感受到的系统服务或功能单元。它定义了系统如何被参与者使用，描述了参与者为了使用系统所提供的某一完整功能而与系统之间发生的一段对话。

用例是代表系统中各个项目相关人员之间就系统的行为所达成的契约。软件的开发过程可以分为需求分析、设计、实现、测试等阶段，用例把所有这些都捆绑在一起，用例分析的结果也为预测系统的开发时间和预算提供依据，保证项目的顺利进行。因此，可以说软件开发过程是用例驱动的。在软件开发中采用用例驱动是 Jacobson 对软件界最重要的贡献之一。

在 UML 规范中，使用椭圆图标来表示用例。用例名往往用动宾结构或主谓结构命名（如果用英文命名，则往往是动宾结构，用例名中各单词之间可有空格，也可没有空格）。图 3.4 给出了"浏览商品"、"在线购物"两个用例的表示形式。

【例 3.5】　在一个银行业务系统中，可能会有以下一些用例。

（1）浏览账户余额。

（2）列出交易内容。

（3）划拨资金。

（4）支付账款。

（5）登录。

（6）退出系统。

（7）编辑配置文件。

（8）买进证券。

（9）卖出证券。

【例 3.6】　在一个大学图书管理系统中，可能会有以下一些用例。

（1）借书。

（2）还书。

（3）预借。

（4）超期罚款。

（5）查找图书。

（6）图书维护（录入、修改、查询、删除）。

（7）借书证维护（录入、修改、查询、删除）。

（8）查看个人借书情况。

3.2.2　用例的特征

用例具有以下一些明显的特征。

（1）用例从使用系统的角度描述系统中的信息，即站在系统外部查看系统功能，而不考虑系统内部对该功能的具体实现方式。

（2）用例描述了用户提出的一些可见的功能需求，对应一个具体的用户目标。使用用例可以促进与用户沟通，理解正确的需求，同时也可以用来划分系统与外部实体的界限，是OO系统设计的起点，是类、对象、操作的来源。

（3）用例总是被参与者启动，并向参与者提供可识别的信息。

（4）用例可大可小，但它必须是一个完整的描述。一个用例在系统设计和实现中往往会被分解成多个小用例。这些小用例的执行有先后之分，其中任何一个小用例的完成都不能代表整个用例的完成。只有当所有的小用例完成并最终产生了返回给参与者的结果，才能代表整个用例的完成。

（5）用例在以后的开发过程中，可以进行独立的功能检测。

（6）用例是对系统行为的动态描述，属于UML的动态建模部分。UML中的建模机制包括静态建模和动态建模两部分，其中静态建模机制包括类图、对象图、构件图和部署图；动态建模机制包括用例图、顺序图、协作图、状态图和活动图。需要说明的是，有些书中把用例图归类到静态建模，但根据Booch在参考文献[16]中的说明，用例图属于动态建模部分。

（7）在用例视图中，用例的设置代表了软件系统的功能划分。因此，将哪些动作组合为一个用例，将影响软件系统功能设置的合理性和方便性。

（8）用例的实例是系统的一种实际使用方法，即系统的一次具体执行过程。例如，"张三输入银行账号和密码，在得到确认后，输入取款数字，系统收到信息后把人民币送出来，张三用ATM机取了200元"。这个场景可以认为是"取款"用例实例化的结果。

（9）用例的动态执行过程可以用UML的交互作用来说明。可以用状态图、顺序图、协作图或非正式的文字描述来表示。

理论上可以把一个软件系统的所有用例都画出来，但实际开发过程中，进行用例分析时只需把那些重要的、交互过程复杂的用例找出来。

不要试图把所有的需求都以用例的方式表示出来。需求有两种基本形式：功能性需求和非功能性需求。用例描述的只是功能性方面的需求。那些用UML难以表示的需求很多是非功能性的需求。例如，开发项目中所涉及的术语表（Glossory）就很难用UML表示。对于这些需求往往是采用附加补充文档的形式来描述。

本质上，用例分析是一种功能分解（Functional Decomposition）的技术，并未使用到面向对象思想。因而有人认为用例分析只是面向对象分析与设计（Object-Oriented Analysis/Object-Oriented Design，OOA/OOD）的先导性工作，并非OOA/OOD过程的一部分，但也有人视其为OOA/OOD的一环。事实上，通过用例描述的参与者与系统一项功能的交互过程，从中可以发现类对象。不仅能够发现类对象的特征，也能发现类对象的行为。因此，无论怎样争论，用例是UML的一部分，确定一个系统的用例是开发OO系统的第一步。用例分析这步做得好，后续的类图分析、交互图分析等才有可能做得好，整个系统的开发才能顺利进行。

3.2.3 用例之间的关系

作为UML的结构事物，用例之间存在泛化（Generalization）关系、包含（Include）关系、扩展（Extend）关系。当然也可以利用UML的扩展机制自定义用例间的关系，如果要自定义用例间的关系，一般是利用UML中的版型这种扩展机制。

1. 泛化关系

泛化（Generalization）代表一般与特殊的关系。在用例之间的泛化关系中，子用例继承了父用例的行为和含义，子用例也可以增加新的行为和含义或覆盖父用例中的行为和含义。父用例表示通用的行为序列。通过插入额外的步骤或定义步骤，子用例特化父用例。

在 UML 规范中，泛化关系用带空心三角形箭头的实线表示，箭头指向父用例。

【例 3.7】 在一个在线股票经纪人系统中，图 3.6 给出了交易行为中部分交易类型之间的关系。"做交易"用例是父用例，它描述了所有交易类型都会执行的步骤。例如，输入交易密码。"交易债券"用例、"交易股票"用例、"交易期权"用例都是子用例，各自包含了针对某种交易类型特别安排的额外步骤。例如，"交易期权"用例包含了期权的行权日期判定。

【例 3.8】 在一个学校信息管理系统中，图 3.7 给出查找人行为中部分特殊身份查找之间的关系。"查找人"用例是父用例，它描述了所有身份人查找都会执行的步骤。例如，输入查找人姓名。"查找教师"用例、"查找学生"用例、"查找教辅人员"用例都是子用例，各自包含了针对某种身份人进行查找而特别安排的额外步骤。例如，"查找学生"用例包含学生身份的判定。

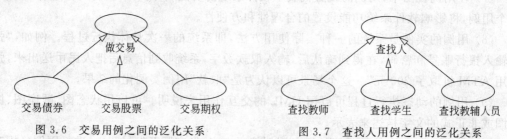

图 3.6　交易用例之间的泛化关系　　　图 3.7　查找人用例之间的泛化关系

在上面的例子中，例 3.7 给出的子用例包含了父用例没有的行为，反映的是子用例增加了新的行为。例 3.8 给出的子用例包含了父用例已有的行为，反映的是子用例更新了旧的行为。

当发现系统中有两个或者多个用例在行为、结构和目的方面存在共性时，就可以使用泛化关系。这时，可以用一个新的（通常也是抽象的）用例来描述这些共有部分。这个新的用例就是父用例。

2. 包含关系

包含（Include）关系指的是两个用例之间的关系，其中一个用例（称为基本用例）的行为包含了另一个用例（称为包含用例）的行为。

包含关系是依赖关系的版型，也就是说包含关系是比较特殊的依赖关系，它们比一般的依赖关系多了一些语义。

在 UML 规范中，包含关系用带箭头的虚线表示，箭头指向包含用例。同时，必须用≪include≫标记附加在虚线旁，作为特殊依赖关系的语义。

【例 3.9】 在一个银行 ATM 系统中，有"存款"、"取款"、"账户余额查询"、"转账"这 4 个用例，它们都要求储户必须先登录了 ATM 机。也就是说，它们都包含了储户登录系统的行为。因此，储户登录系统的行为是这些用例中相同的动作，可以将它提取出来，单独构成一个用例（作为包含用例）。图 3.8 给出了银行 ATM 系统中用例之间的包含关系。"存款"用例、"取款"用例、"账户余额查询"用例、"转账"用例都是基本用例，"登录"用例是包含用例。

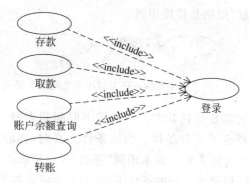

图 3.8 银行 ATM 系统中用例之间的包含关系

由于将共同的储户登录系统的行为提取出来的，"存款"用例、"取款"用例、"账户余额查询"用例、"转账"用例都不再含有储户登录系统的行为。

【例 3.10】 在一个网上购物系统中，当注册会员在线购物时，网上购物系统需要对顾客的信用进行检查，检查输入的信用卡号是否有效，信用卡是否有足够的资金支付本次订购。可以将信用检查的行为提取出来，单独构成一个用例（作为包含用例）。图 3.9 给出了网上购物系统中用例之间的包含关系。"在线购物"用例是基本用例，"检查信用"用例是包含用例。

图 3.9 网上购物系统中用例之间的包含关系

在例 3.10 中，有没有必要将信用检查的行为提取出来，单独构成一个用例（作为包含用例），视具体情况而定。当信用检查的行为只发生在在线购物活动中时，可以不用提取出来。当信用检查的行为还发生在其他活动中时，应该提取出来，以便实现软件重用。

当发现系统中在两个或者多个用例中有某些相同的动作，则可以把这些相同的动作提取出来，单独构成一个用例（称为包含用例）。这样，当某个基本用例使用该包含用例时，就好像这个基本用例包含了包含用例的所有动作。具体地讲，基本用例在其内部说明的某一位置上显式地使用包含用例的行为的结果，包含用例作为包含它的基本用例的功能的一部分出现。基本用例仅仅依赖包含用例执行的结果，而不依赖包含用例的内部结构。

3. 扩展关系

扩展（Extend）关系的基本含义与包含关系类似，即一个用例（称为基本用例）的行为包含了另一个用例（称为扩展用例）的行为。但在扩展关系中，对于扩展用例（Extension Use Case）有更多的规则限制，即基本用例必须声明若干"扩展点"（Extension Point），而扩展用例只能在这些扩展点上增加新的行为和含义。

扩展关系也是依赖关系的版型，也就是说，扩展关系是特殊的依赖关系。

在 UML 规范中，扩展关系用带箭头的虚线表示，箭头指向基本用例。同时，必须用 <<extend>> 标记附加在虚线旁，作为特殊依赖关系的语义。

【例 3.11】 在一个图书借阅系统中，当读者还书时，如果借书时间超期，则需要交纳一定的滞纳金,作为罚款。图3.10给出了图书借阅系统中还书时用例之间的扩展关系。"还书"用例是基本用例,"罚款"用例是扩展用例。

图 3.10　图书借阅系统中还书时用例之间的扩展关系

读者还书时,不是每次都要被罚款的。当他借书时间超期时,才会发生罚款动作。因此,在"还书"基本用例中指定了某种条件。当该条件为真时,将触发"罚款"扩展用例的执行,把扩展用例"罚款"的行为插入到由基本用例"还书"中的扩展点定义的位置。也就是说,"还书"用例可以单独存在,但是在一定的条件下,它的行为可以被另一个"罚款"用例的行为扩展。

扩展点是指用例中的一个或一组位置。在这样的位置上,可以插入其他用例的完整动作序列或其中的片段。在多数情况下,扩展关系有一个附加条件。只有当控制到达插入位置时且条件为真,才会发生扩展行为。在一个用例中,各扩展点的名字是唯一的。可以把扩展点列在用例图形符号中的一个题头为"扩展点"的分栏中,并以一种适当的方式(通常采用文本方式)给出扩展点的位置描述,作为基本用例中的标号。

【例 3.12】　在一个网上购物系统中,当注册会员下订单时,他可能需要临时查看一下商品目录。图3.11给出了带扩展点表示法的网上购物系统中下订单时用例之间的扩展关系。"下订单"用例是基本用例,"查看商品目录"用例是扩展用例。"附加请求"是用例"下订单"中的位置标号,"注册会员需要商品目录"是条件。

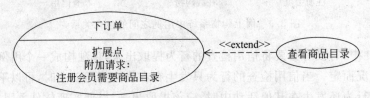

图 3.11　带扩展点表示法的用例之间的扩展关系

3.2.4　用例之间的泛化、包含、扩展关系的比较

一般来说,可以用 is a 和 has a 来判断使用哪种关系。泛化关系和扩展关系表示的是用例之间的 is a 关系,包含关系表示的是用例之间的 has a 关系。扩展关系和泛化关系相比,多了扩展点的概念,也就是说,一个扩展用例只能在基本用例的扩展点上进行扩展。

在扩展关系中,基本用例一定是一个 well formed 的用例,即是可以独立存在的用例。一个基本用例执行时,可以执行、也可以不执行扩展部分。

在包含关系中,基本用例可能是、也可能不是 well formed 的用例。在执行基本用例时,一定会执行包含用例(Inclusion Use Case)部分。

如果需要重复处理两个或多个用例时,可以考虑使用包含关系,实现一个基本用例对另一个用例的引用。

当处理正常行为的变形而且只是偶尔描述时,可以考虑只用泛化关系。

当处理正常行为的变形而且希望采用更多的控制方式时,可以在基本用例中设置扩展点,使用扩展关系。

扩展关系是 UML 中较难理解的一个概念,如果把扩展关系看作带有更多规则限制的泛化关系,则可以帮助理解。事实上,在 UML Specification l.1 版本以前,扩展关系就是用泛化关系的版型表示的,在 1.3 版本后,扩展关系改为用依赖关系的版型表示。

【**例 3.13**】 在一个网上购物系统中,当注册会员浏览网站时,他可能临时决定购买商品。当他决定购买商品后,就必须将商品放进购物车,然后下订单。图 3.12 给出了描述这种功能需求的用例图,其中既有扩展关系,又有包含关系。

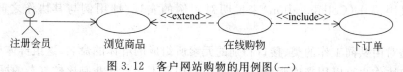

图 3.12 客户网站购物的用例图(一)

如果网上购物系统的需求是这样的:注册会员既可以直接在线购物,又可以浏览商品后临时决定在线购物,则可以将图 3.9 和图 3.12 合二为一,得到图 3.13 所示的用例图。

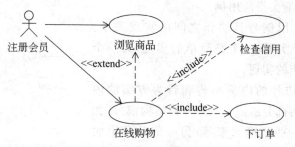

图 3.13 客户网站购物的用例图(二)

通过例 3.10 和例 3.13 的文字描述以及图 3.13 的图形描述,可以清晰地反映出包含关系和扩展关系的异同。

相同点:它们都是基本用例的行为的一部分。换句话说,最初的基本用例中的部分行为被提取出来,单独形成了一个用例。

不同点:在基本用例的每一次执行时,包含用例都一定会被执行,而扩展用例只是偶尔被执行。

总结一下 UML 中关系(Relationship)、关联(Association)、泛化(Generalization)、依赖(Dependency)这几个概念之间的区别和联系。

关系是模型元素之间具体的语义联系。关系可以分为关联、泛化、依赖、实现等几种。

关联是两个或多个类元(Classifier)之间的关系,它描述了类元的实例之间的联系。这里所说的类元是一种建模元素,常见的类元包括类(Class)、参与者(Actor)、组件(Component)、数据类型(Data Type)、接口(Interface)、结点(Node)、信号(Signal)、子系统(Subsystem)、用例(Use Case)等,其中类是最常见的类元。

泛化关系表示的是两个类元之间的关系。这两个类元中,一个相对通用,一个相对特殊。相对特殊的类元的实例可以出现在相对通用的类元的实例能出现的任何地方,也就是说相对特殊的类元在结构和行为上与相对通用的类元是一致的,但相对特殊的类元包含更多的信息。

依赖关系表示的是两个元素或元素集之间的一种关系，被依赖的元素称为目标元素，依赖元素称为源元素。当目标元素改变时，源元素也要做相应的改变。包含关系和扩展关系都属于依赖关系。

3.2.5 用例的实现

用例是与实现无关（implementation-independent）的关于系统功能的描述。在 UML 的用例图中，用例之间不存在实现关系。但是，为了表达描述契约的用例的实现方式，UML 规范中定义用协作（Collaboration）来说明对用例的实现，即用例与其协作之间存在实现关系。

协作是对由共同工作的类、接口和别的元素所组成的群体的命名，这组群体提供合作的行为。其实协作也可以用来说明操作的实现，但用得不多。除非是比较复杂的操作，大多数情况下，可以直接用活动图或代码说明操作的实现。

在 UML 规范中，用实线椭圆表示用例，用虚线椭圆表示协作，实现关系用带空心三角形箭头的虚线表示，箭头指向用例。

图 3.14 给出了用例与其协作之间的实现关系。Login 用例共有两个实现，一个是简单的实现，另一个是带有安全验证功能的实现。

这里没有显示协作的内部结构和行为方面的内容。协作的内部由两部分组成：一部分是结构部分，如类、接口以及其他一些建模元素等；另一部分是说明类、接口以及其他建模元素如何协调工作的行为部分，如协作图（Collaboration Diagram）、顺序图（Sequence Diagram）、类图（Class Diagram）等。

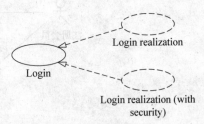

图 3.14 用例及其实现

在大多数情况下，一个用例由一个协作实现，这时可以不用在用例模型中显式指明这种实现关系。

3.3 用 例 描 述

用例图（Use Case Diagram）是显示一组用例、参与者以及它们之间关系的图。这些关系可以包括用例之间的关系（泛化、包含、扩展）、参与者之间的关系（泛化）、参与者和用例之间的关系（关联）。

在用例图中，一个用例是用一个命名的椭圆表示的，但如果没有对这个用例的具体说明，那么还是不清楚该用例到底会完成什么功能。没有描述的用例就像是一本书的目录，人们只知道该目录标题，但并不知道该目录的具体内容是什么。所以说，仅用图形符号表示的用例本身并不能提供该用例所具备的全部信息，必须通过文本的方式描述该用例的完整功能。事实上，用例的描述才是用例的主要部分，是后续的交互图分析和类图分析必不可少的部分。

用例描述（Use Case Specification）实际上是一个关于参与者与系统如何交互的规范说明，该规范说明要清晰明了，没有歧义性。

由于用例描述了参与者和软件系统进行交互时,系统所执行的一系列的动作序列。因此,这些动作序列不但应包含正常使用的各种动作序列(称为主事件流),而且还应包含对非正常使用时软件系统的动作序列(称为子事件流)。所以,主事件流描述和子事件流描述是用例描述(Use Case Specification)的主要内容。需要注意的是,在表述用例描述时,仍然注重描述系统从外部看到的行为。用例描述的内容还应包括用例激活前的前置条件,说明如何启动用例,以及执行结束后的后置结果,说明在什么情况下用例才被认为是完成的。此外,在用例描述中除了表明主要步骤与顺序外,还应表明分支事件和异常情况。

一个比较完整的用例描述,可以包括表 3.1 所示的内容。

表 3.1 用例描述的内容

描 述 项	说 明
用例名称	动宾结构或主谓结构命名的用例名字
标识符[可选]	用例的唯一标识符,在文档的别处可以用标识符来引用该用例
用例描述	对用例作用和目的的简要描述,包括用例的最终任务是什么,想得到什么样的结果
参与者	与此用例相关联的参与者列表
优先级	说明对用例进行分析、设计、实现的紧迫程度
状态[可选]	用例的状态,通常为以下几种之一:进行中、等待审查、通过审查或未通过审查
前置条件	一个条件列表,这些条件必须在访问用例之前得到满足,包括哪个参与者或用例在怎样的情况下启动执行用例
后置条件	一个条件列表,这些条件将在用例完成以后得到满足,包括明确指出在什么情况下用例才能被看作完成,完成时要把什么结果值传递给参与者或系统
基本操作流程	描述用例中各项工作都正常进行时用例的工作方式,包括正常使用时各种动作序列,参与者和用例之间传递哪些消息,使用或修改了哪些实体
可选操作流程	描述变更工作方式、出现异常或发生错误的情况下所遵循的路径
特殊需求	描述用例的非功能性需求和设计约束
被泛化的用例	描述此用例所泛化的用例列表,即父用例列表,而此用例作为子用例
被包含的用例	描述此用例所包含的用例列表,即包含用例列表,而此用例作为基本用例
被扩展的用例	描述此用例所扩展的用例列表,即扩展用例列表,而此用例作为基本用例
修改历史记录[可选]	关于用例的修改时间、修改原因和修改人的详细信息
问题[可选]	与此用例的开发相关的问题列表
决策[可选]	关键决策的列表,将这些决策记录下来以便维护时使用
频率[可选]	参与者访问此用例的频率

【例3.14】 在银行 ATM 系统的 ATM 机上"登录"用例的一个简单的用例描述可采用下面的形式。

用例名称:登录。

用例描述:在储户银行卡有效且储户输入密码正确的情况下,为储户提供后续的服务。

参与者:储户。

前置条件：ATM机正常工作。

后置条件：正常进入主界面。

主事件流如下。

（1）储户将银行卡插入ATM机，开始用例。

（2）ATM机提示储户输入密码。

（3）储户输入密码。

（4）ATM机确认密码是否有效。如果无效，则执行子事件流a。如果与主机连接有问题，则执行异常事件流e。

（5）如果输入的密码正确，进入主界面。ATM机提供以下选项：存款、取款、查询、转账。用例结束。

子事件流a：

a1.提示储户输入的密码无效，请求再次输入。

a2.如果三次输入无效密码，则系统自动关闭，退出储户银行卡，用例结束。

异常事件流e：

e1.提示储户主机连接不上。

e2.系统自动关闭，退出储户银行卡，用例结束。

【例3.15】 在银行ATM系统的ATM机上"取款"用例的一个简单的用例描述可采用下面的形式。

用例名称：取款。

用例描述：在储户账户有足够金额的情况下，为储户提供现金，并从储户账户中减去所取金额。

参与者：储户。

前置条件：储户正确登录系统。

后置条件：储户账户余额被调整。

主事件流：

（1）储户在主界面选择"取款"选项，开始用例。

（2）ATM机提示储户输入欲取金额。

（3）储户输入欲取金额。

（4）ATM机确认该储户账户是否有足够的金额。如果余额不够，则执行子事件流b。如果与主机连接有问题，则执行异常事件流e。

（5）ATM机从储户账户中减去所取金额。

（6）ATM机向储户提供要取的现金。

（7）ATM机打印取款凭证。

（8）进入主界面。ATM机提供以下选项：存款、取款、查询、转账。用例结束。

子事件流b：

b1.提示储户余额不够。

b2.返回主界面，等待储户重新选择选项。

异常事件流e：

e1.提示储户主机连接不上。

e2. 系统自动关闭,退出储户银行卡,用例结束。

【例3.16】 大学图书管理系统的"借书"用例的一个简单的用例描述可采用下面的形式。

用例名称:借书。

用例描述:在读者可以借书的情况下,为读者登记借书记录,并修改该读者可借的书本数。

参与者:图书管理员。

前置条件:图书管理员已经登录系统。

后置条件:生成借书记录,修改可借的书本数。

主事件流:

(1) 读者在柜台将欲借书籍交给图书管理员。

(2) 图书管理员执行借书操作,开始用例。

(3) 图书管理员输入读者借书证号。

(4) 系统确认该借书证是否还可以借书。如果已借书的本数达到可借上限,则执行子事件流 a。如果与数据库连接有问题,则执行异常事件流 e。

(5) 图书管理员输入图书流水号。

(6) 系统取当日日期作为借书日期,自动生成借书日期。系统创建新的借书记录,内容包括借书证号、图书流水号、借书日期。如果与数据库连接有问题,则执行异常事件流 e。

(7) 系统退出借书操作,进入主界面。用例结束。

子事件流 a:

a1. 提示读者借书证已借书的本数达到可借上限。

a2. 系统退出借书操作,进入主界面。用例结束。

异常事件流 e:

e1. 提示读者数据库连接不上。

e2. 系统自动关闭,用例结束。

一个复杂用例主要体现在基本操作流程和可选操作流程的步骤和分支过多。此时,也可以采用"场景(或称脚本)"的技术来描述用例,而不是试图使用大量的分支和附属流来描述用例。

场景是指通过用例的一个特定路径,它能够通过用例的事件流(基本操作流程和可选操作流程)。场景的一个重要特征是它们无分支。因此,用例事件流中的每个可能的分支潜在产生一个独立场景。

用例事件流中的基本操作流程的主要路径构成主要场景,其他路径构成次要场景。一个用例仅有一个主要场景。

3.4 用例建模

用例模型主要应用在需求分析时使用。在用例模型中,人们把系统看成是实现各种用例的"黑盒子",只关心该系统实现了哪些功能,并不关心内部的具体实现细节(例如,用例是由哪些类实现的,这些类有哪些属性和方法,方法的程序流程是怎样的,类之间有哪些通信）。建立用例模型，使开发人员在头脑中明确需要开发的系统的功能有哪些，同时方便用户和系统分析师进行沟通。

3.4.1　用例建模的步骤

用例建模是直接面向用户的，主要以需求陈述为基本依据，确定有关系统的边界、参与者、用例、通信关系等。

用例建模的基本步骤如下。

（1）找出系统外部的参与者和外部系统，确定系统的边界和范围。

（2）确定每一个参与者所期望的系统行为，即参与者对系统的基本业务需求。

（3）把这些系统行为作为基本用例。

（4）区分用例的优先次序。

（5）细化每个用例。使用泛化、包含、扩展等关系处理系统行为的公共或变更部分。

（6）编写每个用例的用例描述。

（7）绘制用例图。

（8）编写项目词汇表。

3.4.2　确定系统的边界

系统边界是指系统与系统之间的界限。系统可以认为是由一系列的相互作用的元素形成的具有特定功能的有机整体。不属于这个有机整体的部分可以认为是外部系统。因此，系统边界定义了由谁或什么（即参与者）来使用系统，系统能够为参与者提供什么特定服务。确定系统边界就是要定义好什么是系统的组成部分（边界内）和什么是系统的外部（边界外）。

用例图中的系统边界用来表示正在建模系统的边界。边界内表示系统的组成部分，边界外表示系统外部。在用例图中，系统边界用实线方框图形符号表示，同时附上系统的名称作为标签。用例绘制在方框里面（即边界里面），参与者绘制在方框外面（即边界外面），参见图3.15。

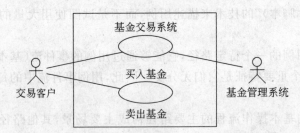

图3.15　仅完成基金买卖的"基金交易系统"的系统边界

通常从系统边界实际在何处的试探性分析开始用例建模。随着找出的参与者和用例，系统边界会变得越来越确定。

【例3.17】　在一个仅为交易客户提供买卖基金的基金交易系统中，它的参与者就是进行基金买卖的交易客户。交易客户能够操作的（看到的）系统功能有买入基金和卖出基金。因此，该系统中只有两个用例：买入基金、卖出基金。进一步分析发现，基金的品种应该存在于该系统中,否则交易客户无法进行基金的买卖。但是该系统中已发现的两个用例都不能完成基金品种的管理。因此,可以确定基金品种的录入应该在别的系统中完成。不妨把完成基金品种录入的系统称为基金管理系统。显然,基金管理系统是另外一个参与者。由此确定的系统边界如图3.15所示。在这种情况下,需要开发的软件系统仅包含两个用例:买入基金、卖出基金。

【例3.18】 在一个既提供基金买卖又提供基金品种录入的基金交易系统中,它的参与者之一还是交易客户,他能够操作的(看到的)系统功能有买入基金和卖出基金。另外,该系统中还应该包括基金品种管理(录入、修改、删除、查询)的功能,而这个功能应该是由基金公司员工操作的。所以,存在第2个参与者是基金公司员工。此时,例3.17中负责基金品种管理的基金管理系统不再是一个参与者了,它的功能要在基金交易系统中实现。由此确定的系统边界如图3.16所示。在这种情况下,需要开发的软件系统包含3个用例:买入基金、卖出基金、管理基金品种。

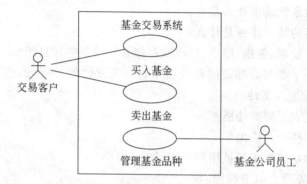

图3.16 扩展了基金品种管理的"基金交易系统"的系统边界

系统边界决定了参与者。如果系统边界规划得不一样,系统的参与者就会发生很大的变化。相应地,系统的用例也会发生很大的变化。因此,只有弄清楚了系统边界,才能更好地确定系统的参与者和用例,才能保证后续工作的正确性。

3.4.3 确定参与者

为了识别参与者,需要考虑谁在使用系统,他们在与系统的交互中扮演什么角色。考虑特定的人和事物,能够找出与系统交互时人和事物所扮演的角色。然后,进行归纳,就可以得到待开发系统应当具有的参与者。

以下问题可以帮助识别参与者。

(1) 谁将使用系统的主要功能?

(2) 谁将需要系统的支持来完成他们的日常工作?

(3) 谁必须维护、管理和确保系统正常工作?

(4) 谁将给系统提供信息、使用信息和维护信息?

(5) 系统需要处理哪些硬件设备?

(6) 系统使用外部资源吗?

(7) 系统需要与其他系统交互吗?

(8) 谁对系统产生的结果感兴趣?

在确定参与者时，要注意以下问题。

(1) 参与者对于系统而言总是外部的。

(2) 参与者直接同系统交互。

(3) 参与者表示人或事物同系统发生交互时所扮演的角色，而不是特定的人或事物。

(4) 一个人或事物在与系统发生关系时，同时或不同时扮演多种角色。

(5) 一个参与者可以包含多个不同的具体用户。

3.4.4 确定用例

识别用例的最好方法是从参与者列表开始，然后考虑每个参与者如何使用系统，需要系统提供什么样的服务。使用这个策略，能够获得一组候选用例。当识别用例时，也可能找出一些新的参与者，这是好事。此外，还要弄清楚系统的问题域、业务流程、系统的功能需求。

以下问题可以帮助识别用例。

(1) 参与者要向系统请求什么功能？

(2) 每个参与者的特定任务是什么？

(3) 参与者需要读取、创建、撤销、修改或存储系统的某些信息吗？

(4) 是否任何一个参与者都要向系统通知有关突发性的、外部的改变？ 或者必须通知参与者关于系统中发生的事件？

(5) 这些事件代表了哪些功能？

(6) 系统需要哪些输入输出？

(7) 是否所有的功能需求都被用例使用了？

在确定用例时，要注意以下问题。

(1) 每个用例至少应该涉及一个参与者。

(2) 如果存在不与参与者进行交互的用例，则应该检查是否遗漏了该用例的参与者。如果确实没有与参与者进行交互，则可考虑将其并入其他用例中。

(3) 每个参与者也必须至少涉及一个用例。

(4) 如果存在不与用例进行交互的参与者，则应该考虑该参与者是如何与系统发生联系的，或者由参与者确定一个新的用例，或者该参与者是一个多余的模型元素。

3.4.5 区分用例的优先次序

识别出基本用例后，需要确定它们的优先次序，以便弄清楚哪些用例是最关键的，哪些用例是最艰巨的，哪些用例是最复杂的，哪些用例是必须在其他用例之前完成的，从而对用例做出高层与低层、主要与次要、基本与详细的区分；从而规划好后续的系统功能的分析与设计阶段的任务展开的先后次序，确定出哪个用例可以为其他用例所重用，从长远的角度节省时间。

3.4.6 细化每个用例

分析基本用例要完成的功能，将基本用例中具有一定独立性的功能，特别是具有公共行为特征的功能分解出来，将其作为包含用例，并供基本用例使用。分析基本用例功能以外的其他功能，将其作为扩展用例，并供基本用例进行功能扩展。

对用例进行细化,有助于弄清楚用例的行为中哪些是手工操作的,哪些是可以编程实现的。软件系统的开发落实在可以编程实现的功能上(即用例的行为)。

细化用例本质上就是对原有用例进行分解,其结果会导致用例个数的增加和每个用例的动作步骤的简化。但是,不是用例个数越多、每个用例的动作步骤越简单越好。因为过多的用例个数会增加用例间的通信关系,从而增加系统的耦合复杂性和通信开支。

3.4.7 编写每个用例的用例描述

确定了系统需要多少用例后,需要对每个用例编写其用例描述,详细说明参与者和用例进行交互时,用例所执行的一系列的动作序列。其中包括主事件流,子事件流,前置条件,后置条件,异常情况处理,所泛化、包含、扩展的用例等。

3.4.8 绘制用例图

使用 OOA 相关的绘图工具,绘制用例图。一个用例模型由若干个用例图构成。

用例图的主要作用是描述参与者和用例之间的关系。简单的系统中只需要有一个用例图就可以把所有的关系都描述清楚。复杂的系统中可以有多个用例图。

3.4.9 编写项目词汇表

项目词汇表是最重要的项目制品之一。每个业务领域都有它本身独一无二的语言,需求工程和分析的主要目的是理解和捕获那种语言。词汇表提供了主要业务术语和定义的字典。它应该被项目中的所有人员理解,包括所有的利益相关人。

除了定义关键术语之外,项目词汇表必须解决同音异义词和同义异音词的问题。

1. 同音异义词

同音异义词是指相同的单词对不同的人表示不同的事物。各方其实是在说不同的语言,而他们都相信他们正在说同一种语言,这就产生了困难的通信问题。解决这个问题的方法是为术语挑选一种意思,并且可能为其他同音异义词引入新术语。

2. 同义异音词

同义异音词是指相同事物的不同的词。作为 OO 分析师,必须挑选其中之一(看起来使用最广泛的词)并且坚持使用它。其他变体必须完全从用例模型中剔除掉。这是因为,如果允许使用同义异音词,结果会产生或多或少做相同事情但是具有不同的名称的两个类。并且,如果允许在特定基础上使用同义异音词,那么能够发现,这些词将随着时间推移而逐渐发生分歧。

在项目词汇表中,应该记录推荐术语并且列出处在定义之中的同义异音词。这可能涉及鼓励一些业务利益相关人习惯不同的术语。通常,使利益相关人改变他们的语言用法是艰巨的任务,但要有毅力,坚持就会成功的!

UML 没为项目词汇表设置任何标准。使它尽可能简单和简要是很好的实践。采用像字典字母表那样的形式,对单词和定义进行排序。简单的基于文本的文档就可以了,但是大的项目可能需要基于在线 HTML 或 XML 的词汇表或者甚至是一个简单的数据库。

表 3.2 给出了网上购物系统的一个项目词汇表的部分示例。作为一种风格,如果没有同义异音词或者同音异义词,总是写上 None,而不是忽略它们或者保持空白。这表明已经考虑过这个问题。

表 3.2　网上购物系统的项目词汇表

术　　语	定　　义
商品目录	Clear View Training 当前提供出售的所有商品的列表 同音异义词：None 同义异音词：None
检出（checkout）	超市（顾客为购物车中的商品付款的地方）中真实世界检出的电子模拟 同音异义词：None 同义异音词：None
Clear View Training	致力于销售书籍和 CD 的有限公司 同音异义词：None 同义异音词：CVT
信用卡（Credit Card）	诸如 VISA 或者 MasterCard，用于支付商品的金融交易卡 同音异义词：None 同义异音词：卡（Card）
顾客	从 Clear View Training 购买商品或服务的当事人（指自然人或法人） 同音异义词：None 同义异音词：None

与项目词汇表相关的一个问题是：项目词汇表中的术语和定义也可以用在 UML 模型中，但要确保这两种文档保持同步。

3.5　用例建模中常见的问题分析

用例模型是捕获需求的有力工具，但不恰当地使用用例模型也会引起许多问题。

3.5.1　用例的设计原则

为了避免用例的使用误区，应该遵循以下基本原则。

1. 需求和用例的关系

用例能够表达需求，因此不必将用例转换成其他形式。如果编写恰当，用例可以准确地对系统必须要做什么进行详细描述。但用例不详细描述外部接口、数据格式、业务规则和复杂公式。用例只是需要收集的所有需求中的一部分，虽然这部分是非常重要的，但毕竟只是一部分。

2. 需求应该有层次地组织起来

对于复杂的需求采用层次分解法是有效的、简洁的方法。为了便于理解需求，应将需求层次化。系统的高层需求一般用不超过 12 个左右的用例表示出来。在接下来的层次中，用例的数量不应超过当前用例的 5～10 倍。过多的用例对于开发人员、用户没有任何帮助，而且会影响人们对需求的正确理解。用例最佳的开发方式也是迭代式和递增式。在不同的开发阶段，可将用例工具用来描述不同层次的问题。例如，可以将用例划分为业务用例、系统用例、组件用例等。

3. 不要从用例直接推论出设计

如果从用例直接推论出设计，"用例开发"仅仅成为功能分解的一个借口。用例应该描述参与者使用系统所遵循的顺序,但用例绝不说明系统内部采用什么步骤来响应参与者的刺激。用例终止于系统接口的边界。软件系统的构架的确定和创建通常不仅仅根据功能需求,而且要考虑标准化和系统的时间、空间、可靠性和可分布性等方面的要求。

3.5.2 用例模型的复杂度

一般小型的系统,其用例模型中包含的参与者和用例不会太多,一个用例图就可以容纳所有的参与者,所有的参与者和用例也可以并存于同一个层次结构中。对于较复杂的大中型系统,用例模型中的参与者和用例会大大增加,人们需要一些方法来有效地管理由于规模上升而造成的复杂度。

1. 用例包

包是 UML 中最常用的管理模型复杂度的机制,包也是 UML 中语义最简单的一种模型元素,它就是一种容器,在包中可以容纳其他任意的模型元素(包括其他的包)。在用例模型中,可以用构造型<<Use Case>>来扩展标准 UML 包的语义,这种新的包称为用例包(Use Case Package)。用于分类管理用例模型中的模型元素。

可以根据参与者和用例的特性来对它们进行分类,并将它们分别置于不同的用例包管理之下。例如,对于一个大型的企业管理信息系统,就可以根据参与者和用例的内容将它们分别归于人力资源、财务、采购、销售、客户服务等用例包之下。这样就将整个用例模型划分为两个层次,在第一个层次将系统分为五部分,在第二个层次可分别表示每一用例包内部的参与者和用例。

一个用例模型需要有多少个用例包取决于要如何管理用例模型的复杂度(包括参与者和用例的个数,以及它们之间的相互关系)。UML 中的包类似于文件系统中的目录,文件数量少的时候不需要额外的目录,文件数量一多就需要有多个目录来分类管理。对于同样一组文件,不同的人会创建不同的目录结构来进行管理,关键是要保证在目录结构下每一个文件都要易于访问。同样的道理存在于用例建模之中,如何创建用例包及用例包的个数取决于不同的系统和系统开发人员,但要保证整个用例模型易于理解。

2. 用例的粒度

系统需要有多少个用例? 这是很多人在用例建模时会产生的疑惑。描述同一个系统,不同的人会产生不同的用例模型。

例如,对于各种系统中常见的“维护用户”用例,它里面包含了添加用户、修改用户、删除用户等操作,这些操作在该用例的事件流中可以表述成为基本流的子事件流。“维护用户”用例的主事件流由 3 个子事件流构成:①添加用户子事件流;②修改用户子事件流;③删除用户子事件流。这种情况下,只有一个用例。不过,其动作序列描述较为冗长。

但也可以根据“维护用户”用例中的具体操作把它抽象成 3 个用例:“添加用户”用例、“修改用户”用例和“删除用户”用例。它所表示的系统需求和单个用例的模型是完全一样的。这种情况下,共有 3 个用例。每个用例的动作序列较为简洁。

如何确定用例的粒度呢? 最好将用例模型的规模控制在几十个用例左右,这样比较容易管理用例模型的复杂度。Ivar Jacobson 认为对于一个 10 人年的项目,他需要大约 20 个用例。而 Martin Fowler 认为他需要大约 100 个用例。

在用例个数大致确定的条件下,人们很容易确定用例粒度的大小。对于较复杂的系统,需要控制用例模型一级的复杂度，所以可以将复杂度适当地移往每一个用例的内部，也就是让一个用例包含较多的需求信息量。对于比较简单的系统，则可以将复杂度适度地暴露在模型一级，也就是说可以将较复杂的用例分解成为多个用例。

用例的粒度不但决定了用例模型级的复杂度，而且也决定了每一个用例内部的复杂度。系统分析师和开发人员应该根据每个系统的具体情况来把握各个层次的复杂度，在尽可能保证整个用例模型的易理解性的前提下决定用例的大小和数目。

3. 用例图

用例图的主要作用是描述参与者和用例之间的通信关系，简单的系统中只需要有一个用例图就可以把所有的关系都描述清楚。复杂的系统中可以有多个用例图，例如，每个用例包都可以有一个独立的用例图来描述该用例包中所有的参与者和用例的关系。

在一个用例模型中，如果参与者和用例之间存在着多对多的关系，并且他们之间的关系比较复杂，那么在同一个用例图中表述所有的参与者和用例就显得不够清晰，这时可创建多个用例图来分别表示各种关系。

如果想要强调某一个参与者和多个用例的关系，就可以以该参与者为中心，用一个用例图表述出该参与者和多个用例之间的关系。在这类用例图中，强调的是该参与者会使用系统所提供的哪些服务。

如果想要强调某一个用例和多个参与者之间的关系，就可以以该用例为中心，用一个用例图表述出该用例和多个参与者之间的关系。在这类用例图中，强调的是该用例会涉及哪些参与者，或者说该用例所表示的系统服务有哪些使用者。

3.5.3　用例模型的调整

用例模型建成之后，需要对用例模型进行调整，看是否可以进一步简化用例模型、提高重用程度、增加模型的可维护性。主要可以从以下检查点入手。

（1）用例之间是否相互独立？如果两个用例总是以同样的顺序被激活，可能需要将它们合并为一个用例。

（2）多个用例之间是否有非常相似的行为或事件流？如果有，可以考虑将它们合并为一个用例。

（3）用例事件流的一部分是否已被构建为另一个用例？如果是，可以让该用例包含另一用例。

（4）是否应该将一个用例的事件流插入另一个用例的事件流中？如果是，利用与另一个用例的扩展关系来建立此模型。

3.5.4　用例模型的检查

用例模型完成之后，还需要对用例模型进行检查，看看是否有遗漏或错误之处。主要可以从以下几个方面来进行检查。

1. 功能需求的完备性

现有的用例模型是否完整地描述了系统功能，这也是系统分析师和开发人员判断用例建模工作是否结束的标志。如果发现还有系统功能没有被记录在现有的用例模型中，那么就需要抽象一些新的用例来记录这些需求，或是将它们归纳在一些现有的用例之中。

2. 模型是否易于理解

用例模型最大的优点就在于它应该易于被不同的涉众所理解,因而用例建模最主要的指导原则就是它的可理解性。用例的粒度、个数及模型元素之间的关系复杂程度都应该由该指导原则决定。

3. 是否存在不一致性

系统的用例模型是由多个系统开发人员协同完成的,模型本身也是由多个元素所组成的,所以要特别注意不同元素之间是否存在前后矛盾或冲突的地方,避免在模型内部产生不一致性。不一致性会直接影响需求定义的准确性。

4. 避免二义性语义

好的需求定义应该是无二义性的,即不同的人对于同一需求的理解应该是一致的。在用例规约的描述中,应避免定义含义模糊的需求,即无二义性。

3.5.5　系统的三层结构

系统的三层结构表达的是系统的体系结构,是系统利用组件进行积木搭建,从而完成全部功能的实现方案。而用例建模是发生在需求分析阶段,用例是用来描述系统的功能需求的,一般不在用例分析阶段考虑系统的实现问题。如果需要描述系统的三层结构,则在类图、组件图、部署图中表示。

3.5.6　用例描述

在叙述用例描述时,往往存在很多错误或不恰当的地方。易犯的错误包括 4 个。

(1) 只描述系统的行为,没有描述参与者的行为。

(2) 只描述参与者的行为,没有描述系统的行为。

(3) 在用例描述中过早地设定了对用户界面的设计要求。

(4) 描述的步骤过细、过多、缺乏概括性。

【例 3.19】　在银行 ATM 系统的 ATM 机上"取款"用例的一个不太恰当的用例描述如下。

用例名称:取款。

用例描述:在储户账户有足够金额的情况下,为储户提供现金,并从储户账户中减去所取金额。

参与者:储户。

主事件流:

(1) 储户插入 ATM 卡,并输入密码。

(2) 储户按"取款"按钮,并输入取款数目。

(3) 储户取走现金、ATM 卡并拿走收据。

(4) 储户离开。

上述用例描述中存在的问题是只描述参与者的行为,没有描述系统的行为。

【例 3.20】　在银行 ATM 系统的 ATM 机上"取款"用例的另一个不太恰当的用例描述如下。

用例名称:取款。

用例描述：在储户账户有足够金额的情况下，为储户提供现金，并从储户账户中减去所取金额。

参与者：储户。

主事件流：

（1）ATM 系统获取 ATM 卡和密码。

（2）设置事务类型为"取款"。

（3）ATM 系统获取要提取的现金数目。

（4）验证账户上是否有足够的储蓄金额。

（5）输出现金、收据和 ATM 卡。

（6）系统复位。

上述用例描述中存在的问题是只描述系统的行为，没有描述参与者的行为。

【例 3.21】 在一个网上购物系统中，"购物"用例的一个不太恰当的用例描述如下。

用例名称：购物。

用例描述：为注册顾客提供商品列表，并将顾客购买的商品放进购物车。

参与者：顾客。

主事件流：

（1）系统显示账号和密码的录入窗口。

（2）顾客输入账号和密码，然后单击 OK 按钮。

（3）系统验证账号和密码，并显示个人信息窗口。

（4）顾客输入姓名、街道地址、城市、邮政编码、电话号码等邮寄地址信息，然后单击 OK 按钮。

（5）系统验证顾客是否为老顾客。

（6）系统显示可以卖的商品列表。

（7）顾客在准备购买的商品的图标上单击，并在图标旁输入要购买的数量。选购商品完毕后单击"提交"按钮。

（8）系统通过库存系统验证要购买的商品是否有足够的库存量。

（9）在库存量充足的情况下，系统显示购物成功信息，否则显示商品缺货信息。

上述用例描述中存在的问题是对用户界面的描述过于详细。要记住，在进行用例描述时还没有考虑系统的设计方案，那么也不会涉及用户界面的设计。

【例 3.22】 在一个网上购物系统中，"购物"用例的另一个不太恰当的用例描述如下。

用例名称：购物。

用例描述：为注册顾客提供商品列表，并将顾客购买的商品放进购物车。

参与者：顾客。

主事件流：

（1）系统提示输入账号和密码。

（2）顾客输入账号和密码。

（3）系统验证账号和密码。

（4）顾客输入姓名。

（5）顾客输入街道地址、城市、邮政编码。

（6）顾客输入电话号码。

（7）系统验证顾客是否为老顾客。

（8）系统显示可以卖的商品列表。

（9）顾客选取商品。

（10）顾客输入购买商品数量。

（11）系统通过库存系统验证要购买的商品是否有足够的库存量。

（12）在库存量充足的情况下，系统显示购物成功信息，否则显示商品缺货信息。

上述用例描述中存在的问题是对步骤描述的过细过多，致使用例描述过于冗长。

3.5.7　不同层次的用例模型之间的一致性

很多情况下，尤其对于初学 UML 理论的学习者来说，在进行用例细化和用例模型调整时，往往片面追求基于用例进行分解，而忽视参与者对用例的通信关联的作用。从而导致用例之间的关系的语义理解有悖于最初用例的用例描述的声明。进而导致上下两层次的用例模型的不一致性。

【例 3.23】 在银行 ATM 系统中，银行 ATM 系统的顶层用例模型如图 3.17 所示。"银行 ATM 系统"用例的用例描述如下：首先执行登录的交互过程，然后选择存款、取款、账户余额查询、转账之一的操作，执行其相应的交互过程。经过对"银行 ATM 系统"用例进行细分，分解为"登录"用例、"存款"用例、"取款"用例、"账户余额查询"用例、"转账"用例。这5 个用例的交互过程的集成实现了"银行 ATM 系统"用例的交互过程。但是，细分的结果可能会有不同的形式，图 3.18 给出了其中的 4 种形式。下面就这 4 种不同形式的细分结果的合理性进行简单地阐述。

储户　　　　　　　　　银行ATM系统

图 3.17　银行 ATM 系统的
　　　　　顶层用例模型

在图 3.18(a)中，储户可以直接操作"登录"用例、"存款"用例、"取款"用例、"账户余额查询"用例、"转账"用例。它正确地反映了顶层用例模型中"银行 ATM 系统"的需求规定（即储户可以直接操作这 5 类功能）。不足之处在于没有反映出用例执行的先后次序，这点与顶层用例模型中"银行 ATM 系统"用例的用例描述有点不符。但是，通过对"存款"用例、"取款"用例、"账户余额查询"用例、"转账"用例这 4 个用例的用例描述中的前置条件设置为"储户已经登录 ATM 机系统"，就可以弥补这种不符。此外，图 3.18(a)中反映出储户可以直接操作这 5 个用例，维系了储户与用例的通信关系。因此，图 3.18(a)所表达的方案是合理的，维持了上下两层次的用例模型之间的一致性。

在图 3.18(b)中，储户可以直接操作"存款"用例、"取款"用例、"账户余额查询"用例、"转账"用例。这 4 个用例包含了"登录"用例。通过包含关系来反映这 4 个用例中的每一个用例与"登录"用例之间的执行次序。但是，在图 3.18(b)中没有直接反映出储户与"登录"用例的通信关系。只能通过"登录"用例的用例描述来反映出储户与"登录"用例的通信关系（即储户要直接面对"登录"界面）。从这点上讲，图形符号的表达缺乏一定程度上的直观性。此外，储户不是要进行"存款"操作时才进行"登录"操作，即使系统设计上可以做到"存款"用例的行为中的第一步就执行"登录"用例的行为。这与需求的规定相去甚远（即"存款"操作与"登录"操作没有必然的联系）。储户登录了 ATM 机后，可以只查询余额随即退出系统。

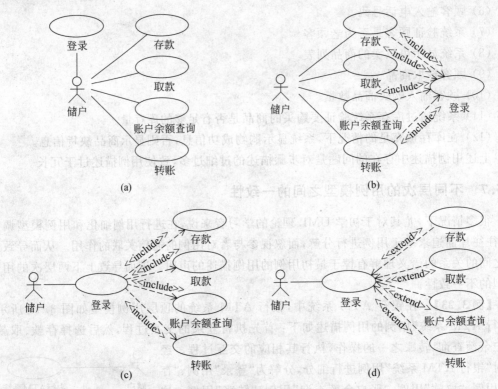

图 3.18　银行 ATM 系统的第 2 层用例模型

需求的规定是先登录后，再根据需要选择"存款"、"取款"、"账户余额查询"、"转账"操作；而不是因为要"存款"、"取款"、"账户余额查询"、"转账"，所以要先"登录"）。因此，图 3.18(b)所表达的方案是不合理的，破坏了上下两层次的用例模型之间的一致性。

在图 3.18(c)中，储户可以直接操作"登录"用例。然后通过"登录"用例与"存款"用例、"取款"用例、"账户余额查询"用例、"转账"用例之间的包含关系来反映出用例间的执行次序。从表面上看，这样的安排非常符合储户操作银行 ATM 系统诸功能的视觉上的操作次序效果。因为大家都有在 ATM 机上操作的经验，直观的印象是先看到"登录"界面，再看到"存款"、"取款"、"账户余额查询"、"转账"界面。但是，根据包含关系的语义，"登录"用例执行时，每一次都要相继执行"存款"用例、"取款"用例、"账户余额查询"用例、"转账"用例这4 个用例。显然，每次登录 ATM 机后都要连续地操作"存款"、"取款"、"账户余额查询"、"转账"操作是不必要的，也是不合理的。任何系统都不可能这样进行设计的，而且也没有正确反映出需求的规定。此外，在图 3.18(c)中没有直接反映出储户与"存款"用例、"取款"用例、"账户余额查询"用例、"转账"用例之一的通信关系。只能通过这 4 个用例的每一个用例的用例描述来反映出储户与对应用例的通信关系。从这点上讲，图形符号的表达缺乏一定程度上的直观性。因此，图 3.18(c)所表达的方案是不合理的，破坏了上下两层次的用例模型之间的一致性。

在图 3.18(d)中，储户也是先直接操作"登录"用例。然后通过"登录"用例与"存款"用例、"取款"用例、"账户余额查询"用例、"转账"用例之间的扩展关系来反映出用例间的执行次序。根据扩展关系的语义，"登录"用例执行时，每一次根据扩展点上的条件（实质上是鼠标单击按钮事件)都要选择执行"存款"用例、"取款"用例、"账户余额查询"用例、"转账"用例之一。因此,这样的设计可以正确反映出需求的规定。同图 3.18(c)的情形一样,不足之处在于没有直接反映出储户与"存款"用例、"取款"用例、"账户余额查询"用例、"转账"用例之一的通信关系。只能通过这 4 个用例的每一个用例的用例描述来反映出储户与对应用例的通信关系。从这点上讲,图形符号的表达缺乏一定程度上的直观性。因此,图 3.18(d)所表达的方案仍可认为是一种较为合理的方案,也维持了上下两层次的用例模型之间的一致性,但是不能直观地反映出储户与"存款"用例、"取款"用例、"账户余额查询"用例、"转账"用例之一的通信关系。

3.6 一个用例建模的例子

本节通过一个简化的大学课程注册系统的例子,说明用例建模的过程。

3.6.1 需求陈述

某个中等规模的大学为全日制的学生提供大量本科生学位,这个大学的教学机构由学院组成,每个学院包含几个专业方向。每个学院管理一种学位,每种学位都有若干必修课和若干选修课。每门课程都处于一个给定的级别,并且有一个学分值。同一门课程可以是若干学位的一部分,一个学位还含有其他学院提供的课程。每种学位都要给定完成学位所要求的总学分值。

每个学期末大学的教授要决定下个学期计划开设的课程。所有的教授决定开设的课程的汇总,形成下个学期将要开设的课程计划表。课程的名称、编号、学分、先决条件等课程信息全部取自课程库系统。该课程库系统是该大学已有的系统,不列为本次项目的开发内容。

令该大学自豪的是,其给予了学生在选课时的自主权。选课的灵活性使得大学课程注册系统变得复杂。学生可以组合课程计划表所提供的课程,形成他们的学习计划(注册课程),一方面适合他们的个人需要,另一方面完成了这些课程他们就能得到他们所注册的学位。个人选课的自主权不应该与学位管理的规则相矛盾,例如,学生必须学习过某门课程的先修课程,才能选修该门课程。学生对课程的选择可能受时间冲突、最大的班级人数等条件的限制。

在每个学期的开始,学生们会得到一份本学期将要开设的课程计划表。每门课程包含的信息有课程名称、课程编号、开课的教授、学院、选择该课程的先决条件、课程学分、已选学生人数等,可以帮助学生有目的地选择课程。新系统允许学生在将要来临的新学期中选择四门主选课程。如果一门主选课程名额满员或被取消,每个学生有重选的机会。因此,新系统也允许学生选择两门备选课程。每门课程最多有 10 名、最少有 3 名学生选择才能开课。少于 3 个人报名的课程将被取消。当一个学生的课程注册信息提交之后,系统检查他们的前提条件、所选课程的已报名人数、时间表冲突等约束,将选课成功或失败的消息通知给学生。一旦学生成功选中的课程门数少于计划时,系统重新开放该学生的学习计划修改权限,允许该学生保留成功选择的课程,重新调整其余的课程。当一个学生的课程注册信息最终完成之后,系统给收费系统发送一个消息,收费系统统计该学生已选课程的费用,再传回新系统,以便学生为其选中的课程付费。该收费系统是该大学已有的系统,不列为本次项目的开发内容。每个学期开学初有一段时间可以让学生改变学习计划,在这段时间内学生可以增加或删除课程。一旦学生提交了学习计划,就不能再改变学习计划,除非因为选中课程的门数不达标而被系统退回的情况。选课时间段结束后,教授可以查询到他自己将要讲授的哪些课程以及这些课程中每门课程有哪些学生报名。

当然了,为了适应每年新增的教授和学生、离职的教授和毕业的学生,新系统应当有效管理教授和学生的基本信息。管理工作包括增加、修改、删除、查找。注册管理员负责管理教授和学生的基本信息。

由于这个大学课程注册系统有其自身的独特性,找不到合适的商品软件,因而只能自行开发。

3.6.2 识别参与者

为了识别"大学课程注册系统"的参与者,应回答前面提到的一些问题。

(1) 谁将使用系统的主要功能? 答案是教授、学生、注册管理员。

(2) 谁将需要系统的支持来完成他们的日常工作? 答案是教授、学生、注册管理员。

(3) 谁必须维护、管理和确保系统正常工作? 答案是系统管理员。

(4) 谁将给系统提供信息、使用信息和维护信息? 答案是教授、学生、注册管理员、课程库系统、收费系统。

(5) 系统需要处理哪些硬件设备? 答案是无。

(6) 系统使用了外部资源吗? 答案是课程库系统、收费系统。

(7) 系统需要与其他系统交互吗? 答案是课程库系统、收费系统。

(8) 谁或者什么对系统产生的结果感兴趣? 答案是教授、学生。

回答完上述问题,就找到了一些候选参与者:教授、学生、注册管理员、系统管理员、课程库系统、收费系统。

为了最终确定哪些是系统的参与者,需要回过头来再审查一遍上述几个问题。从用户的角度观察系统,用户并不了解系统管理员的工作内容及作用,为了模型的清晰、简洁起见,暂时不考虑系统管理员对系统的需求。最后确定的参与者是教授(Professor)、学生(Student)、注册管理员(Registrar)、课程库系统(Course DB System)、收费系统(Billing System)。

3.6.3 识别用例

结合已经识别的参与者来识别用例,并定义和描述它。可以回答以下一些问题,帮助确定用例。下面以"学生"参与者为例进行分析。

(1) 学生要求系统为他提供什么功能? 答案是显示课程计划表、选择课程、制订学习计划。

(2) 学生的特定任务是什么? 答案是查看注册课程、提交学习计划。

(3) 学生需要读取、创建、撤销、修改或存储系统的某些信息吗? 答案是学习计划有关的课程信息、读取课程费用信息。

(4) 是否任何一个参与者都要向系统通知有关突发性的、外部的改变? 或者必须通知参与者关于系统中发生的事件? 答案是注册管理员需要通知系统中教授和学生的信息状态。

（5）系统需要哪些输入输出？答案是课程信息、学习计划、课程费用、课程的教师和学生信息。

（6）哪些用例支持或维护系统？为了简化问题，在此暂不考虑维护问题。

通过分析各个参与者需要的功能，得出以下用例。

教授关联的用例：制订课程计划表、查询开设课程、查询课程学生名册。

学生关联的用例：查询课程计划表、制订学习计划、查询注册课程费用。

注册管理员关联的用例：维护教授信息、维护学生信息。

课程库系统关联的用例：制订课程计划。

收费系统关联的用例：制订学习计划、查询注册课程费用。

另外，教授、学生、注册管理员在使用系统时需要登录系统，因此还有一个"登录"用例。

3.6.4　确定系统边界

已经识别的参与者是教授、学生、注册管理员、课程库系统、收费系统。他们在系统边界之外。已经识别的参与者关联的用例是制订课程计划表、查询开设课程、查询课程学生名册、查询课程计划表、制订学习计划、查询注册课程费用、维护教授信息、维护学生信息、登录。它们在系统边界之内，作为系统的组成部分。

将上述参与者放在系统边界的外部，将用例放在系统边界的内部，并建立参与者与用例之间的通信关系，由此可获得如图 3.19 所示的表示系统边界的大学课程注册系统语境图。

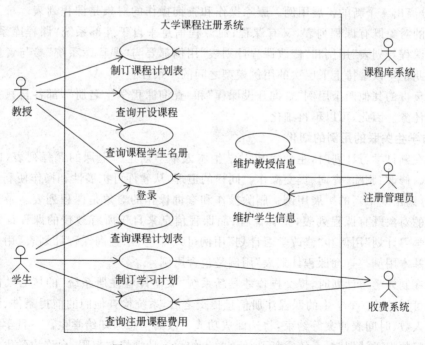

图 3.19　"大学课程注册系统"的语境图

注：在描述系统边界的语境图中，不用反映出用例之间的关系。只需要反映出参与者和用例之间的关系。这点非常重要，值得特别关注！

3.6.5　调整用例图

通过对识别的用例进行细化,可以提取出多个用例中具有的公共行为特征的功能部分,或者用例中偶尔执行的功能部分,或者基于公共行为特征外的特别的功能部分;从而建立新的包含关系、扩展关系、泛化关系。

1. 与注册管理员关联的用例的细化

注册管理员在维护教授信息时,主要完成对教授信息的录入、修改、删除、查询操作。这4个操作可以作为"维护教授信息"用例的行为,也可以从"维护教授信息"用例中分离出来,各自形成一个用例。至于是否需要分离出来,可以考虑其他参与者或用例是否需要使用它们(指分离出来的4个用例)。从软件更新维护和软件重用的角度看,教授应该有权限查看自己的信息,至于是否能够修改自己的信息视各个学院具体情况而定。在此,假定教授不能修改自己的信息。因此,本系统的设计方案采取分离出4个用例"新增教授信息"、"修改教授信息"、"删除教授信息"、"查询教授信息"。这4个新用例与"维护教授信息"用例的关系是扩展关系,"维护教授信息"用例是基本用例,这4个新用例是扩展用例。

注册管理员维护学生信息时,与维护教授信息的类似,在此不再赘述。细分出4个新的扩展用例。

2. 与教授关联的用例的细化

教授在制订课程计划表时,主要完成对教授本人下个学期计划开设的课程列表(即课程计划表)的录入、修改、删除、查询操作。同样的道理,从软件可扩展性和操作便利性的角度看,应该分离出4个新的扩展用例。删除操作和查询操作的对象是课程列表。录入操作和修改操作的对象既有课程列表,又有课程;而课程信息来自于外部系统"课程库系统"。因此,"新增课程计划表"用例和"修改课程计划表"用例都要与"课程库系统"参与者保持关联关系。以此也可以维持上下层次的用例模型之间的一致性。

教授负责的其他两个用例"查询开设课程"和"查询课程学生名册",都各自只完成一种特定的小任务。因此,可以不再细化。

3. 与学生关联的用例的细化

学生在制订学习计划时,主要完成对学生本人本学期选择上课的课程列表(即学习计划)的录入、修改、删除、查询、提交操作。同样的道理,从软件可扩展性和操作便利性的角度看,应该分离出5个新的扩展用例。删除操作和查询操作的对象是课程列表。录入操作和修改操作的对象既有课程列表,又有课程;而课程信息来自于所有教授的课程计划表。因此,"新增学习计划"用例和"修改学习计划"用例可以都包含"查询课程计划表"用例。前两个用例是基本用例,"查询课程计划表"用例是包含用例。

学生在制订学习计划时,提交操作才是新系统"大学课程注册系统"的核心功能。根据需求描述可知:当一个学生的课程注册信息提交之后,系统检查他们的前提条件、所选课程的已报名人数、时间表冲突等约束,将选课成功或失败的消息通知给学生。一旦学生成功选中的课程门数少于计划时,系统重新开放该学生的学习计划修改权限,允许该学生保留成功选择的课程,重新调整其余的课程。当一个学生的课程注册信息最终完成之后,系统给收费系统发送一个消息,告之学生成功注册的课程信息。因此,学生提交学习计划后,不是每个学生都能幸运地一次通过所选课程的注册。换句话说,"提交学习计划"用例的操作对象有临时的成功注册的部分课程列表和永久的最终成功注册的课程列表(这些课程的学分之和满足学位要求)。因此,从"提交学习计划"用例中分离出一个"成功注册课程列表"用例,由该用例负责向收费系统发送消息。所以,又可以建立新的扩展关系:"提交学习计划"用例是基本用例,"成功注册课程列表"是扩展用例。此外,"成功注册课程列表"用例与"收费系统"参与者保持关联关系,以此也可以维持上下层次的用例模型之间的一致性。

学生负责的其他两个用例"查询课程计划表"和"查询注册课程费用",都各自只完成一种特定的小任务。因此,可以不再细化。此外,"查询课程计划表"用例正好可以和教授关联的"查询课程计划表"用例合二为一,实现了软件重用的目的。但是,两个参与者与同一个用例的交互过程有所不同。学生可以查询所有教授的课程计划表,教授只能查询他本人的课程计划表。另一方面,"查询注册课程费用"用例操作的对象是学生成功注册的课程的费用;而课程费用的计算来自于外部系统"收费系统"。考虑到每个学期都有每个学生的注册课程费用,将它放在"收费系统"中管理比较合理,要开发的新系统"大学课程注册系统"只负责选择课程进行注册的职责。当学生需要查询自己本学期的注册课程费用时,直接从"收费系统"取回信息即可。

4. 与"课程库系统"参与者关联的用例的细化

已经在与教授关联的用例的细化的调整中完成了,故在此可以忽略。

5. 与"收费系统"参与者关联的用例的细化

已经在与学生关联的用例的细化的调整中完成了,故在此可以忽略。

6. 其他因素

各个"人"参与者在使用系统时需要登录系统。为了使模型清晰,抽象出"用户"参与者,表示所有"人"类型的参与者通过通用的"用户"参与者使用"登录"用例登录系统。

将上述参与者和用例加入到图 3.19 所示的用例图中,并建立参与者与用例之间的通信关系,由此可获得如图 3.20 所示的大学课程注册系统用例图。显然,图 3.19 和图 3.20 各自所描述的用例图维持了上下层次的用例模型之间的一致性。

3.6.6 编写用例描述

本节给出一些重要的用例的用例描述。

1."登录"用例的用例描述

用例名称:登录。

用例简述:该用例允许教授、学生、注册管理员登录系统,以便进行后续的操作。

参与者:教授、学生、注册管理员。

前置条件:开始这个用例前,参与者必须已经打开系统主页。当参与者希望进入系统时,该用例开始执行。

后置条件:如果用例成功结束,则什么信息也不会被修改。

主事件流如下。

(1) 参与者输入账号和密码。

(2) 系统判断账号和密码是否正确。如果与数据库连接有问题,则执行异常事件流 e2。

(3) 如果账号或密码有一个不正确,则执行异常事件流 e3。

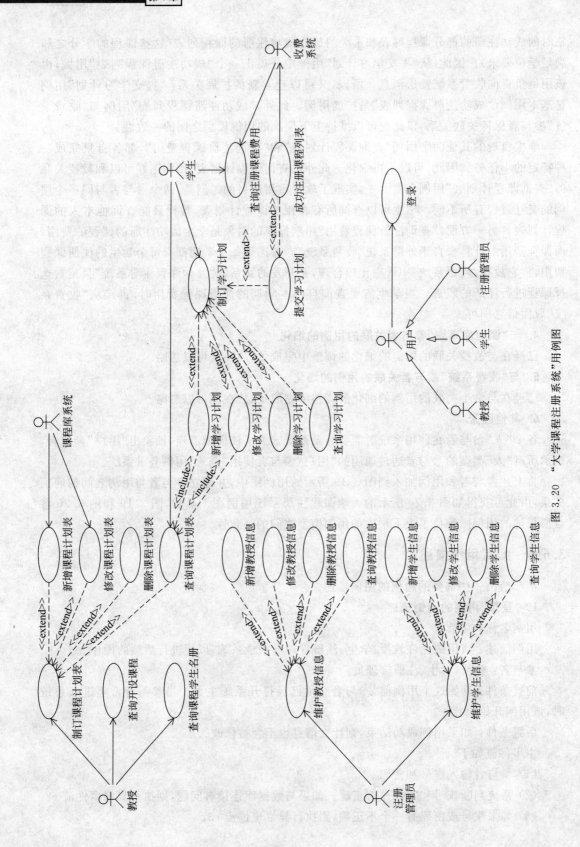

图 3.20 "大学课程注册系统"用例图

(4) 如果账号和密码都正确,则进入系统主界面。本用例结束执行。

异常事件流 e2:

e1.提示参与者数据库连接不上。

e2.系统自动关闭,用例结束。

异常事件流 e3:

e1.判断账号和密码的输入次数是否等于 3。

e2.若是,则系统自动关闭,用例结束。

e3.若不是,则执行主事件流步骤(1)。

2. "制订课程计划表"用例的用例描述

用例名称:制订课程计划表。

用例简述:该用例允许教授设置下学期要开设的课程列表,作为该教授的课程计划表。

参与者:教授。

前置条件:开始这个用例前,教授必须已经登录到系统。当教授希望制订课程计划表时,该用例开始执行。

后置条件:如果用例成功结束,则会调用相应的扩展用例完成课程计划表的维护。

主事件流如下。

(1) 教授根据本次制订课程计划表的具体安排(录入、修改、删除、查询),选择相应的操作。

(2) 扩展点 1:若选择录入操作,则执行"新增课程计划表"用例。

(3) 扩展点 2:若选择修改操作,则执行"修改课程计划表"用例。

(4) 扩展点 3:若选择删除操作,则执行"删除课程计划表"用例。

(5) 扩展点 4:若选择查询操作,则执行"查询课程计划表"用例。

(6) 若选择退出操作,则本用例结束执行。

3. "新增课程计划表"用例的用例描述

用例名称:新增课程计划表。

用例简述:该用例允许教授创建下学期要开设的新的课程列表,作为该教授的课程计划表。

参与者:教授。

前置条件:开始这个用例前,教授必须已经进入到"制订课程计划表"用例。当教授希望创建课程计划表时,该用例开始执行。

后置条件:如果用例成功结束,则会创建新的课程计划表。

主事件流如下。

(1) 系统创建新的空白的课程计划表,学期设置为正确的学年度。

(2) 系统从"课程库系统"参与者那里读取所有的课程信息,以列表形式呈现给教授。如果与"课程库系统"连接有问题,则执行异常事件流 e1。

(3) 教授选择要开课的若干课程,生成课程计划表。创建完毕保存。如果与数据库连接有问题,则执行异常事件流 e2。

(4) 若选择退出操作,则本用例结束执行。

异常事件流 e1:

e1. 提示参与者"课程库系统"连接不上。

e2. 系统自动关闭，用例结束。

异常事件流 e2：

e1. 提示参与者数据库连接不上。

e2. 系统自动关闭，用例结束。

4. "修改课程计划表"用例的用例描述

用例名称：修改课程计划表。

用例简述：该用例允许教授根据已有的课程计划表，更换其中的课程。

参与者：教授。

前置条件：开始这个用例前，教授必须已经进入到"制订课程计划表"用例。当教授希望更换课程计划表中的课程时，该用例开始执行。

后置条件：如果用例成功结束，则会修改已有的课程计划表。

主事件流如下。

（1）教授输入正确的学年度。

注：系统只提供正确的学年度供选择。

（2）系统打开教授之前创建的课程计划表，列出其中的课程信息。如果与数据库连接有问题，则执行异常事件流 e2。

（3）系统从"课程库系统"参与者那里读取所有的课程信息，以列表形式呈现给教授。如果与"课程库系统"连接有问题，则执行异常事件流 e1。

（4）教授从课程计划表中删除要更换的课程，从所有的课程信息列表中选择要添加的课程，放入课程计划表中。修改完毕保存。如果与数据库连接有问题，则执行异常事件流 e2。

（5）若选择退出操作，则本用例结束执行。

异常事件流 e1：

e1. 提示参与者"课程库系统"连接不上。

e2. 系统自动关闭，用例结束。

异常事件流 e2：

e1. 提示参与者数据库连接不上。

e2. 系统自动关闭，用例结束。

5. "删除课程计划表"用例的用例描述

用例名称：删除课程计划表。

用例简述：该用例允许教授删除已有的课程计划表。

参与者：教授。

前置条件：开始这个用例前，教授必须已经进入到"制订课程计划表"用例。当教授希望删除课程计划表时，该用例开始执行。

后置条件：如果用例成功结束，则会删除已有的课程计划表。

主事件流如下。

（1）教授输入正确的学年度。

注：系统只提供正确的学年度供选择。

（2）系统打开教授之前创建的课程计划表，列出其中的课程信息。如果与数据库连接有问题，则执行异常事件流 e2。

（3）教授选择删除操作，则系统删除掉课程计划表。如果与数据库连接有问题，则执行异常事件流 e2。

（4）若选择退出操作，则本用例结束执行。

异常事件流 e2：

e1. 提示参与者数据库连接不上。

e2. 系统自动关闭，用例结束。

6."查询课程计划表"用例的用例描述

用例名称：查询课程计划表。

用例简述：该用例允许教授查询已有的课程计划表（无论哪个学年度）。

参与者：教授、学生。

前置条件：开始这个用例前，教授必须已经进入到"制订课程计划表"用例，或者学生必须登录系统。当教授或者学生希望查询课程计划表时，该用例开始执行。

后置条件：如果用例成功结束，则什么信息也不会被修改。

主事件流如下。

（1）教授或者学生输入正确的学年度。

注：系统可以提供所有的学年度供选择。

（2）如果参与者是教授，则系统打开教授之前创建的与学年度匹配的课程计划表，列出其中的课程信息，供教授查看。如果参与者是学生，则系统打开所有教授之前创建的与学年度匹配的课程计划表，列出其中的课程信息，供学生查看。如果与数据库连接有问题，则执行异常事件流 e2。

（3）若选择退出操作，则本用例结束执行。

异常事件流 e2：

e1. 提示参与者数据库连接不上。

e2. 系统自动关闭，用例结束。

7."查询开设课程"用例的用例描述

用例名称：查询开设课程。

用例简述：该用例允许教授查询经学生报名、最后落实的要开设的课程列表。

参与者：教授。

前置条件：开始这个用例前，教授必须已经登录到系统。当教授希望查询最终落实的开课课程时，该用例开始执行。

后置条件：如果用例成功结束，则什么信息也不会被修改。

主事件流如下。

（1）教授输入正确的学年度。

注：系统只提供正确的学年度供选择。

（2）系统打开经课程能否正常开设的处理后（即"提交学习计划"用例执行后的课程计划表），最终落实的开课课程列表，供教授查看。如果与数据库连接有问题，则执行异常事件流 e2。

（3）若选择退出操作,则本用例结束执行。

异常事件流 e2：

e1. 提示参与者数据库连接不上。

e2. 系统自动关闭,用例结束。

8."查询课程学生名单"用例的用例描述

用例名称：查询课程学生名单。

用例简述：该用例允许教授查询经学生报名、最后落实的要开设的课程的学生名单列表。

参与者：教授。

前置条件：开始这个用例前,教授必须已经登录到系统。当教授希望查询最终落实的开课课程的学生名单时,该用例开始执行。

后置条件：如果用例成功结束,则什么信息也不会被修改。

主事件流如下。

（1）教授输入正确的学年度。

注：系统只提供正确的学年度供选择。

（2）系统打开经课程能否正常开设的处理后（即"提交学习计划"用例执行后的课程计划表）,最终落实的开课课程的学生名单列表,供教授查看。如果与数据库连接有问题,则执行异常事件流 e2。

（3）若选择退出操作,则本用例结束执行。

异常事件流 e2：

e1. 提示参与者数据库连接不上。

e2. 系统自动关闭,用例结束。

9."维护学生信息"用例的用例描述

用例名称：维护学生信息。

用例简述：该用例允许注册管理员维护本院系的全体学生的基本信息。

参与者：注册管理员。

前置条件：开始这个用例前,注册管理员必须已经登录到系统。当注册管理员希望维护学生信息时,该用例开始执行。

后置条件：如果用例成功结束,则会调用相应的扩展用例完成学生信息的维护。

主事件流如下。

（1）注册管理员根据本次维护学生信息的具体安排（录入、修改、删除、查询）,选择相应的操作。

（2）扩展点1：若选择录入操作,则执行"新增学生信息"用例。

（3）扩展点2：若选择修改操作,则执行"修改学生信息"用例。

（4）扩展点3：若选择删除操作,则执行"删除学生信息"用例。

（5）扩展点4：若选择查询操作,则执行"查询学生信息"用例。

（6）若选择退出操作,则本用例结束执行。

10."新增学生信息"用例的用例描述

用例名称：新增学生信息。

用例简述：该用例允许注册管理员创建进入院系的新学生的基本信息。

参与者：注册管理员。

前置条件：开始这个用例前，注册管理员必须已经进入到"维护学生信息"用例。当注册管理员希望创建新学生的基本信息时，该用例开始执行。

后置条件：如果用例成功结束，则会创建新的学生信息记录。

主事件流如下。

（1）系统创建新的空白的学生信息记录。

（2）注册管理员输入学生的基本信息。学生基本信息包括以下属性：学号、姓名、性别、班级、身份证号码、联系电话，创建完毕保存。如果与数据库连接有问题，则执行异常事件流 e2。

（3）若选择退出操作，则本用例结束执行。

异常事件流 e2：

e1. 提示参与者数据库连接不上。

e2. 系统自动关闭，用例结束。

11. "修改学生信息"用例的用例描述

用例名称：修改学生信息。

用例简述：该用例允许注册管理员根据已有的学生信息，更换其中的属性内容。

参与者：注册管理员。

前置条件：开始这个用例前，注册管理员必须已经进入到"维护学生信息"用例。当注册管理员希望更换学生信息的部分属性内容时，该用例开始执行。

后置条件：如果用例成功结束，则会修改已有的学生信息。

主事件流如下。

（1）系统打开注册管理员之前创建的学生信息列表，列出其中的学号和姓名信息。如果与数据库连接有问题，则执行异常事件流 e2。

（2）注册管理员从学生信息列表中选择要修改的学生，调出该学生的全部基本信息。如果与数据库连接有问题，则执行异常事件流 e2。

（3）注册管理员根据实际需要，修改以下属性内容：性别、班级、身份证号码、联系电话，修改完毕保存。如果与数据库连接有问题，则执行异常事件流 e2。

（4）若选择退出操作，则本用例结束执行。

异常事件流 e2：

e1. 提示参与者数据库连接不上。

e2. 系统自动关闭，用例结束。

12. "删除学生信息"用例的用例描述

用例名称：删除学生信息。

用例简述：该用例允许注册管理员删除已有的学生信息记录。

参与者：注册管理员。

前置条件：开始这个用例前，注册管理员必须已经进入到"维护学生信息"用例。当注册管理员希望删除学生信息记录时，该用例开始执行。

后置条件：如果用例成功结束，则会删除已有的学生信息记录。

主事件流如下。

（1）系统打开注册管理员之前创建的学生信息列表，列出其中的学号和姓名信息。如果与数据库连接有问题，则执行异常事件流 e2。

（2）注册管理员从学生信息列表中选择要删除的学生，进行删除。如果与数据库连接有问题，则执行异常事件流 e2。

（3）若选择退出操作，则本用例结束执行。

异常事件流 e2：

e1. 提示参与者数据库连接不上。

e2. 系统自动关闭，用例结束。

13. "查询学生信息"用例的用例描述

用例名称：查询学生信息。

用例简述：该用例允许注册管理员查询已有的学生信息记录。

参与者：注册管理员。

前置条件：开始这个用例前，注册管理员必须已经进入到"维护学生信息"用例。当注册管理员希望查询学生信息记录时，该用例开始执行。

后置条件：如果用例成功结束，则什么信息也不会被修改。

主事件流如下。

（1）系统打开注册管理员之前创建的学生信息列表，列出其中的学号和姓名信息。如果与数据库连接有问题，则执行异常事件流 e2。

（2）注册管理员从学生信息列表中选择要查看的学生，调出该学生的全部基本信息。如果与数据库连接有问题，则执行异常事件流 e2。

（3）若选择退出操作，则本用例结束执行。

异常事件流 e2：

e1. 提示参与者数据库连接不上。

e2. 系统自动关闭，用例结束。

14. "维护教授信息"用例及其扩展用例的用例描述

"维护教授信息"用例及其 4 个扩展用例的用例描述，与"维护学生信息"用例及其 4 个扩展用例的用例描述相似，只是将学生信息更换成教授信息即可。在此，不再赘述。

15. "制订学习计划"用例的用例描述

用例名称：制订学习计划。

用例简述：该用例允许学生设置本学期要选择上课的课程列表，作为该学生的学习计划。

参与者：学生。

前置条件：开始这个用例前，学生必须已经登录到系统。当学生希望制订学习计划时，该用例开始执行。

后置条件：如果用例成功结束，则会调用相应的扩展用例完成学习计划的维护。

主事件流如下。

（1）学生根据本次制订学习计划的具体安排（录入、修改、删除、查询、提交），选择相应的操作。

（2）扩展点 1：若选择录入操作，则执行"新增学习计划"用例。

（3）扩展点 2：若选择修改操作，则执行"修改学习计划"用例。

（4）扩展点 3：若选择删除操作，则执行"删除学习计划"用例。

（5）扩展点 4：若选择查询操作，则执行"查询学习计划"用例。

（6）扩展点 5：若选择提交操作，则执行"提交学习计划"用例。

（7）若选择退出操作，则本用例结束执行。

16．"新增学习计划"用例的用例描述

用例名称：新增学习计划。

用例简述：该用例允许学生创建本学期要选择上课的新的课程列表，作为该学生的学习计划。

参与者：学生。

前置条件：开始这个用例前，学生必须已经进入到"制订学习计划"用例。当学生希望创建学习计划时，该用例开始执行。

后置条件：如果用例成功结束，则会创建新的学习计划。

主事件流如下。

（1）系统创建新的空白的学习计划记录，学期设置为正确的学年度。

（2）系统从"查询课程计划表"用例那里读取所有教授计划开设的课程信息汇总，以列表形式呈现给学生。如果与数据库连接有问题，则执行异常事件流 e2。

（3）学生根据计划开设的课程列表以及其中选课学生人数统计的数据，选择希望上课的 4 门主选课程和 2 门备选课程，生成学习计划。创建完毕保存。如果与数据库连接有问题，则执行异常事件流 e2。

（4）若选择退出操作，则本用例结束执行。

异常事件流 e2：

e1．提示参与者数据库连接不上。

e2．系统自动关闭，用例结束。

17．"修改学习计划"用例的用例描述

用例名称：修改学习计划。

用例简述：该用例允许学生根据已有的学习计划，更换其中的课程。

参与者：学生。

前置条件：开始这个用例前，学生必须已经进入到"制订学习计划"用例。当学生希望更换学习计划中的课程时，该用例开始执行。

后置条件：如果用例成功结束，则会修改已有的学习计划。

主事件流如下。

（1）学生输入正确的学年度。

注：系统只提供正确的学年度供选择。

（2）系统打开学生之前创建的学习计划，列出其中的课程信息。已经落实可以上课的课程，用一种颜色标记。已经落实不能上课的课程，用另一种颜色标记。如果与数据库连接有问题，则执行异常事件流 e2。

（3）系统从"查询课程计划表"用例那里读取所有教授计划开设的课程信息汇总，以列表形式呈现给学生。如果与数据库连接有问题,则执行异常事件流 e2。

（4）学生根据计划开设的课程列表以及其中选课学生人数统计的数据,选择希望上课的课程,更换掉学习计划中已经落实不能上课的课程。修改完毕保存。如果与数据库连接有问题,则执行异常事件流 e2。

（5）若选择退出操作,则本用例结束执行。

异常事件流 e2:

e1. 提示参与者数据库连接不上。

e2. 系统自动关闭,用例结束。

18. "删除学习计划"用例的用例描述

用例名称:删除学习计划。

用例简述:该用例允许学生删除已有的学习计划。

参与者:学生。

前置条件:开始这个用例前,学生必须已经进入到"制订学习计划"用例。当学生希望删除学习计划时,该用例开始执行。

后置条件:如果用例成功结束,则会删除已有的学习计划。

主事件流如下。

（1）学生输入正确的学年度。

注:系统只提供正确的学年度供选择。

（2）系统打开学生之前创建的学习计划,列出其中的课程信息。已经落实可以上课的课程,用一种颜色标记。已经落实不能上课的课程,用另一种颜色标记。如果与数据库连接有问题,则执行异常事件流 e2。

（3）学生选择删除操作,则系统删除掉学习计划。如果与数据库连接有问题,则执行异常事件流 e2。

（4）若选择退出操作,则本用例结束执行。

异常事件流 e2:

e1. 提示参与者数据库连接不上。

e2. 系统自动关闭,用例结束。

19. "查询学习计划"用例的用例描述

用例名称:查询学习计划。

用例简述:该用例允许学生查询已有的学习计划(无论哪个学年度)。

参与者:学生。

前置条件:开始这个用例前,学生必须已经进入到"制订学习计划"用例。当学生希望查询学习计划时,该用例开始执行。

后置条件:如果用例成功结束,则什么信息也不会被修改。

主事件流如下。

（1）学生输入正确的学年度。

注:系统可以提供所有的学年度供选择。

（2）系统打开学生之前创建的与学年度匹配的学习计划,列出其中的课程信息,供学生查看。在本年度的学习计划中,已经落实可以上课的课程,用一种颜色标记。已经落实不能上课的课程,用另一种颜色标记。如果与数据库连接有问题,则执行异常事件流 e2。

(3) 若选择退出操作,则本用例结束执行。

异常事件流 e2:

e1. 提示参与者数据库连接不上。

e2. 系统自动关闭,用例结束。

20. "提交学习计划"用例的用例描述

用例名称:提交学习计划。

用例简述:该用例允许学生根据已经落实上课课程的学习计划,提交学习计划。

参与者:学生。

前置条件:开始这个用例前,学生必须已经进入到"制订学习计划"用例。当学生希望提交学习计划时,该用例开始执行。

后置条件:如果用例成功结束,则会冻结学习计划。除非能够落实上课的课程的学分要求不达标。

主事件流如下。

(1) 学生输入正确的学年度。

注:系统只提供正确的学年度供选择。

(2) 系统打开学生之前创建的学习计划,列出其中的课程信息。已经落实可以上课的课程,用一种颜色标记。已经落实不能上课的课程被新课程替换掉了,用另一种颜色标记。如果与数据库连接有问题,则执行异常事件流 e2。

(3) 学生选择提交操作,系统开始下列流程。

(4) 系统检查学生的前提条件、新选课程的已报名人数、时间表冲突等约束。如果能够成功匹配,则将新选课程标记为"已经落实可以上课的课程"颜色,将学生学号和姓名添加到落实的新选课程中。对于不能成功匹配的新选课程,标记为"已经落实不能上课的课程"颜色。

(5) 系统统计已经落实可以上课的课程的学分之和是否已经达标。若是,则冻结学习计划。

(6) 学生选课时间段结束后,系统冻结所有学生的学习计划。经过学生选课匹配处理后,学生人数少于 3 人的课程本学期不开设。系统修正最终落实的开课课程,包括教授和学生名单,生成本学期最终课程计划表。

(7) 完成上述事务处理后,保存。如果与数据库连接有问题,则执行异常事件流 e2。

(8) 扩展点 1:学生选课时间段结束后,执行"成功注册课程列表"用例,发送每个学生的冻结的学习计划。

(9) 系统自动退出本用例,返回到学生操作的主界面。本用例结束执行。

异常事件流 e2:

e1. 提示参与者数据库连接不上。

e2. 系统自动关闭,用例结束。

21. "成功注册课程列表"用例的用例描述

用例名称:成功注册课程列表。

用例简述:该用例将本学期所有学生最终注册的课程列表(即冻结的学习计划)发送到

"收费系统"参与者。

参与者：学生。

前置条件：开始这个用例前，学生必须已经进入到"提交学习计划"用例。当学生希望提交学习计划时，在学生选课时间段结束后，该用例开始执行。

后置条件：如果用例成功结束，则将本学期所有学生最终注册的课程列表（即冻结的学习计划）发送到"收费系统"参与者。

主事件流如下。

（1）系统连接"收费系统"。如果与"收费系统"连接有问题，则执行异常事件流 e4。

（2）系统将每个学生的最终学习计划中的课程信息发送到"收费系统"参与者。如果与"收费系统"连接有问题，则执行异常事件流 e4。

（3）系统自动退出本用例，返回到学生操作的主界面。本用例结束执行。

异常事件流 e4：

e1. 提示参与者"收费系统"连接不上。

e2. 系统自动关闭，用例结束。

22. "查询注册课程费用"用例的用例描述

用例名称：查询注册课程费用。

用例简述：该用例从"收费系统"参与者那里获取学生的注册课程的费用信息。

参与者：学生。

前置条件：开始这个用例前，学生必须已经登录系统。当学生希望查看本学期的缴费情况，该用例开始执行。

后置条件：如果用例成功结束，则什么信息也不会被修改。

主事件流如下。

（1）系统连接"收费系统"。如果与"收费系统"连接有问题，则执行异常事件流 e4。

（2）系统用学生的学号作为关键字，从"收费系统"参与者那里获取学生的注册课程的费用信息，列表显示给学生查看。如果与"收费系统"连接有问题，则执行异常事件流 e4。

（3）若选择退出操作，则本用例结束执行。

异常事件流 e4：

e1. 提示参与者"收费系统"连接不上。

e2. 系统自动关闭，用例结束。

3.7 本章小结

（1）用例是 Ivar Jacobson 发明的概念，用例驱动的软件开发方法已得到广泛的认同。

（2）用例是系统、子系统或类和外部的参与者交互的动作序列的说明，包括可选的动作序列和会出现异常的动作序列。

（3）用例命名往往采用动宾结构或主谓结构。

（4）系统需求一般分功能性需求和非功能性需求两部分，用例只涉及功能性方面的需求。

（5）用例之间可以有泛化关系、包含关系、扩展关系等。

（6）参与者是指系统以外的、需要使用系统或与系统交互的东西，包括人、设备、外部系统等。

（7）参与者之间可以有泛化关系。

（8）参与者和用例之间可以有关联关系。

（9）用例描述是用例的主要部分。

（10）用例描述的格式没有一个统一的标准，但用例描述的主要内容有一个标准。不同的开发机构可以采用自认为的合适格式。自然语言的文本格式是业界常用的格式。

（11）用例图是显示一组用例、参与者以及它们之间关系的图。

（12）对于较复杂的大中型系统，用例模型由一组用例图构成。此外，还要包括每个用例的用例描述。

（13）采用面向对象方法进行需求分析时主要是建立用例模型。

（14）用例建模是一个迭代的、递增的动态分析过程，应用在软件系统的需求分析阶段。

3.8 习　　题

3.8.1　填空题

1. 用例图组成的要素是_____、_____、_____和_____。

2. 由参与者、用例以及它们之间的关系构成的用于描述系统功能的动态视图称为_____。

3. 用例中的主要关系有_____、_____和_____。

4. _____指的是用例所包含的系统服务或功能单元的多少。

5. 用例图中以实线方框表示系统的范围和边界，在系统边界内描述的是_____，在边界外描述的是_____。

6. UML 软件开发过程需求分析阶段产生的模型由三类模型图表示，分别是_____模型图、_____模型图和_____模型图。

7. 在 UML 软件开发过程的需求分析阶段，建立用例模型的步骤分为_____、_____、_____、_____和_____。

8. 用例模型中的参与者可以是_____，也可以是_____。

9. 用例模型中的用例之间的关联有_____关联、_____关联、_____关联和_____关联。

3.8.2　选择题

1. 在 ATM 自动取款机的工作模型中，下面不是参与者的是（　　）。
   A. 用户　　　　　　　　　　　　B. ATM 取款机
   C. ATM 取款机管理员　　　　　　D. 取款

2. （　　）是构成用例图的基本元素。
   A. 参与者　　　　B. 泳道　　　　C. 系统边界　　　　D. 用例

3. 下面不是用例之间主要关系的是（　　）。

A. 扩展   B. 包含   C. 依赖   D. 泛化

4. 对于一个电子商务网站而言，以下不适合作为用例的选项是（   ）。

    A. 用户登录   B. 预订商品   C. 邮寄商品   D. 结账

5. 下列对系统边界的描述中，不正确的是（   ）。

    A. 系统边界是指系统与系统之间的界限

    B. 用例图中的系统边界用来表示正在建模系统的边界

    C. 边界内表示系统的组成部分，边界外表示系统外部

    D. 可以使用 Rose 绘制用例图中的系统边界

6. UML 的客户需求分析模型包括（   ）模型、类图、对象图和活动图。

    A. 用例   B. 静态   C. 动态   D. 系统

7. UML 的客户需求分析使用的 CRC 卡上的"责任"一栏的内容主要描述类的（   ）和操作。

    A. 对象成员   B. 关联对象   C. 属性   D. 私有成员

8. UML 的客户需求分析产生的用例模型描述了系统的（   ）。

    A. 状态   B. 体系结构   C. 静态模型   D. 功能要求

9. 在 UML 的需求分析建模中，用例模型必须与（   ）反复交流并加以确认。

    A. 软件生产商   B. 用户

    C. 软件开发人员   D. 问题领域专家

10. 在 UML 的需求分析建模中，对用例模型中的用例进行细化说明应使用（   ）。

    A. 活动图   B. 状态图   C. 配置图   D. 组件图

3.8.3 简答题

1. 用例之间的关系可分为包含、扩展、泛化。试对比分析 3 种关系。

2. 通过用例分析获取用户的需求，这种方法是否有缺陷？还有什么地方需要改进？

3. 参与者之间的关系主要是泛化关系。在什么情况下，可以为参与者之间建立泛化关系？

4. 在现实的大学校园里的图书借阅系统中，其中一个特别的需求是读者通过图书管理员进行图书的借还操作。如何表达"读者"参与者和"图书管理员"参与者之间的这种行为关系？

5. 参与者和用例之间的关联关系的箭头方向代表什么含义？

6. 面向对象方法中的用例与结构化分析方法中的功能模块有何异同？

7. 用例的核心是什么？如何体现？

8. 用例之间为什么没有实现关系？如何表达"实现"的思想？

9. 用例描述的核心是什么？

10. 用例模型的组成是什么？

11. 简述用例图、用例模型、用例建模三者之间的关系。

12. 系统边界的作用是什么？

13. 人们总结了许多识别参与者的问题，这些问题的共同特征是什么？你还能设计出新的问题，以便发现参与者吗？

14. 人们总结了许多识别用例的问题,这些问题的共同特征是什么? 你还能设计出新的问题,以便发现用例吗?

15. 细化用例的作用有哪些?

16. 项目词汇表的作用有哪些?

17. 用例粒度是什么? 它有何作用?

3.8.4 简单分析题

1. 某销售点系统的需求描述如下。

(1) 系统允许管理员通过从磁盘加载存货数据来运行存货清单报告。

(2) 管理员通过从磁盘加载,向磁盘保存存货数据来更新存货清单。

(3) 销售员记录正常的销售。

(4) 电话操作员是处理电话订单的特殊销售员。

(5) 任何类型的销售都要更新存货清单。

(6) 如果交易使用信用卡,那么销售员需要核实信用卡。

(7) 如果交易使用支票,那么销售员需要核实支票。

根据上述需求,完成以下任务:①确定系统边界;②确定系统的参与者;③确定系统的用例;④细化用例,并创建用例图;⑤任选一个用例,给出它的用例描述。

2. 某图书借阅系统的需求描述如下。

(1) 读者通过图书借阅系统查询可以借阅的图书。

(2) 读者在书架上找到相应的书籍后,到柜台通过图书管理员办理借阅手续。

(3) 想还书的读者在柜台上通过图书管理员办理归还手续。还书时,必须检查借阅时间是否超期;若超期,则进行相应罚款。

(4) 图书借阅系统不进行书籍的入库操作(即新书登记、旧书下架)。

根据上述需求,完成以下任务:①确定系统边界;②确定系统的参与者;③确定系统的用例;④细化用例,并创建用例图;⑤任选一个用例,给出它的用例描述。

3. 某采购管理系统的需求描述如下。

(1) 采购人员根据销售人员提出的"销售计划"、仓库管理员提出的"超过库存预警线的生产原材料(零部件)清单"和生产调度员提出的"产品生产计划",制订月、季度、全年的原材料(零部件)采购计划。采购计划上报主管经理批准后,送生产调度员备查,送仓库管理员准备储存原材料(零部件)。

(2) 采购人员与供应商签订采购合同。采购合同内容主要包括产品名称、规格、单位、单价、数量、总金额、发货时间、到货时间、付款时间等。合同签订生效后,送生产调度员备查,送仓库管理员准备储存原材料(零部件),送财务管理部门准备采购资金。

(3) 合同执行期间,采购人员定期检查合同履约情况。催促供应商及时发货,通知仓库管理员对到来的原材料(零部件)进行验收入库,通知财务管理部门按合同及时交付供应商应付款项。原材料(零部件)按合同全部到齐并验收入库,货款也已经全部支付完毕,说明合同已经履约,执行完毕,设置履约标志。

(4) 仓库管理员对到来的原材料(零部件)按照合同的规定进行验收入库。

(5) 财务管理部门按采购合同及已收到的原材料(零部件)数量交付供应商应付款项。

根据上述需求,完成以下任务:①确定系统边界;②确定系统的参与者;③确定系统的用例;④细化用例,并创建用例图;⑤任选一个用例,给出它的用例描述。

4. 某学生管理系统的需求描述如下。

(1) 参与者分教师和学生。

(2) 教师或学生只有成功登录系统后,才能使用有权限使用的功能。

(3) 参与者在登录系统时,必须输入账号和密码。验证账号和密码时,必须两者都正确,才能成功登录系统。如果忘记了密码,则可以通过注册时填写的电子邮箱找回密码。

根据上述需求,完成以下任务:"登录"用例和"找回密码"用例之间的关系是什么?为什么?请写出"找回密码"用例的用例描述。

5. 就你熟悉的一个可运行的软件系统,根据其运行界面的操作过程,逆向工程推断出该系统的用例模型,包括参与者、用例,以及它们之间的关系。

6. 某电话公司决定开发一个管理所有客户信息的交互式网络系统。系统的需求描述如下。

(1) 浏览客户信息:任何使用 Internet 的网络用户都可以浏览电话公司所有的客户信息(包括姓名、住址、电话号码等)。

(2) 登录:电话公司授予每个客户一个账号。拥有授权账号的客户,可以使用系统提供的页面设置个人密码,并使用该账号和密码向系统注册。

(3) 修改个人信息:客户向系统注册后,可以发送电子邮件或者使用系统提供的页面,对个人信息进行修改。

(4) 删除客户信息:只有公司的管理人员才能删除不再接受公司服务的客户的信息。

在需求分析阶段,采用 UML 的用例图描述系统功能需求,如图 3.21 所示。请指出图中的 A、B、C 和 D 分别是哪个用例?

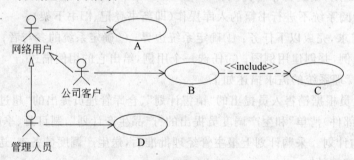

图 3.21 交互式网络系统的用例图描述

7. 某汽车停车场欲建立一个停车场信息系统。系统的需求描述如下。

(1) 在停车场的入口和出口分别安装一个自动栏杆、一台停车卡打印机、一台读卡器和一个车辆通过传感器。

(2) 当汽车达到入口时,驾驶员按下停车卡打印机的按钮获取停车卡。当驾驶员拿走停车卡后,系统命令栏杆自动抬起。汽车通过入口后,入口处的传感器通知系统发出命令,栏杆自动放下。

(3) 在停车场内分布着若干个付款机器。驾驶员将在入口处获取的停车卡插入付款机器,并缴纳停车费。付清停车费之后,将获得一张出场卡,用于离开停车场。

(4) 当汽车达到出口时,驾驶员将出场卡插入出口处的读卡器。如果这张卡是有效的,系统命令栏杆自动抬起。汽车通过出口后,出口处的传感器通知系统发出命令,栏杆自动放下。若这张卡是无效的,系统不发出栏杆抬起命令而发出告警信号。

(5) 系统自动记录停车场内空闲的停车位的数量,若停车场当前没有车位,系统将在入口处显示"车位已满"信息。这时,停车卡打印机将不再出卡,只允许场内汽车出场。

在需求分析阶段,采用 UML 的用例图描述系统功能需求,如图 3.22 所示。请指出图中的 A、B、C 和 D 分别是哪个用例?

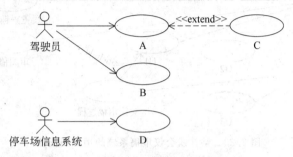

图 3.22   停车场信息系统的用例图描述

8. 某在线会议审稿系统(Online Reviewing System,ORS)主要处理会议前期的投稿和审稿事务。系统的需求描述如下。

(1) 用户在初始使用系统时,必须在系统中注册(Register),称为作者或审稿人。

(2) 作者登录(Login)后提交稿件和浏览稿件审阅结果。提交稿件必须在规定提交时间范围内,其过程为先输入标题和摘要、选择稿件所属主题类型、选择稿件所在位置(存储位置)。上述几步若未完成,则重复;若完成,则上传稿件至数据库中,系统发送通知。

(3) 审稿人登录后可设置兴趣领域、审阅稿件给出意见以及罗列录用和(或)拒绝的稿件。

(4) 会议委员会主席是一个特殊审稿人,可以浏览提交的稿件、给审稿人分配稿件、罗列录用和(或)拒绝的稿件以及关闭审稿过程。其中关闭审稿过程须包括罗列录用和(或)拒绝的稿件。

在需求分析阶段,采用 UML 的用例图描述系统功能需求,如图 3.23 所示。请指出图中的 A1、A2、A3 和 A4 分别是哪个参与者? U1、U2 和 U3 分别是哪个用例?

9. 某银行计划开发一个自动存提款机模拟系统(ATM System)。系统的需求描述如下:

(1) 系统通过读卡器读取 ATM 卡;系统与客户的交互由客户控制台实现;银行操作员可以控制系统的启动和停止;系统通过网络和银行系统实现通信。

(2) 当读卡器判断用户已将 ATM 卡插入后,创建会话。会话开始后,读卡器进行读卡,并要求客户输入个人验证码(PIN)。系统将卡号和个人验证码信息送到银行系统进行验证。验证通过后,客户可以从菜单选择如下事务:①从 ATM 卡账户取款;②向 ATM 卡账户存款;③进行转账;④查询 ATM 卡账户信息。

(3) 一次会话可以包含多个事务,每个事务处理也会将卡号和个人验证码信息送到银行系统进行验证。若个人验证码错误,则转个人验证码错误处理。每个事务完成后,客户可

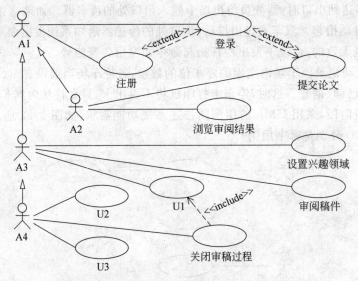

图 3.23 某在线会议审稿系统的用例图描述

以选择继续上述事务或退卡时，系统弹出 ATM 卡，会话结束。

在需求分析阶段，采用 UML 的用例图描述系统功能需求，如图 3.24 所示。请指出图中的 A1 和 A2 分别是哪个参与者？U1、U2 和 U3 分别是哪个用例？

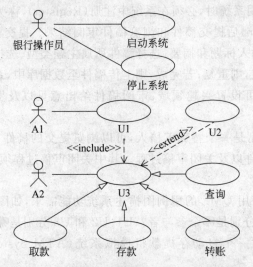

图 3.24 自动存提款机模拟系统的用例图描述

10. 某企业为了方便员工用餐，为餐厅开发了一个订餐系统（Cafeteria Ordering System，COS），企业员工可以通过企业内联网使用该系统。系统的需求描述如下。

（1）企业的任何员工都可以查看菜单和今日特价菜。

（2）系统的顾客是注册到系统的员工，可以订餐（如果未登录，需先登录）、注册工资支付、预约规律的订餐。在特别情况下可以覆盖预订。

（3）餐厅员工是特殊顾客，可以进行备餐、生成付费请求和请求送餐，其中对于注册工资支付的顾客生成付费请求并发送给工资系统。

（4）菜单管理员是餐厅特定员工,可以管理菜单。

（5）送餐员可以打印送餐说明,记录送餐信息(如送餐时间)以及记录收费(对于没有注册工资支付的顾客,由送餐员收取现金后记录)。

（6）顾客订餐过程如下:①顾客请求查看菜单;②系统显示菜单和今日特价菜;③顾客选菜;④系统显示订单和价格;⑤顾客确认订单;⑥系统显示可送餐时间;⑦顾客指定送餐时间、地点和支付方式;⑧系统确认接受订单,然后发送 E-mail 给顾客以确认订餐,同时发送相关订餐信息通知给餐厅员工。

在需求分析阶段,采用 UML 的用例图描述系统功能需求,如图 3.25 所示。请指出图中的 A1 和 A2 分别是哪个参与者? 员工和顾客之间是什么关系? 并解释该关系的内涵。补齐图 3.25 中缺少的 4 个用例及其所关联的参与者。

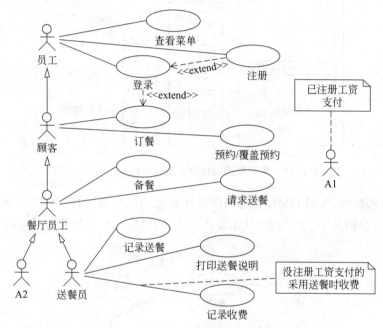

图 3.25　订餐系统的用例图描述

11. 某运输公司决定为新的售票机开发车票销售的控制软件。图 3.26 给出了售票机的面板示意图以及相关的控制部件。

系统的需求描述如下。

（1）目的地键盘用来输入行程目的地的代码(例如,200 表示总站)。

（2）乘客可以通过车票键盘选择车票种类(单程票、多次往返票和坐席票)。

（3）继续/取消键盘上的"取消"按钮用于取消购票过程,继续按钮允许乘客连续购买多张票。

（4）显示屏显示所有的系统输出和用户提示信息。

（5）插卡口接受 MCard(现金卡),硬币口和纸币槽接受现金。

（6）打印机用于输出车票。

假设乘客总是支付恰好需要的金额而无须找零,售票机的维护工作(取回现金、放入空白车票等)由服务技术人员完成。

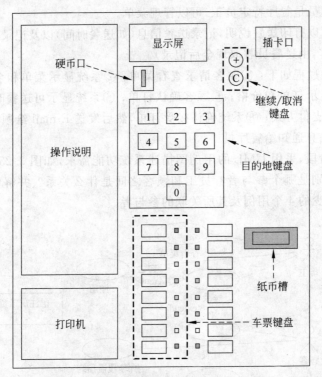

图 3.26　售票机的面板示意图以及相关控制部件

在需求分析阶段，采用 UML 的用例图描述系统功能需求，如图 3.27 所示。请指出图中的 A1 和 A2 分别是哪个参与者？U1 是哪个用例？以及(1)、(2)处所对应的关系。

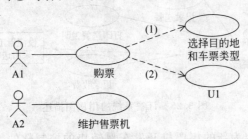

图 3.27　售票机的用例图描述

第4章 类图与对象图

本章学习目标

(1) 理解结构模型(类图、对象图)的基本概念。

(2) 掌握识别类(对象)、属性、操作的方法。

(3) 掌握类图模型中各种关系的分析。

(4) 掌握类版型的概念与用途。

(5) 熟悉 UML 中结构建模的过程。

本章首先向读者介绍类(对象)、属性、操作的概念,类之间的关系,并重点介绍如何识别类(对象)、属性、操作、类之间的关系;然后介绍 UML 的结构建模及注意事项;最后通过一个具体案例,重点介绍结构建模的过程。

4.1 类 与 对 象

4.1.1 类与对象的概念

从一般意义上讲,对象是现实世界中一个实际存在的事物,它可以是有形的(比如一辆汽车),也可以是无形的(比如一项计划)。

对象是构成世界的一个独立单位,它具有自己的静态特征和动态特征。静态特征是可以用某种数据来描述的属性,动态特征是对象所表现的行为或对象所具有的功能。

Rumbaugh 对类的定义是:类是具有相似结构、行为和关系的一组对象的描述符。也就是说,类是对一组具有相同属性、操作、关系和语义的对象的描述。

类是具有相同属性和服务的一组对象的集合,它为属于该类的全部对象提供了统一的抽象描述,其内部包括属性和服务两个主要部分。

类与对象的关系如同一个模具与用这个模具铸造出来的铸件之间的关系。类给出了属于该类的全部对象的抽象定义,而对象则是符合这种定义的一个实体。所以,一个对象又称为类的一个实例(instance),也可以把类作为对象的模板(template)。

【例 4.1】 在一个银行业务系统中,可能会有以下对象与类。

(1) 张三、李四、客户:他们是在银行业务系统中办理了账户的储户。他们通过银行业务系统进行金融交易。

(2) 张三的账户、李四的账户、客户的账户:它们在银行业务系统中记录了张三、李四或客户的存款余额。

在这个例子中,张三和李四都是对象,客户是类。作为实体,张三和李四都是"客户"类的实例。张三的账户和李四的账户都是对象,客户的账户是类。作为实体,张三的账户和李四的账户都是"客户的账户"类的实例。

实际上,类是一个集合概念。一个具体的个体实体仅代表同一类的一个实例。

在 UML 规范中，使用划分成 3 行格子的矩形图标来表示类或对象。图 4.1 给出了

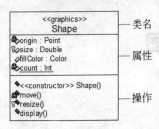

图 4.1 类的图形符号表示

Shape 类的图形表示。类名是 Shape，共有 4 个属性，分别为 origin、size、fillColor 和 count，其中属性 count 有下划线，表示该属性是静态（static）属性。Shape 类有 Shape（）、move（）、resize（）和 display（）4 个方法。其中方法 Shape（）的版型为 <<constructor>>，表示该方法是构造方法，而 Shape 类是一个版型为<<graphics>>的类。

在定义类时，类的命名应尽量使用问题域中的术语，应明确、无歧义，以利于开发人员与用户之间的相互理解和交流。一般而言，类的名字是名词。在 UML 中，类的名字的首字母应当大写。如果类的名字是多个单词合并组成的，那么每个单词的首字母应当大写。类的命名分 simple name 和 path name 两种形式，其中 simple name 形式的类名就是简单的类的名字，而 path name 形式的类名还包括了包名，包名和类名之间用::分隔。例如，下面是 path name 形式的类名：Banking::CheckingAccount。其中 Banking 是包名，CheckingAccount 是包 Banking 中的一个类。

对象是类的一个实例。对象的命名规则同类的命名规则。一般情况下，在无须特别指出对象的名字时，对象的名字和类的名字相同。否则，就需要指出对象的名字。对象名和类名之间用":"分隔，带下划线。例如，张三:客户。其中张三是对象名，客户是类名。

4.1.2 类的属性

一个类可以有一个或多个属性或者根本没有属性。属性用来描述该类的对象所具有的静态特征。属性的值可以描述对象的状态。类的属性分为两种：一种属性代表的状态可以被其他对象存取；另一种属性代表的是对象的内部状态，它们只能被类的操作所存取。属性必须命名，以区别于类的其他属性。当一个类的属性被完整地定义后，它的任何一个对象的状态都被这些属性的特定取值所决定。在需求分析阶段，只抽取那些系统中需要使用的特征作为类的属性。

属性在类图标的属性分隔框中用文字串说明，UML 1.5 版本的规范说明中规定属性的语法格式为

[可见性] 属性名 [:类型] ['['多重性 [次序]']'] [=初始值] [{约束特性}]

根据详细程度的不同，每个属性可以包括属性的可见性、属性名称、类型、多重性、初始值和约束特性。

上面表示属性的格式中，除了用单括号'括起来的方括号表示的是一个具体的字符外，其他方括号[ ]表示该项是可选项。

1. 属性名

属性名是描述所属的类的特性的短语或名词短语，作为属性的名字，以区别于类的其他属性。按照 UML 的规范约定，属性名的每个组成词的第一个字母大写，但除了第一个组成词的第一个字母。例如，name、personNumber 等。

2. 类型

类型表示该属性的数据类型。它可以是基本数据类型，例如整数、实数、布尔型等，也可

以是用户自定义的类型。

3. 可见性

属性的可见性描述了该属性是否对于其他类可见,从而确定是否可以被其他类引用。属性有不同的可见性,利用可见性可以控制外部事件对类中属性的操作方式。属性的可见性的含义和表示方法如表 4.1 所示。

表 4.1 属性的可见性的含义和表示方法

UML 符号	ROSE	意 义
＋	◈	公有属性(Public):能够被系统中其他任何操作查看和使用
―	⚿	私有属性(Private):仅在类内部可见,只有类内部的操作才能存取该属性
＃	⚿	受保护属性(Protected):供类中的操作存取,并且该属性也被其子类使用

如果类中没有显示可见性,就认为是未定义的。在分析阶段一般先不考虑可见性问题。

4. 多重性

多重性声明并不是表明数组的意思。例如,多重性标识为 1..＊,表示该属性值有一个或多个,同时这些值之间可以是有序的(用 ordered 指明)。

5. 初始值

当类的一个对象被创建,它的各个属性就开始有特定的状态(即特定的值)。对象的状态在对象参与交互的过程中会发生变化。有时对象的初始状态对此对象参与的交互是有意义的,这时,有必要在对象的类中定义其对象的属性的初始值。

6. 约束特性

约束特性用于描述属性的可变性。可变性描述了对属性取值的修改的限制。在 UML 中共有 3 种预定义的属性可变性。

(1) changeable(可变的):表示此属性的取值没有限制,属性的取值可以被随意修改。

(2) addOnly(只可加):它只对重复度大于取值的属性有效。对于重复度大于 1 的属性而言,此属性的每个实例在被初始化或赋值之前,其取值是无效的;随着交互的进行,属性的这些实例被逐步地初始化或赋值,这些被初始化的实例的取值才是有效的。一旦一个有效值被加入到此属性的有效值集合中,就不能被更改或删除。

(3) frozen(冻结的):它表明属性所在的类的对象一旦被初始化,它的取值就不能再改变。这相当于 C++ 里的常量。例如,id : Interger{frozen}就表示此属性的取值在对象被创建之后是不可更改的。

7. 作用域

类可以有多个对象。通常,当一个类的多个对象同时存在时,此类的同名的构成具有多个副本。这意味着修改一个对象的属性不会影响另外一个对象的同名属性发生变化,即一个对象的操作的执行不会影响同一个类的另一个对象的状态。但在有些情况下,可能需要同一个类的各个对象能共享一个或多个属性。例如,可能需要设定一个变量来统计某一类当前的对象的数目。这两种情况实际上是在对类的构成的作用范围作了限定。这样的限定在 UML 中称为作用域。

类的作用域分为两种:对象作用域和类作用域。对象作用域指的是此构成对此类的每个对象都有一个副本。类的作用域指的是此构成只有一个副本，它能为类的所有对象共享。

【例4.2】 属性声明的一些例子。

```
+size : Area= (100,100)
#visibility : Boolean=false
+default-size : Rectangle
#maximum-size : Rectangle
-xptr : XwindowPtr
colors : Color[3]
points : Point [2..* ordered]
name : String [0..1]
```

对于例4.2中的points属性和name属性，需要注意它们的多重性部分。多重性声明并不是表示数组的意思。points的多重性为2..*，表示该属性值有两个或多个，同时这些值之间是有序的（因为有ordered指明）。而name这个属性的多重性为0..1，表示name有可能有一个值，也有可能值为null。特别需要注意的是，name：String [0..1]并不表示name是一个String数组。

从理论上讲，一个类可以有无限多个属性，但一般不可能把所有的属性都表示出来，因此在选取类的属性时应只考虑那些系统会用到的特征。原则上，由类的属性应能区分每个特定的对象。

图4.2显示了表示课程的一个类，它具有课程编号（code）、名字（title）和学分（credits）3个属性。图中还显示了该类的一个实例，以说明在对象图中指定属性值的方式。第一个属性名为code，表示该大学内用以引用该课程的标识符，这个属性没有指定类型，表示还没有决定如何将此代码存储为具体的数据。图4.2中显示的属性具有对象作用域，意思是类的每个实例可以存储该属性的一个不同值。

然而，有些数据描述的不是个别实例，而是所有当前实例的集合。例如，可能向系统记录所知道的课程总数mcount。如图4.3所示，加下划线的属性mcount称为具有类作用域的属性。这意味着该属性只有单独一份，可以由该类的所有实例访问。具有类作用域的属性对应于编程语言中的静态变量或类变量。

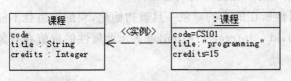

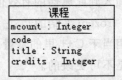

图4.2 具有对象作用域的属性和属性值　　图4.3 具有类作用域的属性

4.1.3 类的操作

一个类可以有多个操作或根本没有操作。操作描述对数据的具体处理方法。存取或改变属性值或执行某个动作都是操作，操作说明了该类能做些什么工作。在UML中，操作被定义为一个类所能提供的服务的实现，此服务能被请求，以改变提供服务的类的对象的状态或为服务的请求者返回一个值。

根据定义,类的操作所提供的服务分为两种:一种是操作的结果引起了对象状态的改变,状态的改变也包括相应的动态行为的发生;另一种是为服务的请求者提供返回结果,例如,执行特定的计算,并把结果返回给请求者。

操作(operation)用于修改、检索类的属性或执行某些动作,操作通常也称为功能。但是它们被约束在类的内部,只能作用到该类的对象上。操作在类图标的操作分隔框中用文字串说明,UML 1.5 版本的规范说明中规定操作的格式为

[可见性] 操作名 [(参数列表)] [:返回类型] [{约束特性}]

其中方括号表示该项是可选项。

1. 操作名

操作的名字是用来描述所属类的行为的动词或动词词组。同属性的命名规则一样,按照 UML 的规范约定,通常将组成操作名的每个词的第一个字母大写,但除了第一个组成词的第一个字母,如 move、setValue 等。

2. 参数列表

参数列表就是由"标识符、类型"对组成的序列。实际上是操作被调用时接收传递过来的参数值的变量。参数的定义方式采用"名称:类型"的形式。如果存在多个参数,则将各个参数用逗号分隔。如果没有参数,则参数列表是空的。参数可以具有默认值。如果操作的调用者没有提供某个具有默认值的参数的值,那么该参数将使用指定的默认值。

3. 返回类型

返回类型指定了由操作返回的数据类型。它可以是任意有效的数据类型。返回类型至多一个。如果操作没有返回值,在具体的编程语言中一般要加上一个关键字 void,也就是其返回类型必须是 void。

4. 可见性

操作的可见性也分为 3 种,其含义和表示方法等同于属性的可见性。对操作可见性(visibility)的表示,UML 和 Rose 采用不同的符号。UML 规范中规定的是用＋、♯、一等符号,而 Rose 中采用♦、🔧、🔩等图形符号表示。

5. 约束特性

{约束特性}是一个文字串,说明该操作的一些有关信息,例如,{query}这样的特性说明表示该操作不会修改系统的状态。

6. 操作接口

操作名、参数列表和返回类型组成操作接口。操作接口与操作的特征标记(signature)这个概念很相似,但也有细微的差别。操作的特征标记一般只包括操作名和参数列表,而不包括返回类型,但操作接口是包括返回类型的。

7. 操作的实现

在 UML 中,把操作的具体实现称为方法,它与实现该操作的算法有关。若算法设计得好,可以减少操作的时空开销,满足求解问题的要求。除了算法以外,一个操作能否执行还与前提条件和输入参数有关。前提条件是指操作可以执行的基础。例如,执行放大图形操作的前提条件是被放大的图形一定存在,否则,放大图形的操作不能执行。操作完成后,被操作对象的状态会受影响,这种受影响的状况称为后置条件。

根据开发过程达到的阶段,可以提供适当的或多或少的信息。在孤立地考虑一个类时,很难确定该类应该提供什么操作。必要的操作是通过分析系统的全局行为是如何由组成系统的对象网络实现而发现的。这种分析是在建立系统的动态模型时进行的,并且只有接近设计过程结束时才可能收集到一个类的操作的完整定义。

8. 作用域

同属性的作用域一样,操作的作用域也分为两种。一种是具有对象作用域的操作;另一种是具有类作用域的操作。前者修改的属性值为一个特定的对象服务,后者修改的属性值为共享的对象服务。

【例4.3】 操作声明的一些例子。

```
+display() : Location
+hide()
#create()
-attachXWindow(xwin : XwindowPtr)
```

在例4.3的第1个例子中,参数列表为空,返回类型为Location。在第4个例子中,参数列表为xwin : XwindowPtr,其中参数名为xwin,参数类型为XwindowPtr。没有返回类型。

图4.4是课程类的完整图示。其中getCount()是具有类作用域的操作。在UML中,构造函数(即创建类的新实例的操作)也具有类作用域。getTitle()是具有对象作用域的操作。

4.1.4 类的职责

在标准的UML定义中,有时还应当指明类的另一种信息,即类的职责。类的职责指的是对该类的所有对象所具备的那些相同的属性和操作共同组成的功能或服务的抽象。类的属性和操作是对类的具体结构特征和行为特征的形式化描述;而类的职责是对类的功能和作用的非形式化描述。

在声明类的职责时,可以非正式地在类图标符号的下方增加一栏,将该类的职责逐条陈述出来。类的职责是一段或多段文本描述。一个类可以有多种职责。设计好的类一般至少有一种职责。

图4.5是带职责和属性约束的洗衣机类的完整图示,第四行中列出了洗衣机类的职责:以脏衣服作为输入,输出洗干净衣服。

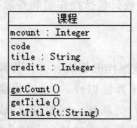

图4.4 课程类

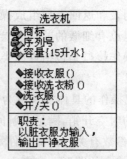

图4.5 带职责和属性约束的洗衣机类

4.2　类与对象的识别

4.2.1　识别类与对象

在分析阶段,类与对象的识别通常是在分析问题域的基础上来完成的。这个阶段识别出来的类实质上是问题域实体的抽象,应该从这些实体(类)在问题域中担当的角色或职责来命名。类是一组具有系统属性和操作的对象,因此标识类和标识对象是一致的。识别类与对象的常用方法如下。

1. 考虑问题域

这种方法侧重于客观存在的事物与系统中对象的映射。可以启发开发人员发现对象的因素包括人员、组织机构、物品、设备、事件(例如,索赔、上访、交易)、表格、日志、结构和报告等。其中分类的角度是多种多样的,例如,在汽车类别上,汽车向上有车辆,向下细分为客车和轿车,其左右有摩托车和拖拉机。在汽车结构上,有发动机、车轮、车厢等。

2. 名词短语识别法

名词短语识别法对于类的发现是建立在对用户需求陈述的构词分析上,分析人员可以根据需求陈述与用例描述中出现的名词和名词短语来提取实体对象。对于每个识别出来的候选类可以从以下 3 个方面进行分类。

1) 相关类

相关类是那些明显属于问题域的类,一般表示这些类的名字的名词经常出现在需求陈述中。另外从对问题域的一般常识中,从对相似的系统、教科书、文件的研究中,确认这些类的显著性和目的。

2) 模糊类

模糊类是那些不能肯定地和无歧义性地分类为相关类的类。需要对它们进一步进行分析后才能确定其是相关类、还是属性或者无关类。

3) 无关类

无关类是那些问题域之外的类,无法陈述它们的目的。有经验的开发人员在他们候选类的初始表中就不包括无关类,这样,识别和消除无关类的步骤就可以省略了。

【例 4.4】 超市购买商品系统的部分需求陈述:"<u>顾客</u>带着所要购买的<u>商品</u>到达<u>营业厅</u>的一个<u>销售点终端</u>(终端设在门口附近),销售点终端负责接收数据、显示数据和打印<u>购物单</u>;<u>出纳员</u>与销售点终端交互,通过销售点终端录入每项商品的<u>通用产品代码</u>,如果出现多个同类商品,出纳员还要录入该商品的<u>数量</u>;系统确定商品的<u>价格</u>,并将商品代码、数量信息加入到正在运行的系统;系统显示当前商品的<u>描述信息</u>和价格。"

分析上述描述,用下划线识别出名词,但并没有把所有名词都确定为类,而是有所取舍。如"系统"显然是指待开发的软件本身,所以不能作为实体类来认识。另外"通用产品代码"、"数量"、"价格"明显属于商品的属性,也不适合作为对象来认识。"描述信息"显然是指"通用产品代码"、"数量"等,也不适合作为对象来认识。因此上述描述的候选对象是顾客、商品、销售点终端、购物单、出纳员。

需要注意的是,不一定每个名词都对应一个对象或类,有时描述可能过细,那么该名词可能就是对象的一个属性。另外鉴于需求陈述与用例描述不可能十分规范,开发人员还必须从这些名词、名词短语中排除同义词或近义词的干扰。

名词短语识别法假设需求陈述是完整的和正确的。事实上，这一点很难达到。甚至于即使真是这样，在大量的文本中进行搜索也不一定能产生完整的和精确的结果。

3. 系统实体识别方法

该方法是从通用的对象分类理论中导出候选类。根据预先定义的概念类型列表，逐项判断系统中是否有对应的实体对象。大多数客观事物可分为下述五类。

（1）可感知的物理实体。例如，汽车、书、信用卡。

（2）人或组织的参与者。例如，学生、教师、经理、管理员、供应科。

（3）应该记忆的事件。例如，取款、飞行、订购。

（4）两个或多个对象的相互作用。例如，购买、结婚。

（5）需要说明的概念。例如，保险政策、业务规则。

通过试探系统中是否存在这些类型的概念，或将这些概念与前几种方法得到的对象进行比较，就可以尽可能完整地提取出系统中的类和对象。

【例4.4】（续） 对上述超市购买商品系统逐项判断系统中是否有对应的实体对象，识别结果如下。

（1）可感知的物理实体：销售点终端、商品。

（2）人或组织的参与者：顾客、出纳员。

（3）应该记忆的事件：购物单（记录购买的商品信息）。

（4）两个或多个对象的相互作用：此处不适用。

（5）需要说明的概念：此处不适用。

系统实体识别方法可以是分析人员确定类的初始集或者用于验证某些类是否应该存在，但它并不提供系统化的过程，使人们依照它就可以发现可靠的和完整的类的集合。

4. CRC方法

类-责任-协作者（Class-Responsibility-Collaborator，CRC）技术是一组表示类的索引卡片，每张卡片分成三部分：类名、类的责任、类的协作者，如表4.2所示。责任是与类相关的属性和操作，即类知道要做的事情。协作者是为某个类提供完成责任所需的信息的类，即协作类。通常协作蕴涵着对信息的请求，或对某种动作的请求。

表4.2　CRC卡片

类名：	
类的类型（如设备、参与者、场所等）：	
类的特征（如有形的、并发的等）：	
责任：	协作者：

CRC方法不仅可以用来发现类，它还是一种用来进行对象的解释、理解的工具。CRC方法的步骤如下。

1）创建CRC卡片，标识出类

CRC方法是一个模拟开发人员"处理这些卡片"的过程，开发人员在执行一个处理实例

（即一个用例实例）的同时,将类名、赋予的责任和协作者填入卡片。每当需要的服务没有被存在的类所覆盖时就创建一个新类,并赋予适当的责任和协作者。如果一个类"太忙"了,就把它分为几个较小的类。

通常一个类应该承担一种责任。类的责任划分的好坏取决于其对象交互时,此对象在交互中担任的职责的划分的合理性。类的责任是通过用例以面向对象的方式产生的。通过对用例的分析,产生了系统的交互,分析在交互中完成某任务所需的步骤及完成步骤的主体,产生了合理的对象职责的划分,这就自然地导出了合理的类的责任的划分。类所应具备的属性和操作是根据类的责任给出的。

协作实际上是标识了类间的关系。一个类的协作可以通过确定该类是否能自己完成每个责任来标识,如果不能,则它需要和另一个类交互,从而可以标识一个协作者。为了标识协作者,可以检索类间的类属关系,如果两个类具有泛化关系,或者一个类必须从另一个类获取信息,或者一个类依赖于另一个类,则它们之间往往存在协作关系。

2) CRC 复审

在填好所有 CRC 卡片后,应对它进行复审。复审应由用户和开发人员共同参与。复审方法如下。

（1）参加复审的人,每个人拿 CRC 卡片的一个子集。

注意：有协作关系的卡片要分开,即没有一个人持有两张有协作关系的卡片。

（2）将所有用例/场景分类。

（3）复审负责人仔细阅读用例,当读到一个命名的对象时,将令牌传送给持有对应类的卡片的人员。

（4）收到令牌的类卡片持有者要描述卡片上记录的责任,复审小组将确定该类的一个或多个责任是否满足用例的需求。当某个责任需要协作时,将令牌传给协作者,并重复(4)。

（5）如果卡片上的责任和协作不能适应用例,则需要对卡片进行修改,这可能导致定义新类,或在现有的卡片上刻画新的或修正的责任及协作者。

（6）这种做法持续至所有的用例都完成为止。

CRC 方法在对象之间为了完成一个处理任务而在发生的消息传递中识别类。其重点在于系统智能的统一分布,而且一些类是通过技术上的需要而导出的,而不是作为"业务对象"而发现的。在这个意义上说,CRC 可能更适合对用其他方法发现的类进行验证。CRC在类特性(被类职责和协作者所隐含)的确定上也很有帮助。

表 4.3 给出了订单类的 CRC 卡片。

表 4.3 订单类的 CRC 卡片

类名：订单	
类的类型：可感知的物理实体	
类的特征：有形的	
责任： 检查库存项 定价 核查有效付款 发往交付地址	协作者： 订单行 客户

5．审查与筛选

人们认识世界的过程是一个渐进过程，需要经过反复迭代而不断深入。初始的对象模型通常都是不准确、不完整甚至包含错误的，必须在随后的反复分析中加以扩充和修改。在找出所有候选的类与对象后，还要从候选对象中筛选掉不正确的或不必要的对象。可以从以下几方面筛选对象与类。

1）冗余

如果两个类表达了同样的信息，则应该保留在此问题域中最富有描述力的名称。例如，超市购买商品系统中"出纳"、"出纳员"显然指的是同一个对象，因此应该去掉"出纳"，保留"出纳员"。

2）无关

现实世界中存在许多对象，不能把它们都纳入到系统中去，仅把与问题域密切相关的类和对象纳入目标系统中。例如，"营业厅"与超市购买商品系统的关系不大，应该去掉。

3）笼统

在需求描述中常常使用一些笼统的、泛指的名词，虽然在初步分析时把它们作为候选对象列出来了，但是，要么系统无须记忆有关它们的信息，要么在需求陈述中有更具体的名词对应它们所暗示的事务，因此应把这些笼统的或模糊的类去掉。

4）属性

有些名词实际上属于对象的属性，应该把这些名词从候选对象中去掉。但如果某个性质具有很强的独立性，则应把它们作为类而不是作为属性。

5）操作

在需求描述中有时可能使用一些既可以作为名词，又可以作为动词的词，应该慎重考虑它们在问题域中的含义，以便正确地决定把它们作为类还是作为类中的操作。例如，谈到电话时通常把"拨号"作为动词，当构造电话模型时应该把它作为一个操作，而不是一个类。但是，在开发电话记账系统时，"拨号"需要有自己的属性，例如日期、时间、受话地点等，因此，应该把它作为一个类。

6）实现

在分析阶段不应该过早地考虑怎样实现目标系统。所以应该去掉仅和实现有关的候选的类与对象。在设计和实现阶段，这些类与对象可能是重要的，但在分析阶段过早地考虑它们反而会分散开发人员的注意力。例如，控制类、边界类等。

6．精简与调整

在筛选后的候选类与对象中，还需要根据属性和操作进行适当的精简与调整，对类与对象进行合并或分解。可以从以下几方面精简和调整类与对象。

1）只有一个属性的对象

如果对象只有一个属性，但没有操作，应该考虑它被哪些别的对象应用，能否合并到这些对象中。例如，超市购买商品系统中的"出纳员"，它只有一个属性"姓名"，而这个对象是被"销售点终端"引用的。此时，完全可以把它合并到对象"销售点终端"中，只在对象"销售点终端"中增加一个属性"出纳员姓名"。

2）只有一个操作的对象

如果一个对象只有一个操作，没有属性，并且系统中只有一个类的对象请求这个操作，可以考虑把该对象合并到它的请求者对象中。例如,对象"格式转换器"只有一个操作"文件格式转换"。系统中只有类"输出设备"的对象使用这个操作,此时,可把它合并到对象"输出设备"中,把操作"文件格式转换"作为合并之后的对象的操作。

3) 类的属性或操作不适合该类的全部对象

如果一个类的某些属性或某些操作只适合该类的一部分对象,而不适合另一些对象,则说明类的设置有问题。例如,"汽车"这个类若有"乘客限量"这个属性,则它只适合于轿车,而不适合货车。此时,需要重新分类,并考虑建立继承关系。

4) 属性及操作相同的类

对于现实世界中两种迥然不同的事物,在面向对象系统分析开始时可能把它们看作两种不同的对象。经过以系统责任为目标的抽象,保留下来的属性和操作可能是完全相同的,于是就出现了这种似乎是很浅显的问题。例如,"计算机软件"和"洗衣机"的差别本来是很大的,但当它们在系统中仅仅被作为商店销售的商品时,它们的属性和操作就可能完全相同。对于这种情况,可以考虑把它们合并为一个类(如"商品"类)。但若找不到一个合乎常理的类名来概括原先属于不同类的全部对象,则宁可不合并,以避免概念上的混乱。

5) 属性和操作相似的类

识别具有一些相同的特征(属性和操作)的类,可用这些共同特征来形成一般类,之后所有共享这些特征的类再从中继承。例如,"轿车"和"货车"有许多相同的属性,可考虑增加"汽车"作为一般类以形成泛化关系。也可使用聚合结构以简化类的定义。例如,"机床"和"抽风机"两个类都有一组属性和操作描述其中的电动机,则可考虑把这些共同的属性与操作分离出来,设立一个"电动机"类,与原有的两个类构成聚合结构。

7. 类的命名

类的命名应遵循以下原则。

(1) 类的名字应恰好符合这个类和它的特殊类所包含的每一个对象。例如,一个类和它的特殊类所包含的对象如果既有汽车又有摩托车,则可用"机动车"作为类名;如果还包括自行车,则可用"车辆"作为类名。

(2) 类的名字应该反映每个对象个体,而不是整个群体。例如,用"书"而不用"书籍";用"学生"而不用"学生们"。这是因为,类在软件系统中的作用是定义每个对象实例。

(3) 采用名词或带定语的名词,并使用规范的词汇,不用市井俚语对类命名。还要使用问题域专家及用户习惯使用的词汇对类命名,特别要避免使用毫无实际意义的字符和数字作为类名。

(4) 使用适当的语言文字对类命名。为国内用户开发的软件,如果使用中文无疑会有利于表达和交流,但类的属性和操作的命名应该使用英文,这样更有利于与程序的对应。

(5) 在 UML 中,类的命名分为"简单名"和"路径名"两种形式。其中简单名形式的类名就是简单的类的名字,而路径名形式的类名还包括包名。

4.2.2 识别类的属性

属性能使人们对类与对象有更深入、更具体的认识,它可以确定并区分对象与类及对象的状态。一个属性一般都描述类的某个特征。识别类与对象的属性的常用方法如下。

1. 分析

在需求陈述中通常用名词、名词词组表示属性，例如"商品的价格"、"产品的代码"。形容词往往表示可枚举的具体属性。例如"打开的"、"关闭的"。但是不可能在需求陈述中找到所有的属性，此外还必须借助于领域知识和常识才能分析得出需要的属性。

属性的确定与问题域有关，也和系统的责任有关。应该仅考虑与具体应用直接相关的属性，不要考虑那些超出所要解决的问题范围的属性。例如，在学籍管理系统中学生的属性应该包括姓名、学号、专业和学习成绩等，而不考虑学生的业余爱好、习惯等特征。

在类与对象中，必须给每个属性一个唯一的名字。由于每一个属性要从一个值集中取值，应该指明允许一个属性取值的合法范围，故常常要指明属性的类型。在分析阶段先找出最重要的属性，以后再逐渐把其余的属性添加进去。在分析阶段也不应该考虑那些纯粹用于实现的属性。

2. 识别属性

识别属性的一些启发性策略如下。

（1）按一般常识这个对象应该具有哪些属性？对象的某些属性往往是很直观的。例如，在学籍管理系统中学生的属性应该包括姓名、学号、专业和学习成绩等属性。

（2）在当前问题域中，这个对象应该具有哪些属性？对象的有些属性只有在认真地研究当前问题域后才能得到。例如，商品的条形码，平常人们并不在意它。但在考虑超市购买系统这类问题域时，则会发现它是必须设置的属性。

（3）根据系统的责任的要求，这个对象应该具有哪些属性？只有具体地考虑系统的责任，才能决定是否需要它们。例如，在银行信用卡系统中是否设置"信用卡的使用地点"这个属性是与系统的责任相关的。如果设置这个属性，则持卡人的每次刷卡行为都被系统记录在案，这将导致侵犯个人隐私权。如果在系统中不设置这个属性。当信用卡被人盗窃，而且在另外一个信用卡的主人不常出现的场所刷卡消费，这种不符合常规的行为就不会被发现，也就无法及时提醒信用卡的主人本次刷卡行为是否属于正常行为。从这个例子可以看出，属性的设置与系统的责任密切相关。

（4）建立的这个对象是为了保存和管理哪些信息？例如，在超市购买系统中的"商品"对象，是想让系统保存和管理有关商品的哪些信息？或者说，是想为系统提供有关商品的哪些信息？通过考虑这个问题而发现的信息应该用对象的属性来表示。

（5）为了在对象的操作中实现特定的功能，需要增设哪些属性？例如，实时监控系统中的传感器对象，为了实现其定时采集信号的功能，需要设置一个属性"时间间隔"。为了实现其报警功能，需要设置一个属性"临界值"。

（6）对象有哪些需要区别的状态？是否增加一个属性来区别这些状态？例如，设备在"关闭"、"待命"、"工作"等不同状态下的行为是不同的。需要在"设备"对象中设置一个属性"状态"，用它的不同属性值表示实际设备的不同状态。

（7）用什么属性表示聚合和关联？对于聚合，整体对象中应有表明其部分对象的属性，将来可用嵌套对象或对象指针来实现。对于关联，应该在一个对象中表明与它连接的另一个对象，将来可用对象指针来实现。

（8）寻找在用户给出的需求陈述中作为定语用的词汇。例如，60岁的人，健康的身体，这样的描述中作定语用的词汇都可能是相应对象的属性。

3. 审查与筛选

识别类的属性往往要反复多次才能完成,所幸的是属性的修改通常并不影响系统结构。在确定属性时应注意以下问题。

(1) 误把对象当作属性。如果某个实体的独立存在比它的值更重要,则应把它作为一个对象而不是对象的属性。同一个实体在不同的应用领域中应该作为对象还是属性,需要具体分析才能确定。例如,在邮政目录系统中,"城市"是一个属性。而在投资项目系统中应该把"城市"当作对象。

(2) 误把关联类的属性当作对象的属性。如果某个性质依赖于某个关联链的存在,则该性质是关联类的属性。在分析阶段不应作为对象的属性。特别是在多对多关联中,关联类属性很明显,即使在以后的开发阶段中,也不能把它归结为相互关联的两个对象中的任意一个的属性。例如,结婚日期这个候选属性实质上是依赖于某个人是否已婚,也即这个对象是否与另外一个对象具有一个 is married 关联实例。这时,应该创建一个关联类 is-married,把结婚日期作为这个类的属性,而不是作为类"人"的属性。

(3) 误把内部状态当成属性。如果某个性质是对象的非公开的内部状态,则应从对象模型中删掉这个属性。

(4) 过于细化。在分析阶段应该忽略那些对大多数操作都没有影响的属性。

(5) 存在不一致的属性。类应该是简单而且一致的。如果得出一些看起来与其他属性毫不相关的属性,则应该考虑把该类分解为两个不同的类。

(6) 属性不能包含一个内部结构。如果将"地址"识别为人的属性,就不要试图区分省、市、街道等。

(7) 属性在任何时候只能有一个在其允许范围内的确切的值。例如,人这个类的"眼睛颜色"属性,通常意义下两只眼睛的颜色是一样的。如果系统中存在着一个对象,它的两只眼睛的颜色不一样,这时该对象的眼睛颜色属性就无法确定。解决办法就是创建一个眼睛类。

(8) 派生属性。派生属性是冗余的,因为其他属性完全可以确定它。例如,"年龄"可以通过"出生日期"派生出来。在 UML 中,派生属性的表示法是在属性前面加一条斜线。在分析阶段一般应去掉派生属性,而在设计阶段,为了提高效率,可以适当增加派生属性。

4. 属性的定位

属性应放置到由它直接描述的那个对象的类中。此外,在泛化结构中通用的属性应该放到一般类中,专用的属性应该放在特殊类中。一个类的属性必须适合这个类和它的全部特殊类的所有对象,并在此前提下充分地运用继承。例如,在学籍管理系统中,"课程"对象设"主讲教师"这个属性是应该的,但如果把教师的住址、电话号码作为"课程"对象的属性就不合适了。在现实世界中,一门课程是不会有住址和电话的。正确的做法是把"住址"和"电话号码"作为对象"教师"的属性。这样才能与问题域形成良好的对应,避免概念上的混乱,并避免因一个主讲教师主讲多门课程而出现信息冗余。

5. 描述属性

描述属性包括对属性命名和对属性的详细描述。属性的命名在词汇使用方面和类的命名原则基本相同,即使用名词或带定语的名词。应使用规范的、问题域通用的词汇,避免使用无意义的字符和数字。语言文字的选择应与类的命名一致。属性的详细描述包括属性的解释、数据类型和具体限制等。

4.2.3　定义类的操作

识别了类的属性后，类在问题域内的语义完整性就已经体现出来了。

1. 识别操作

类操作的识别可以依据需求陈述、用例描述和系统的上下文环境来进行。例如，分析用例描述时，可以通过回答下述问题进行识别。

（1）有哪些类会与该类交互（包括该类本身）？

（2）所有与该类具有交互行为的对象会发送哪些消息给该类？该类又会发送哪些消息给这些类？

（3）该类如何响应别的类发送来的消息？在发送消息出去之前，该类需要作何处理？

（4）从该类本身来说，它应该有哪些操作来维持其信息的更新、一致性和完整性？

（5）系统是否要求该类具有另外的一些职责？

例如，对上述的超市购买商品系统识别结果如下。

① 与顾客类交互的类有购物单，与出纳员类交互的类有销售终端等。

② 发送给出纳员的消息有：商品购物单。

③ 出纳员对输入消息的响应：检查购物单。

对类操作的识别也可以到建立动态模型时再进一步补充和细化。

2. 审查与调整

对每个类中已经发现的操作逐个进行审查，重点审查以下两点。

1）审查每个操作是否真正有用

任何一个有用的操作，或者直接提供某种系统责任所要求的功能，或者响应其他对象操作的请求而间接地完成一种功能的某些局部操作。如果系统的其他部分和系统边界以外的参与者都不可能请求这种操作，则这个操作是无用的，应该丢弃它。

2）检查每个操作是不是高内聚的

高内聚是指一个操作只完成一项明确定义的、完整而单一的功能。如果在一个操作中包括了多项可独立定义的功能，则它是低内聚的，应该将它分解为多个操作。另一种低内聚的情况是，把一个独立的功能分割到多个对象的操作中去完成。对这种情况应加以合并，使一个操作对它的请求者体现一个完整的行为。

识别类的操作时要特别注意以下几种类。

（1）只有一个或很少操作的类。也许这个类是合法的，但也许可以和其他类合并为一个类。

（2）没有操作的类。没有操作的类也许没有存在的必要，其属性可归于其他类。

（3）太多操作的类。一个类的责任应当限制在一定的数量内，如果太多将导致维护的复杂性。因此应尽量将此类重新分解。

3. 操作的定位

操作放置在哪个对象，应和问题域中拥有这种行为的事物相一致。例如，在超市管理系统中，操作"售货"应该放在对象"销售终端"中，而不应放在对象"商品"中，因为按照问题域的实际情况和人们的常识，售货是销售终端的行为，而不是商品的行为。如果考虑到售货这种行为会引起从商品的属性"现有数量"减去被销售的数量,希望在对象"商品"中设置操作完成对属性的操作,则应该将操作命名为"售出",而不是"售货"。在继承中,和属性的定位原则一样,通用的操作放在一般类,专用的操作放在特殊类,一个类中的操作应适合这个类及其所有特殊类的每一个对象实例。

4. 描述操作

描述操作包括对操作命名和对操作的详细描述。操作的命名应采用动词或动词加名词所构成的动宾结构。操作名应尽可能准确地反映该操作的职能。

每个对象的操作都应该填写到相应的类符号中。对消息的详细描述包括对操作的解释、操作的特征标记、对消息发送的描述、约束条件和实现操作的方法等。描述消息发送时,要指出在这个操作执行时需要请求哪些对象的操作,即接收消息的对象所属的类名及执行这个消息的操作名。如果该操作有前置条件、后置条件及执行时间的要求等其他需要说明的事项,则在约束部分加以说明。若需要在此处描述实现操作的方法,可使用文字、活动图或流程图等进行描述。

4.3 类之间的关系

定义了类及属性和操作后,接下来要建立类之间的关系,以便建立结构模型的关系层。只有确定了类之间的关系,各个类才能构成一个整体的、有机的静态模型。

单个对象可以说是无意义的。对象之间存在着一定的关系,对象之间的交互与合作构成更高级的(系统的)行为。对象之间的关系可分为静态关系和动态关系。动态关系是指对象之间在行为上的联系。静态关系是指最终可通过对象属性来表示的对象之间在语义上的联系。

静态关系常常与系统责任有关。例如,教师为学生指导毕业论文,顾客订购某种商品等。如果这些关系是系统责任要求表达的,或为了实现系统责任的目标提供了某些必要的信息,则应该把它们作为静态关系表示出来。

4.3.1 关联关系

关联(association)是模型元素间的一种语义联系,它是对具有共同的结构特性、行为特性、关系和语义的链(link)的描述。

在上面的概念中,需要注意"链"这个概念,链是一个实例,就像对象是类的实例一样,链是关联的实例,关联表示的是类与类之间的语义关系,而链表示的是一个类的对象与另一个类的对象之间的语义关系。一旦在两个对象之间建立了链,一个对象就可以访问另一个对象:它可以访问另一个对象的属性,或启动另一个对象的操作。

在 UML 规范中,关联用(不)带箭头的实线表示,如图 4.6(a)所示。如果带箭头的话,箭头指向被依赖的类,如图 4.6(b)所示。

一个关联可以有两个或多个关联端(association end),每个关联端连接到一个类。关联也可以有方向,可以是单向关联(uni-directional association)或双向关联(bi-directional association)。图 4.6(a)表示的是双向关联,图 4.6(b)表示的是从类 A 到类 B 的单向关联。

类之间的关联可以在程序代码中反映出来。这里以实现时相应的 Java 代码来帮助理

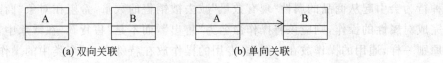

图 4.6　类之间的关联关系

解关联关系。可以在 Rose 中创建如图 4.6(b)所示的类图，并用 Rose 生成 Java 代码，代码如下。

类 A 的代码：

```
public class A
{
    public B theB;
    /**
     *  @ roseuid 3DAFBF0F01FC
     * /
    public A( )
    {
    }
}
```

类 B 的代码：

```
public class B
{
    /**
     *  @ roseuid 3DAFBF0F01A2
     * /
    public B( )
    {
    }
}
```

从上面的代码中可以看到，在类 A 中，有一个属性 theB，其类型为 B，而在类 B 中没有相应的类型为 A 的属性。如果把这个单向关联改为双向关联，则生成的类 B 的代码中，会有相应的类型为 A 的属性。

在上面的代码中，分别有类 A 和类 B 的构造方法生成。Rose 在生成代码时，默认情况下会生成构造方法。在这个例子中，采用系统的默认设置，即要求生成构造方法。如果不想要构造方法，可以对 Rose 的 Tools→Options→Java 的 Class 选项的 GenerateDefaultConstructor 属性进行设置。如果设置为 False，即要求不生成构造方法（该属性的默认值为 true）。

另外代码中有类似@roseuid 3DAFBF0F01FC 这样的语句，称为代码标识号。它的作用是标识代码中的类、操作和其他模型元素。在双向工程（正向工程和逆向工程）中可以使得代码和模型同步。

【例 4.5】　图 4.7 给出了大学课程注册系统中"注册课程"类和"课程"类之间的单向关联关系。"注册课程"类的对象对应于具体一个学生选择的 4 门主选课和 2 门备选课的课程列表,换句话说,"注册课程"类记录了每个学生选择6门课程的信息。"课程"类的对象对应于具体一门课的详细信息,换句话说,"课程"类记录了所有课程的详细信息。

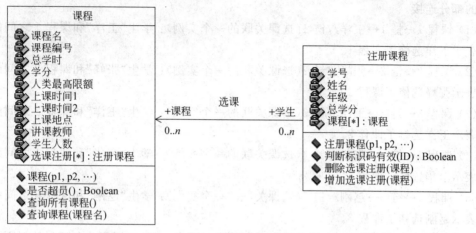

图4.7 "注册课程"类和"课程"类之间的单向关联关系

在"课程"类中,有11个私有属性,定义了该类的特性;有4个公有操作,定义了该类的功能和提供的服务。其中一个操作(构造函数)带下划线,表明是一个类操作,即该操作具有类作用域。"是否超员"操作有一个逻辑返回类型,判断选修本课程的学生人数是否超出最高限额(例如10人)。如果超出,返回值为"真",否则返回值为"假"。两个类都要分别对每次选课信息做好各自的记录(即具体的哪个学生选择了哪门课程)。

这两个类之间有关联,在具体程序编码的实施中,其关联关系可以通过在自己类的属性和操作的定义中将相关联的类作为对象成员使用而体现出来,具体如下。

"课程"类的属性定义中最后一个属性"选课注册[*]:注册课程",就是将相关联的"注册课程"类作为对象成员定义的。"选课注册[*]"指明该对象成员被定义为可变长度数组,用来存放选修某一门课程的所有学生信息。该可变长度数组的一个元素描述一个学生的信息,包括学生的姓名、学号、年级等。

同样道理,在"注册课程"类的属性定义中最后一个属性"课程[*]:课程",也是将相关联的"课程"类作为对象成员定义的。"课程[*]"指明该对象成员被定义为可变长度数组,用来存放某一个学生选修的所有课程的信息。该可变长度数组的一个元素描述一门课程的信息,包括课程名、课程编号、总学时、学分、上课时间、上课地点、讲课教师等。

在操作的定义中也体现了关联关系。在"注册课程"类的操作定义中最后两个操作"增加选课注册(课程)"和"删除选课注册(课程)",将相关联的"课程"类的对象作为参数成员使用。因为"注册课程"类的"增加选课注册(课程)"操作的参数(课程)是相关联的"课程"类的对象,所以反映成"注册课程"类单向(指向)关联"课程"类。当然,"注册课程"类也可以通过发送消息调用"课程"类的"查询所有课程()"操作,完成选修课程查询功能。

上面是从程序实现的角度阐述了类之间的关联关系。也可以从数据储存的角度来阐述类之间的关联关系,如下所述。

两个类之间有关联,一定能够在它们的某些对象之间找到连接。同理,一定能够在它们的另外一些对象之间找不到连接。这点非常重要,它是区别类之间的关联关系和依赖关系的关键所在。

【例 4.5】（续）　下面给出图 4.7 所示的"课程"类和"注册课程"类的对象之间在选课关联中的部分连接。

（1）课程 1↔链 1↔王洋//链 1（选课关联的一个实例）：学生"王洋"和课程 1 之间的连接。表示王洋选修了课程 1。

（2）课程 2↔链 2↔张峰//链 2（选课关联的一个实例）：学生"张峰"和课程 2 之间的连接。表示张峰选修了课程 2。

（3）课程 3↔链 3↔王洋//链 3（选课关联的一个实例）：学生"王洋"和课程 3 之间的连接。表示王洋选修了课程 3。

（4）课程 1↔链 4↔李华//链 4（选课关联的一个实例）：学生"李华"和课程 1 之间的连接。表示李华选修了课程 1。

（5）课程 3↔链 5↔赵刚//链 5（选课关联的一个实例）：学生"赵刚"和课程 3 之间的连接。表示赵刚选修了课程 3。

假设每个学生选课 2 门，就满足了本学期的学分要求。那么，课程 2 和王洋绝对不可能有连接。

因此，从数据储存的角度看，对象作为类的实例被储存起来，以便系统下次运行时对象之间的这些链还存在。此时，一般情况下，不是任意两个对象之间都会存在连接，只有部分对象之间存在连接。反映到类之间的关系上，类之间的关联要求是"链"的连接，而不是类之间的连接，就是这个道理。

换句话说，当考虑对象之间存在的连接时，即有些对象之间是不存在连接的，作为类之间的关联关系处理。当考虑类之间存在的连接时（此时，所有对象之间都存在程序代码上的连接），作为类之间的依赖关系处理。

【例 4.6】　在图书出版系统中，"书"类和"人"类存在如图 4.8 所示的关联关系。这两个类的对象之间在出版关联中仅有下列这些连接（请参考本书后面的参考文献列表）。

图 4.8　"人"类和"书"类之间的单向关联关系

（1）《面向对象技术 UML 教程》↔链 1↔王少锋//链 1（出版关联的一个实例）：人"王少锋"和书《面向对象技术 UML 教程》之间的连接。表示王少锋出版了《面向对象技术 UML 教程》。

（2）《UML 及建模》↔链 2↔郭宁//链 2（出版关联的一个实例）：人"郭宁"和书《UML 及建模》之间的连接。表示郭宁出版了《UML 及建模》。

（3）《UML 用户指南（第 2 版）》↔链 3↔Grady Booch//链 3（出版关联的一个实例）：人 Grady Booch 和书《UML 用户指南（第 2 版）》之间的连接。表示 Grady Booch 出版了《UML 用户指南（第 2 版）》。

(4)《UML 统一建模教程与实验指导》↔链 4↔谢星星//链 4(出版关联的一个实例)：人"谢星星"和书《UML 统一建模教程与实验指导》之间的连接。表示谢星星出版了《UML 统一建模教程与实验指导》。

(5)《UML 参考手册》↔链 5↔James Rumbaugh//链 5(出版关联的一个实例)：人 James Rumbaugh 和书《UML 参考手册》之间的连接。表示 James Rumbaugh 出版了《UML 参考手册》。

(6)《UML 和模式应用(第 2 版)》↔链 6↔Craig Larman//链 6(出版关联的一个实例)：人 Craig Larman 和书《UML 和模式应用(第 2 版)》之间的连接。表示 Craig Larman 出版了《UML 和模式应用(第 2 版)》。

(7)《UML 宝典》↔链 7↔Tom Pender//链 7(出版关联的一个实例)：人 Tom Pender 和书《UML 宝典》之间的连接。表示 Tom Pender 出版了《UML 宝典》。

(8)《UML 系统建模与分析设计》↔链 8↔刁成嘉//链 8(出版关联的一个实例)：人"刁成嘉"和书《UML 系统建模与分析设计》之间的连接。表示刁成嘉出版了《UML 系统建模与分析设计》。

(9)《UML 2.0 和统一过程(第 2 版)》↔链 9↔Jim Arlow//链 9(出版关联的一个实例)：人 Jim Arlow 和书《UML 2.0 和统一过程(第 2 版)》之间的连接。表示 Jim Arlow 出版了《UML 2.0 和统一过程(第 2 版)》。

(10)《基于 UML 的面向对象建模技术》↔链 10↔陈涵生//链 10(出版关联的一个实例)：人"陈涵生"和书《基于 UML 的面向对象建模技术》之间的连接。表示陈涵生出版了《基于 UML 的面向对象建模技术》。

(11)《UML 2.0 学习指南》↔链 11↔Russ Miles//链 11(出版关联的一个实例)：人 Russ Miles 和书《UML 2.0 学习指南》之间的连接。表示 Russ Miles 出版了《UML 2.0 学习指南》。

(12)《Object-oriented software engineering：a use case driven approach》↔链 12↔Ivar Jacobson//链 12(出版关联的一个实例)：人 Ivar Jacobson 和书《Object-oriented software engineering：a use case driven approach》之间的连接。表示 Ivar Jacobson 出版了《Object-oriented software engineering：a use case driven approach》。

(13)《面向对象的系统分析》↔链 13↔邵维忠//链 13(出版关联的一个实例)：人"邵维忠"和书《面向对象的系统分析》之间的连接。表示邵维忠出版了《面向对象的系统分析》。

1. 关联名

可以给关联加上关联名，来描述关联的作用，以便和其他关联关系相区别。如图 4.9 所示的是使用关联名的一个例子，其中 Company 类和 Person 类之间的关联如果不使用关联名，则可以有多种解释，如 Person 类可以表示是公司的客户、雇员或所有者等。但如果在关联上加上 Employs 这个关联名，则表示 Company 类和 Person 类之间是雇佣(Employs)关系，显然这样语义上更加明确。一般说来，关联名通常是动词或动词短语，用斜体表示。

在图 4.7 中，关联名为选课，在图 4.8 中，关联名为出版。当然，在一个类图中，并不需要给每个关联都加上关联名，给关联命名的原则应该是该命名有助于理解该模型。事实上，一个关联如果表示的意思已经很明确了，再给它加上关联名，反而会使类图变乱，只会起到画蛇添足的作用。

2. 关联的角色

当需要强调一个类在一个关联中的确切含义时，可以使用关联角色。在 UML 中，关联关系两端的类的对象在对方的类里的标识称为角色。关联两端的类可以某种角色参与关联。例如在图 4.10 中，Company 类以 employer 的角色、Person 类以 employee 的角色参与关联，employer 和 employee 称为角色名。如果在关联上没有标出角色名，则隐含地用类的名称作为角色名。

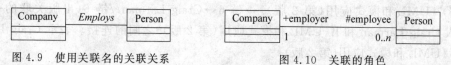

图 4.9　使用关联名的关联关系　　　　　图 4.10　关联的角色

当两个类之间有多个关联时，为关联指定角色有助于理解关联。当关联关系里的类被映射到程序设计语言时，角色名字就成为类的一个成员变量的名字。此成员变量的类型将是另一个类的对象或指向另一个类的指针。

角色还具有多重性（multiplicity），表示可以有多少个对象参与该关联。在图 4.10 中，雇主（公司）可以雇佣多个雇员，表示为 $0..n$；雇员只能被一家雇主雇佣，表示为 1。

在图 4.7 中，"课程"类的角色名为课程，多重性为 $0..n$；"注册课程"类的角色为学生，多重性为 $0..n$。多重性表明，一个课程对象对应 0 个或多个注册课程对象，一个注册课程对象对应 0 个或多个课程对象。

在图 4.8 中，"书"类的角色名为教材，多重性为 $1..n$；"人"类的角色为作者，多重性为 $0..n$。多重性表明，一个书对象对应 0 个或多个人对象，一个人对象对应一个或多个书对象。

在 UML 中，多重性可以用下面的格式表示：

$0..1$

$0..*$（也可以表示为 $0..n$）

1（$1..1$ 的简写）

$1..*$（也可以表示为 $1..n$）

$*$（即 $0..n$）

7

$3,6..9$

0（$0..0$ 的简写）（表示没有实例参与关联，一般不用）

可以看到，多重性是用非负整数的一个子集来表示的。如果图中没有标明关联的多重性，那就意味着是 1。

3. 关联类

如果在具有关联关系的类中，存在一个属性放在哪个类中都不合适的情况，就可以考虑使用关联类。关联有可能具有自己的属性或操作，对此需要引入一个关联类（association class）来进行记录。关联类通过一条虚线与关联连接。图 4.11 中的 Contract 类是一个关联类，Contract 类中有属性 salary，这个属性描述的是 Company 类和 Person 类之间的关联的属性，而不是描述 Company 类或 Person 类的属性。

为了有助于理解关联类，这里也用 Rose 生成相应的 Java 代码，共 3 个类，如下所示。

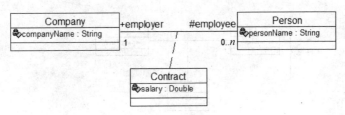

图 4.11　使用关联类的关联

类 Company 的代码：

```
public class Company
{
    private String companyName;
    public Person employee[ ];
}
```

类 Person 的代码：

```
public class Person
{
    private String personName;
    protected Company employer;
}
```

类 Contract 的代码：

```
public class Contract
{
    private Double salary;
}
```

由于指定了关联角色的名字，所以生成的代码中就直接用关联角色名作为所声明的变量的名字，如 employee、employer 等。另外 employer 的可见性是 protected，也在生成的代码中体现出来。

因为指定关联的 employee 端的多重性为 n，所以在生成的代码中，employee 是类型为 Person 的数组。

另外，可以发现所生成的 Java 代码都没有构造方法。这是因为在生成代码前，已经把 Rose 的 Tools→Options→Java 的 Class 选项的 GenerateDefaultConstructor 属性设置为 False，即要求生成代码时不生成类的默认构造方法。

不要混淆关联类和被提升为类的关联。图 4.12 突出了其中的差异。对于每一对"人"和"公司"来说，"持股"关联类只可能出现一次。相反，对于每个"人"和"公司"，"购买股票"可以出现任意多次，每次购买都是不同的，都有其数量、日期和金额。

一个关联类只能为一个关联关系指定属性，如果需要把一个关联类的结构重用于多个关联关系，则可以通过泛化关系实现。用泛化关系为预备重用的类定义不同的导出类，使得不同的关联关系具有不同的关联类即可。

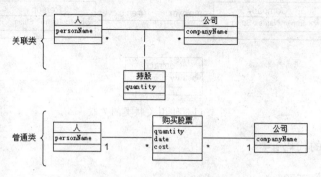

图 4.12　普通类和关联类

4. 关联的约束

对于关联可以加上一些约束，以加强关联的含义。如图 4.13 所示是两个关联之间存在 {xor}异或约束的例子，即 Account 类或者与 Person 类有关联，或者与 Corporation 类有关联，但不能同时与 Person 类和 Corporation 类都有关联。

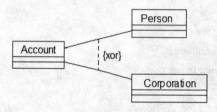

图 4.13　带约束的关联

一些常用的约束如下所示。

（1）ordered：有序约束。表示"多"端的对象是一个有序的对象集。

（2）implicit：概念性约束。表示在模型的详细规划中不再使用。

（3）changeable：可变约束。表示关联对象的连接是可变的，可被任意添加、删除、修改。

（4）addonly：添加约束。表示在任何时候可从源对象添加新的连接。

（5）frozen：冻结约束。表示源对象一经创建和初始化后就被冻结。

（6）xor：异或约束。表示一组互斥的关联。

约束是 UML 中的 3 种扩展机制之一，另外两种扩展机制是版型（stereotype）和标记值（tagged value）。当然，约束不仅可以作用在关联这个建模元素上，也可以作用在其他建模元素上。

5. 限定关联

在关联端紧靠源类图标处可以有限定符（qualifier），带有限定符的关联称为限定关联（qualified association）。限定符的作用就是在给定关联一端的一个对象和限定符值以后，可确定另一端的一个对象或对象集。

限定符可以理解为一种关键字，用关键字把所有的对象分开，有利于提高查询效率。限定关联常用于一对多或多对多的关联关系中，利用限定关联可以把模型中的多重性从一对多变成一对一。在限定关联中,限定符的表示法是在关联线靠近源类一端绘制一个小方框。使用限定符的例子如图 4.14 所示。

图 4.14 表示的意思是,一个 person 可以在 bank 中有多个 account。但给定了一个 account 值后,就可以对应一个 person 值,或者对应的 person 值为 null,因为 Person 端的多重性为 0..1。这里的多重性表示的是 person 和(bank,account)之间的关系,而不是 person 和 bank 之间的关系,即:

$$(bank, account) \rightarrow 0 \text{ 个或者一个 } person$$

$$person \rightarrow \text{ 多个}(bank, account)$$

但图 4.14 中并没有说明 Person 类和 Bank 类之间是一对多的关系还是一对一的关系,既可能一个 person 只对应一个 bank,也可能一个 person 对应多个 bank。如果一定要明确一个 person 对应的是一个 bank 还是多个 bank,则需要在 Person 类和 Bank 类之间另外增加关联来描述。如图 4.15 表示一个 person 可以对应一个或多个 bank。

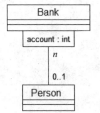 

图 4.14　限定符和限定关联　　　　图 4.15　限定关联和一般关联

需要注意的是,限定符是关联的属性,而不是类的属性。也就是说,在具体实现图 4.14 中的结构时,account 这个属性有可能是 Person 类中的一个属性,也可能是 Bank 类中的一个属性(当然,这里在 Bank 类中包含 account 属性并不好),也可能是在其他类中有一个 account 属性。

限定符这个概念在设计软件时非常有用,如果一个应用系统需要根据关键字对一个数据集做查询操作,则经常会用到限定关联。引入限定符的一个目的就是把多重性从 n 降为 1 或 0..1,这样如果做查询操作,则返回的对象至多是一个,而不会是一个对象集。如果查询操作的结果是单个对象,则这个查询操作的效率会较高。所以在使用限定符时,如果限定符另一端的多重性仍为 n,则引入这个限定符的作用就不是很大。因为查询结果仍然还是一个结果集,所以也可以根据多重性来判断一个限定符的设计是否合理。

6. 关联的种类

按照关联所连接的类的数量,类之间的关联可分为自返关联、二元关联和 N 元关联共 3 种关联。

1) 自返关联

自返关联(reflexive association)又称为递归关联(recursive association),它是一个类与自身的关联,即同一个类的两个对象之间语义上的连接。自返关联虽然只有一个被关联的类,但有两个关联端,每个关联端的角色不同。

图 4.16 是"人"类的自返关联的示例。关联"结婚"是递归关联,一个人与另一个人结婚,必然一个扮演丈夫角色,另一个扮演妻子角色。如果一个人没有结婚,则这个人不能做

丈夫或妻子。因此,对这个人来说,不能应用"结婚"关联关系。

图 4.17 是"公务员"类的自返关联的示例。关联"管理"是递归关联,公务员包括领导和办事员。一个领导管理多个办事员,一个办事员被一个领导管理。

对于图 4.18 中的类及它的自返关联,在 Rose 中所生成的 Java 代码如下所示。

图 4.16 "人"类的自返关联　图 4.17 "公务员"类的自返关联　图 4.18 EnginePart 类的自返关联

类 EnginePart 的代码：

```java
public class EnginePart
{
    public EnginePart theEnginePart[ ];
    /**
     * @roseuid 3E9290390281
     */
    public EnginePart()
    {
    }
}
```

2) 二元关联

二元关联(binary association)是在两个类之间的关联,对于二元关联,前面已经举了很多例子,这里就不再举例说明了。

3) N 元关联

N 元关联(N-ary association)是在 3 个或 3 个以上类之间的关联。N 元关联的示例如图 4.19 所示,Player、Team 和 Year 这 3 个类之间存在三元关联,而 Record 类是关联类。

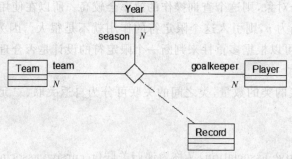

图 4.19 运动队的 3 元关联

N 元关联中多重性的意义是：在其他 $N-1$ 个实例值确定的情况下,关联实例元组的个数。如在图 4.19 中,多重性表示的意思是在某个具体年份(year)和运动队(team)中,可以有多个运动员(player);一个运动员在某一个年份中,可以在多个运动队服役;同一个运动员在同一个运动队中可以服役多年。

N 元关联没有限定符的概念,也没有聚合、组成等概念。在 UML 的规范说明中,有 N 元关联这个建模元素,用菱形表示,画在 N 条关联线的交汇点。

图 4.20 给出了学生考试的 3 元关联的示例。"考试"与"学生"和"课程"有关。给定关联端的多重性定义了该端的类可以连接到的实例数目。"考试"端的多重性为"多",说明每个学生和课程对象可以被链接到零个或多个"考试",即允许一个学生多次考一门课程。"课程"端的多重性 0..1,说明任何给定的一对"学生"和"考试"对象将被链接到至多一个课程对象,即一个考试对象只保存一门课程的分数。

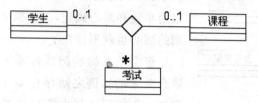

图 4.20　学生考试的 3 元关联

4.3.2　聚合关系和组成关系

聚合(aggregation)是一种特殊形式的关联。聚合表示类之间整体与部分的关系。例如,计算机系统是由主机、键盘、显示器、操作系统等组成。又如,飞机由发动机、机翼和机身等组成。飞机的每一个部件都不会飞,但是通过对象的相互关系,使飞机能够飞行。这说明正是对象之间的相互关系和相互作用构成了一个有机的整体。

在对系统进行分析和设计时,需求描述中的"包含"、"组成"、"分为……部分"等词常常意味着存在聚合关系。在 UML 规范中,聚合的图形表示方法是在关联关系的直线末端加一个空心小菱形,空心菱形指向具有整体性质的类。如图 4.21 所示,舰队与船只之间的关系就是聚合关系。

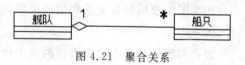

图 4.21　聚合关系

聚合可以进一步划分为共享聚合和组成。例如,在项目组与成员之间的关系就是一个共享聚合。在项目组中包含许多成员,但每个成员可以是另外一个项目组的成员,即部分可以参加多个整体,这种聚合称为共享聚合。共享聚合关系可以通过聚合的多重性反映出来,如果作为整体方的类的重数不是1,那么该聚合就是共享聚合。又例如,一个法律顾问可以为多个企业服务。

另一种情况是整体拥有各个组成部分,部分与整体共存。如果整体不存在了,部分也会随之消失,这种聚合称为组成(composition)或复合聚合。组成是指整体和部分之间具有很强的"属于"关系,而且它们的生存期是一致的。换句话说,组成表示的也是类之间的整体与部分的关系,但组成关系中的整体与部分具有同样的生存期。也就是说,组成是一种特殊形式的聚合。

如图 4.22 所示,一篇文章由摘要、关键字、正文、参考文献组成。如果文章不存在了,就不会有组成该文章的摘要和参考文献等。组成的图形表示为实心菱形,指向具有整体性质的类。

在图 4.23 所示的示例中，Circle 类和 Style 类之间是聚合关系。一个圆可以有颜色、是否填充这些样式（style）方面的属性，可以用一个 style 对象表示这些属性，但同一个 style 对象也可以表示别的对象如三角形（triangle）的一些样式方面的属性，也就是说，style 对象可以用于不同的地方。如果 circle 这个对象不存在了，不一定意味着 style 这个对象也不存在了。Circle 类和 Point 类之间是组成关系。一个圆可以由半径和圆心确定，如果圆不存在了，那么表示这个圆的圆心也就不存在了。

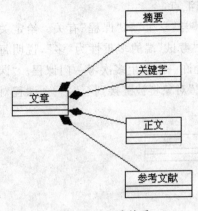

图 4.22　组成关系

聚合关系的实例是传递的、反对称的，也就是说，聚合关系的实例之间存在偏序关系，即聚合关系的实例之间不能形成环。需要注意的是，这里说的是聚合关系的实例（即链）不能形成环，而不是说聚合关系不能形成环。事实上，聚合关系可以形成环。

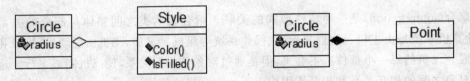

图 4.23　聚合关系和组成关系的对比

在类图中使用聚合关系和组成关系的好处是简化了对象的定义，同时支持分析和设计时类的重用。

聚合和组成是类图中很重要的两个概念，但也是比较容易混淆的概念，在实际运用时往往很难确定是用聚合关系还是用组成关系。事实上，在设计类图时，设计人员是根据需求分析描述的上下文来确定是使用聚合关系还是组成关系。对于同一个设计，可能采用聚合关系和采用组成关系都是可以的，不同的只是采用哪种关系更贴切些。

下面列出聚合关系和组成关系之间的一些区别。

（1）聚合关系也称为 has-a 关系，组成关系也称为 contains-a 关系。

（2）聚合关系表示事物的整体/部分关系的较弱的情况，组成关系表示事物的整体/部分关系的较强的情况。

（3）在聚合关系中，代表部分事物的对象可以属于多个聚合对象，可以为多个聚合对象所共享，而且可以随时改变它所从属的聚合对象。代表部分事物的对象与代表聚合事物的对象的生存期无关，一旦删除了它的一个聚合对象，不一定也就随即删除代表部分事物的对象。在组成关系中，代表整体事物的对象负责创建和删除代表部分事物的对象，代表部分事物的对象只属于一个组成对象。一旦删除了组成对象，也就随即删除了相应的代表部分事物的对象。

4.3.3 泛化关系

泛化(generalization)定义了一般元素和特殊元素之间的分类关系,如果从面向对象程序设计语言的角度来说,类与类之间的泛化关系就是平常所说的类与类之间的继承关系。

泛化关系也称为 a-kind-of 关系。在 UML 中,泛化关系不仅仅是类与类之间才有,像用例、参与者、关联、包、构件(component)、数据类型(data type)、接口(interface)、结点(node)、信号(signal)、子系统(subsystem)、状态(state)、事件(event)、协作(collaboration)等这些建模元素之间也可以有泛化关系。

UML 中用一头为空心三角形的连线表示泛化关系,空心三角形指向父类。如图 4.24 所示是类之间泛化关系的例子。

在图 4.24 中,Swimmer 类和 Golfer 类是对 Athlete 类的泛化,其中 Athlete 类的名字用斜体表示,表示该类是一个抽象类,而 Swimmer 类和 Golfer 类的名字没有用斜体,表示这两个类是具体类。

在图 4.25 中,动物与哺乳动物、爬行动物和两栖动物之间存在泛化关系;哺乳动物与牛、马、羊之间也存在泛化关系。

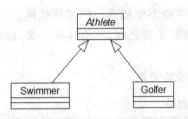

图 4.24 类之间的泛化关系

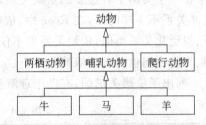

图 4.25 动物谱系中的泛化关系

通过继承机制,子类继承其父类的相关的属性和操作。根据需要,子类可以实现父类中的同一操作的不同变体。在大多数情况下,类的继承关系是单继承。这意味着具有继承关系的各类中间的任何一个类只能有一个另外的类可以是它的父类。但有时,也可能出现一个类同时有两个或两个以上的类是它的父类的情况。例如,在图 4.26 中,飞机继承了飞行器和机动装置两个类的特征。

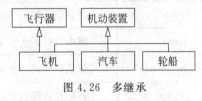

图 4.26 多继承

4.3.4 依赖关系

依赖(dependency)定义了两个模型元素之间的语义连接。其中一个是独立的模型元素,另一个是依赖的模型元素。独立模型元素的变化会影响依赖模型元素。

在 UML 规范中,依赖用带箭头的虚线表示,箭头指向被依赖的类(独立的模型元素)。

对于类而言,依赖关系可能由各种原因引起,如一个类向另一个类发送消息,或者一个类是另一个类的数据成员类型,或者一个类是另一个类的操作的参数类型等。

如图 4.27 所示是类之间依赖关系的例子,其中 Schedule 类中的 add 操作和 remove 操作都有类型为 Course 的参数，因此 Schedule 类依赖于 Course 类。Course 类是独立的，一旦 Course 发生变化，Schedule 一定也会跟着发生变化。任课教师按 Schedule 上课，Teacher 类依赖于 Schedule 类。Schedule 发生变化了，Teacher 也要跟着发生变化。

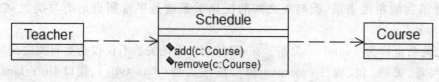

图 4.27　依赖关系

依赖关系只将模型元素本身（即语义）连接起来，而不需要用一组实例来表达它的意思。它表示了这样一种情形：提供者（即独立模型元素）的某些变化会要求或指示依赖关系中客户（即依赖模型元素）的变化。也就是说，依赖关系将行为和实现与影响其他类的类联系起来。

有时依赖关系和关联关系比较难区分。事实上，如果类 A 和类 B 之间有关联关系，那么类 A 和类 B 之间也就有依赖关系了。但如果两个类之间有关联关系（即两个类的对象之间存在连接），那么一般只要表示出关联关系即可，不用再表示这两个类之间还有依赖关系。而且，如果在一个类图中有过多的依赖关系，反而会使类图难以理解。

与关联关系不一样的是，在 Rose 中，依赖关系本身不生成专门的实现代码。

另外，与泛化关系类似，依赖关系也不仅仅只是限于类之间，其他建模元素，如用例与用例之间，包与包之间也可以有依赖关系。

表 4.4 列出了依赖关键词，有助于理解和分析依赖关系。

表 4.4　依赖关键词

关键词	含　义
call	源的操作调用目标的操作
cerate	源创建目标的实例
derive	源由目标派生出来
instantiate	源是目标的一个实例
permit	目标允许源访问目标的私有特性
realize	源是目标定义的规格说明或接口的一个实现
refine	一个类的两个版本的精化关系，即源是目标的一个精化版本
substitute	源可以置换目标
trace	跟踪不同语义层之间的关系，诸如需求到类的映射。源是目标的历史发展
use	源使用目标提供的服务以实现它的行为
parameter	目标是源操作上的参数或返回值
send	源把目标（它必须是信号）发送到非指定的目标

图 4.28 给出了两个类之间的<<use>>依赖关系。下列任何一种情况都将产生这个依赖。

(1) 类 A 的操作需要类 B 的参数。

(2) 类 A 的操作返回类 B 的值。

(3) 类 A 的操作在实现中使用类 B 的对象,但不是作为属性来使用。

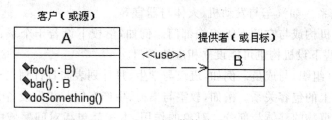

图 4.28　<<use>>依赖关系

进一步地,情况(1)和(2)可以用<<parameter>>依赖来表达,情况(3)可以用<<call>>依赖来表达。

当然,依赖关系可以包罗万象。当判断出两个类之间的关系不是泛化关系、实现关系、关联关系,那么就可以认定是依赖关系。

4.4　类之间关系的识别

4.4.1　识别关联关系

1. 识别关联

识别关联的策略如下。

1) 认识各类对象之间的静态联系

从问题域与系统责任的角度出发,考虑各类对象之间是否存在着某种静态关系,并且需要在系统中加以表示。例如,在学籍管理系统中,教师和班级之间存在着任课关系,要求在学籍管理系统中表现出来,就需要在教师、班级、课程之间建立关联关系。

2) 识别关联的属性和操作

对于考虑中的每个关联进一步分析它是否应该具有某些属性和操作,即是否存在着简单关联不能表达的信息。例如,在教师与学生的连接中,是否需要给出优先级和使用权限等属性信息和开始对话的操作? 如果需要,则可以先在关联线上附加一个关联类符号,来容纳这些属性与操作。

3) 分析关联多重性

对每个关联,从连接线的每一端看本端的一个对象可能与另一端的几个对象发生连接,把结果标注到连线的另一端。

2. 调整对象层

在建立关联过程中,可增加一些新的类,要把这些新增的类补充到类图的对象层中,并建立它们的类描述模板。对于每一个关联,要在描述模板中给出其有关性质的详细说明,至少要说明它所代表的实际意义。

4.4.2　识别聚合关系

1. 识别聚合

可以从以下几个方面识别聚合。

（1）物理上为整体的事物和它的部分。部分与其所构成的整体之间具有特定的功能上或结构上的关系。如汽车与发动机、人体与器官等。

（2）组织机构或与它的下级组织部门。例如，学校下设若干个系、教务处、图书馆等部门，而它的某些下设机构也可能设立相应的部门。

（3）团体（组织）与成员。例如，班级与学生、月计划表与日计划、公司与职员等。

（4）空间上的包容关系。例如，教室与桌椅、生产车间与机器设备、公共汽车与乘客等。

（5）抽象事物的整体与部分。对象的作用，本来就包括对问题域中某些抽象事物的再抽象，所以聚合结构也应表达这种事物之间的组成关系。例如，学科与分支学科、法律与法律条文、工程方案与方案细则等。

（6）具体事物和它的某个抽象方面。在有些情况下，往往需要把具体事物的某个抽象方面独立出来作为一个部分对象来表达。例如，可把人员的基本情况用对象"人员"来描述，而把他的工作职责、身份、工作业绩都独立出来，用一个部分对象来表示，并与对象"人员"构成聚合关系。

（7）在材料上的组成关系。例如，汽车由钢、塑料和玻璃组成。

2. 审查与筛选

对于候选的聚合关系还需要进行审查与筛选，可以从以下几个方面考察其必要性。

（1）是否属于问题域？是否符合系统责任的需要？对于不属于问题域的聚合关系应该去掉。例如，在学籍管理系统中，尽管学生和他们的家庭可构成聚合关系，但家庭不属于问题域，所以不应该保留这个关系和"家庭"这个无用的对象。在考察聚合关系是否满足系统责任时，要检查仅当聚合中的整体对象和部分对象都是系统责任需要的，并且两者之间的聚合关系也是系统责任要表达的，才有必要建立这种关系。例如，在学生管理系统中，"学生"与"学生会"两类对象都是需要的，但若系统责任不要求保留学生会的会员名单，则这两个类之间就不必建立聚合关系。

（2）部分对象是否有一个以上的属性？如果部分对象只有一个属性，应该考虑把它取消，并合并到整体对象中去，变为整体对象的一个属性。例如，"车轮"作为"汽车"的部分对象，如果它只有一个属性"规格"，则可合并到对象"汽车"中，在对象"汽车"中增设一个属性"车轮规格"。这样做是为了使系统简化。

（3）是否有明显的聚合关系？如果两个对象之间不能明显地分出谁是部分、谁是整体，则不应该用聚合关系表示。例如，"职工"与"工作"之间很难确定谁是整体、谁是部分，在这种情况下，不要采用聚合关系，而应该用一般的关联关系。

3. 调整对象层和属性层

定义聚合关系的活动可能会发现一些新的对象与类，或者从整体类定义中分割出一些部分类的定义，应把它们加到对象层中，并给出它们的详细说明。对于后一种情况，可能有一些整体类的属性与操作被划分出去作为部分类。对此，类符号及其详细说明都要做出相应的修改。

4.4.3 识别泛化关系

1. 识别泛化

识别泛化的策略如下。

1）理解问题域的分类学知识

因为问题域现行的分类方法（如果有的话）往往比较正确地反映了事物的特征及各种概念的一般性与特殊性。学习理解这些知识将对认识对象及其特征、定义类、建立类之间的继承关系有很大的帮助。

2）依据常识考虑事物的分类

如果问题域没有可供参考的分类方法，可以按照一般常识从各种不同的角度考虑事物的分类，从而发现继承关系。

3）考虑类之间的语义关系

如果类 A 与类 B 之间有着 is a 关系，那么类 B 所有的属性和操作是类 A 的属性和操作。如果在孤立地建立的某些类中发现一个类的属性与操作全部在另一个类中重新出现，则应考虑建立泛化关系。

4）考察类的属性和操作

对系统中的每个类，可以从以下两个方面来考察它们的属性和操作。

（1）从一个类中划分出一些特殊类。看一个类的属性与操作是否适合这个类的全部对象，如果某些属性或操作只能适合该类的部分对象，则说明应该从这个类中划分出一些特殊类，建立泛化关系。例如，在"公司人员"类中有"股份"、"工资"两个属性，通过分析可以发现，"股份"属性只适合于公司的股东，而"工资"属性则适合于公司的职员。因此，应在"公司人员"类下建立"股东"与"职员"两个特殊类，如图 4.29 所示。

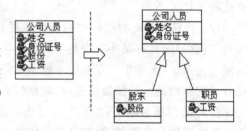

图 4.29　根据类的属性划分出一些特殊类

（2）检查是否有两个（或更多）类含有一些共同的属性和操作。如果有，则考虑若把这些共同的属性和操作提取出来，构成一个在概念上包含原先那些类的一般类，并形成一个继承关系。例如，系统中原来定义的"股东"与"职员"两个类，他们的"姓名"、"身份证号"等属性是相同的，提取这些属性可以构成一个类"公司人员"，与类"股东"及"职员"组成泛化关系，如图 4.30 所示。

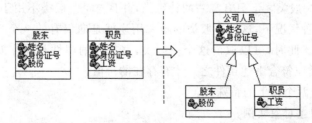

图 4.30　从具有共同的属性与操作的类中划分出一般类

5）考虑领域范围内的重用

为了加强分析结果对本领域多个系统的可重用性，应考虑在更高的层次上运用泛化关系，使系统的开发能贡献一些可重用性更强的类。例如，在开发超市管理系统时，定义了一个类用来描述该系统的现钞收款机。如果只从本系统看，这个类的定义在对象模型中可能已经很合理了，但考虑到它在同一个领域的可重用性，则存在着不足，即另外一个超市可能使用信用卡收款机或信用卡/现金两用收款机。即使在本系统定义了一个较为完善的类"现钞收款机"，也不利于其他超市的重用。于是，可在本系统做这样的修改：建立如图4.31所示的泛化关系。其中，类"收款机"定义了各种收款机的共同属性与操作，类"现钞收款机"继承了收款机的属性和操作，并定义自己的特殊属性与操作。这样，类"收款机"就成了一个可供本领域其他系统重用的类。

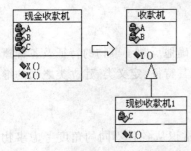

图4.31 为支持重用建立泛化关系

2. 审查与筛选

对于已经找到的泛化关系，可以从以下几个方面进行审查与调整。

（1）问题域、系统责任是否需要这样的分类？无论按分类学知识，还是按常识的分类都不一定是当前系统真正需要的。例如，将"公司员工"分为"男人"与"女人"显然是没必要的。另外，有些泛化关系未必是系统责任要求的。例如，把"职员"细分为"生产人员"与"管理人员"，虽然概念上没错，但若系统责任没有对生产人员与管理人员有特殊要求，则没有必要建立这种泛化关系。

（2）特殊类没有自己特殊的属性或操作。在现实世界中，一个类如果是另一个类的特殊类，则它一定具有某些一般类不具备的特征，否则，它就不能成为一个与一般类有所差异的概念。例如，大学生一定有比一般学生特殊的特征。但是，在一个软件系统中，每个类都是对现实事物的一种抽象描述，抽象意味着忽略某些特征。如果体现特殊类与一般类差别的那些特征都被忽略了，系统中的泛化关系就出现了这种异常情况：特殊类除了从一般类继承来的属性与操作外，没有自己任何特殊的属性与操作。

（3）某些特殊类之间的差别可以由一般类的某个或某些属性值来体现，而且除此之外，没有更多的不同。例如，某一系统需要区别人员的性别与国籍，但这些人员对象除了性别和国籍不同之外，在其他方面都没有什么不同。此时如果按分类学的知识建立一个泛化关系，显然是没有必要的。因此，可以通过在一般类中增加"性别"和"国籍"两个属性，来简化原先的泛化关系。

（4）如果一个一般类之下只有唯一的特殊类，并且这个一般类不用于创建对象，也不打算进行复制。在这种情况下，这个一般类的唯一用途就是向仅有的一个特殊类提供一些被继承的属性与操作。此时，可以取消这个一般类，并把它的属性与操作放到特殊类中。通常，系统中的一般类应符合下述条件之一才有存在的价值。

① 它有两个或两个以上的特殊类。

② 需要用它创建对象实例。

③ 它的存在有助于软件重用。

如果不符合上述任何条件，则应考虑简化，除非还能找到别的理由。例如，为了更自然地映射问题域,或者把过多的属性和操作都集中到一个类中,等等。

4.4.4　识别依赖关系

1. 识别依赖

识别依赖的策略如下。

1) 优先考虑关联关系和泛化关系

通常,在描述语义上相互有联系的类之间的关系时,首先考虑是否存在着泛化方面的关系或结构(关联)方面的关系,并分别用对应的泛化关系或关联关系及其修饰形态进行描述。当类之间不宜于用这两种关系描述时,再考虑用依赖关系。

2) 考察类的改变

如果两个类之间存在语义上的连接,其中一个类是独立的,另一个类不是独立的;并且,独立类改变了,将影响另一个不独立的类,则建立它们之间的依赖关系。具体而言,一个类向另一个类发送消息;一个类是另一个类的数据成员;一个类是另一个类的某个操作参数等。

3) 考察多重性

虽然说,如果类 A 和类 B 之间有关联关系,那么类 A 和类 B 之间也就有依赖关系。但是,在关联关系中通常都会出现多重性,即使是一对一的多重性;但在依赖关系中一定不会出现多重性。

2. 依赖的变体

依赖关系可以使用在多种建模元素上。在 UML 中,对依赖关系共设置了 12 种变体,以描述软件对象之间的各种相互依赖的情形。这 12 种依赖关系的变体,根据连接对象的不同,可以分为以下四类。

1) Usage(使用依赖)

使用依赖表示客户使用提供者提供的服务,以实现它的行为。服务形式有以下 3 种:①客户类的操作需要提供者类的参数;②客户类的操作返回提供者类的值;③客户类的操作在实现中使用提供者类的对象。

使用依赖又可以进一步细分为<<use>>依赖、<<call>>依赖、<<parameter>>依赖、<<send>>依赖、<<instantiate>>依赖。

2) Abstraction(抽象依赖)

抽象依赖表示客户和提供者之间的关系,依赖于在不同抽象层次上的事物。

抽象依赖又可以进一步细分为<<trace>>依赖、<<refine>>依赖、<<derive>>依赖。

3) Permission(授权依赖)

授权依赖表示一个事物访问另一个事物的能力,提供者通过规定客户的权限,可以控制和限制客户对其内容访问的方法。

授权依赖又可以进一步细分为<<access>>依赖、<<import>>依赖、<<friend>>依赖。

4) Binding(绑定依赖)

绑定依赖是较高级的依赖类型,它用于绑定模板,以创建新的模型元素。

绑定依赖主要分为<<bind>>依赖。

4.5 派生属性和派生关联

派生属性（derived attribute）和派生关联（derived association）是指可以从其他属性和关联计算推演得到的属性和关联。例如，如图 4.32 所示的 Person 类的 age 属性即为派生属性，因为一个人的年龄可以从当前日期和出生日期推算出来。在类图中，派生属性和派生关联的名字前需加一个斜杠"/"。

图 4.33 所示是派生关联的例子，WorkforCompany 为派生关联。一个公司由多个部门组成，一个人为某一个部门工作，那么可推算出这个人为这个公司工作。

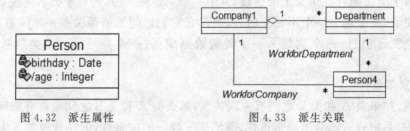

图 4.32 派生属性　　　　　　　　　图 4.33 派生关联

在生成代码时，派生属性和派生关联不产生相应的代码。指明某些属性和关联是派生属性和派生关联有助于保持数据的一致性。

4.6 抽象类和接口

4.6.1 抽象类

抽象类（abstract class）是不能直接产生实例的类，因为抽象类中的方法往往只是一些声明，而没有具体的实现，因此不能对抽象类实例化。UML 中通过把类名写成斜体字来表示抽象类，图 4.24 中的 Athlete 类即为抽象类。因为它不是游泳运动员，也不是高尔夫运动员，所以认为该类没有对象，但是它描述了体育运动员的一般特征。

抽象类一般作为超类（或基类）存在，用于描述其他类的公共属性和操作。抽象类中一般都带有抽象操作。抽象操作仅仅用来描述该抽象类的所有子类应有什么样的行为。抽象操作只标记出返回值、操作的名称和参数表；关于操作的具体实现细节并不详细书写出来，抽象操作的具体实现细节由继承抽象类的子类实现。

4.6.2 接口

1. 接口的概念

在定义了类之后，可见性为公共的操作就构成了一组外部可访问的操作，为其他的类提供服务。把这组操作组织起来，作为该类的一个或几个接口，该类提供了对其接口的实现。接口是在没有给出对象的实现和状态的情况下，对对象行为的描述。

在 UML 中，把一个接口定义为一个类的对外可见的一组操作的规范，它定义了类对外提供的服务。接口包含操作但不包含属性,并且它没有对外界可见的关联。

接口是类的<<interface>>版型。如图4.34所示是接口的3种表示方式。在用接口的图标形式表示时,接口的操作不被列出。

图 4.34　接口的 3 种表示方式

每个接口必须被指定一个名字,以区别不同的接口。接口是类的变体,因此接口的名字就是类的名字。

需要注意的是,UML中接口的概念和一般的程序设计语言(如Java)中接口的概念稍有不同。例如,Java中的接口可以包含属性,但UML的接口不包含属性,只包含方法的声明。

接口与抽象类很相似,但两者之间存在不同的地方:接口不能含有属性,而抽象类可以含有属性;接口中声明的所有方法都没有实现部分,而抽象类中某些方法可以有具体的实现。

以组件化的形式来建造系统是某一领域成熟化的标志。计算机系统的构造就是组件化生产的典型代表。对于软件系统的设计和建造而言,也存在着这样的要求。为了达到这一点,可以为类或类的集合设定一个外部的行为特性的规范,只要对类或类的集合的修改不改变这个行为规范,就可以保证其他类仍能使整个系统正常工作。这样的规范在UML中称为接口。在建模时,接口起到非常重要的作用,因为模型元素之间的相互协作都是通过接口进行的。一个结构良好的系统,其接口必然也定义得非常规范。

2. 接口的操作

接口强调的是类对外提供的服务,这些服务用一系列的操作表示。接口在建模中起着为软件的子系统定义接缝的作用。通过接口,软件系统中内聚性高、对外耦合度低的类的集合构成一个相对封闭的子系统或组件。这些子系统或组件对外部的服务则以接口的形式规定。在建模时,通过接口可以概括地了解类或组件的外部特性,而不必关心它们的内部实现和结构。在系统实现时,可以通过接口定义实现功能组件的替换或扩充。由于被接口描述的类或组件对外部必须具有低耦合度,所以不应把类或组件的内部结构即属性暴露出来,所以,UML规定不得为接口指定属性。

接口是类的变体,所以接口的操作的描述遵循类的操作的描述的规则。例如,可以为它指定操作名;可以为操作指定约束;可以为操作指定并发属性;可以为操作指定变体,等等。在模型图上绘制接口时,如果需要强调接口的操作,则可使用操作的记名表示;否则可以使用更为简洁的图标表示。

3. 接口的规范说明

通过接口,可以使应用开发人员在不必了解接口功能的内都实现细节的情况下就能设计使用此接口提供的服务的交互。对接口的操作的描述包括操作的语法和操作的语义。对于简单的接口,只需要罗列出接口包括的操作及其名称就可以使得接口的应用开发人员了解接口的用法。对于复杂的接口,还必须详细表述正常使用接口必须具备的各种条件。例如,某些操作的调用顺序必须符合指定的顺序等。

在 UML 中,除了使用操作所具备的基本的描述手段外,还提供了其他的精确的描述手段。例如,可以为操作指定入口条件和出口条件,就表明此操作在被启动之前,入口条件必须为真。如果为操作指定了出口条件,就表明此操作在执行完毕之后,此条件必须为真。在 Rose 里,操作的入口条件和出口条件是在操作的规范说明对话框里指定的。

如果需要指定接口操作的合法调用顺序,则可以使用 UML 的状态图和交互图。由于状态图和交互图描述的是软件系统的动态行为的发生的先后顺序,因此,恰好可以用来概括而精确地描述接口的使用。

4.6.3 实现关系

接口强调的是类、子系统或组件的外部行为规范,它不强调此行为的实现方法。一个接口的动态行为可以用一个类来实现,也可以用一个组件来实现。同时,一个接口可以同时为多个类或组件规定其动态行为,这就意味着一个接口可以有多种实现方法。不同的类或组件,只要它们的实现遵循同一个接口,就可以在交互中互换。

在使用 UML 为软件系统建模的时候,如果要描述某个类或某个组件实现了给定的接口,可以使用实现关系。实现关系将一种模型元素(如类)与另一种模型元素(如接口)连接起来,其中接口只是行为的说明而不是结构或者实现。

实现关系是两个分类符之间的语义关系,表明其中的一个分类符为另一个分类符规定了应执行的动态行为。实现关系可以连接的分类符包括接口和类、接口和组件、用例和协作。其中,接口规定了类或组件的动态行为,用例规定了协作的动态行为。

在 UML 规范中,实现用带空心三角形箭头的虚线表示,箭头指向接口,另一端的类实现了接口。如图 4.35(a)所示。“定价”是接口,“目录项”是实现类,实现了接口规定的外部行为规范。实现关系的图形符号还有一种简单形式,它只能用于接口的图标表示法。此时,实现关系被绘制为一条连接接口和类或组件的实线,接口的图标形式是一个空心圆,如图 4.35(b)所示。

     (a) 标准形式   (b) 简单形式

图 4.35　接口的实现

接口表示法的一个有用的应用是明确地表示一个类的哪些特征被另一个类使用。图 4.36 表示“零件”类依赖于“定价”接口规定的操作,“目录项”类实现了“定价”接口规定的外部行为规范。类和接口之间的依赖关系意味着该类只使用接口中指定的操作。

图 4.36　接口的实现及使用

4.7 类 版 型

UML 中有 3 种主要的类版型,即边界类(boundary class)、控制类(control class)和实体类(entity class)。在进行 OO 分析和设计时,如何确定系统中的类是一个比较困难的工作,引入边界类、控制类和实体类的概念有助于分析人员和设计人员确定系统中的类。

4.7.1 实体类

实体类是问题域中的核心类,一般从客观世界中的实体对象归纳和抽象出来。实体类用于保存需要放进持久存储体的信息。所谓持久存储体就是数据库、文件等可以永久存储数据的介质。实体类在软件系统运行时在内存中保存信息。实体类的对象是永久性的,它的生存时间长于会话生命周期。

实体类的识别一般在需求分析阶段进行。

UML 中实体类的 3 种表示方法如图 4.37 所示。

图 4.37 实体类的 3 种表示方法

一般地,实体类可以通过事件流和交互图发现,实体类通常用领域术语命名。

通常,每个实体类在数据库中有相应的表,实体类中的属性对应数据库中表的字段。但这并不是意味着,实体类和数据库中的表是一一对应的。有可能是一个实体类对应多个表,也可能是多个实体类对应一个表。至于如何对应,是数据库模式设计方面要讨论的问题。

4.7.2 边界类

边界类位于系统与外界的交界处,它是系统内的对象和系统外的参与者的联系媒介。外界的消息只有通过边界类的对象实例才能发送给系统。窗体(form)、对话框(dialog box)、报表(report)、表示通信协议(如 TCP/IP)的类、直接与外部设备(如打印机和扫描仪)交互的类、直接与外部系统交互的类等都是边界类的例子。

边界类的识别一般在系统设计阶段进行。

UML 中边界类的 3 种表示方法如图 4.38 所示。

图 4.38 边界类的 3 种表示方法

通过用例图可以确定需要的边界类。每个 actor/use case 对至少要有一个边界类,但并非每个 actor/use case 对都要生成唯一边界类。例如,多个 actor 启动同一个 use case 时,可以用同一个边界类与系统通信,如图 4.39 所示。

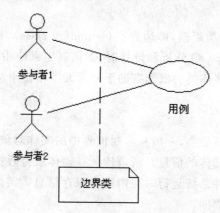

图 4.39　多个参与者使用同一个边界类

4.7.3　控制类

控制类是负责其他类工作的类。通常其本身并不完成任何具体的功能,而是根据业务规则,执行相应脚本流,以委托责任的形式向其他类发出消息,由其他类来实现具体的功能。其他类不向控制类发送过多的消息,这些消息是为控制类判断分支条件使用的。

控制类的一个主要用途是实体类和边界类之间的润滑剂,用于协调边界类和实体类之间的交互。例如,某个边界对象必须给多个实体对象发送消息。多个实体对象完成操作后,传回一个结果给边界类。这时,就可以使用控制类来协调这些实体对象和边界对象之间的交互。

控制类的识别一般在系统设计阶段进行。

UML 中控制类的 3 种表示方法如图 4.40 所示。

(a) Icon形式　　　(b) Label形式　　　(c) Decoration形式

图 4.40　控制类的 3 种表示方法

每个用例通常有一个控制类,控制用例中的事件顺序,控制类也可在多个用例间共用。其他类并不向控制类发送很多消息,而是由控制类发出很多消息。

4.7.4　用户自定义版型

版型(stereotype)是 UML 的 3 种扩展机制之一,UML 中的另外两种扩展机制是标记值(tagged value)和约束(constraint)。

在介绍 UML 的构成时,已提到 UML 中的基本构造块包括事物(thing)、关系(relationship)、图(diagram)这 3 种类型。版型是建模人员在已有的构造块上派生出的新构造块,这些新构造块是和特定问题相关的。需要注意的是,版型必须定义在 UML 中已经有定义的基本构造块之上，是在已有元素上增加新的语义，而不是增加新的语法结构。

版型是 UML 中非常重要的一个概念，UML 之所以有强大而灵活的表示能力，与版型这个扩展机制有很大关系。版型可以应用于所有类型的模型元素，包括类（class）、结点（node）、构件（component）、注解（note）、关系（relationship）、包（package）、操作（operation）等。当然，在某些建模元素上定义的版型比较多，在另一些建模元素上可能就很少定义版型，如一般很少在注解上定义版型。

UML 中预定义了一些版型，如参与者和接口是类的版型，子系统（subsystem）是包的版型等。当然用户也可以自定义版型。图 4.41 所示是自定义版型的例子。

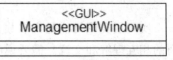

图 4.41 自定义版型

在图 4.41 中，用＜＜GUI＞＞这个版型说明 ManagementWindow 是一个专用于图形用户界面的类。这样不仅能清楚地表示这个类是用于处理 GUI 的，还便于在必要的时候用 Rose 的脚本语言做某些操作，如检索出所有版型为＜＜GUI＞＞的类，并输出这些类的类名。

通过版型还可以方便地将类进行划分。当需要迅速查找到模型中所有的图形用户界面时，那么将所有的图形用户界面指定成为＜＜GUI＞＞版型后，只需要寻找＜＜GUI＞＞版型的类即可。

4.8 类 图

类加上它们之间的关系就构成了类图，类图中可以包含接口、包、关系等建模元素，也可以包含对象、链等实例。类、对象和它们之间的关系是面向对象技术中最基本的元素，类图可以说是 UML 中的核心。

类图描述的是类和类之间的静态关系。与数据模型不同，类图不仅显示了信息的结构，同时还描述了系统的行为。

4.8.1 类图的抽象层次

在软件开发的不同阶段使用的类图具有不同的抽象层次。一般可将类图分为 3 个层次：概念层、说明层、实现层。

概念层（conceptual）类图描述应用领域中的概念。一般这些概念和类有很自然的联系，但两者并没有直接的映射关系。绘制概念层类图时，很少考虑或不考虑实现问题。

说明层（specification）类图描述软件的接口部分，而不是软件的实现部分。这个接口可能因为实现环境、运行特性或者开发商的不同而有多种不同的实现。

实现层（implementation）类图才真正考虑类的实现问题，提供类的实现细节。

图 4.42 所示是同一个 Circle 类的 3 个不同层次的情况。图 4.42(a)是概念层，图 4.42(b)是说明层，图 4.42(c)是实现层。

从图 4.42 可以看出，概念层类图只有一个类名；说明层类图有类名、属性名和方法名，但对属性没有类型的说明，对方法的参数和返回类型也没有指明；实现层类图则对类的属性和方法都有详细的说明。

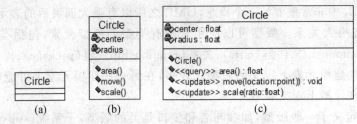

图 4.42　类的 3 个不同层次

实现层类图可能是大多数人最常用的类图，但在很多时候，说明层类图更易于开发者之间的相互理解和交流。需要说明的是，类图的 3 个层次之间没有一个很清晰的界限，类图从概念层到实现层的过渡是一个渐进的过程。

4.8.2　构造类图

构造类图时不要过早陷入实现细节，应该根据项目开发的不同阶段，采用不同层次的类图。如果处于分析阶段，应画概念层类图；当开始着手软件设计时，应画说明层类图；当考察某个特定的实现技术时，则应画实现层类图。

对于构造好的类图，应考虑该模型是否真实地反映了应用领域的实际情况，模型和模型中的元素是否有清楚的目的和职责，模型和模型元素的大小是否适中，对过于复杂的模型和模型元素应将其分解成几个相互合作的部分。

下面给出建立类图的步骤。

（1）研究分析问题领域，确定系统的需求。

（2）确定类，明确类的含义和职责，确定属性和操作。

（3）确定类之间的关系。把类之间的关系用关联、泛化、聚合、组成、依赖等关系表达出来。

（4）调整和细化已得到的类和类之间的关系，解决诸如命名冲突、功能重复等问题。

（5）绘制类图并增加相应的说明。

【**例 4.7**】　图 4.43 描述了与企业销售订单有关的类图。每个"订单"都会涉及一个特定的"客户"，而某个特定的"客户"可以签订多个"订单"；所以"客户"与"订单"是一对多的关联关系。对于"客户"类来说，还可以具体分为"团体客户"和"个人客户"。"团体客户"和"个人客户"都具有"客户"的一般特性，如客户名称、客户地址等。但同时，它们还具有各自的一些特性，如信用卡号、公司银行账号。特别地，将来在处理订单时，产品的单价会因个人客户还是团体客户的不同而不同。所以，从"客户"派生出"团体客户"和"个人客户"。"客户"是一般类，"团体客户"和"个人客户"是特殊类。每个"订单"都会涉及一个或多个"产品"，所以"订单"和"产品"是一对多的关联关系。进一步分析可以认为，"产品"是"订单"的组成部分，但是一个产品可以成为不同订单的内容，所以"订单"和"产品"是聚合关系（一种特殊的关联关系），"订单"是整体，"产品"是部分。

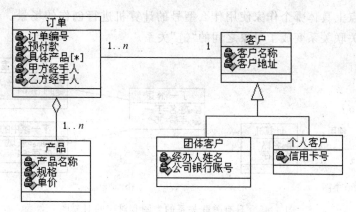

图 4.43　与企业销售订单有关的类图

4.9　对　象　图

对象图表示一组对象及它们之间的联系。对象图是系统的详细状态在某一时刻的快照,常用于表示复杂的类图的一个实例。

UML 中对象图与类图具有相同的表示形式,对象图中的建模元素有对象和链(link)。对象是类的实例,对象之间的链是类之间的关联的实例,对象图实质上是具有关联关系的类图的实例。

在 UML 中,对象图的使用相当有限,主要用于表达数据结构的示例,以及了解系统在某个特定时刻的具体情况等。

【例 4.8】　图 4.44 表示的是网络中结点之间关系的类图及其一个对象图。其中图 4.44(a)是类图,类 Node 有一个自返关联;图 4.44(b)是对应于这个类图的一个对象图,共有 8 个结点,各个结点之间用链连接。

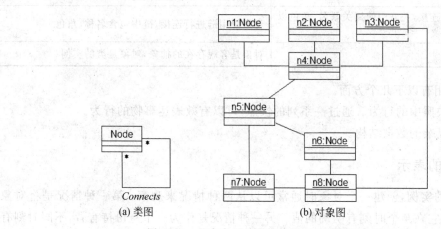

图 4.44　具有自反关联的类图和对应的对象图

【例 4.9】　图 4.45(a)表示的是"作家"类和"计算机"类之间的"使用"关联关系的类图,类图表达了作家使用计算机进行创作的场景。与类图对应的对象图是图 4.45(b),它表达

了在某个时间点上具体哪个作家使用什么型号的计算机进行创作的场景。在对象图中,类
图中类之间的关联关系变成了对象之间的"链"关系。

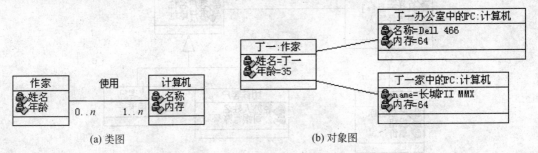

(a) 类图　　　　　　　　　　　　　　　　　　(b) 对象图

图 4.45　具有关联关系的类图和对应的对象图

对象图(object diagram)描述的是参与交互的各个对象在交互过程中某一时刻的状态。
它是系统在某一个特定时间点上的静态结构,是类图的实例和快照,即类图中的各个类在某
一个时间点上的实例及其关联关系的静态写照。

对象图所建立的对象模型描述的是某种特定的情况,而类图所建立的模型描述的是通
用的情况。类图和对象图的区别如表 4.5 所示。

表 4.5　类图和对象图的区别

类　图	对　象　图
在类图中,每个类包含三部分:类名、类的属性和类的操作	在对象图中,每个对象包含两部分:对象名、对象属性
类的名称栏只包含类名	对象的名称栏包含对象名和类名
类的属性栏定义了所有属性的特征	对象的属性栏定义了属性的当前值
类中列出了操作	对象图中的对象不包含操作,因为对于属于同一个类的对象,其操作是相同的
类中使用了关联连接,关联中使用关联名、角色以及约束等特征定义	对象使用链进行连接,链中包含名称、角色
类是对象的抽象	对象是客观存在的抽象,对象是类的实例

对象的作用有以下几个方面。

(1) 表示快照中的行为。通过一系列的快照,可以有效表达事物的行为。

(2) 说明复杂的数据结构。

4.9.1　对象的表示

对象是类的实例,创建一个对象时通常可以从两种情况来观察:第一种情况是将对象
作为一个实体,它在某个时刻有明确的值。另一种情况是作为一个身份持有者,不同时刻有
不同的值。

一个对象在系统的某一个时刻应当有其自身的状态。通常这个状态使用属性的赋值或
分布式系统中的位置来描述。对象通过链和其他对象相联系。

对象可以通过声明的方式拥有唯一的句柄引用,句柄可标识对象并提供对对象的访问,

代表对象拥有唯一的身份。对象通过唯一的身份与其他对象相联系,彼此交换消息。

对象的图标符号与类的图标符号基本相同。但对象使用带有下划线的实例名将它作为个体区分开来。图标符号的顶部显示对象名和类名,并以下划线标识。命名语法是"对象名∶类型"。图标符号的底部显示对象的属性名和值的列表。图4.46中显示了汽车类的对象"劳斯莱斯"和车轮类的对象"米其林"的图标符号形式。

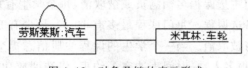

图 4.46 对象及链的表示形式

4.9.2 链的表示

链是两个或多个对象之间的独立连接,是关联的实例。通过链可以将多个对象连接起来,形成一个有序列表,称为元组。对象必须是关联中相应位置处类的直接或间接实例。一个关联不能有来自同一关联的迭代连接,即两个相同的对象引用元组。

链可以用于导航,连接一端的对象可以得到另一端的对象,也就可以发送消息。如果连接对目标方向有导航性,这一过程就是有效的。如果连接是不可导航的,访问可能有效或无效,但消息发送通常是无效的。相反方向的导航需另外定义。

在 UML 中,链的图标符号是一个或多个相连的实线或实线圆弧。在自返关联的类中,链是两端指向同一个对象的回路。图4.46中也显示了链的普通连接和自身关联连接的图标符号形式。

4.10 一个结构建模的例子

本节通过一个简化的大学课程注册系统的例子,说明结构建模的过程。

4.10.1 需求陈述

某个中等规模的大学为全日制的学生提供大量本科生学位,这个大学的教学机构由学院组成,每个学院包含几个专业方向。每个学院管理一种学位,每种学位都有若干必修课和若干选修课。每门课程都处于一个给定的级别,并且有一个学分值。同一门课程可以是若干学位的一部分,一个学位还含有其他学院提供的课程。每种学位都要给定完成学位所要求的总学分值。

每个学期末大学的教授要决定下个学期计划开设的课程。所有的教授决定开设的课程的汇总,形成下个学期将要开设的课程计划表。课程的名称、编号、学分、先决条件等课程信息全部取自课程库系统。该课程库系统是该大学已有的系统,不列为本次项目的开发内容。

令该大学自豪的是,其给予了学生在选课时的自主权。选课的灵活性使得大学课程注册系统变得复杂。学生可以组合课程计划表所提供的课程,形成他们的学习计划(注册课程),一方面适合他们的个人需要,另一方面完成了这些课程他们就能得到他们所注册的学位。个人选课的自主权不应该与学位管理的规则相矛盾,例如,学生必须学习过某门课程的先修课程，才能选修该门课程。学生对课程的选择可能受时间冲突、最大的班级人数等条件的限制。

在每个学期的开始，学生们会得到一份本学期将要开设的课程计划表。每门课程包含的信息有课程名称、课程编号、开课的教授、学院、选择该课程的先决条件、课程学分、已选学生人数等，可以帮助学生有目的地选择课程。新系统允许学生在将要来临的新学期中选择四门主选课程。如果一门主选课程名额满员或被取消，每个学生有重选的机会。因此，新系统也允许学生选择两门备选课程。每门课程最多有 10 名、最少有 3 名学生选择才能开课。少于 3 个人报名的课程将被取消。当一个学生的课程注册信息提交之后，系统检查他们的前提条件、所选课程的已报名人数、时间表冲突等约束，将选课成功或失败的消息通知给学生。一旦学生成功选中的课程门数少于计划时，系统重新开放该学生的学习计划修改权限，允许该学生保留成功选择的课程，重新调整其余的课程。当一个学生的课程注册信息最终完成之后，系统给收费系统发送一个消息，收费系统统计该学生已选课程的费用，再传回新系统，以便学生为其选中的课程付费。该收费系统是该大学已有的系统，不列为本次项目的开发内容。

每个学期开学初有一段时间可以让学生改变学习计划，在这段时间内学生可以增加或删除课程。一旦学生提交了学习计划，就不能再改变学习计划，除非因为选中课程的门数不达标而被系统退回的情况。选课时间段结束后，教授可以查询到他自己将要讲授的哪些课程以及这些课程中每门课程有哪些学生报名。

当然了，为了适应每年新增的教授和学生、离职的教授和毕业的学生，新系统应当有效管理教授和学生的基本信息。管理工作包括增加、修改、删除、查找。注册管理员负责管理教授和学生的基本信息。

由于这个大学课程注册系统有其自身的独特性，找不到合适的商品软件，因而只能自行开发。

4.10.2 识别对象

综合运用识别对象和类的方法，按照需求陈述中出现的次序排列，得到"大学课程注册系统"的候选类有大学、学位、学院、专业方向、必修课程、选修课程、教授、课程计划表、课程、学生、学习计划、主选课程、备选课程、所选课程费用、注册管理员，等等。

接下来的任务是对候选类进行筛选，去掉不必要的候选类。

（1）本系统只为一所大学服务，因此，"大学"候选类没有存在的必要。

（2）有些课程是其他学院开设的，教授和学生隶属于某个学院，一个大学存在很多学院，因此，将"学院"作为单独的一个类。

（3）"专业方向"候选类暂时只有一个属性，即专业方向名称。因此，可以将专业方向合并到"学位"类中，作为属性出现。

（4）必修课程、选修课程、主选课程、备选课程，主要体现了任何一门课程在被处理时看问题的视角，即从学位角度看，任何一门课程要么是必修课程，要么是选修课程。从学生选课、制订学习计划角度看，任何一门课程要么当作主选课程，要么当作备选课程，要么什么也不是。所以，必修课程、选修课程、主选课程、备选课程和"课程"没有本质的区别。通过对"课程"类添加必修课还是选修课的属性，可以解决从学位角度对该门课程的处理。通过对

"学习计划"类添加主选课和备选课的属性,可以解决从学习计划角度对该门课程的处理。

(5) 其余的候选类:学位、教授、课程计划表、课程、学生、学习计划、所选课程费用、注册管理员都有存在的必要,而且都要永久储存起来。

经过分析最后确定的类有学位(Degree)、学院(College)、教授(Professor)、课程计划表(CourseOffering)、课程(Course)、学生(Student)、学习计划(StudyProgram)、所选课程费用(CourseFee)、注册管理员(Registrar)。

4.10.3 识别属性

分析上述对象的特征,可以列举出各个对象的主要属性。

(1)"学位"类应该包括学位名称、学分数、总学时数等主要属性。

(2)"学院"类应该包括学院名称、学院编号、负责人、学院地址等主要属性。

(3)"教授"类应该包括教授姓名、教授工号、所属学院、联系电话等主要属性。

(4)"课程计划表"类应该包括学年度、课程名称、课程编号、开课的教授、学院、选择该课程的先决条件、课程学分、已选学生人数等主要属性。

(5)"课程"类应该包括课程名称、课程编号、学分值、课程级别等主要属性。

(6)"学生"类应该包括学生姓名、学生学号、所属学院、住址、出生日期、联系电话等主要属性。

(7)"学习计划"类应该包括学年度、学生学号、主选课程1编号、主选课程2编号、主选课程3编号、主选课程4编号、备选课程1编号、备选课程2编号等主要属性。

(8)"所选课程费用"类应该包括学年度、学生学号、课程1编号、课程1费用、课程2编号、课程2费用、课程3编号、课程3费用、课程4编号、课程4费用等主要属性。

(9)"注册管理员"类应该包括注册管理员姓名、注册管理员工号、所属学院、联系电话等主要属性。

4.10.4 识别关系

因为这些类:学位、学院、教授、课程计划表、课程、学生、学习计划、所选课程费用、注册管理员都是实体类,都要永久储存起来的。因此,它们之间的关系都是关联关系。

(1) 一个学位只由一个学院负责,一个学院只负责一个学位。因此,"学位"类和"学院"类之间是一对一的关联关系。进一步分析,可以认为学院和学位是整体与部分的关联关系,而且学院不存在了,学位也不能单独存在。因此,"学院"类和"学位"类是组成关系,"学院"类是整体,"学位"类是部分。

(2) 每种学位都有若干必修课和若干选修课,同一门课程可以是若干学位的一部分。因此,"学位"类和"课程"类之间是多对多的关联关系。进一步分析,可以认为学位和课程是整体与部分的关联关系,但是学位不存在了,课程却可以单独存在。因此,"学位"类和"课程"类是聚合关系,"学位"类是整体,"课程"类是部分。

(3) 一名教授只能隶属于一个学院,一个学院可以聘用多名教授。因此,"学院"类和"教授"类之间是一对多的关联关系。进一步分析,可以认为学院和教授是整体与部分的关联关系,而且学院不存在了,教授也不能单独存在。因此,"学院"类和"教授"类是组成关系,"学院"类是整体,"教授"类是部分。

（4）同（3）的道理，"学院"类与"学生"类、"学院"类与"课程"类、"学院"类与"注册管理员"类，各自都是组成关系，多重性为一对多。"学院"类是整体。

（5）一名教授每学期制订一个开课的课程计划表，多个学期要制订多个课程计划表，一个课程计划表只属于一名教授制订的。因此，"教授"类和"课程计划表"类之间是一对多的关联关系。

（6）一个课程计划表可以包含多门课程，一门课程可以隶属于多个课程计划表。因此，"课程计划表"类和"课程"类之间是多对多的关联关系。进一步分析，可以认为课程计划表和课程是整体与部分的关联关系，但是课程计划表不存在了，课程却可以单独存在。因此，"课程计划表"类和"课程"类是聚合关系，"课程计划表"类是整体，"课程"类是部分。

（7）学习计划是根据所有教授的课程计划表中提供的开设课程来制订的，一个学习计划可以从不同的课程计划表中提取课程，一个课程计划表中的课程可以被多个学习计划提取。因此，"学习计划"类和"课程计划表"类之间是多对多的单向关联，提供者（独立模型单元）是"课程计划表"类。

（8）一名学生每学期制订一个学习计划，多个学期要制订多个学习计划，一个学习计划只属于一名学生制订的。因此，"学生"类和"学习计划"类之间是一对多的关联关系。

（9）一名学生每学期缴费学习计划中的所有课程的费用，多个学期要缴费多次课程费用，一个学习计划包含的所有课程的费用只应该由一名学生缴纳。因此，"学生"类和"所选课程费用"类之间是一对多的关联关系。

（10）每个学期一个学习计划只对应一个课程缴费单，一个课程缴费单是根据学习计划中列出的所有课程来决定的。因此，"学习计划"类和"所选课程费用"类之间是一对一的单向关联，提供者（独立模型单元）是"学习计划"类。

在分析了各个类之间的关系后，在课程对象中增加派生属性，即目前已经选择该课程的学生人数。

注意：在图4.47中，"学习计划"是实体类。将来在顺序图中，学习计划的提交需要一个匹配的控制类，完成从"课程计划表"中挑选4门主选课和2门备选课，构成一个"学习计划"，并且在适当的时候，将最终确定的学习计划发送到计费系统。其他实体类的处理，只需要一个边界类即可。

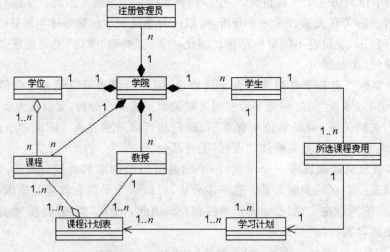

图4.47 "大学课程注册系统"的类图

4.11 本章小结

(1) 用例模型描述的是系统的外部特性,包括从系统外部看到的软件的静态结构和行为特征。为了捕获完整、精确的软件系统的需求,还需要对软件的内部结构和行为特征进行分析和设计。结构建模是描述软件的内部结构的一个重要手段,也是从用例视图出发进行软件建造的第一步。结构建模的结果是得到逻辑视图的重要组成部分——类图。

(2) 类图提供了用对等(关联)和层次(泛化和聚合)结构组织类的方法。

(3) 面向对象的分析强调运用面向对象方法,对问题域和系统责任进行分析和理解,找出问题域及系统责任(即所开发的系统应具备的职能)所需的对象,并定义对象的属性、操作及它们之间的关系,目的是建立一个符合问题域、满足用户需求的对象模型。

(4) 面向对象的分析强调用对象的概念对问题域中的事物进行完整的描述,刻画事物的数据特征和行为特征;同时,也要如实地反映问题域中事物之间的各种关系,包括泛化关系、聚合关系等静态关系。

(5) UML 中的类图具有充分强大的表达能力和丰富的语义,是建模时非常重要的一个图。

(6) 类之间可以有关联、聚合、组成、泛化、依赖等关系。

(7) 关联是类图中比较重要的一个概念,一些相关的概念有关联名、关联角色、关联类、关联上的多重性、限定关联、自返关联、二元关联、N 元关联等。

(8) 关联类是用于描述关联本身的特性。

(9) 带有限定符的关联称为限定关联,限定符的作用就是在给定关联一端的一个对象和限定符值以后,可确定另一端的一个对象或对象集。

(10) 派生属性和派生关联是指可以从其他属性和关联计算推演得到的属性和关联,在生成代码时,派生属性和派生关联不产生相应的代码。

(11) 抽象类和接口为 OO 设计提供了抽象机制。

(12) 版型是 UML 中非常重要的一种扩展机制,UML 之所以有强大而且灵活的表示能力,与版型这种扩展机制有很大的关系。

(13) 边界类、控制类和实体类是对类的一种划分,它们都是类的版型。

(14) 类图可分为概念层、说明层和实现层 3 个层次,它们在软件开发的不同阶段使用。

(15) 在 OO 分析和设计中,确定系统中的类是一个比较困难的工作,有一些启发式原则可以帮助发现类,但没有一个固定的方法来确定所有类。

(16) 领域分析是帮助发现类的一个有效方法。

(17) 对象图是类图的实例,是系统的详细状态在某一时刻的快照。相对于 UML 的别的图来说,对象图的重要性低一些,在实际应用中,使用对象图的情况不是很多。

(18) 接口是一个类,它定义了一组提供给外界的操作。接口是一个特殊的抽象类,它没有属性,只有抽象操作,即只有操作名而没有具体实现。在软件实现阶段,必须要有一个类,实现接口的所有的抽象操作。

(19) 一般地说,接口常用来定义或限制软件构件的对外运算。

4.12 习 题

4.12.1 填空题

1. 对象图中的_____是类的特定实例，_____是类之间关系的实例，表示对象之间的特定关系。

2. 类之间的关系包括_____关系、_____关系、_____关系和_____关系。

3. 在 UML 的图形表示中，_____的表示法是一个矩形，这个矩形由 3 个部分构成。

4. UML 中类元的类型有_____、_____、_____和_____。

5. 类中方法的可见性包含 3 种，分别是_____、_____和_____。

6. 在 UML 软件开发过程系统分析阶段产生的对象模型有 3 种模型，它们分别是_____模型、_____模型和_____模型。

7. 共享聚合的"部分"对象可以是任意"整体"对象的一部分，表示事物的整体/部分关系较弱的情况，"整体"端的重数应该是_____。

8. 在 UML 软件开发过程的需求分析和系统分析阶段，建立对象类模型的步骤分为_____，_____，_____，_____，_____。

9. 组合聚合是指"整体"拥有它的"部分"，它具有强的物主身份，表示事物的整体/部分关系较强的情况。"部分"生存在"整体"中，不可分离，它们与"整体"一起存在或消亡。"整体"端的重数必须是_____。

10. 系统分析是在客户需求分析规格说明的基础之上对其进行的_____。

4.12.2 选择题

1. 类图应该画在 Rational Rose 的( )视图中。
   A. Use Case View   B. Login View
   C. Component View   D. Deployment View

2. 类通常可以分为实体类、( )和边界类。
   A. 父类   B. 子类   C. 控制类   D. 祖先类

3. 对象特征的要素是( )。
   A. 状态   B. 行为   C. 标识   D. 属性

4. 下列关于接口的关系说法不正确的是( )。
   A. 接口是一种特殊的类
   B. 所有接口都是有构造型<<interface>>的类
   C. 一个类可以通过实现接口从而支持接口所指定的行为
   D. 在程序运行的时候，其他对象不仅需要依赖于此接口，还需要知道该类对接口实现的其他信息

5. 下列关于类方法的声明，不正确的是( )。
   A. 方法定义了类所许可的行动
   B. 从一个类所创建的所有对象可以使用同一组属性和方法

C. 每个方法应该有一个参数

D. 如果在同一个类中定义了类似的操作,则它们的行为应该是类似的

6. UML 的系统分析进一步要确立的 3 个系统模型是( )、对象动态模型和系统功能模型。

    A. 数据模型   B. 对象静态模型

    C. 对象关系模型   D. 体系结构模型

7. UML 的客户需求分析、系统分析和系统设计阶段产生的模型,其描述图符( )。

    A. 完全相同   B. 完全不同   C. 不可以通用   D. 稍有差异

8. 类和对象都有属性,它们的差别是:类描述了属性的类型,而对象的属性必须有( )。

    A. 正负号   B. 动作   C. 具体值   D. 私有成员

4.12.3 简答题

1. 简述类与对象之间的关系及关联与链之间的关系。

2. 简述在 UML 中系统分析阶段的具体任务。

3. 简述对象静态模型在 UML 软件开发过程中的地位。

4. 类的属性描述有哪些成分?

5. 类的操作描述有哪些成分?

6. 在 UML 中,什么是关联类?举例说明。

7. 什么是静态属性和静态操作?举例说明。

4.12.4 简单分析题

1. 某超市购买商品系统的需求描述如下。

(1) 顾客带着所要购买的商品到达营业厅的销售点终端进行付款结账。

(2) 销售点终端设在门口附近。

(3) 出纳员与销售点终端交互。

(4) 销售点终端负责接收数据、显示数据和打印购物单。

(5) 出纳员录入该商品信息。

(6) 系统根据商品的单价,确定顾客所购买的全部商品的总金额。

(7) 系统显示当前商品的描述信息。

根据上述需求,完成以下任务:①根据需求陈述,确定类及类之间的关系;②根据问题域知识,确定类及类之间的关系;③对初步找到的类之间的关系进行筛选和调整;④细化关联关系的细节,并创建类图。

2. 假设要开发一个简化的图书借阅系统,试根据需求描述,设计能反映该系统的功能及实现的类图模型,并给予简单的说明。

需求描述:读者通过图书借阅系统查询可以借阅的图书。读者在书架上找到相应的书籍后,到柜台通过图书管理员办理借阅手续。想还书的读者在柜台上通过图书管理员办理归还手续。还书时,必须检查借阅时间是否超期;若超期,则进行相应罚款。图书借阅系统不进行书籍的入库操作(即新书登记、旧书下架)。

3. 把下面的关系分类为泛化、聚合或关联等关系。

(1) 文件包含记录。

(2) 多边形由有序点集成。

(3) 某学生选择了某教授的课程。

(4) 类有多个属性。

4. 网络用户授权使用某几个工作站。对每台这样的机器,给用户一个账户和密码。画一个类图,并说明你所作的假设。

5. 请标识出图4.48中空中运输系统类图的多重性。

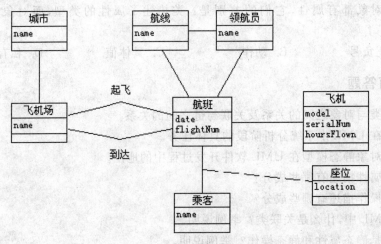

图 4.48   空中运输系统的类图

6. 为创建职工信息系统的类图,需要识别不同的类。Employee 和 Address 类是其中的两个类。Employee 类包含职工代码(empcode)、名字(name)、地址(address)和生日(birthday)等属性。Address 类包含家庭号码(houseNumber)、街道号码(streetNumber)、城市(city)和邮编(zipcode)等属性。画出该系统的类图,并识别 Employee 类和 Address 类之间的关系。

7. 在顾客信息系统中,产生顾客账单的 Bill 类使用 Purchase 类的 calculateAmt()操作所计算的总金额值。识别 Bill 类和 Purchase 类之间的关系。

8. 一个研究生在软件学院做助教(TeachingAssistant),同时还在校园餐厅打工做收银员(Cashier)。也就是说,这个研究生有3种角色:学生、助教、收银员。但在同一时刻只能有一种角色。

根据上面的陈述,试分析图4.49中哪种设计是最合理的。

9. 某书店库存管理系统的类图如图4.50所示,在类 LineItem、Station、Payment、Sale 中,由谁负责创建 Transaction 类最合理?为什么?

10. 某库存管理系统的类图如图4.51(原始类图)所示。

如果有新的需求:

(1) 对已经损坏(damaged)的货物的价格进行打折。

(2) 可以按货物的大小和颜色对货物进行查找。那么,根据下面的方案 A~方案 D,应该如何修改类图中相应的类比较好?图4.52(a)~图4.52(d)中的 isDamaged()方法可以

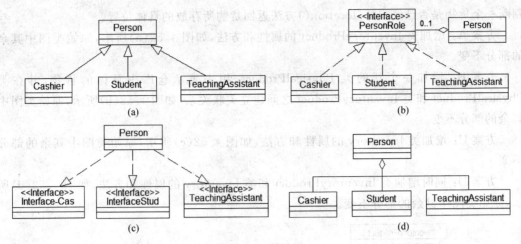

图 4.49　设计图

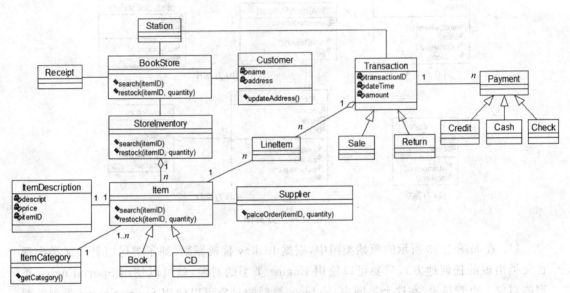

图 4.50　某书店库存管理系统的类图

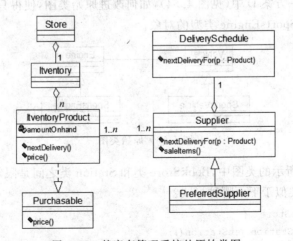

图 4.51　某库存管理系统的原始类图

判断一个货物是否已经损坏;location()方法返回货物所存放的具体位置。

方案 A：增加类 InventoryProduct 的属性和方法,如图 4.52(a)所示,原始类图中其余的部分不变。

方案 B：增加一个新的类 PhysicalProduct,用来表示仓库中具体的货物,并在类 PhysicalProduct 和类 InventoryProduct 之间建立关联关系,如图 4.52(b)所示,原始类图中其余的部分不变。

方案 C：增加类 Inventory 的属性和方法,如图 4.52(c)所示,原始类图中其余的部分不变。

方案 D：同时增加类 InventoryProduct 和类 Inventory 的属性和方法,如图 4.52(d)所示,原始类图中其余的部分不变。

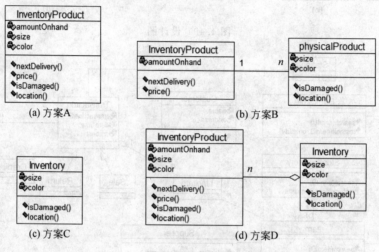

图 4.52　方案图

11. 在如图 4.53 所示的原始类图中,根据 Liskov 替换原则(即子类可以替换父类出现在父类出现的任何地方),只要可以使用 Engine 类型的对象,就可以使用 SportsEngine 类型的对象。也就是说,在这个类图中,Vehicle 类型的对象可以使用 SportsEngine 类型的对象。试分析方案 A~方案 D 中(见图 4.54),如何改进原始类图,使得只有 SportsVehicle 类型的对象才能使用 SportsEngine 类型的对象。

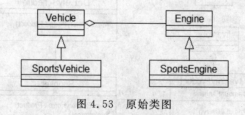

图 4.53　原始类图

12. 在图 4.55 所示的类图中,BookStore 类和 Station 类之间是限定关联,则 BookStore 类中的声明最可能类似于下面哪种形式?

(1) class BookStore {
```
public Station getStation();
public void addStation(Number initialCash);
```

...}

(2) class BookStore {

　　public Station getStation();

　　public void addStation(int StationID);

...}

(3) class BookStore {

　　public Station getStation(int StationID);

　　public void addStation(int StationID);

...}

(4) class BookStore {

　　public Station getStation(int StationID);

　　public void addStation(Number initialCash);

...}

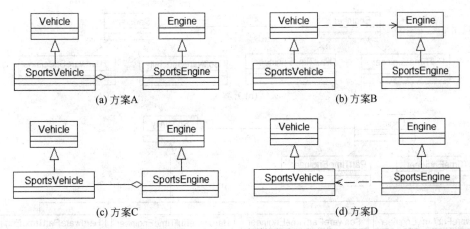

图 4.54 方案图

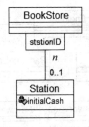

图 4.55 类图

13. 在图 4.56 所示的类图中，工程师(Engineer)根据他们的工作时间可以分为全日职的(FullTime)和兼职的(PartTime)两种。根据他们的专业可以分为软件工程师和硬件工程师。在初始设计中，整个类层次结构没有灵活性。如果要增加一种新专业的工程师，则在类 FullTimeEngineer 和类 PartTimeEngineer 下面都要增加子类。如果要改进这种设计，以便能够很容易地增加新的专业的工程师，则在方案 A～方案 D 中(见图 4.57)，哪种设计最合理？

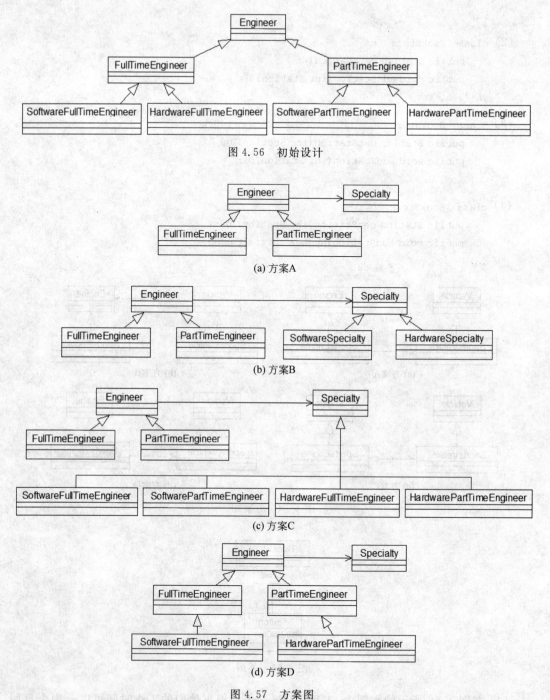

图 4.56　初始设计

(a) 方案A

(b) 方案B

(c) 方案C

(d) 方案D

图 4.57　方案图

14. 参考图 4.58,试分析下面哪种叙述是正确的?

(1) Component 是类,ImageObserver 是状态,Component 实现了 ImageObserver。

(2) Component 是类,ImageObserver 是接口,Component 和 ImageObserver 是关联关系。

(3) Component 是类,ImageObserver 是状态,Component 和 ImageObserver 是关联关系。

(4) Component 是类,ImageObserver 是接口,Component 实现了 ImageObserver。

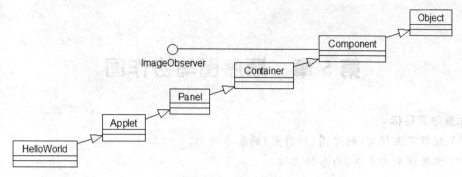

图 4.58　14 题题图

15. 参考图 4.59,试分析下面哪种叙述是不正确的?

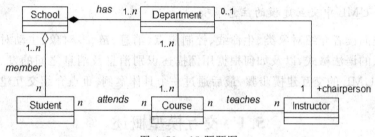

图 4.59　15 题题图

(1) 对于每门课程(Course),只能有一个教师(Instructor);对于每个教师可以不教课程或教多门课程。

(2) 对于每个学生(Student),可以学习任意多门的课程,对于每门课程可以有任意人数的学生。

(3) 一个教师可以是一个或多个系(Department)的系主任(Chairperson)。

(4) 学院(School)和学生之间的关系是聚合(aggregation)关系。

16. 参考图 4.60,试分析下面哪种叙述是正确的?

(1) ArbitraryIcon 是抽象类,ArbitraryIcon 不从类 Icon 继承 display 方法。

(2) 类 OKButton 从 RectangularIcon 中继承了 height 和 width 属性。

(3) 类 OKButton 中的 display 方法是对类 Button 中的 display 方法的重载(overload)。

(4) 类 OKButton 中的 display 方法是对类 Button 中的 display 方法的覆盖(override)。

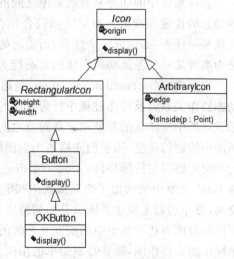

图 4.60　16 题题图

17. 针对自行车建立一个简单的类图。

18. 对你所学习的课程建立类图。注意考虑课程所属科目是不同的,而且有些课程需要在某些先修课程之后开设。

第5章 顺序图与协作图

本章学习目标

(1) 理解交互模型(顺序图、协作图)的基本概念。

(2) 掌握识别对象类、消息的方法。

(3) 掌握顺序图中各个消息发送的先后次序的分析。

(4) 掌握协作图中对象之间带消息标识的链的连接的分析。

(5) 熟悉 UML 中交互模型建模的过程。

(6) 了解 UML 中交互建模的注意事项。

本章首先向读者介绍对象类、生命线、控制焦点、消息、链、多对象、主动对象的概念,再重点介绍消息的语法格式,以及如何根据用例描述识别消息及消息之间的发送先后次序关系;然后介绍 UML 的交互建模步骤,最后通过一个具体案例,重点介绍交互建模的过程。

5.1 交互模型概述

所有系统均可表示为两个方面:静态结构和动态行为。在 UML 中,使用类图描述系统的静态结构,说明系统包含哪些对象类以及它们之间的关系。使用顺序图、协作图、状态图、活动图描述系统的动态行为,说明系统中的各个对象是如何交互协作来实现系统的功能。

软件系统中的任务是通过对象之间的合作来完成的。对象之间的合作是通过对象之间的消息的传递实现的。对象之间的合作在 UML 中被称为交互,即交互是一组对象之间为完成某一任务(如完成一个操作)而进行的一系列信息交换的行为说明。交互可以对软件系统为实现某一任务而必须实施的动态行为进行建模。

交互模型(interaction modeling)是用来描述对象之间以及对象与参与者(actor)之间的动态协作关系以及协作过程中行为次序的图形文档。它通常用来描述一个用例的行为,显示该用例中所涉及的对象和这些对象之间的消息传递情况。因此,可以使用交互模型对用例图中控制流建模,用它们来描述用例图的行为。

交互模型包括顺序图(sequence diagram)和协作图(collaboration diagram)两种形式。在 UML 2.0 中又增加了交互概观图和定时图。顺序图着重描述对象按照时间顺序的消息交换,协作图着重描述系统成分如何协同工作(即侧重于空间的协作)。顺序图和协作图从不同的角度表达了系统中的交互及系统的行为,它们之间可以相互转化。一个用例需要多个顺序图或协作图,除非特别简单的用例。

交互模型可以帮助分析人员对照检查每个用例中所描述的用户需求,审查这些需求是否已经落实到能够完成这些功能的类中去实现,提醒分析人员去补充遗漏的类或方法。交互模型和类图可以相互补充,类图对系统中的所有类及对象的描述比较充分,但对对象之间的消息交互情况的表达不考虑;而交互模型不考虑系统中的所有类及对象,但可以表示系统中某几个对象之间的交互。

需要说明的是,交互模型描述的是对象之间的消息发送关系,而不是类之间的关系。在交互模型中一般不会包括系统中所有类的对象,但同一个类可以有多个对象出现在交互模型中。交互模型适合于描述一组对象的整体行为。其本质是对象间协作关系的模型。

5.2 顺 序 图

顺序图也称为时序图。Rumbaugh 对顺序图的定义是:顺序图是显示对象之间交互的图,这些对象是按时间顺序排列的。特别地,顺序图中显示的是参与交互的对象及对象之间消息交互的顺序。

顺序图可以用来描述场景,也可以用来详细表示对象之间及对象与参与者之间的交互。在系统开发的早期阶段,顺序图应用在高层表达场景上;在系统开发的后续阶段,顺序图可以显示确切的对象之间的消息传递。顺序图是由一组协作的对象及它们之间可发送的消息组成的,强调消息之间的顺序。正是由于顺序图具备了时间顺序的概念,从而可以清晰地表示对象在其生命周期的某一时刻的动态行为。顺序图可以说明操作的执行、用例的执行或系统中的一次简单的交互情节。

顺序图是一个二维图形。在顺序图中水平方向为对象维,沿水平方向排列的是参与交互的对象。其中对象间的排列顺序并不重要,但一般把表示参与者的对象放在图的两侧,主要参与者放在最左边,次要参与者放在最右边(或表示人的参与者放在最左边,表示系统的参与者放在最右边)。顺序图中的垂直方向为时间维,沿垂直向下方向按时间递增顺序列出各对象所发出和接收的消息。

顺序图中包括的建模元素有对象(参与者实例也是对象)、生命线(lifeline)、控制焦点(focus of control)、消息(message)等。

5.2.1 对象

顺序图中对象的命名方式主要有 3 种(协作图中的对象命名方式也一样),如图 5.1 所示。对象名都要带下划线。

  objectName:ClassName   :ClassName   objectName

(a) 第一种命名方式   (b) 第二种命名方式   (c) 第三种命名方式

图 5.1 顺序图中对象的命名方式

第一种命名方式包括对象名和类名。第二种命名方式只显示类名,不显示对象名,即表示这是一个匿名对象。第三种命名方式只显示对象名,不显示类名,即不关心这个对象属于什么类。

5.2.2 生命线

生命线在顺序图中表示为从对象图标向下延伸的一条虚线,表示对象存在的时间。因而可以看成是时间轴。

　　生命线表示对象在一段时间内的存在。只要对象没有被撤销，这条生命线就可以从上到下延伸。在水平方向上的对象并不是都处于一排的，而是错落有致的。其规则是：在图的顶部放置在所有的通信开始前就存在的对象。如果一个对象在图中被创建，那么就把创建对象的消息的箭线的头部画在对象图标符号上。当一个对象被删除或自我删除时，该对象用×标识，标记它的析构（销毁）。在所有的通信完成后仍然存在的对象的生命线，要延伸超出图中最后一个消息箭线。图5.2给出了这些概念的图示说明。

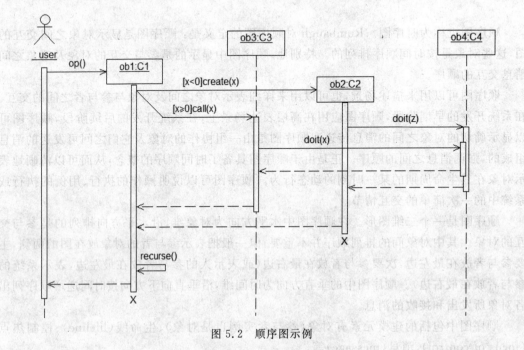

图 5.2　顺序图示例

　　【例 5.1】　在图 5.2 中，ob3:C3 和 ob4:C4 在所有的通信开始前就已经存在了，因此，它们位于图的顶端。ob3:C3 和 ob4:C4 在所有的通信完成后仍然存在，故生命线在图中超出了最后一个消息箭线。

　　ob1:C1 和 ob2:C2 是在交互过程中被创建和撤销的，故消息的箭线指向 ob1:C1 和 ob2:C2 的图标头部，并且在矩形的末端标记×。ob2:C2 是当 $x<0$ 条件满足时由 ob1:C1 创建的对象。ob1:C1 与 ob2:C2 在完成操作后结束生命周期。

　　因为对象:user 激活对象 ob1:C1，所以 ob1:C1 的图标头部要低于图的顶端一截。因为对象 ob1:C1 创建对象 ob2:C2，所以 ob2:C2 的图标头部要低于 ob1:C1 的图标头部一截。

5.2.3　控制焦点

　　控制焦点是顺序图中表示时间段的符号，在这个时间段内，对象将执行相应的操作。控制焦点表示为在生命线上的小矩形。

　　矩形的顶端和它的开始时刻对齐，即控制焦点符号的顶端画在进入的消息箭线所指向之处。矩形的顶端表示活动（即对象将执行相应的操作）的开始时刻。矩形的末端和它的结束时刻对齐，即控制焦点符号的底端画在返回的消息箭线的尾部。矩形的末端表示活动的结束时刻。

控制焦点可以嵌套,即当对象调用它自己的方法或接收另一个对象的回调时,在现有的控制焦点上要表示出一个新的控制焦点。嵌套的控制焦点可以更精确地说明消息的开始和结束位置。如图5.2所示,对象ob4:C4上的控制焦点出现了嵌套的现象。表明对象ob4:C4中,消息doit(z)激活的活动还未结束,消息doit(x)又激活了另一个活动。

与生命线上的小矩形相关的另外一个概念是激活期(activation)。激活期表示对象执行一个动作的期间,即对象激活的时间段。根据定义可以知道,控制焦点和激活期事实上表示的是同一个意思。

5.2.4 消息

一条消息是一次对象间的通信。顺序图中的消息可以是信号、操作调用或类似于C++中的RPC(Remote Procedure Calls)和Java中的RMI(Remote Method Invocation)的事件。当收到消息时,接收对象立即开始执行活动,即对象被激活了。

消息在顺序图中表示为从一个对象(发送者)的生命线指向另一个对象(目标)的生命线的带箭头的实线。每一条消息必须有一个说明,内容包括名称和参数。

在图5.2中,op()和[x<0]create()等都是消息。消息名字应以小写字母开头。

消息按时间顺序从顶到底垂直排列。如果多条消息并行,它们之间的顺序不重要。消息可以有序号,但因为顺序是用相对关系表示的,通常省略序号。带箭头的虚线用来表示从过程调用的返回。在控制的过程流中,可以省略返回箭线,这种用法假设在每个调用后都有一个配对的返回。对于非过程控制流,如果需要的话,应该显式地标出返回消息。

5.2.5 分支

分支是指从同一点发出多条消息并指向不同的对象。有两种类型的分支:条件分支和并行分支。

引起一个对象的消息产生分支有两种情况。

情况一,在复杂的业务处理过程中,要根据不同的条件进入不同的处理流程。这通常称为条件分支。

情况二,当执行到某一点的时候,需要向两个或两个以上的对象发送消息。这通常称为并行分支。

在Rational Rose 2003版本中,不支持分支的画法。如果有必要,可以通过对分支中的每一条消息画出一个顺序图的方式来实现。

5.2.6 从属流

从属流是指从同一点发出多条消息并指向同一个对象的不同生命线,即由于不同的条件而执行了不同的生命线分支。

在Rational Rose 2003版本中,不支持从属流的画法。如果有必要,可以通过对从属流中的每一条消息画出一个顺序图的方式来实现。

5.3 顺序图中的消息

顺序图中的一个重要概念是消息。消息也是 UML 规范说明中变化较大的一个内容。UML 在 1.4 及以后版本的规范说明中对顺序图中的消息做了简化，只规定了调用消息、异步消息和返回消息这 3 种消息。而在 UML 1.3 及以前版本的规范说明中还有简单消息这种类型。此外 Rose 对消息又做了扩充，增加了阻止（balking）消息、超时（time-out）消息等。

5.3.1 调用消息

调用（procedure call）消息的发送者把控制传递给消息的接收者，然后停止活动，等待消息接收者放弃或返回控制。调用消息可以用来表示同步的意义。事实上，在 UML 规范说明的早期版本中，就是采用同步消息这个术语的。

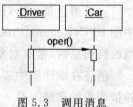

图 5.3 调用消息

调用消息的表示符号如图 5.3 所示，其中 oper() 是一个调用消息。

一般地，调用消息的接收者必须是一个被动对象（passive object），即它是一个需要通过消息驱动才能执行动作的对象。另外调用消息必有一个配对的返回消息，为了图的简洁和清晰，与调用消息配对的返回消息可以不用画出。

5.3.2 异步消息

异步（asynchronous）消息的发送者通过消息把信号传递消息的接收者，然后继续自己的活动，不等待接收者返回消息或控制。异步消息的接收者和发送者是并发工作的。

如图 5.4 所示是 UML 规范说明 1.4 及以后版本中表示异步消息的符号。与调用消息相比，异步消息在箭头符号上不同。

需要说明的是，这是 UML 规范说明 1.4 及以后版本中表示异步消息的符号。同样的符号在 UML 规范说明 1.3 及以前版本中表示的是简单消息，而在 UML 规范说明 1.3 及以前版本中表示异步消息是采用半箭头的符号，如图 5.5 所示。

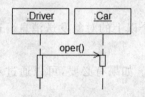

图 5.4 UML 规范说明 1.4 及以后版本中的异步消息

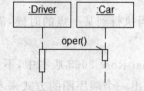

图 5.5 UML 规范说明 1.3 及以前版本中的异步消息

5.3.3 返回消息

返回（return）消息表示从过程调用返回。如果是从过程调用返回，则返回消息是隐含的，所以返回消息可以不用画出来。对于非过程调用，如果有返回消息，必须明确表示出来。

过程调用是指消息名和接收消息的接收对象的方法名相同,即消息直接调用了接收对象的某个方法。非过程调用是指消息是事件发生(即信号),该事件的出现修改了变量(全局变量或局部变量)的值,从而导致了接收对象的某个方法的执行。

上述的调用消息一定是过程调用,因此一定存在返回消息,只不过可以不用画出来。上述异步消息有的是过程调用,有的是非过程调用。无论是哪种情况,如果异步消息有返回消息,则一定要画出来。

返回消息都是异步消息,可以并发运行。

如图 5.6 所示是返回消息的表示符号,其中的虚线箭头表示对应于 oper()这个消息的返回消息。

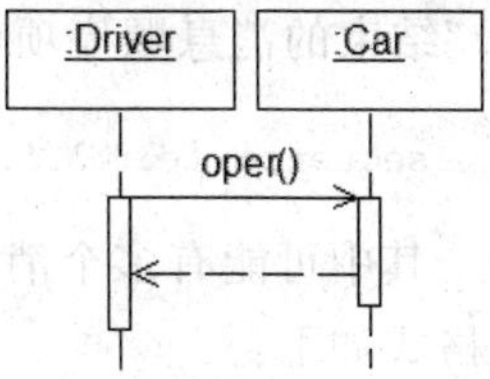

图 5.6 返回消息

5.3.4 阻止消息

除了调用消息、异步消息和返回消息这 3 种消息外,Rose 还对消息类型做了扩充,增加了阻止消息和超时消息。

阻止消息是指消息发送者发出消息给接收者,如果接收者无法立即接收消息,则发送者放弃这个消息。Rose 中用折回的箭头表示阻止消息,如图 5.7 所示。

5.3.5 超时消息

超时消息是指消息发送者发出消息给接收者并按指定时间等待。如果接收者无法在指定时间内接收消息,则发送者放弃这个消息。如图 5.8 所示是超时消息的例子。

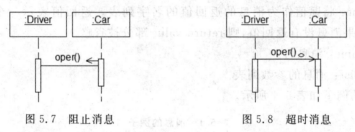

图 5.7 阻止消息　　　　　图 5.8 超时消息

5.3.6 消息的语法格式

UML 中规定的消息语法格式如下:

```
[predecessor] [guard-condition] [sequence-expression] [return-value :=] message-
name ([argument-list])
```

上述定义中用方括号括起的是可选部分,各语法成分的含义如下。

predecessor:必须先发生的消息的列表,是一个用来同步线程或路径的表达式。其中消息列表中的各消息号用逗号分隔,格式如下:

```
sequence-number ','…'/'
```

guard-condition:警戒条件,是一个在方括号中的布尔表达式,表示只有在 guard-condition 满足时才能发送该消息。格式如下:

'['boolean-expression']'

这里的方括号放在单引号中，表示这个方括号是一个字符，是消息的组成部分。

sequence-expression：消息顺序表达式。消息顺序表达式是用句点"."分隔、以冒号"："结束的消息顺序项（sequence-term）列表。格式如下：

sequence-term '.'...':'

其中可能有多个消息顺序项，各消息顺序项之间用句点"."分隔，每个消息顺序项的语法格式如下：

[integer|name] [recurrence]

其中 integer 表示消息序号，name 表示并发的控制线程。

例如，如果两个消息为 3.1a、3.1b，则表示这两个消息在激活期 3.1 内是并发的。

recurrence 表示消息是条件执行或循环执行，有以下几种格式：

'*'['['iteration-clause']']

表示消息要循环发送。

'['condition-clause']'

表示消息是根据条件发送的。

需要说明的是，UML 中并没有规定循环子句和条件子句的格式，分析人员可以根据具体情况选用合适的子句表示格式。另外如果循环发送的消息是并发的，可用符号 *|| 表示。

return-value：将赋值作为消息的返回值的名字列表。返回值表示一个操作调用（消息）的结果。如果消息没有返回值，则 return-value 部分被省略。

message-name：消息名。

argument-list：消息的参数列表。

一些消息的例子如表 5.1 所示。

表 5.1　消息的例子

2:display(x,y)	简单消息
1.3.1:p:=find(specs)	嵌套消息，消息带返回值
[x<0]4:invert(x,color)	警戒条件消息或条件发送消息
4.2[x>y]:invert(x,color)	条件发送消息
3.1*:update()	循环发送消息
A3,B4/C2:copy(a,b)	线程间同步
1.1a,1.1b/1.2:continue()	同时发送的并发消息作为先发消息序列

【例 5.2】　表 5.1 中给出的 7 个消息，其解释如下。

2:display(x,y)：表示序号为 2 的消息（即第 2 个发出的消息），消息名为 display，消息参数为 x 和 y。这是一个最简单格式的消息。

1.3.1:p:=find(specs)：表示序号为 1.3.1 的消息（1.3.1 为嵌套的消息序号，表示消

息 1 的处理过程中的第 3 条嵌套消息的处理过程中的第 1 条嵌套的消息),返回值名为 p,
消息名为 find,消息参数为 specs。需要注意的是,嵌套的消息序号 1.3.1 暗指序号为 1.2
以及后续的 1.2.x 的消息已经处理完毕。

[x<0]4:invert(x,color):表示序号为 4 的消息,消息名为 invert,消息参数为 x 和
color。[x<0]可以认为是警戒条件,也可以认为是消息顺序表达式中的条件发送格式。其
含义是当条件 x<0 满足时,发送第 4 个消息 invert。

4.2[x>y]:invert(x,color):表示序号为 4.2 的消息(4.2 为嵌套的消息序号,表示消
息 4 的处理过程中的第 2 条嵌套的消息),消息名为 invert,消息参数为 x 和 color。[x>y]
只能是消息顺序表达式中的条件发送格式。其含义是当条件 x>y 满足时,发送第 4.2 个消
息 invert。需要注意的是,条件[x>y]出现在消息序号的后面。

3.1 * :update():表示序号为 3.1 的消息(3.1 为嵌套的消息序号,表示消息 3 的处理
过程中的第 1 条嵌套的消息),消息名为 update。无消息参数。* 是消息顺序表达式中的循
环发送格式。其含义是循环发送第 3.1 个消息 update 多次。需要注意的是,循环 * 无论出
现在消息序号的前面还是后面,都表示循环发送格式。

A3,B4/C2:copy(a,b):表示先发送线程 A 的第 3 个消息和线程 B 的第 4 个消息后,才
发送线程 C 的第 2 个消息,消息名为 copy,消息参数为 a 和 b。A3,B4 为消息的前序,用来
描述同步线程。C2 为消息顺序表达式中的消息顺序项,C 表示并发的控制线程,2 表示消
息序号。

1.1a,1.1b/1.2:continue():表示同时发送的并发消息 1.1a 和 1.1b 之后,再发送序号
为 1.2 的消息,消息名为 continue。1.1a,1.1b 为消息的前序,用来描述同步消息。1.2 为
消息顺序表达式中的消息顺序项,表示嵌套的消息序号。

5.3.7　调用消息和异步消息的比较

调用消息主要用于控制流在完成之前需要中断的情况,异步消息主要用于控制流在完
成之前不需要中断的情况。

【例 5.3】　在一个学生成绩管理系统中,需要实现教师登记学生分数的功能,如图 5.9
所示。

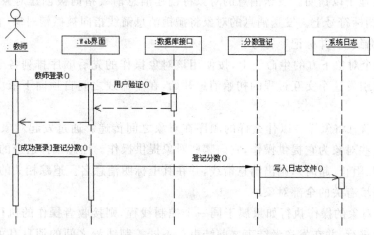

图 5.9　教师操作学生成绩管理系统的顺序图

教师试图登录到 Web 界面，Web 界面需要发送消息到数据库接口，由它完成教师输入的账号和密码的对错判断。在账号和密码的对错判断完成之前，教师登录必须被中断，即对象"：Web 页面"的第一个控制焦点表达的活动必须被中断。因此，"用户验证()"消息是调用消息。

教师成功登录后，对学生的考试分数进行登记。此时，出于安全的考虑，系统要进行日志文件的写入，以便记录教师的整个操作过程。在进行分数登记的时候，同时会写入日志文件，即分数登记操作不需要中断。也就是说，对象"：分数登记"的控制焦点表达的活动不会被中断。因此，"写入日志文件()"消息是异步消息。

因为调用消息要求发送消息的对象在发出调用消息后，停止自己的活动，将控制权移交给接收消息的对象。所以，调用消息可以表现嵌套控制流。而异步消息表现的是非嵌套的控制流。

5.4 建立顺序图概述

5.4.1 建立顺序图

一般在一个单独的顺序图中只描述一个控制流，若需要，也可以使用分支的表示法。因为一个完整的控制流通常是复杂的，所以合理的方法是将一个大的控制流分为几个部分放在不同的顺序图中。

建立顺序图的策略如下。

（1）按照当前交互的意图，详细地审阅相关资料（例如用例描述），设置交互的语境，确定将要建模的工作流。

（2）通过识别对象在交互中扮演的角色，在顺序图的上部列出所选定的一组对象，并为每个对象设置生命线。一般把发起交互的对象放在左边。这些对象是在结构建模中建立类图时分析得到的结果。它们可以是一般类、边界类、控制类、实体类。这里，一般类就是完成一个具体功能的类。

（3）对于那些在交互期间要被创建和撤销的对象，在适当的时刻，用消息箭线在它们的生命线上显式地予以指明。发送消息的对象将创建消息箭线指向被创建对象（它是接收消息的对象）的图标符号上。发送消息的对象将撤销消息箭线指向被撤销对象（它是接收消息的对象）的生命线上，并标记×符号。

（4）在各个对象下方的生命线上，按使用该对象操作的先后顺序排列各个代表操作的窄矩形条。从引发这个交互过程的初始消息开始，在生命线之间自顶向下依次画出随后的各个消息。

（5）决定消息将怎样或以什么样的顺序在对象之间传递。通过发起对象发出的消息，分析它需要哪些对象为它提供操作，它向哪些对象提供操作。注意选择适当的消息类型（调用、异步、返回、阻止、超时），画出消息箭线，并在其上标明消息名。追踪相关的对象，直到分析完与当前语境有关的全部对象。

（6）两个对象的操作执行如果属于同一个控制线程，则接收者操作的执行应在发送者发出消息之后进行，并在发送者结束之前结束。不同控制线程之间的消息有可能在接收者的某个操作的执行过程中到达。

（7）如果需要表示消息的嵌套，或/和表示消息发生时的时间点，则采用控制焦点。

（8）如果需要，则可以对对象所执行的操作的功能及时间或空间约束进行描述。

（9）如果需要，则可以为每个消息附上前置条件和后置条件。

（10）如果需要可视化消息的迭代或分支，则使用迭代或分支表示法。

5.4.2 顺序图与用例描述的关系

用例描述（Use Case Specification）是一个关于参与者与系统如何交互的规范说明。由于用例描述了参与者和软件系统进行交互时，系统所执行的一系列的动作序列。因此，这些动作序列不但应包含正常使用的各种动作序列（称为主事件流），而且还应包含对非正常使用时软件系统的动作序列（称为子事件流）。所以，主事件流描述和子事件流描述是用例描述（Use Case Specification）的主要内容。

一个单独的顺序图中只描述一个控制流。如果控制流复杂，则可以将它分为几个部分放在不同的顺序图中。

一般情况下，用例描述使用自然语言描述参与者使用系统的一项功能时，系统所执行的一系列的动作序列。经过结构建模的分析，已经获得了完成该项功能所需要的所有类（包括一般类、边界类、控制类、实体类）。这些类所对应的对象通过彼此间发送消息，控制对方的动作执行。一个完整的消息发送序列（即在一个顺序图中从顶到底垂直排列的所有消息）表达了用例描述中一个事件流的具体的对象实现方案。因此，一个顺序图可以对应用例描述中的一个事件流。如果一个用例具有复杂的事件流，则需要多个顺序图进行描述。

所以说，通过顺序图，系统分析人员可以对照检查每个用例中所描述的用户需求，审查这些需求是否已经落实到能够完成这些功能的类中去实现，提醒分析人员去补充遗漏的类或方法，从而进一步完善类图。

另一方面，对于一个动作序列复杂的用例，其事件流可以分解为几个部分。如果其中一个部分只是包含了非参与者对象，那么对应的顺序图可以没有参与者对象的出现。

5.4.3 顺序图与类图的区别

类图描述的是类和类之间的静态关系。通过类之间的关联关系，类图显示了信息的结构及信息间的静态联系。通过类之间的依赖关系，类图显示了类之间属性上和/或操作上的静态联系，但这种联系反映在程序代码上，不反映在类方法的调用上。

顺序图描述的是对象之间的动态关系。通过对象之间的消息传递，顺序图显示了对象方法上的调用关系和次序。

因此，在类图中会出现关联关系和依赖关系，但不会出现协作关系。在顺序图中会出现协作关系，但不会出现关联关系和依赖关系。

作为类图的一次快照，对象图描述的是对象之间的链的关系（链是关联关系的实例）。从本质上讲，对象图还是描述对象之间的关联关系，不会反映出对象之间消息传递的协作关系。

类之间的关联关系实质上对应着对象之间的链的连接关系。当软件系统开发完成并投入使用后，一旦永久存储了信息后，对象之间的链的连接就已经建立起来了。无论今后软件系统是否在运行时刻,这种对象之间的链的连接关系都存在。

类之间的依赖关系实质上反映在实现类之间的程序代码上的联系。这样的联系有 3 种形式:一个类的属性的数据类型是另一个类的定义,或者一个类的方法的接口参数的数据类型是另一个类的定义,或者一个类的方法的代码实现中含有的操作数的数据类型是另一个类的定义。

如果是一个类的方法的代码实现中含有调用语句,调用另一个类的方法,或者调用同一个类的另一个方法;那么,这两个类之间就存在消息传递关系。所以,在顺序图中就应当反映出这两个类之间的动态协作关系(即消息序列)。

5.5 协 作 图

协作描述实例间的关系以及在那些关系中实例所扮演的角色的静态集合。交互描述实例间的动态交互。它描述实例间传递的消息。在实例能够交互、传递消息之前,它们必须具有关系。因此,交互可以出现在协作的语境中。角色是特定协作中事物行动或被使用的方式。

协作图用于描述相互合作的对象间的交互关系和链接关系。对象间的合作情况是用消息来表示的。这里的消息与顺序图中的消息在本质上是相同的,但是没有了消息发送时间和消息传递时间的概念。由于协作图不表示作为单独维度的时间,所以交互的顺序和并发进程或线程必须用消息顺序数来识别。同顺序图一样,协作图也可以说明操作的执行、用例的执行或系统中的一次简单的交互情节。

协作图中包括的建模元素有对象(包括参与者实例、多对象、主动对象)、链(link)、消息(message)等。

5.5.1 对象

协作图中对象的命名方式同顺序图中对象的命名方式。

在协作图中存在多对象和主动对象的概念。

多对象是指由多个对象组成的对象集合,一般这些对象属于同一个类。当需要把消息同时发给多个对象而不是单个对象时,就要使用多对象这个概念。换句话说,发送到多对象的消息被传递给整个集合,而不是任何个体对象。

一般地,发送到多对象的消息会带有参数(参数作为唯一标识符),从而保证从对象集合中搜索到特定的对象。然后,通过消息的返回值名字获得这个特定对象的引用(即句柄)。

在协作图中,多对象用多个方框的重叠表示,如图 5.10 所示。

其实在顺序图中,也可以使用多对象。在对象的规范说明(specification)中可以将对象设置为多对象,但显示出来时和单对象是一样的,并没有显示为多个方框的重叠。

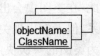

图 5.10 协作图中的多对象

主动对象是一组属性和一组方法的封装体,其中至少有一个方法不需要接收消息就能主动执行(称为主动方法)。也就是说,主动对象可以在不接受外部消息的情况下自己开始一个控制流。除含有主动方法外,主动对象的其他方面与被动对象没有区别。

主动对象主要用来描述控制线程或并发进程。主动对象的主动方法的每一次执行都将开启一个进程或线程。因此，主动对象能够并发执行。如果要描述系统的多线程或并发性，就要使用主动对象。例如，在嵌入式系统建模中需要描述并发性，多个传感器的检测需要开启多个线程进行监听。

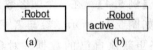

图 5.11　UML 中的主动对象和 Rose 中的主动对象

主动对象在 UML 和 Rose 中的符号表示不同。在 UML 中是用加粗的边框表示，如图 5.11（a）所示。在 Rose 中是在对象名的左下方加 active 说明表示，如图 5.11(b)所示。

5.5.2　链

协作图中对象之间的关系首先是一种连接关系，这种关系可以是链，也可以是消息连接关系，或者同时具备二者。链可以用于表示对象间的各种关系，包括组成关系的链接、聚合关系的链接以及关联链接。各种链接关系与类图中的定义相同。

在链上可以添加一些修饰，如角色名、导航（navigation，即表示链是单向还是双向的）、模板信息、约束等。但是，在链的两端没有多重性标记。对链上的对象的角色可以附加的约束包括 global、local、parameter、self、vote、broadcast。

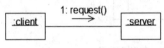

图 5.12　带关联链的协作图

在图 5.12 中，一个服务器类元角色与一个客户端类元角色具有链接关系，其中服务器的职责是提供服务，客户端向服务器发出一个同步请求后，等待服务器的回答。因此，在图中客户端与服务器间的链接关系是关联和消息连接。

5.5.3　消息

在协作图中，消息表示为带有标签的箭头，附在连接发送者和接收者的链上。链用于访问目标对象，箭头沿链指向接收者。一个链上可以有多个消息，沿相同或不同的方向传递。在协作图的链上，可以用带有消息描述符的消息来描述对象间的交互。消息的箭头指明消息的流动方向。消息描述符说明要发送的消息、消息参数、消息的返回值及消息的序列号等信息。例如，消息可以作为类的操作，这时它可以传递变量或值的参数。消息的语法格式同顺序图中消息的语法格式。

在图 5.13 中，类元角色 Teacher 把消息 assignGrade 传递给类元角色 Student，它使用了参数 Class、Assignment 和 Grade。

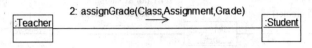

图 5.13　协作图中的带参数的消息

5.5.4　对象生命周期

协作图中对象的外观与顺序图中的一样。如果一个对象在消息的交互期间被创建，则可在对象名称之后标以{new}约束。类似地，如果一个对象在交互期间被销毁，则可在对象名称之后标以{destroy}约束。如果一个对象在交互期间先被创建，后又被销毁，则称为临时对象,可在对象名称之后标以{transient}约束。

【例5.4】 在一个顾客数据更新操作中,需要实现对"顾客操作界面"对象的创建与销毁,如图5.14所示。参与者 Customer 发送消息 updateCustomer()给对象 MainWindow,准备更新他自己的数据。对象 MainWindow 创建对象 Customer(该对象将记录参与者 Customer 提供的顾客数据),同时创建对象 CustomerWindow(该对象将接收参与者 Customer 输入的顾客数据),然后将对象 Customer 传递给对象 CustomerWindow(通过链上的对象 Customer 的角色约束{parameter}来体现)。对象 CustomerWindow 负责接收顾客输入的数据,然后发送消息 update(date)给对象 Customer,完成顾客数据的更新。任务完成后,对象 CustomerWindow 发送返回消息给对象 MainWindow。后者(即对象 MainWindow)发送消息 destroyed(),销毁对象 CustomerWindow。至此,整个交互过程完毕。

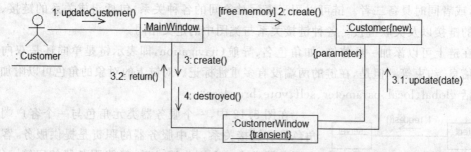

图5.14 顾客数据更新操作对应的协作图中对象的创建与销毁

在图5.14中,3个对象 MainWindow、Customer、CustomerWindow,表现出3种不同的生命周期。对象 MainWindow 是永久对象,其生命周期存在于整个系统的运行期间。对象 Customer 是动态存在对象,其生命周期始于被创建时刻,结束于整个系统的停止运行。对象 CustomerWindow 是临时对象,其生命周期只存在于一次交互过程的时间段中。当交互完成时其生命周期也随即结束。

【例5.5】 在一个统计销售的管理系统中,需要实现对每个销售员的订单和预算进行统计工作,如图5.15所示。

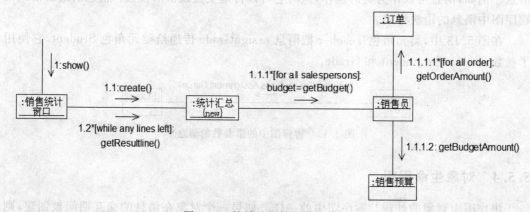

图5.15 统计销售结果的协作图

销售统计窗口创建了一个统计汇总对象,该对象收集统计信息显示在窗口中。当统计汇总对象被创建后,它不断地循环得到销售员对象的订单(消息1.1.1.1)和预算(1.1.1.2)。第一个销售员对象得到它的所有订单,将它们累加在一起。从预算对象得到预算。然后,第二个销售员对象得到它的所有订单,将它们累加在一起。从预算对象得到预算。以此类推,直到所有的销售员对象被考虑完毕。当统计汇总对象收集完所有销售员的订单和预算后,它的创建完成(消息1.1的返回)。然后销售统计窗口对象从统计汇总对象得到结果行,并将每一行显示在窗口中(消息1.2)。当读完所有的结果行后,销售统计窗口对象的显示操作返回,整个协作完成。

5.6 建立协作图概述

5.6.1 建立协作图

协作图可以用于表示系统中的操作执行、用例执行或一个简单的交互场景。一般一个协作图只描述一个控制流。

建立协作图的策略如下。

(1) 明确交互语境。首先需要确定协作图中会包含哪些元素或者类。从已描述的用例、类图中找出交互的元素。

(2) 通过识别对象在交互中扮演的角色,把它们作为图的顶点放在协作图中,将较重要的对象放在图中央,再放置邻近的对象。

(3) 如果对象的类之间有关联,可能就要在对象之间建立链,以说明这些对象是有联系的。至此,建立了不带消息的协作图,它表示了一定的语境,或者交互作用发生的上下文。

(4) 从引起这些交互的消息开始,将随后的每个消息附到适当的链上,并设置其顺序号。

(5) 如果需要表示消息的嵌套,则用Dewey十进制数表示法。

(6) 如果需要对时间或空间进行说明,则用适当的时间或空间约束修饰每个消息。

(7) 如果需要,可以为每个消息附上前置条件和后置条件。

5.6.2 协作图与顺序图的比较

顺序图和协作图都属于交互模型,都用于描述系统中对象之间的动态关系。两者可以相互转换,但两者强调的重点不同。顺序图强调的是消息的时间顺序,而协作图强调的是参与交互的对象的组织(即空间关系或结构关系)。在两个图所使用的建模元素上,两者也有各自的特点。顺序图中有对象生命线和控制焦点,协作图中没有;协作图中有路径,并且协作图中的消息必须要有消息顺序号,但顺序图中没有这两个特征。

和协作图相比,顺序图在表示算法、对象的生命期、具有多线程特征的对象等方面相对来说更容易一些,但在表示并发控制流方面会困难一些。

顺序图和协作图在语义上是等价的,两者之间可以相互转换,但两者并不能完全相互代替。顺序图可以表示协作图无法表示的某些信息,同样,协作图也可以表示顺序图无法表示的某些信息。例如,在顺序图中不能表示对象与对象之间的链,对于多对象和主动对象也不能直接显示出来，而在协作图中则可以表示；协作图不能表示生命线的分叉，而在顺序图中则可以表示。

如果顺序图和协作图表示的是同一个控制流的行为，则在 Rose 工具中，画出顺序图后，使用功能键 F5，会自动生成对应的协作图，反之亦然。

图 5.16 所示的协作图是在 Rose 工具中通过图 5.9 所示的顺序图经过 F5 功能键自动转换而来的。

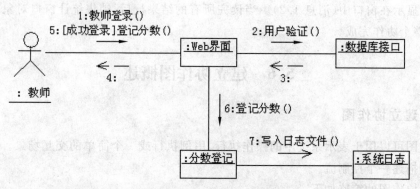

图 5.16　通过图 5.9 所示的顺序图转换而来的协作图

5.6.3　协作图与用例描述的关系

用例描述（Use Case Specification）是一个关于参与者与系统如何交互的规范说明。由于用例描述了参与者和软件系统进行交互时，系统所执行的一系列的动作序列。因此，这些动作序列不但应包含正常使用的各种动作序列（称为主事件流），而且还应包含对非正常使用时软件系统的动作序列（称为子事件流）。所以，主事件流描述和子事件流描述是用例描述的主要内容。

一个单独的协作图中只描述一个控制流。如果控制流复杂，则可以将它分为几个部分放在不同的协作图中。

一般情况下，用例描述使用自然语言描述参与者使用系统的一项功能时，系统所执行的一系列的动作序列。经过结构建模的分析，已经获得了完成该项功能所需要的所有类（包括一般类、边界类、控制类、实体类）。这些类所对应的对象通过彼此间发送消息，控制对方的动作执行。一个完整的消息发送序列（即在一个协作图中依据消息序列号从小到大排列的所有消息）表达了用例描述中一个事件流的具体的对象实现方案。因此，一个协作图可以对应用例描述中的一个事件流。如果一个用例具有复杂的事件流，则需要多个协作图进行描述。

所以说，通过协作图，系统分析人员可以对照检查每个用例中所描述的用户需求，审查这些需求是否已经落实到能够完成这些功能的类中去实现，提醒分析人员去补充遗漏的类或方法，从而进一步完善类图。

另一方面，对于一个动作序列复杂的用例，其事件流可以分解为几个部分。如果其中一个部分只是包含了非参与者对象，那么对应的协作图可以没有参与者对象的出现。

5.6.4 协作图与类图的区别

协作是指在一定的语境中一组对象以及用以实现某些行为的这些对象间的相互作用。在协作中,同时包含了运行时的类元角色(Classifier Roles)和关联角色(Association Roles)。类元角色表示参与协作执行的对象的描述,关联角色表示参与协作执行的关联的实例描述。协作图就是表现对象协作关系的图。

从结构方面来讲,协作图和对象图一样,包含了对象以及它们之间的"链"连接关系。协作图中的链和对象图中的链的概念和表示形式都相同。从这个意义上讲,协作图是一种特殊的对象图,因此协作图是类图的一个实例。类图以及对应的实例化的协作图(此时的协作图就是一个对象图)构成了"一定的语境",或者称"交互作用发生的上下文"。但是,类图描述了类固有的内在属性,而协作图描述了类实例的行为特性。

从行为方面来讲,对象之间的相互作用通过消息传递来实现。因此,协作图是在"链"连接上附加了消息的对象图。"链"连接反映了哪些对象之间有联系,其上附加的消息则反映了一个对象(发送消息的对象)如何影响另一个对象(接收消息的对象)的行为(主要指接收消息的对象的操作的执行)。因此,协作图与对象图的区别在于消息的存在和传递。从这个意义上讲,对象图表达了所有的具有连接关系的对象间的结构形态。但是,并非所有的具有连接关系的对象间存在协作,通过消息传递的交互作用来完成一个特定的任务。因此,协作图只对相互间具有交互作用的对象和对象间的关联建模,而忽略其他对象及它们之间的关联。所以,在一张协作图中,只有那些涉及协作的对象才会被表示出来。

根据协作图中对象的生命周期,可以将协作图中的对象标识成四类:存在于整个交互作用中的对象,在交互作用中创建的对象,在交互作用中销毁的对象,在交互作用中创建和销毁的对象。而在对象图中不存在创建和/或销毁的对象。

对象图只描述在其生存期中的对象。那些不在其生存期中的对象(要么没有被创建,要么已经被销毁)不会出现在对象图中。因此,对象图是一个静态图,而协作图是一个动态图。

5.7 交互建模中常见的问题分析

交互模型是实现用例行为描述的有力工具,但不恰当地使用交互模型也会引起许多问题。

5.7.1 在顺序图中表示方法的普通嵌套和递归嵌套

在顺序图的控制焦点上通过绘制重叠的小矩形条可以表示嵌套调用。因为是嵌套调用,所以必须是调用消息。

根据递归的定义,方法 A 调用方法 A 自己是自身递归(也可称为自反递归)。方法 A 调用方法 B,方法 B 再调用方法 A 是间接递归。

在图 5.17 中,图 5.17(a)表示的是自反递归,图 5.17(b)表示的是间接递归,图 5.17(c)表示的是普通递归。从中可以看出,在控制焦点的小矩形条上添加另外的小矩形条,可以表示方法调用的嵌套。图 5.17(a)和图 5.17(b)表示的是递归嵌套,图 5.17(c)表示的是普通嵌套。

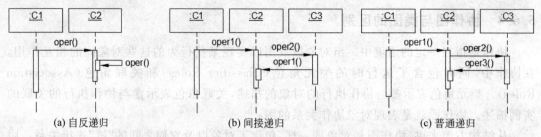

(a) 自反递归   (b) 间接递归   (c) 普通递归

图 5.17　顺序图中控制焦点的重叠表示消息的嵌套

5.7.2　在协作图中表示消息的发送顺序和嵌套顺序

在顺序图中,利用消息在时间维上的位置关系来描述消息的发送顺序,利用控制焦点的重叠来描述消息的嵌套顺序。

但是,在协作图中由于没有时间维和控制焦点的概念,因此必须使用消息序列号来描述消息的发送顺序和嵌套顺序。

例如,消息 1 在消息 2 之前发送,消息 1 在消息 1.1 之前发送,反映出消息的发送顺序。前者使用的是消息序列号的顺序标识方式来描述消息的发送顺序,后者使用的是消息序列号的嵌套标识方式来描述消息的发送顺序。

消息 1.1 是消息 1 的第 1 个嵌套消息,消息 1.2 是消息 1 的第 2 个嵌套消息,消息 1.1.1 是消息 1.1 的第 1 个嵌套消息。消息 1.1a 和消息 1.1b 反映出并行发送的两条并发消息,相同的序列号后面的不同名字表示并行的控制线程。

对于调用消息,因为它是同步的过程调用,外层的调用必须等到里层的调用完成且释放控制权后才能继续执行至完成。因此,可以使用消息序列号的嵌套标识方式来描述消息的发送顺序。当然了,也可以使用消息序列号的顺序标识方式来描述消息的发送顺序。只不过这样的话,无法从消息序列号上看出嵌套的层次关系。

【例 5.6】　图 5.18 给出了销售合同管理系统中处理付款单的交互过程。合同管理员向:销售合同管理界面对象发送消息,调用其操作"处理付款合同()",对应于在销售合同管理界面上选择处理付款单功能。:销售合同管理界面向:付款单对象发送序号为 2 的循环处理消息,检查是否有财务系统传送来的付款单。如果有付款单,则依次循环对付款单逐一处理,直到所有付款单处理完毕。在处理每一个付款单时,要检查对应的销售合同。根据销售合同来获取销售货物的清单。通过统计销售出去的货物的数量,可以获知销售货物的库存量。当库存量邻近预警值时,发出预警消息,打印出新的采购单。在库存量充足的情况下,打印出库单。

在图 5.18 中,图 5.18(a)使用的是消息序列号的嵌套标识方式,图 5.18(b)使用的是消息序列号的顺序标识方式。

对于异步消息,无论它是否是过程调用,控制权总是不会转移,充其量是并行拥有控制权。因此,只能使用消息序列号的顺序标识方式来描述消息的发送顺序。

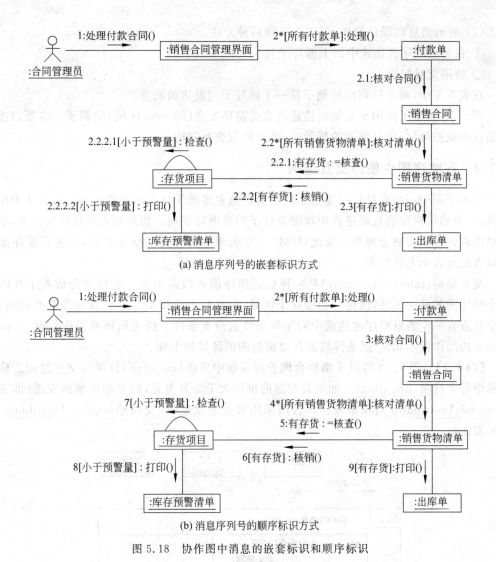

(a) 消息序列号的嵌套标识方式

(b) 消息序列号的顺序标识方式

图 5.18　协作图中消息的嵌套标识和顺序标识

5.7.3　条件消息和循环消息的表示

（1）表示消息的条件发送,可以有下面 4 种方法。

① 在消息描述符中加上警戒条件。

② 在消息顺序表达式中加上条件子句。

③ 使用交互架构。

④ 绘制多个顺序图或协作图。

在表 5.1 中,第 3 行列出的例子可以是一个警戒条件发送的消息,第 4 行列出的例子是一个条件子句发送的消息。

图 5.19 给出了使用交互架构描述消息的条件发送(即 alt 区域)的例子。当要描述多个消息构成嵌套分支条件的场景时,需要使用交互架构。

有时候用多个顺序图或协作图来描述在不同的条件下发送不同的消息更方便理解。

（2）表示消息的循环发送，可以有下面两种方法。

① 在消息顺序表达式中加上循环子句。

② 使用交互架构。

在表 5.1 中，第 5 行列出的例子是一个循环子句发送的消息。

图 5.19 给出了使用交互架构描述消息的循环发送（即 loop 区域）的例子。当要描述多个消息构成循环体，反复发送的场景时，需要使用交互架构。

5.7.4 在顺序图中使用交互架构

在顺序图中一个常见的问题是如何更清晰地表述循环行为和条件行为。这并非顺序图的所长，虽然可以在消息描述符中携带条件子句或循环子句。如果要表示这样的行为，采用活动图或伪代码会更合理些。为此，UML 2.0 为顺序图补充了交互架构，以便在顺序图中可以方便地表示上述行为。

交互架构（interactive frame）是一种标记顺序图片段的方法。它包含分成若干片段的一个顺序图的某一区域，用边框包围这个区域，在其左上角添加一个内含操作符的间隔区。每个片段有一个消息顺序表达式中的循环条件或分支条件。描述循环的操作符是 loop，描述分支的操作符是 alt。把条件放置在边框包围的区域的上部。

【例 5.7】 图 5.19 给出了销售合同管理系统中发送（dispatch）订单的交互过程。检查订单中每个行项（line item）。如果其产品的价格大于 1 万美元，则采用谨慎的发送（即交付给 careful：Distributor 对象来发送），否则采用常规的发送（即交付给 regular：Distributor 对象来发送）。

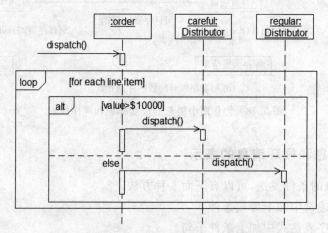

图 5.19 在顺序图中循环发送和条件发送的交互架构

为了有效地描述循环发送消息和条件发送消息，图 5.19 使用了交互架构。alt 区域描述了如果 vaule＞＄10000，则发送消息 dispatch()到 careful：Distributor 对象，否则发送消息 dispatch()到 regular：Distributor 对象。这是一个分支条件的交互架构。loop 区域描述了 alt 区域作为循环体进行循环，循环次数是由订单 order 所含的项 item 的个数决定。这是一个循环条件的交互架构。

5.7.5　调用消息和事件(信号)消息的区别

在交互图中,消息可以是操作调用,或者是信号。前者对应接收消息的对象的一个方法的调用,后者对应一个事件的发生。当然,事件的发生在很多情况下都会激活接收消息的对象的一个方法的执行。

在消息是非循环发送的情况下,调用消息和事件(信号)消息没有太大的区别,都是只激活接收消息的对象的某个方法的一次执行。但是,在消息是循环发送的情况下,调用消息和事件(信号)消息有着本质的区别。调用消息会造成接收消息的对象的同一个方法的多次执行;而事件(信号)消息只会造成接收消息的对象的同一个方法的一次执行,但事件会多次发生。

【例 5.8】　图 5.20 给出了登录的交互过程。假定在密码输入错误的情况下,最多允许输入三次。因为循环中嵌套了分支条件,当密码输入正确时要退出循环,所以需要使用循环中嵌套分支的交互架构。变量 count 用于记录输入密码的次数。

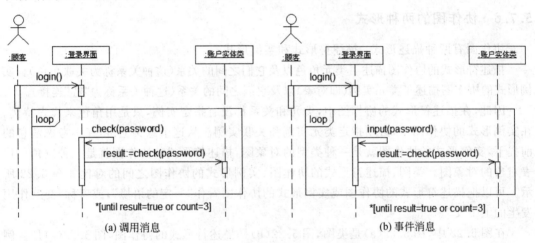

(a) 调用消息　　　　　　　　　　　(b) 事件消息

图 5.20　调用消息和事件(信号)消息的区别

图 5.20(a)中消息 check(password)是调用消息,意味着 check()是:登录界面对象的方法。因此,最坏的情况下,check()方法要执行三次。check()方法的每一次执行,都要输入密码。图 5.20(b)中消息 input(password)是事件(信号)消息,对应着编程语言中的输入语句,只是完成一个变量的输入赋值。此时,仍然假定:登录界面对象的 check()方法验证密码的正确与否。因此,事件消息 input(password)将激活:登录界面对象的 check()方法的执行。但是,与图 5.20(a)不同的是,:登录界面对象的 check()方法只会执行一次,无论消息 input(password)发送了几次(最坏情况下发送三次)。

另外,需要特别注意的是,消息 result:=check(password)是调用消息,因为要使用:账户实体类对象的 check()方法验证密码。因此,最坏的情况下,:账户实体类对象的 check()方法要执行三次。

5.7.6　在顺序图中表示时间约束

可以利用 UML 的 3 种扩展机制之一的约束{constraint}来表示时间约束。图 5.21 使

用了约束，表示 C1 的对象在 a 时刻点发出消息，必须在
b 时刻点收到消息，且 a 和 b 之间的时间间隔小于 2s。

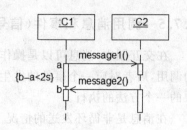

5.7.7 顺序图的两种形式

顺序图有两种描述形式：实例形式和一般形式。

实例形式的顺序图详细描述了一个特定的场景，它
说明一次可能的交互。因此实例形式的顺序图中没有
任何条件、分支和循环。一般形式的顺序图描述一个场

图 5.21 在顺序图中表示时间约束

景中所有可能的选择，因此它可以包含条件、分支和循环。

例如，用一般形式的顺序图来描述"打开用户账户"的交互场景时，所有相关的细节都要
体现出来：操作是否成功，是否不允许客户打开账户等。同样的情况，如果用实例形式的顺
序图来描述，则它仅仅选择一个特定的场景来描述。例如一个实例形式的顺序图只描述成
功打开账户的场景。如果要描述所有的其他场景，则要用多个实例形式的顺序图。

5.7.8 协作图的两种形式

协作图有两种描述形式：描述符形式和实例形式。

描述符形式的协作图描述了类元角色以及它们之间的关系（这种关系称为关联角色）。实
例形式的协作图描述了类元实例（即对象）以及它们之间的关系（这种关系称为"链"连接）。

因此，在描述符形式的协作图中，类元和关系都没有指定实例，只是用角色来代表特例。
在实例形式的协作图中，必须指定类元实例和关联实例。从这个意义上讲，在不考虑消息的
前提下，实例形式的协作图就是一种类型的对象图，描述符形式的协作图就是一种以角色代
表对象的对象图。类图、描述符形式的协作图、实例形式的协作图之间的对比如图 5.22 所
示。可以把描述符形式的协作图或实例形式的协作图看作"一定的语境"，或者称"交互作用
发生的上下文"。

在图 5.22 中，图 5.22(a)是类图，图 5.22(b)是描述符形式的协作图，图 5.22(c)是实例
形式的协作图。不过，图 5.22(b)和图 5.22(c)缺少消息的描述。

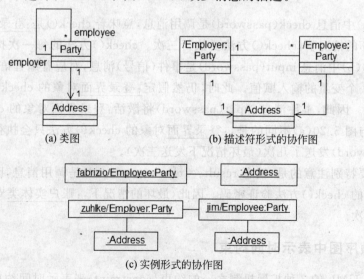

图 5.22 类图、描述符形式的协作图、实例形式的协作图的对比

5.7.9 用例实现的类图与协作图

在图 5.22 中，图 5.22(b)和图 5.22(c)只是描述了发生交互的语境，没有描述交互行为。为了有效地使用这些图作为用例实现的组成部分，需要添加消息，描述系统中的对象是如何实现用例所说明的行为。因此，在表示语境的协作图中添加消息，就实现了交互行为的描述。

【例 5.9】 下面给出大学课程注册系统中用例 AddCourse 的实现。表 5.2 给出了用例 AddCourse 的用例描述。

表 5.2 用例 AddCourse 的用例描述

描述项	说　　明
用例名称	AddCourse
标识符	UC8
参与者	Registrar
前置条件	Registrar 已经登录了大学课程注册系统
事件流	(1) Registrar 选择"新增课程"操作 (2) Registrar 输入新课程的名称，系统接收新课程的名称 (3) 系统创建新课程
后置条件	新的课程添加到大学课程注册系统中

对上述用例描述进行分析，从中可以获得表 5.3 所示的类。类 RegistrationManager 在用例 AddCourse 的用例描述中没有显示地提到。然而，"维护 Courses 集合"的职责隐藏在 AddCourse 的用例描述中。因此，引入类 RegistrationManager，使它成为系统中完成该职责的事物。

表 5.3 用例 AddCourse 中包含的类

元　　素	类型	语　　义
Registrar	Actor	在大学课程注册系统中负责维护课程信息
Course	Class	包含课程的详细信息
RegistrationManager	Class	负责维护 Courses 的集合

分析表 5.3 中提供的类之间的关系，得到如图 5.23(a)所示的用例实现的类图。分析表 5.2 中描述的用例的交互行为，并且基于图 5.23(a)定义的语境，得到如图 5.23(b)所示的实现用例 AddCourse 的行为的实例形式协作图。这里假定，用例 AddCourse 执行了两次。第一次执行时创建新课程 UML，第二次执行时创建新课程 MOOP。

表 5.4 给出了对图 5.23(b)所示的协作图描述用例 AddCourse 的交互行为的解释。

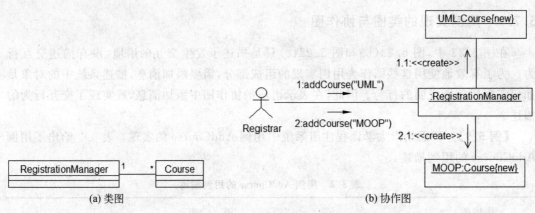

(a) 类图   (b) 协作图

图 5.23 用例 addCourse 实现的类图及实例形式的协作图

表 5.4 用例 AddCourse 的交互过程

消　息	交互行为的说明
1:addCourse("UML")	带有参数 UML 的消息 addCourse 传递到对象 :RegistrationManager。对象 :RegistrationManager 使用参数 UML 调用名为 addCourse(…)的操作,控制焦点传递给该操作
1.1:<<create>>	消息的顺序号是 1.1,说明仍然处在操作 addCourse(…)的控制焦点中。对象 :RegistrationManager 发送带有构造型<<create>>的异步消息。这个 <<create>>消息创建一个新对象 UML:Course。该对象具有{new}约束,意味着它是在本次协作中被创建的,而以前并不存在。对象 UML:Course 被创建后,没有更多消息在操作 addCourse(…)的控制焦点中传递,该控制流返回
2:addCourse("MOOP")	带有参数 MOOP 的消息 addCourse 传递到对象 :RegistrationManager。对象 :RegistrationManager 使用参数 MOOP 调用名为 addCourse(…)的操作,控制焦点传递给该操作
2.1:<<create>>	消息的顺序号是 2.1,说明仍然处在操作 addCourse(…)的控制焦点中。对象 :RegistrationManager 发送带有构造型<<create>>的异步消息。这个 <<create>>消息创建一个新对象 MOOP:Course。该对象具有{new}约束,意味着它是在本次协作中被创建的,而以前并不存在。对象 MOOP:Course 被创建后,没有更多消息在操作 addCourse(…)的控制焦点中传递,该控制流返回

5.7.10 协作图中的多对象

多对象代表一组对象,它提供在协作图中表示对象集合的方法。发送到多对象的消息被传递给整个集合,而不是任何个体对象。

【例 5.10】 下面给出大学课程注册系统中用例 PrintStudentDetails 的实现。在本例中,用例 PrintStudentDetails 的任务是打印由名称 Jim 所唯一标识的特定学生的详细信息。图 5.24 所示的协作图是该用例的实现。

名为 Student 的多对象和名为 aStudent 的局部对象之间的组成关系,表明由 aStudent 所引用的对象实际上是多对象的组成部分。为了表示消息发送给特定实例,必须在多对象

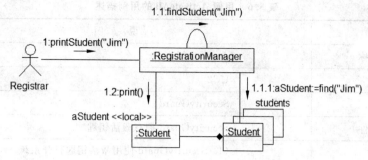

图 5.24　用例 PrintStudentDetails 实现的实例形式的协作图

之外增加一个对象，表示该实例。实例对象和多对象之间通过组成关系相连，表示实例对象仅是多对象的"一部分"。表 5.5 给出了对图 5.24 所示的协作图描述用例 PrintStudentDetails 的交互行为的解释。

表 5.5　用例 **PrintStudentDetails** 的交互过程

消　息	交互行为的说明
1:printStudent("Jim")	参与者 Registrar 传递消息 printStudent（"Jim"）到对象 :RegistrationManager。对象 :RegistrationManager 首先必须从它所管理的学生集合中找出所要的学生
1.1:findStudent("Jim")	对象 :RegistrationManager 给它自己发送消息 findStudent（"Jim"）。这称为自委托
1.1.1:find("Jim")	对象 :RegistrationManager 给名为 Student 的多对象发送消息 find（"Jim"）。这个消息不是发给多对象中任何个体对象，而是给多对象本身的。局部变量 aStudent 返回指向所需 Student 的对象引用
1.2:print()	对象 :RegistrationManager 发送消息 print（）给局部变量 aStudent。为了保证从多对象中抽出正确的个体对象，以便能够发送消息给它，需要使用构造型 ＜＜local＞＞表明这个对象引用对于对象 :RegistrationManager 的操作 printStudent（）而言是局部的。此时，消息的顺序号 1.2 表明交互行为仍然处在对象 :RegistrationManager 的操作 printStudent（）的控制焦点中

5.7.11　协作图中的主动对象

用协作图可以建模并发。基本原则是每个控制线程或并发进程被建模为主动对象。该对象封装了它本身的控制线程。

主动对象可以并发执行，每个主动对象同时具有控制焦点。主动对象的图形符号是带加粗边框的普通对象的图形符号，或者是在对象名的左下方加 active 说明的普通对象的图形符号，如图 5.11 所示。

【例 5.11】　下面给出安全监控系统中用例 ActivateAll 的实现。安全监控系统监视一组传感器，它们能够探测火警或者入侵。当传感器被触发，系统发出报警。表 5.6 给出了用例 ActivateAll 的用例描述。

表5.6　用例 ActivateAll 的用例描述

描述项	说　　明
用例名称	ActivateAll
标识符	UC2
参与者	SecurityGuard
前置条件	SecurityGuard 拥有激活钥匙
事件流	(1) SecurityGuard 使用激活钥匙打开系统 (2) 系统开始监控安全传感器和火警传感器 (3) 系统触发报警器报警
后置条件	安全监控系统被激活 安全监控系统开始监控传感器

对于嵌入式系统，系统在其中执行的硬件是类的极好来源。在本系统中，报警硬件由4 个组件组成——控制盒、报警器、火警传感器、安全传感器。打开控制盒，会发现控制每个不同类型传感器的控制卡。每个控制卡将由相应的驱动程序驱动，而驱动程序可以以接口的方式设计。因此，对应地找到了下述四个类：ControlBox、Siren、FireSensorMonitor、SecuritySensorMonitor。

分析表 5.6 中描述的用例的交互行为，得到如图 5.25 所示的实现用例 ActivateAll 的行为的实例形式协作图。在该协作图中，对象：ControlBox、对象：FireSensorMonitor 和对象：SecuritySensorMonitor 具有粗边框，表明它们是主动对象。因为安全监控系统需要多线程，以便系统能够持续监控火警传感器和安全传感器。

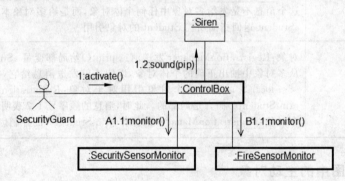

图 5.25　用例 ActivateAll 实现的实例形式的协作图

表 5.7 给出了对图 5.25 所示的协作图描述用例 ActivateAll 的交互行为的解释。

表5.7　用例 ActivateAll 的交互过程

消　息	交互行为的说明
1：activate()	当 SecurityGuard 用键盘激活系统时，消息 activate()被发送到代表程序中主控制线程的对象：ControlBox
A1.1：monitor()	对象：ControlBox 随后把消息 monitor()异步地发送给对象：SecuritySensorMonitor 和对象：FireSensorMonitor

消　息	交互行为的说明
B1.1:monitor()	消息顺序号 1.1 前面带有字母 A 或 B,表示线程。消息 A1.1:monitor()和消息 B1.1:monitor()具有相同的消息顺序号 1.1,以表示消息的发送顺序没有关系。每个 monitor()消息产生一个新线程 线程 A 监控安全传感器,把这个线程建模为主动对象:SecuritySensorMonitor 线程 B 监控火警传感器,把这个线程建模为主动对象:FireSensorMonitor
1.2:sound(pip)	系统发送消息 sound(pip),触发报警器报警。参数 pip 指出传感器类型

在建模并发系统时,有一种常用的模式:设计一个中心控制对象。它协调被建模为主动对象的附属线程。

该模式非常有用和普遍的原因是,在并发系统中,需要某种方法以受控的方式开始、停止和同步并发线程的执行。有一个中心控制对象是达到这个目的的简单方法。

如在图 5.25 中,对象:ControlBox 就是一个中心控制对象。

5.8　一个交互建模的例子

本节通过一个简化的大学课程注册系统的例子,说明交互建模的过程。

5.8.1　需求陈述

某个中等规模的大学为全日制的学生提供大量本科生学位,这个大学的教学机构由学院组成,每个学院包含几个专业方向。每个学院管理一种学位,每种学位都有若干必修课和若干选修课。每门课程都处于一个给定的级别,并且有一个学分值。同一门课程可以是若干学位的一部分,一个学位还含有其他学院提供的课程。每种学位都要给定完成学位所要求的总学分值。

每个学期末大学的教授要决定下个学期计划开设的课程。所有的教授决定开设的课程的汇总,形成下个学期将要开设的课程计划表。课程的名称、编号、学分、先决条件等课程信息全部取自课程库系统。该课程库系统是该大学已有的系统,不列为本次项目的开发内容。

令该大学自豪的是,其给予了学生在选课时的自主权。选课的灵活性使得大学课程注册系统变得复杂。学生可以组合课程计划表所提供的课程,形成他们的学习计划(注册课程),一方面适合他们的个人需要,另一方面完成了这些课程他们就能得到他们所注册的学位。个人选课的自主权不应该与学位管理的规则相矛盾,例如,学生必须学习过某门课程的先修课程,才能选修该门课程。学生对课程的选择可能受时间冲突、最大的班级人数等条件的限制。

在每个学期的开始,学生们会得到一份本学期将要开设的课程计划表。每门课程包含的信息有课程名称、课程编号、开课的教授、学院、选择该课程的先决条件、课程学分、已选学生人数等,可以帮助学生有目的地选择课程。新系统允许学生在将要来临的新学期中选择四门主选课程。如果一门主选课程名额满员或被取消,每个学生有重选的机会。因此,新系统也允许学生选择两门备选课程。每门课程最多有 10 名、最少有 3 名学生选择才能开课。少于 3 个人报名的课程将被取消。当一个学生的课程注册信息提交之后,系统检查他们的前提条件、所选课程的已报名人数、时间表冲突等约束，将选课成功或失败的消息通知给学生。一旦学生成功选中的课程门数少于计划时，系统重新开放该学生的学习计划修改权限，允许该学生保留成功选择的课程，重新调整其余的课程。当一个学生的课程注册信息最终完成之后，系统给收费系统发送一个消息，收费系统统计该学生已选课程的费用，再传回新系统，以便学生为其选中的课程付费。该收费系统是该大学已有的系统，不列为本次项目的开发内容。每个学期开学初有一段时间可以让学生改变学习计划，在这段时间内学生可以增加或删除课程。一旦学生提交了学习计划，就不能再改变学习计划，除非因为选中课程的门数不达标而被系统退回的情况。选课时间段结束后，教授可以查询到他自己将要讲授的哪些课程以及这些课程中每门课程有哪些学生报名。

当然，为了适应每年新增的教授和学生、离职的教授和毕业的学生，新系统应当有效管理教授和学生的基本信息。管理工作包括增加、修改、删除、查找。注册管理员负责管理教授和学生的基本信息。

由于这个大学课程注册系统有其自身的独特性，找不到合适的商品软件，因而只能自行开发。

5.8.2　识别对象类

在绘制交互模型时，应根据已有的用例图及用例描述和类图绘制相应的顺序图和协作图。交互模型中的主体是对象，但是要描述用例，就不能在模型中具体指定某个对象，因为这种同一类型的对象会有多个。因此，在顺序图和协作图中可以使用对象类。

根据结构建模中获得的类，再辅之边界类、控制类和实体类，得到"大学课程注册系统"的候选类如下。

实体类有学位（Degree）、学院（College）、教授（Professor）、课程计划表（CourseOffering）、课程（Course）、学生（Student）、学习计划（StudyProgram）、所选课程费用（CourseFee）、注册管理员（Registrar）。

边界类有学习计划制订窗口（StudyProgramWindow）、学生查询课程费用窗口（QueryCourseFeeWindow）、课程计划制订窗口（CourseProgramWindow）、教授查询课程窗口（QueryCourseInfoWindow）、学生信息维护窗口（StudentInfoManageWindow）、教授信息维护窗口（ProfessorInfoManageWindow）、登录窗口（LoginWindow）。

控制类有注册管理（RegistrationManager）。

在第4章结构建模中获得的类主要是实体类，它们需要永久存储。

在第3章用例建模中，每个参与者和直接关联的用例之间可以设计一个边界类，以便输入或输出信息。

"教授"参与者直接关联的用例是"制订课程计划表"用例、"查询开设课程"用例、"查询课程学生名单"用例。第1个用例是教授需要完成的主要职责，它扩展的4个扩展用例分别完成具体的一项职责。因为这些职责的交互操作比较简单，因此设计一个边界类"课程计划制订窗口"来完成相关的输入输出交互。后两个用例都是与课程相关，且交互操作也比较简单，因此设计一个边界类"教授查询课程窗口"来完成相关的输入输出交互。

"学生"参与者直接关联的用例是"制订学习计划"用例、"查询课程计划表"用例、"查询注册课程费用"用例。第1个用例是学生需要完成的主要职责，它扩展的4个扩展用例分别完成具体的一项职责。因为这些职责的交互操作比较简单,因此设计一个边界类"学习计划制订窗口"来完成相关的输入输出交互。第2个用例也与"教授"参与者关联,因此可以运用软件重用技术。第3个用例与课程相关,且交互操作也比较简单,因此设计一个边界类"学生查询课程费用窗口"来完成相关的输入输出交互。

"注册管理员"参与者直接关联的用例是"维护教授信息"用例、"维护学生信息"用例。这两个用例对信息的维护都是进行基本操作(增、删、改、查),对应的交互操作比较简单,因此设计两个边界类"教授信息维护窗口"和"学生信息维护窗口"来完成教授或学生的信息的相关的输入输出交互。

由于所有类型的参与者都要登录系统,因此设计一个边界类"登录窗口"来完成与登录有关的输入交互。

根据第3章用例建模中的诸用例的用例描述,不难发现"提交学习计划"用例的交互过程最复杂,包含了许多条件判断(例如,"检查学生的前提条件"、"新选课程的已报名人数"、"时间表冲突"、"学生人数少于3人的课程本学期不开设等"约束,4门主选课程和2门备选课程的约束判断)。而其余的用例的交互过程都非常简单。因此,设计一个控制类"注册管理"来完成提交学习计划时对诸条件的判断。

下面主要对"新增学习计划"用例的交互建模进行详细分析。对"新增学习计划"用例的用例描述进行分析时,主要明确了以下几个对象类,协同完成"新增学习计划"用例的交互过程。这些对象类是学生(aStudent:Student)、课程(aCourse:Course)、开设课程(aCourseOffering:CourseOffering)、学习计划(aStudyProgram:StudyProgram)、学习计划制订窗口(:StudyProgramWindow)。

5.8.3　识别消息

用例描述一般是以活动为中心的,识别对象在用例中的交互行为时,需要把这些活动以消息的形式委派给相应的对象。通过消息的发送和响应完成活动。一般第一个消息是由用例模型中的参与者发出的,可以从参与者这里开始,考察接收消息的对象如何按照用例中规定的活动来实现参与者的要求。

(1) Student参与者通过操作窗口(一个边界类):StudyProgramWindow启动新增学习计划的功能。因此,从:Student到:StudyProgramWindow存在消息add()。

(2) 对象类:StudyProgramWindow的一个对象用aStudent对象来验证这个学生是否有资格注册。因此,从:StudyProgramWindow到aStudent存在消息areYouValid()。

(3) 如果学生资格验证不合格,则结束这次制订学习计划的活动。因此,从aStudent到:StudyProgramWindow存在消息return(c_check="no"),对象:StudyProgramWindow发送一个自反消息destroy()来注销自己。

(4) 如果学生资格验证合格,则要知道想选的课程是否满员。因此,从:StudyProgramWindow到aCourse存在消息areYouOpen()。进一步地,对象aCourse询问对象aCourseOffering,当前所选课程是否没有满员。可以用同一个消息areYouOpen()。

(5) 如果当前没有可选的课程(即该学生能选的课程都满员),则结束这次制订学习计划的活动。从aCourseOffering通过aCourse到:StudyProgramWindow存在消息return(c_check="no"),对象:StudyProgramWindow发送一个自反消息destroy()来注销自己。

（6）否则，至此一切皆正常，注册过程可以进行。可以添加一门课程到该学生的学习计划中，同时修改开设课程中该门课程的学生人数。因此，从:StudyProgramWindow 到 aStudent 存在消息 addCourse()，从:StudyProgramWindow 通过 aCourse 到 aCourseOffering 存在消息 addStudent()。

5.8.4　确定消息的形式和内容

每一个消息启动的对象的活动在进行过程中，一旦发送了另一个消息后，都会中断执行。等待该对象发出的消息完成任务后，才继续执行。因此。每一个消息都是调用消息，除了返回消息之外。

学习计划是学生、课程、学期三者构成的三元关联关系的结果，因此，学生身份、课程代码、学期将会作为消息的参数出现。其次，合法性验证有"合法"和"不合法"两种情况之一，因此，验证结果将会作为返回消息的参数出现。这里，stdID 表示学生身份，crsID 表示课程代码，sem 表示学期，c_check 表示验证结果。

合法性验证结果将会作为返回消息的返回值出现，因此返回消息对应的调用消息也要包含返回值。

5.8.5　"新增学习计划"用例实现的顺序图

在分析了各个对象类之间的消息、消息形式、消息参数后，根据用例描述描述的参与者与系统的交互过程，可以确定各个消息的时间先后次序。图 5.26 是以新增学习计划为例建立的顺序图。

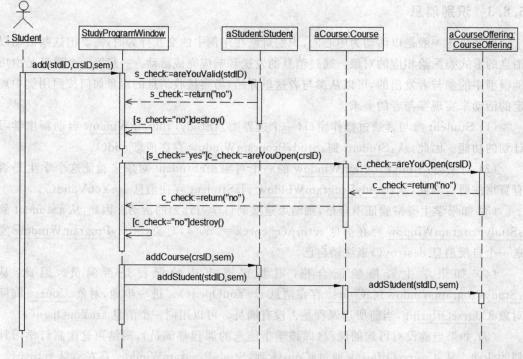

图 5.26　"新增学习计划"用例实现的顺序图

"新增学习计划"用例实现的顺序图的操作过程如下。

学生向边界类 StudyProgramWindow 的一个对象发送请求增加一个学生(用参数 stdID 来标识)到某个学期(用参数 sem)的一个课程(用参数 crsID)中的消息来启动这个用例。

类 StudyProgramWindow 的一个对象用 aStudent 对象来验证这个学生是否有资格注册(如这个学生已经学过先修课程)。输出参数 s_check 返回值 yes 或者 no 给 StudyProgramWindow。如果返回 no,这个注册过程就不能进行,对象 StudyProgramWindow 发送一个返身消息来注销自己。如果 aStudent 可以注册,则需要知道 aCourse 是否还没有满。要做到这一点,对象 aCourse 必须询问 aCourseOffering 对象。如果当前 aCourseOffering 对象没有空缺,注册过程还不能进行,并且对象 StudyProgramWindow 要再次发送返身消息注销它自已。

如果注册过程可以进行,对象 StudyProgramWindow 请求 aStudent 增加 aCourseOffering,并且它还请求 aCourseOffering 增加 aStudent。从 StudyProgramWindow 出发的这两个操作的次序是可以调换的,只要这个程序保证 aCourseOffering 和 aStudent 之间的引用完整性(即如果一个学生注册到一门课程上,则这门课程也必须包含这个学生在它的学生表中)。

5.8.6 其他用例实现的顺序图或协作图

1."新增教授信息"用例实现的协作图和顺序图

图 5.27 给出了"新增教授信息"用例实现的协作图。该协作图主要描述新对象的创建。

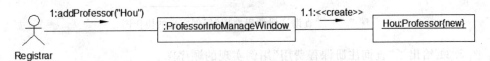

图 5.27 "新增教授信息"用例实现的协作图

图 5.28 给出了"新增教授信息"用例实现的顺序图。

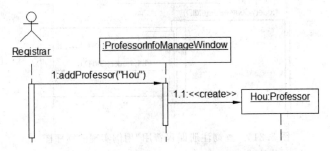

图 5.28 "新增教授信息"用例实现的顺序图

2."新增课程计划表"用例实现的协作图

图 5.29 给出了"新增课程计划表"用例实现的协作图。该协作图主要描述多对象的检索和新对象的创建。

3."查询注册课程费用"用例实现的协作图和顺序图

图 5.30 给出了"查询注册课程费用"用例实现的协作图。该协作图主要描述多对象集

合上的迭代。通过使用迭代计数器(i)作为限定符,从多对象中选择特定对象。

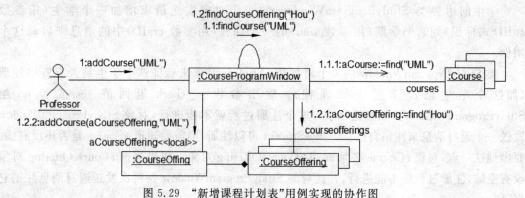

图 5.29   "新增课程计划表"用例实现的协作图

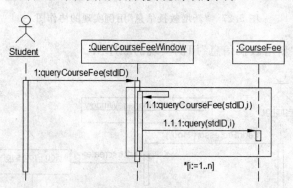

图 5.30   "查询注册课程费用"用例实现的协作图

图 5.31 给出了"查询注册课程费用"用例实现的顺序图。

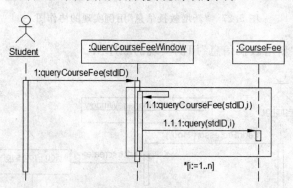

图 5.31   "查询注册课程费用"用例实现的顺序图

4. "删除学生信息"用例实现的顺序图

图 5.32 给出了"删除学生信息"用例实现的顺序图。该顺序图主要描述对象的销毁。

5. "修改课程计划表"用例实现的顺序图

图 5.33 给出了"修改课程计划表"用例实现的顺序图。该顺序图主要描述实例对象作为参数进行传递,以及和外部系统(课程库系统,CourseDBS)进行交互的操作。

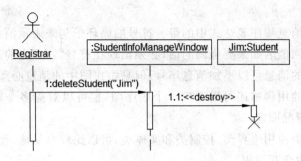

图 5.32 "删除学生信息"用例实现的顺序图

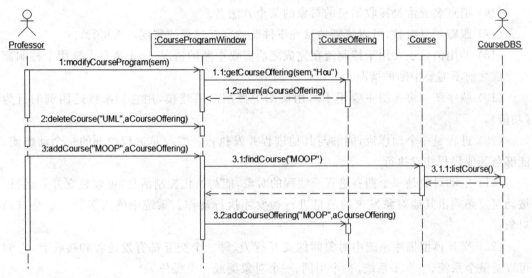

图 5.33 "修改课程计划表"用例实现的顺序图

5.9 本 章 小 结

(1) 顺序图和协作图都属于交互模型,是 UML 中的动态建模机制。

(2) 顺序图强调的是消息的时间顺序,而协作图强调的是参加交互的对象的组织。

(3) 顺序图中包括的建模元素有对象、生命线、控制焦点、消息等;协作图中包括的建模元素有对象、消息、链等。

(4) 交互模型中的消息分为调用消息、异步消息和返回消息等。

(5) UML 中可以表示一些复杂的消息。

(6) 顺序图和协作图可以相互转换,这从语义上讲,两者是等价的。在 Rose 工具中,F5 功能键实现这样的转换。

(7) 目前一般的 UML 工具大多都支持显示交互模型,但支持交互模型的代码自动生成的工具较少。

(8) 可以使用消息序号来表示消息的嵌套发送。

(9) 可以使用消息的警戒条件或消息顺序表达式中的条件子句来表示消息的条件

发送。

（10）可以使用消息顺序表达式中的带 * 符号的循环子句来表示消息的循环发送。

（11）消息的返回值名如果要强调的话，必须出现在符号"：＝"之前。

（12）顺序图中的消息可以不加消息序号，但是协作图中的消息必须加消息序号。

（13）一个用例的用例描述可以对应一个顺序图，也可以对应多个顺序图，视用例描述中的事件流的复杂情况而定。

（14）在顺序图中使用边界类、控制类和实体类，可以比较容易地、比较清晰地表达出用例描述中的事件流的交互过程。

（15）返回消息一般情况下不必标出，但需要强调时可以标出。

（16）消息名通常是接收消息的对象的某个方法名。

（17）跟踪消息参数，可以清晰地发现事件流的交互过程的实现是否可行。

（18）调用消息主要用于控制流在完成之前需要中断的情况，异步消息主要用于控制流在完成之前不需要中断的情况。

（19）顺序图和协作图主要用于对用例图中控制流的建模，用它们来描述用例的行为（功能）。

（20）进程是一个动作流，能够与其他进程并发执行。线程是进程内部的一个动作流，能够与其他线程并发执行。

（21）主动对象是一个拥有进程或线程的对象，能初始化控制活动，可以独立并发运行。被动对象必须由其他对象发来的消息进行触发才执行动作。系统中绝大多数对象是被动对象。

（22）交互模型描述系统中对象间的交互行为，每一个交互都有发送者和接收者，它们可以是整个系统、一个子系统、一个用例、一个对象类或一个操作。

5.10 习　　题

5.10.1　填空题

1. 在 UML 软件开发过程产生的对象动态模型中，消息有 4 种类型，它们是_____、_____、_____、_____。

2. _____图和_____图用来表达对象之间的交互，是描述一组对象如何合作完成某个行为的模型化工具。

3. 进程是一个_____，能够与其他进程并发执行。

4. 线程是_____的一个动作流，能够与其他线程并发执行。

5. _____是一个拥有进程或线程的对象，能够初始化控制活动，可以独立并发运行。

6. _____是一个必须由其他对象发来的消息进行触发才执行动作的对象。

7. 交互图描述系统中对象间的交互行为。每一个交互都有_____和_____，它们可以是整个系统、一个子系统、一个用例、一个对象类或一个操作。

8. 在 UML 的表示中，_____图将交互关系表示为一个二维图。其中，纵向是时间轴，时间沿竖线向下延伸。横向代表在协作中各个独立对象的角色。

9. 消息的组成包括_____、_____、_____。

10. _____是一条垂直的虚线,用来表示顺序图中的对象在一段时间内的存在。

11. 在协作图中,类元角色描述了一个_____,关联角色描述了_____,并通过集合排序表现交互作用中的各个角色。

12. _____通过各个对象之间的组织交互关系以及对象彼此之间的链接,表达对象之间的交互。

13. _____是对象操作的执行,它表示一个对象直接或通过从属操作完成操作的过程。

14. 顺序图中对象的表示形式使用包围名称的_____来标记,所显示的对象及其类的名称带有_____,两者用冒号隔开。

15. 交互图是对在一次交互过程中的_____和_____的链建模,显示了对象之间_____以执行特定用例或用例中特定部分的行为。

16. 在协作图中的链是两个或多个对象之间的_____,是_____的实例。

17. 在协作图中,_____使用带有标签的箭头来表示,它附在连接发送者和接收者的链上。

5.10.2　选择题

1. UML 系统设计的一般步骤包括系统对象设计、系统体系结构设计和系统设计的(　　)和审查等。

    A. 建模　　　　　　B. 完善　　　　　　C. 优化　　　　　　D. 迭代

2. 顺序图和协作图主要用于对用例图中(　　)的建模,用它们来描述用例图的行为。

    A. 数据流　　　　　B. 控制流　　　　　C. 消息流　　　　　D. 数据字典

3. 顺序图的建模元素有(　　)、消息、链等。这些模型元素表示某个用例中的若干个对象和对象之间所传递的消息,来对系统的行为建模。

    A. 对象　　　　　　B. 箭线　　　　　　C. 活动　　　　　　D. 状态

4. 顺序图描述(　　)对象之间消息的传递顺序。

    A. 某个　　　　　　B. 单个　　　　　　C. 一个类产生的　　D. 一组

5. 顺序图和协作图建立了 UML 面向对象开发过程中的对象动态(　　)模型。

    A. 交互　　　　　　B. 状态　　　　　　C. 体系结构　　　　D. 软件复用

6. 顺序图的组成是(　　)。

    A. 对象　　　　　　B. 生命线　　　　　C. 激活　　　　　　D. 消息

7. UML 中有 4 种交互图,其中强调控制流时间顺序的是(　　)。

    A. 顺序图　　　　　B. 协作图　　　　　C. 定时图　　　　　D. 交互概述图

8. 在顺序图中,返回消息的符号是(　　)。

    A. 直线箭头　　　　B. 虚线箭头　　　　C. 直线　　　　　　D. 虚线

9. 关于协作图的描述,下列不正确的是(　　)。

    A. 协作图作为一种交互图,强调的是参加交互的对象的组织

    B. 协作图是顺序图的一种特例

    C. 协作图中有消息流的顺序号

D. 在 Rose 工具中，协作图可在顺序图的基础上按 F5 功能键自动生成

10. 在 UML 中，组成协作图的元素包括（　　　）。

　　A. 对象　　　　　　B. 消息　　　　　　C. 发送者　　　　　　D. 链

11. 在顺序图中，消息编号有（　　　）。

　　A. 无层次编号　　　B. 多层次编号　　　C. 嵌套编号　　　　　D. 顺序编号

12. 关于顺序图的描述，下列正确的是（　　　）。

　　A. 顺序图是对对象之间传送消息的时间顺序的可视化表示

　　B. 顺序图从一定程度上更加详细地描述了用例表达的需求，并将其转化为进一步的、更加正式层次的精细表达

　　C. 顺序图的目的在于描述系统中各个对象按照时间顺序的交互过程

　　D. 在 UML 的表示中，顺序图将交互关系表示为一个二维图。其中，横向是时间轴，时间沿竖线向下延伸。纵向代表了在协作中各独立对象的角色

13. 在 UML 中，对象行为是通过交互来实现的，是对象间为完成某一目的而进行的一系列消息交换。消息序列可用两种图来表示，分别是（　　　）。

　　A. 状态图和顺序图　　　　　　　　　　B. 活动图和协作图

　　C. 状态图和活动图　　　　　　　　　　D. 顺序图和协作图

14. 协作图的作用体现在（　　　）。

　　A. 显示对象及其交互关系的空间组织结构

　　B. 表现一个类操作的实现

　　C. 通过描绘对象之间消息的传递情况来反映具体使用语境的逻辑表达

　　D. 可以描述对象行为的时间顺序

15. 在 UML 的交互图中，强调对象之间关系和消息传递的是（　　　）。

　　A. 顺序图　　　　　　B. 交互图　　　　　C. 定时图　　　　　D. 通信图

16. 在开始编写代码时，交互图可以用来提供的信息是（　　　）。

　　A. 消息发送的顺序　　　　　　　　　　B. 在什么条件下，消息将被发送

　　C. 一个对象在不同状态之间的转移　　　D. 类之间的关联的多重性信息

5.10.3　简答题

1. 简述顺序图和协作图之间的区别。

2. 调用消息和异步消息之间的区别是什么？

3. 消息的语法格式分为几个部分？其中不可缺省的部分是哪个？

4. 从消息的表达式中如何看出嵌套发送、循环发送、条件发送？

5. 为创建一个数据库对象，把该对象连接到一个数据源，然后查询对象获得结果集的用例建模。

6. 试举例说明顺序图中创建和销毁对象的方法。

7. 试举例说明协作图中创建和销毁对象的方法。

8. 试简述使用协作图的原因。

9. 试简述协作图中消息的种类以及分别使用在哪种场合。

10. 如何判断什么时候应该建立顺序图，什么时候应该建立协作图？

5.10.4 简单分析题

1. 在图 5.34 所示的顺序图中,类 Account 必须实现哪些方法? 请说明理由。

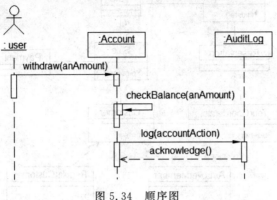

图 5.34　顺序图

2. 库存管理系统的类图和顺序图如图 5.35 和图 5.36 所示。根据类图,试分析顺序图中缺少的类名是什么? 请说明理由。

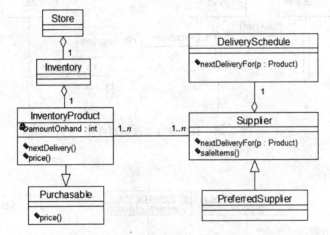

图 5.35　库存管理系统的类图

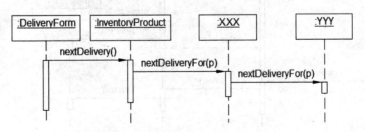

图 5.36　库存管理系统的顺序图

3. 订票管理系统的类图和顺序图如图 5.37 和图 5.38 所示。根据类图,试分析顺序图中缺少的类名是什么? 请说明理由。

4. 在图 5.39 所示的顺序图中，类 PaymentController 必须实现哪些方法？请说明理由。

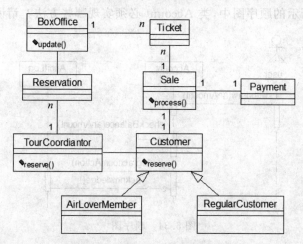

图 5.37 订票管理系统的类图

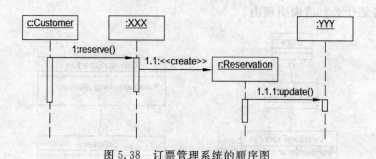

图 5.38 订票管理系统的顺序图

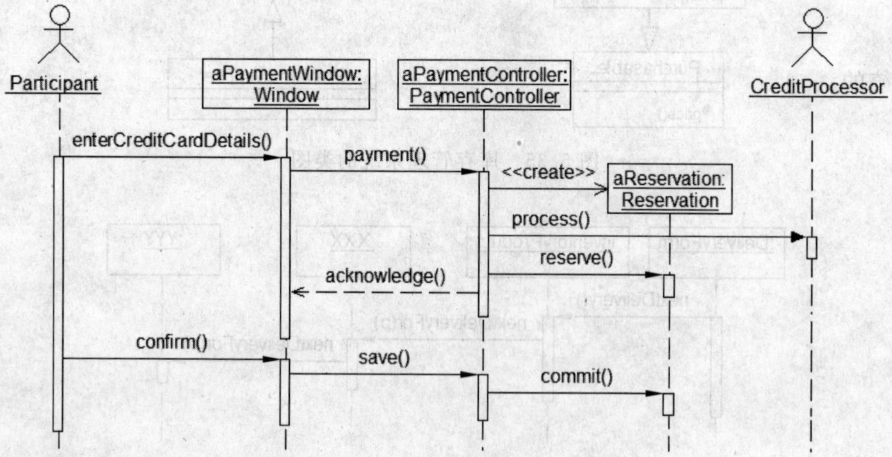

图 5.39 顺序图

5. 在如图 5.40 所示的协作图中，{tranaction}是什么概念？消息 2.1 和消息 2.2 说明了什么现象？试解释协作图的整个交互流程。

6. 某指纹门禁系统结构如图 5.41(a)所示，其主要部件有主机（MainFrame）、锁控器

（LockController）、指纹采集器（FingerReader）和电控锁（Lock）。

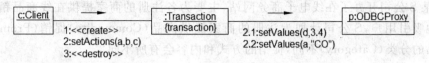

图 5.40 协作图

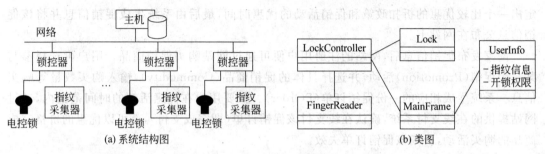

(a) 系统结构图   (b) 类图

图 5.41 门禁系统结构图

（1）系统中的每个电控锁都有一个唯一的编号。锁的状态有两种："已锁住"和"未锁住"。

（2）在主机上可以设置每把锁的安全级别以及用户的开锁权限。只有当用户的开锁权限大于或等于锁的安全级别并且锁处于"已锁住"状态时，才能将锁打开。

（3）用户的指纹信息、开锁权限以及锁的安全级别都保存在主机上的数据库中。

（4）用户开锁时，只需按一下指纹采集器。指纹采集器将发送一个中断事件给锁控器，锁控器从指纹采集器读取用户的指纹并将指纹信息发送到主机，主机根据数据库中存储的信息来判断用户是否具有开锁权限，若有权限且锁当前处于"已锁住"状态，则将锁打开；否则系统报警。

该系统采用面向对象方法开发，系统中的类以及类之间的关系用 UML 类图（图 4.41(b)）表示，系统的动态行为采用 UML 顺序图表示，用户成功开锁的顺序图如图 5.42 所示。

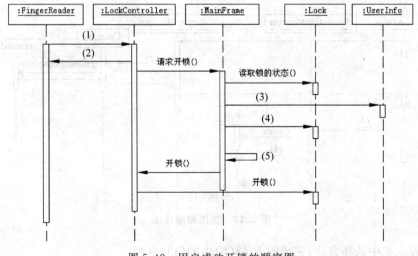

图 5.42 用户成功开锁的顺序图

依据上述说明中给出的需求，将图 5.42 中的(1)～(5)处补充完整。

7. 某 S 公司开办了在线电子商务网站，主要为各注册的商家提供在线商品销售功能。为更好地吸引用户，S 公司计划为注册的商家提供商品（Commodity）促销（Promotion）功能。商品的分类（Category）不同，促销的方式和内容会有所不同。

注册商家可发布促销信息。商家首先要在自己所销售的商品的分类中，选择促销涉及的某一具体分类，然后选出该分类的一个或多个商品（一种商品仅仅属于一种分类），接着制定出一个比较优惠的折扣政策和促销活动的优惠时间，最后由系统生成促销信息并将该促销信息公布在网站上。

商家发布促销信息后，网站的注册用户便可通过网站购买促销商品。用户可选择参与某一个促销（Promotion）活动，并选择具体的促销商品（Commodity），输入购买数量等购买信息。系统生成相应的一份促销订单（POrder）。只要用户在优惠活动的时间范围内，通过网站提供的在线支付系统，确认在线支付该促销订单（即完成支付），就可以优惠的价格完成商品的购买活动，否则该促销订单失效。

系统采用面向对象方法开发，系统中的类以及类之间的关系用 UML 类图表示，图 5.43(a)是该系统类图中的一部分；系统的动态行为采用 UML 顺序图表示，图 5.43(b)是发布促销的顺序图。

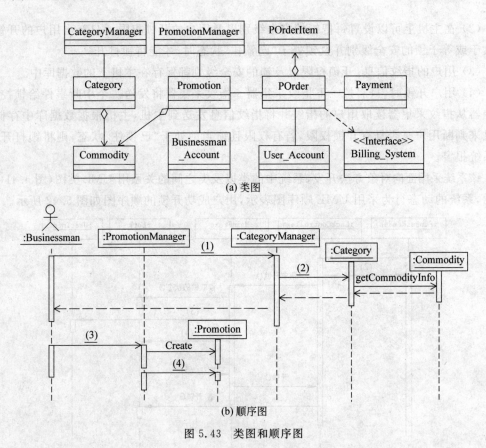

(a) 类图

(b) 顺序图

图 5.43　类图和顺序图

请从表 5.8 中选择方法，完成图 5.43(b)中的(1)～(4)。

表 5.8 可选消息列表

功 能 描 述	方 法 名
向促销订单中添加所选的商品	buyCommodities
向促销中添加要促销的商品	addCommodities
查找某个促销的所有促销订单信息列表	getPromotionOrders
生成商品信息	createCommodity
查找某个分类中某商家的所有商品信息列表	getCommodities
生成促销信息	createPromotion
生成促销订单信息	createPOrder
查找某个分类的所有促销信息列表	getCategoryPromotion
查找某商家所销售的所有分类列表	getCategories
查找某个促销所涉及的所有商品信息列表	getPromotionCommodities

8. 某银行计划开发一个自动存提款机模拟系统(ATM System)。系统通过读卡器(CardReader)读取 ATM 卡;系统与客户(Customer)的交互由客户控制台(CustomerConsole)实现;银行操作员(Operator)可控制系统的启动(SystemStartup)和停止(SystemShutdown);系统通过网络和银行系统(Bank)实现通信。

当读卡器判断用户已将 ATM 卡插入后,创建会话(Session)。会话开始后,读卡器进行读卡,并要求客户输入个人验证码(PIN)。系统将卡号和个人验证码信息送到银行系统进行验证。验证通过后,客户可以从菜单选项中选择如下事务(Transaction)。

(1) 从 ATM 卡账户取款(Withdraw)。

(2) 向 ATM 卡账户存款(Deposit)。

(3) 进行转账(Transfer)。

(4) 查询(Inquire)ATM 卡账户信息。

一次会话可以包含多个事务,每个事务处理也会将卡号和个人验证码信息送到银行系统进行验证。若个人验证码错误,则转个人验证码错误处理(Invalid PIN Process)。每个事务完成后,客户可选择继续上述事务或退卡。选择退卡时,系统弹出 ATM 卡,会话结束。

系统采用面向对象方法开发,使用 UML 进行建模。一次会话的顺序图(不考虑验证)如图 5.44 所示。

请从表 5.9 中选择消息,完成图 5.44 中的(6)~(9)。

表 5.9 可选消息列表

功 能 描 述	消 息 名
插入 ATM 卡	cardInserted()
执行会话	performSession()
读取个人验证码	readPIN()
为当前会话创建事务	create(atm,this,card,pin)

续表

功 能 描 述	消 息 名
ATM 卡信息	card
弹出 ATM 卡	ejectCard()
执行事务	performTransaction()
读卡	readCard()
为当前 ATM 创建会话	create(this)
执行下一个事务	doAgain()
个人验证码信息	PIN

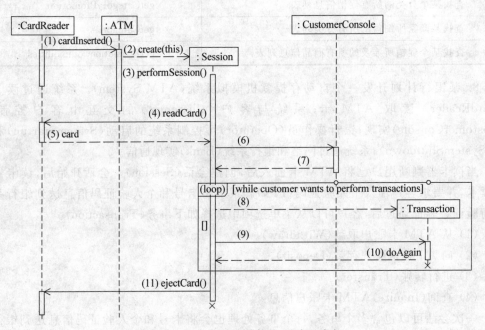

图 5.44　一次会话的顺序图（无验证消息）

第 6 章　状态图与活动图

本章学习目标

（1）理解状态图和活动图的基本概念。

（2）掌握识别状态、活动、转移、事件、信号、泳道的方法。

（3）掌握状态图中各个状态的内部活动和状态之间转移的分析。

（4）掌握活动图中活动的职责、活动之间的控制流、活动和对象之间的相互作用的分析。

（5）熟悉 UML 中行为建模的过程。

本章先向读者介绍状态、转移、事件、信号、活动、对象流、泳道的概念，再重点介绍转移的语法格式，以及如何根据结构模型和交互模型识别类的状态及事件，确定状态间的转移；如何根据用例模型识别工作流程和算法，然后介绍 UML 的行为建模步骤，最后通过一个具体案例，重点介绍行为建模的过程。

6.1　行为模型概述

在 UML 中，行为模型包括状态模型、活动模型和交互模型。状态模型关注一个对象的生命周期内的状态及状态变迁，以及引起状态变迁的事件和对象在状态中的动作等。交互模型强调对象间的合作关系与时间顺序，通过对象间的消息传递来完成系统的交互。活动模型用于描述对象的一个活动到另一个活动的控制流、活动的序列、工作的流程和并发的处理行为等。

在描述一个对象的动态特性时，状态是一个有效的手段。它描述的是对象在其生命周期内，在响应外界的事件过程中，自身的状态的变化过程。状态包括一系列的对象状态、事件、由事件引起的状态之间的变迁及变迁发生的同时对象所执行的动作。对于状态而言，它所描述的对象是广义的。状态描述的对象可以是类的实例、用例的场景，甚至可以是非软件对象。对于任何一个对象，如果此对象的动态行为具有事件驱动的特性，就适合于用状态来建模。例如，对于非软件对象，可以用状态图描述业务部门的工作顺序；对于软件对象，可以用状态图来描述接口的调用的逻辑规则和用户对软件系统的使用过程，也可以用状态图来描述单个对象的动态行为的运行逻辑。

软件对象的行为并不都是事件驱动的。例如，在使用特定的对象来实现特定的复杂算法时，此算法的动态行为既不是由多个对象的协同配合完成的，也不是由外部事件来驱动的。这类对象称为非反应型对象。非反应型对象的动态行为是自动地顺序执行的。当非反应型对象的动态行为被执行时，动态行为的一系列动作按照特定的控制逻辑（算法）顺序执行。此对象从特定的初始状态出发，根据算法的输入条件，决定哪些动作应被执行（条件判断），以及应被执行的动作的执行次数（循环）。非反应型对象的动态行为可以用状态来建模。根据状态的构成，状态的变迁的触发事件是可以被省略的。当变迁的触发事件被省略时，就意味着此变迁所连接的状态被自动地转换，而被转入状态的入口动作（如果有的话）也被自动执行。因此，可以用被无触发变迁连接起来的带有入口动作/出口动作的状态及相应的变迁触发条件来为自动顺序执行的动态行为建模。在 UML 中，这样的为非反应型对象建模的状态，称为活动状态。展现活动状态的模型图是活动图。

建立行为模型的步骤：分析所有的用例，理解系统中的交互行为，编写典型交互序列的场景，虽然场景中不可能包括每个偶然事件，但是至少必须保证不遗漏常见的交互行为，为系统建立交互模型；从场景中提取出对象之间的事件，确定触发每个事件的动作对象及接受事件的目标对象；排列事件发生的次序，确定每个对象可能有的状态及状态之间的转换关系，并用状态图描述它们；最后，比较各个对象的状态图，检查它们之间的一致性和完整性。

6.2 状 态 图

在软件系统中存在大量的对象，它们一方面需要处理各种随机发生的事件序列，通过相应的动态行为产生对事件的响应。另一方面，其特定时刻的动态行为又要取决于此对象在早些时刻的行为结果。例如，不同的鼠标操作事件序列，对应了不同的操作意图。这种根据当前事件及对以前事件的响应的结果决定对当前事件的响应的软件对象的动态行为，称为是事件驱动的。最适合描述这类动态行为的建模手段就是状态图。状态图是展示状态与状态转换的图模型。

【例 6.1】 使用状态图描述电话机整个状态的变化过程。当没有人使用电话机打电话时，电话机处于闲置状态。当有人拿起听筒拨号时，电话机处于拨号状态。拨号后，一直没人接听，电话机仍处于拨号状态。如果很长一段时间都没有人接听，则拨号人会挂断电话，电话机回到闲置状态。当有人接听、电话拨通后，电话机处于通话状态。通话结束后，挂断电话，电话机又回到了闲置状态。

【例 6.2】 使用状态图描述借书证整个状态的变化过程。当办理好借书证，并且开通了借书证时，借书证处于可借书状态。当读者需要借书，并且"已借书本数"未达上限时，借书证仍处于可借书状态。当读者需要借书，并且"已借书本数"已达上限时，借书证处于不可借书状态。无论借书证处于可借书状态还是不可借书状态，只要读者还书，借书证就回到可借书状态。无论借书证处于可借书状态还是不可借书状态，只要读者挂失或者借书证有效期过期，借书证就进入注销状态。注销的借书证将不能再使用。

UML 中的状态图（statechart diagram）主要用于描述一个对象在其生存期间的动态行为，表现一个对象所经历的状态序列，引起状态转移的事件（event），以及因状态转移而伴随的动作（action）。状态图在检查、调试和描述类的动态行为时非常有用。一般可以用状态图对一个对象（这里所说的对象可以是类的实例、用例的实例或整个系统的实例）的生命周期建模。状态图描述了一个实体基于事件反应的动态行为，显示了该实体是如何根据当前所处的状态对不同的事件做出反应的。

在状态图中，动作既可以与状态相关也可以与转移相关。如果动作与状态相关，则对象在进入一个状态时将触发某一动作，而不管是从哪个状态转入这个状态的；如果动作与转移相关的，则对象在不同的状态之间转移时，将触发相应的动作。

状态图所描述的对象往往具有多个属性，一般状态图应该在具有以下两个特性的属性上建模。

（1）属性拥有较少的可能取值。

（2）属性在这些值之间的转移有一定的限制。

在这种情况下，状态可以用给定类的对象的一组属性值来表征，这组属性值对所发生的事件具有相同性质的反应。

【例 6.3】 如果类 SellableItem 有两个属性 salePrice 和 status，其中 salePrice 的类型为 Money，取值范围为正实数；status 的类型为枚举类型，取值范围为 received、inInspection、accepted、rejected 这 4 个中的某一个，则应根据属性 status 建立状态图。

状态图中包括的建模元素有状态、转移、事件、动作等。

6.2.1 状态

状态（state）是指在对象的生命期中的某个条件或状况，状态具有一定的时间稳定性，即在一段有限时间内保持对象的外在状况和内在特性的相对稳定。在此期间对象将满足某些条件、执行某些活动或等待某些事件。或者说，状态描述了一个对象在其生命期中的一个时间段。可以用 3 种附加的方式进行进一步的说明：在某些方面相似的一组对象值；对象执行持续活动时的一段时间；一个对象等待事件发生时的一段时间。所有对象都具有状态，状态是对象执行了一系列活动的结果，当某个事件发生后，对象的状态将发生变化。处于相同状态的对象对同一个事件做出相同的反应；处于不同状态的对象会通过不同的动作对同一个事件做出不同的反应。

在例 6.1 中，电话机的状态是与"状况"特征相关的，不需要使用对象的某些属性值来表征。在例 6.2 中，借书证的状态是与"条件"特征相关的，需要使用对象的某些属性值来表征。例如，使用借书证的"已借书本数"属性值来判断是否已达上限，使用借书证的"办证时间"属性值来判断是否已过有效期。

一个状态有以下几个部分：状态名（name）、状态变量（state variable）、进入/退出动作（entry/exit action）、内部转移（internal transition）、子状态（substate）、延迟事件（deferred event）。

状态可以细分为不同的类型，例如初态、终态、中间状态、组合状态、历史状态等。一个状态图只能有一个初态，但终态可以有一个或多个，也可以没有终态。

初态代表状态图的起始位置，它是一个伪状态，仅表示一个和中间状态有连接的假状态。对象不可能保持在初态，必须要有一个输出的转移。通常这种转移是无触发转移。在 UML 规范中，初态用实心圆表示。

终态是一个状态图的终点。对象可以保持在终态。但是终态不可能有任何形式的转出转移，它的目的就是描述对象的状态变化的结束。在 UML 规范中，终态用含有实心圆的圆圈表示。

在状态图中，除了初态和终态外，其余的状态都是中间状态。中间状态包括 3 个区域：名字域、变量域、内部转移域，如图 6.1 所示。其中变量域和内部转移域是可选的。

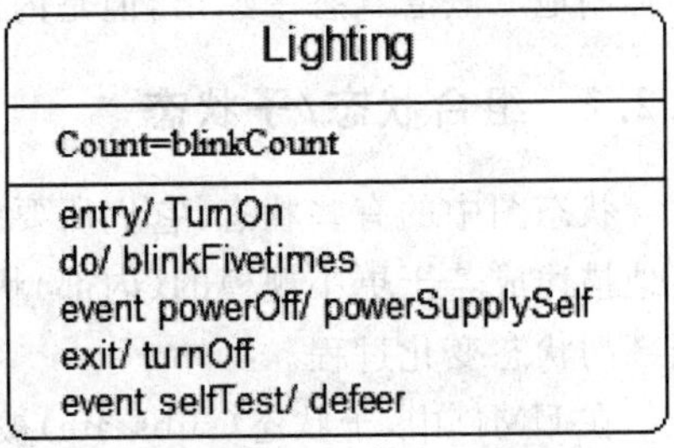

Lighting
Count=blinkCount
entry/ TurnOn do/ blinkFivetimes event powerOff/ powerSupplySelf exit/ turnOff event selfTest/ defeer

图 6.1 状态图中状态的构成

【例 6.4】 图 6.1 的状态的名字是 Lighting。当进入这个状态时，做开灯（turnOn）动作；离开这个状态时，做关灯（turnOff）动作，当对象处于这个状态时，灯要闪烁 5 次（blinkFivetimes）；当电源关闭（powerOff）事件出现时，使用自供应电源（powerSupplySelf）。需要注意的是，对象在 Lighting 状态时，有一个被延迟处理的事件，即当出现自检（selfTest）事件时，对象将延迟响应这个事件，即不在 Lighting 这个状态中处理这个事件，而是延迟到以后在别的状态中处理这个事件。

1. 状态名

状态名由一个字符串构成，每个单词的首字母大写，用以标识不同的状态。状态名可以省略，这时的状态就是匿名状态。状态名放在状态的顶部区域。

2. 状态变量

状态变量像计时器或计数器一样。在图 6.1 中，在 Lighting 状态，闪光灯需要记录下总共闪烁的次数，用状态变量 Count 来表示。

3. 入口/出口动作

一个状态可以有多个转入转移和转出转移。在许多情况下，在每次状态被转入或转出时，有可能希望状态所在的对象都执行相同的操作。进入一个状态时执行的操作称为入口动作，离开一个状态时执行的操作称为出口动作。

入口动作通常用来进行状态所需要的内部初始化，出口动作通常用来进行状态所需要的善后处理。将入口/出口动作声明为特殊的动作，可以使状态的定义不依赖于状态的转移，因此起到封装的作用。

入口动作的语法：entry/动作。

出口动作的语法：exit/动作。

4. 内部转移

内部转移是不导致状态改变的转移，它有一个起始状态但是没有目标状态。内部转移的激发规则和改变状态的转移的激发规则相同。由于内部转移没有目标状态，因此转移激发的结果不改变本状态。如果一个内部转移带有动作，它也要被执行，但是没有状态发生改变，因此也不需要执行入口和出口动作。内部转移用于对不改变状态的插入动作建立模型（例如，记录发生的事件数目或建立帮助信息屏）。在图 6.1 中，powerOff/powerSupplySelf、do/blinkFiveTimes 都是内部转移。

内部转移的语法：事件/动作表达式。

一个自身转移会激发状态上的入口动作和出口动作的执行。从概念上来讲，自身转移从一个状态出发后又回到自身状态，因此，自身转移不等价于内部转移。此外，自身转移可以强制地从嵌套状态中退出，但是内部转移不能。

6.2.2 组合状态/子状态

状态图中的有些状态，它们所要执行的一系列动作，和/或要响应的一些事件，可以进一步地描述成若干更小规模的（内部）状态。这些（内部）状态称为子状态，用以描述一个状态内部的状态变化过程。

在 UML 中，子状态（substate）被定义为包含在某一个状态内部的状态。包含子状态的状态称为组合状态（composite state）。与此相对应，不包含子状态的状态称为简单状态。

【例 6.5】 图 6.2 是汽车行驶状态的子状态图。无论"汽车"对象处于哪个子状态,外部表现出来的仍然是同一个状态(行驶)。

首先,汽车在"行驶"状态时要执行前进或后退动作,同时要执行低速行驶或高速行驶动作。前进动作是对"挂上前进挡"事件的响应,后退动作是对"挂上后退挡"事件的响应。低速行驶动作是对"挂上 1~2 挡"事件的响应,高速行驶动作是对"挂上 3~5 挡"事件的响应。因此,"行驶"状态是一个内部很复杂的状态。

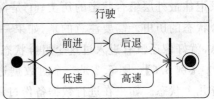

图 6.2 汽车行驶状态的子状态图

其次,为了更加清晰地描述这些动作和事件之间的关系,将它们分解为子状态,可以更加容易地识别出这些子状态之间的串行/并行情况。因此,分解后的子状态(例如,"前进"子状态)是一个内部很简单的状态。

当外部一个状态通过转移转入到组合状态时,后续动作的执行视转移的目标状态而定。如果转移的目标状态是组合状态,则进入组合状态后,先执行组合状态的入口动作,再将控制传递给组合状态的内部初态。如果转移的目标状态是某个子状态,则执行完组合状态的入口动作后,再执行子状态的入口动作,再将控制传递给子状态。

当组合状态通过转移转出到外部一个状态时,可以以组合状态本身作为转出转移的起始状态,也可以以组合状态其中的某个子状态作为转出转移的起始状态。对于前者,在执行完组合状态的出口动作后,将控制传递给外部状态。对于后者,在执行完子状态的出口动作后,再执行完组合状态的出口动作后,将控制传递给外部状态。

1. 串行子状态

子状态之间可分为 or 关系或 and 关系两种。or 关系说明在某一时刻仅可到达一个子状态。具有 or 关系的这些子状态称为串行子状态。在图 6.2 中,"前进"子状态和"后退"子状态之间是 or 关系。

2. 并行子状态

and 关系说明在某一时刻可同时到达多个子状态。具有 and 关系的这些子状态称为并行子状态。在图 6.2 中,"前进"子状态和"低速"子状态之间是 and 关系。

3. 历史状态

组合状态内部的子状态的执行可以被从其所在的组合状态转出的转移打断。如不特殊指定,下一次转入此组合状态的转移将使组合状态的内嵌状态从组合状态内的初始状态开始运行。但在某些情形下,可能希望当转入此组合状态的转移在下一次被激发后,组合状态的内嵌状态从上次转出时所处的状态开始运行。

为了对这种情形进行建模,UML 设置了一种特殊的状态,称为历史状态(history state)。历史状态是一个特殊的子状态(称为伪状态,pseudostate),它记录了组合状态被转出时的活跃子状态。其目的是当再次进入组合状态时,可直接进入这个子状态,而不是再次从组合状态的初态开始。

为了区分再次进入组合状态时,是进入初态,还是进入上次转出时的子状态,需要注意转入转移的箭头所指向的部位。如果指向整个组合状态的外沿,则表示进入初态。如果指向历史状态的符号,则表示进入上次转出时的子状态。

在 UML 中,历史状态用符号Ⓗ或Ⓗ*表示,其中Ⓗ是浅(shallow)历史状态的符号,表示只记住最外层组合状态的历史;Ⓗ*是深(deep)历史状态的符号,表示可记住任何深度的组合状态的历史。需要注意的是,如果一个组合状态到达了其终态,则会丢失历史状态中的信息,就好像还没有进入过这个组合状态一样。

【例6.6】 图6.3是一个对数据进行备份时的状态图,备份时要经过收集、复制、清除等几个状态。如果在进行数据备份过程中,有数据查询请求,则可以中断当前的备份工作,然后回到命令状态进行查询操作。查询结束后,可以从命令状态直接转移到刚才中断时退出的状态接着进行备份操作。例如,如果刚才是从"复制"状态被中断退出的,则现在可以直接从命令状态进入到"复制"状态。从而可以避免"收集"状态所要执行的动作被重复执行。

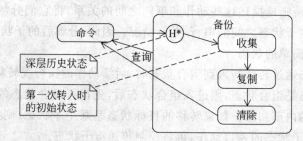

图6.3 数据备份的带历史状态的状态图

当然,如果不采用历史状态,也可以用别的状态图表示出和图6.3的状态图相同的意思,但得到的状态图中要增加许多新的状态、转移或变量,这样状态图就显得过于混乱和复杂。

6.2.3 转移

转移(transition)是两个状态之间的一种关系,表示在指定的事件发生后,在特定的警戒条件满足时,对象执行指定的动作,并从起始状态进入目标状态。

起始状态和目标状态可以相同,也可以不同。如果起始状态和目标状态相同,则这样的转移称为自身转移。否则,称为一般转移。

在 UML 的规范说明中,转移是一条带箭头的实线,箭头指向目标状态。

1. 转移的语法格式

UML 中规定的转移语法格式如下:

```
event-signature '['guard-condition']' '/' action
```

上述定义中用单引号括起的是字符,必须出现在转移的描述中。各语法成分的含义如下:event-signature 是事件特征标记,guard-condition 是警戒条件,action 是动作。

event-signature 的格式如下:

```
event-name '('comma-separated-parameter-list')'
```

其中,event-name 是事件名,comma-separated-parameter-list 是逗号分隔的参数列表。

【例6.7】 转移的例子。targetAt(p) [isThreat]/t. addTarget(p)。其中事件名是targetAt,p 是事件的参数,isThreat 是警戒条件,t. addTarget(p)是要做的动作,这里动作

的参数 p 就是事件的参数。这个例子中的转移包含了事件特征标记、警戒条件、动作 3 个部分。

一般状态之间的转移是由事件触发的,因此应该在转移上标出触发转移的事件表达式。如果转移上未标明事件,则表示在起始状态的内部活动执行完毕后自动触发转移。

对于一个给定的状态,最终只能产生一个转移,因此从相同的状态出来的、事件相同的几个转移之间的条件应该是互斥的。

2. 转移的组成

转移由 5 个部分组成:起始状态、目标状态、触发事件、警戒条件和转移动作。

1)起始状态和目标状态

转移被激发之前对象所处的状态就是转移的起始状态。因此起始状态也是被转移影响的状态。转移完成之后,对象的状态发生了变化,这时对象所处的状态就是转移的目标状态。目标状态是转移完成之后被激活的状态。

2)触发事件

在事件驱动的动态行为中,对象的动作的执行、状态的改变都是以特定事件的发生为前提。转移的触发事件描述的就是引发状态所在对象的动作的事件。触发事件是状态在某个转移的起始状态下能接受的一个事件,此事件的发生使得转移的激发成为可能。事件并不是持续发生的,它只在时间的一点上发生。当一个对象接收到一个事件时,如果它没有空闲时间来处理事件,就将事件保存起来。对象一次只处理一个事件,如果两个事件同时发生,它们每次被处理一个,另一个被保存起来。对象处理事件时转移必须激发,事件过后是不会被记住的(某些特殊的延迟事件除外,在触发一个转移前或延迟被解除前,这类事件被保存起来)。没有触发任何转移的事件被简单地忽略或遗弃。

如果事件有参数,则这些参数可以被转移所用,也可以被警戒条件或动作的表达式所用。触发事件可以是信号、调用或时间段等。

【例 6.8】 图 6.4 表示图形界面(GUI)可以有 4 种状态:初始化、工作、屏幕保护、关机。当 PC 的电源接通时,"自启动"动作发生。因此"打开 PC"是一个触发事件,它导致了GUI 的状态从开始状态转移到"初始化"状态。进入"初始化"状态后,将执行"自启动"动作,完成必要的初始化准备工作。当"初始化"状态中的活动完成后,GUI 将自动触发转移进入"工作"状态。当经过一段时间,无人操作时,进入"屏幕保护"状态。在"屏幕保护"状态,一旦发生按键或移动鼠标事件,将重新进入"工作"状态。当对 PC 选择关闭机器时,就产生了一个引起转移到"关机"状态的触发事件"关闭机器",最后 PC 自己切断电源,整个过程结束。

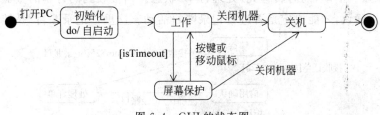

图 6.4 GUI 的状态图

进一步地,"打开 PC"事件、"关闭机器"事件和"按键或移动鼠标"事件都是信号事件。

分别可以由"图形界面（GUI）"对象的"捕获打开 PC 事件"的方法、"捕获关闭机器事件"的方法、"捕获按键事件"的方法和"捕获移动鼠标事件"的方法来对应。［isTimeout］是一个警戒条件，缺省了事件名。但是，可以将转移［isTimeout］换成一个含有时间事件的转移after（10seconds）。两者起到的效果相同。

3）警戒条件

触发事件的发生只是转移被激发的前提。要使转移被激发，状态所在对象必须还满足一个条件，这个条件就是警戒条件。警戒条件是一个布尔表达式，只有当转移的触发事件发生后，此表达式才被求值，并且在其值为真时，转移才被激发。从一个状态引出的多个转移可以有同样的触发事件，但是每个转移必须具有不同的警戒条件。当其中一个警戒条件满足时，触发事件才会引起相应的转移。

【例 6.9】 图 6.5 表示十字路口交通灯有警戒条件的转移。譬如，［汽车在南/北左转车道］就是一个警戒条件。一对电子眼检查南/北向左转弯车道；另一对电子眼检查东/西向左转弯的车道。如果南/北和（或）东/西转弯车道中没有汽车，那么交通灯控制逻辑就会足够智能，跳过周期中的左转弯部分，即不进入左转状态，而是直接进入直行状态。

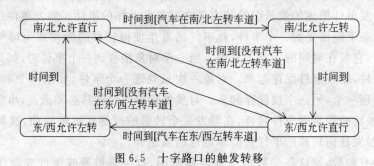

图 6.5 十字路口的触发转移

4）转移动作

事件的发生不仅仅导致状态所在对象的状态的变化，它还要导致对象执行特定的动作，这个动作称为转移动作。转移动作是伴随着转移的激发被执行的一个原子计算。

原子计算是软件对象能执行的计算的最小单元，它会直接作用于状态所在的对象，间接地作用于和此对象有连接关系的对象。原子计算的执行时间非常短，与外界事件所经历的时间相比是可以忽略的，因此，在动作的执行过程中不能再插入其他事件，动作是不可被中断的。动作可以是给另一个对象发送消息、调用一个操作、设置返回值、创建和销毁对象等。

【例 6.10】 图 6.6 表示处理订单的状态图。当接收到的订单的金额小于 25 美元时，直接进行记录账目活动，同时转移到"处理订单"状态。当接收到的订单的金额大于 25 美元时，要经过信用确认，才能决定是否进行记录账目活动。这里，"记录账目"是转移动作。

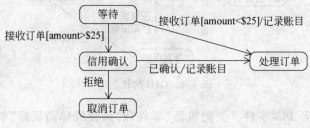

图 6.6 处理订单的状态图

对象通过执行动作来对事件或状态的转移做出响应。除了前面提到的 entry/exit 动作、do 动作外,一般情况下还可以有以下类型的动作。

(1) 设置或修改对象的属性或执行对象的其他操作。

(2) 向一个对象发送信号。

(3) 调用另一个对象的公共操作。

(4) 创建或撤销对象。

(5) 返回一个值或值集。

(6) 产生、删除、设置、重置或读取一个定时器等。

6.2.4 事件

事件(event)是对一个在时间和空间上占有一定位置的有意义的事情的详细说明。事件是对一个可观察的事情的类型描述,这种事情的发生可以引发状态的转移。事件是一种类型,而不是这种类型的实例。

事件产生的原因有调用、满足条件的状态的出现、到达时间点或经历某一时间段、发送信号等。

在 UML 中,事件分为 4 类。

1. 调用事件

调用事件(call event)表示的是对操作的调用,指的是一个对象对调用的接收,这个对象用状态的转移而不是用固定的处理过程实现操作。操作的参数即是事件的参数。其格式如下:

```
event-name '(' comma-separated-parameter-list ')'
```

其中 event-name 是事件名,comma-separated-parameter-list 是逗号分隔的参数列表。

【例 6.11】 图 6.7 表示飞机模拟器对象的状态图。如果飞机处于 Manual(手动)状态,则飞行员可以在模拟器中通过操作方向盘和控制面板上的开关驾驶飞机,在地面上模拟飞机在空中的飞行过程。如果飞机处于 Automatic(自动)状态,则不用飞行员操控模拟器;模拟器会根据风洞的实际情况智能地调节自己的飞行状况。这里,事件名是 startAutopilot。它是一个调用事件,表明飞机模拟器对象接收到了对 startAutopilot 操作的调用,并且用状态的转移(即从 Manual 状态转移到 Automatic 状态)来实现操作 startAutopilot。

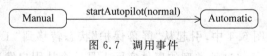

图 6.7 调用事件

2. 变化事件

如果一个布尔表达式中的变量发生变化,使得该布尔表达式的值相应地变化,从而满足某些条件,则这种事件称为变化事件(change event)。无论布尔表达式的值何时由假变成真,变化事件都发生。要想使变化事件再度发生,必须先将布尔表达式的值置为假。变化事件隐含一个对条件的连续测试。变化事件用关键字 when 表示。

图 6.8 所示是变化事件的例子。

变化事件和警戒条件（guard condition）这两个概念很相似，两者的区别是警戒条件是转移说明的一部分，只在所相关的事件出现后计算一次这个条件。如果值为 false，则不进行状态转移，以后也不再重新计算这个警戒条件，除非事件又重新出现。而变化事件表示的是一个要不断测试条件是否为真的事件。

3．时间事件

时间事件（time event）指的是满足某一时间表达式的情况的出现。时间事件代表时间的流逝。例如，到了某一时间点或经过了某一时间段。时间事件用关键字 after 或 when 表示。

图 6.9 所示是时间事件的例子。

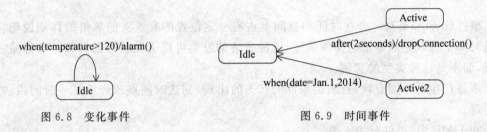

图 6.8　变化事件　　　　　　　　　　　图 6.9　时间事件

4．信号事件

信号事件（signal event）表示的是一个对象（即状态图所对应的对象）接收到了另一个对象的显式信号这种情况。所谓信号，就是由一个对象异步地发送，并由另一个对象（即状态图所对应的对象）接收的已命名的实体。信号可以作为两个对象之间的通信媒介。发送对象明确地创建并初始化一个信号实例，并把它发送到一个对象或者对象集合。信号可以在类图中被声明为类元，用构造型＜＜signal＞＞表示。信号有明确的参数列表，信号的参数被声明为属性。

信号事件和调用事件有时容易混淆，但两者存在很大差别。首先，信号事件是异步事件，调用事件一般是同步事件。其次，信号事件对应一个已命名的实体，这个实体不是状态图所对应的对象，调用事件对应状态图所对应的对象的一个操作的调用。最后，作为一个已命名的实体，信号可以有属性，可以被继承（即泛化）。

虽然在某些情况下，对象由于对时间的响应而内部产生事件，但在典型情况下，事件是由其他对象作为消息传递的。

6.2.5　信号

【例 6.8】（续）　在图 6.4 中，引起从"屏幕保护"状态转移到"工作"状态的触发事件可以是按键或移动鼠标。任何这种类型的事件实际上是一个从用户发送到 GUI 的信号。

在接收对象的状态图中，能够触发一个状态转移的消息称为信号。在面向对象领域中，发送一个信号就等同于创建一个信号类的实例，并将这个信号的实例传送给接收对象。

信号分为异步单路通信和双路通信。在异步单路通信模型中，发送者是独立的，不用等待接收者如何处理信号。在双路通信模型中，需要用到多路信号，至少要在每个方向上有一个信号。

【例 6.12】　图 6.10 显示了一个带遥控器的 CD 唱机系统中的遥控器对象的状态图和

CD 唱机对象的状态图之间的消息通信。

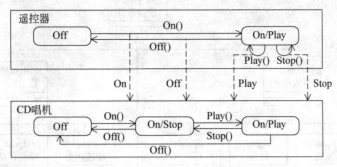

图 6.10 状态图间的消息通信

图 6.10 的上部表示的是遥控器对象的状态图。遥控器对象有 2 个状态：On/Play、Off。在 On/Play 状态下,发生 Off 事件时,遥控器对象将从 On/Play 状态转移到 Off 状态。同时,Off 事件构成 CD 唱机对象能够接收到的 Off 信号。

图 6.10 的下部表示的是 CD 唱机对象的状态图。CD 唱机对象有 3 个状态：On/Play、On/Stop、Off。无论 CD 唱机对象是处于 On/Play 状态,还是处于 On/Stop 状态,一旦接收到遥控器对象发出的 Off 信号,都将转移到 Off 状态。

遥控器对象的状态图到 CD 唱机对象的状态图的带箭头的虚线 Off,是两个状态图之间的消息通信,表示遥控器对象发出的 Off 信号被 CD 唱机对象接收到了。这种虚线只是在图形符号表达中人为附加上去的一种表达"接收到"的形象化表示,并不是 UML 规范说明中规定的表示方式。因为它不是状态之间的转移,所以不能使用带箭头的实线表示。

从上面描述的过程中,不难发现：Off 信号最初是遥控器对象发出的 Off() 方法的调用,该调用将使得遥控器对象进入 Off 状态。其次,遥控器对象的 Off() 方法的调用又构成了 CD 唱机对象能接收到的 Off 信号,即一个命名为 Off 的实体。再次,CD 唱机对象的 Off() 方法的实现中,必须包含对遥控器对象发出的 Off 信号的捕捉。一旦捕捉到 Off 信号(实质上是一些特定变量的赋值发生变化),就启动本方法(即 CD 唱机对象的 Off() 方法)的执行。因此,在 CD 唱机对象的状态图中,Off 事件激发的转移必须捕获 Off 信号。最后,在 CD 唱机对象的状态图中,On/Play 状态和/或 On/Stop 状态到 Off 状态的转移中,Off() 事件才是信号事件。相反,在遥控器对象的状态图中,On/Play 状态到 Off 状态的转移中,Off() 事件不是信号事件,它是调用事件。

发送一个信号等同于初始化一个信号对象,然后把它发送到目标对象的集合。目标对象集合里的每个对象可能被独立地激发零个或一个转移。

信号也有自己的属性。所有的信号共享隐式的操作：发送。如果将信号看成是一个类,则可以建立信号之间的泛化关系。

图 6.11 显示了 CD 唱机系统中的遥控器的信号层次。其中,开机信号是 On 信号,关机信号是 Off 信号,播放信号是 Play 信号,停止信号是 Stop 信号。

【例 6.13】 图 6.12 显示了一个电烤箱控制系统中电烤箱的状态图。当启动加热按钮时,电烤箱进入加热状态。当温度持续升高到 140℃ 以上时,暂时切断电源,进入保温状态。当温度持续下降到 120℃ 以下时,重新接通电源,进入加热状态。无论是在加热状态还是保

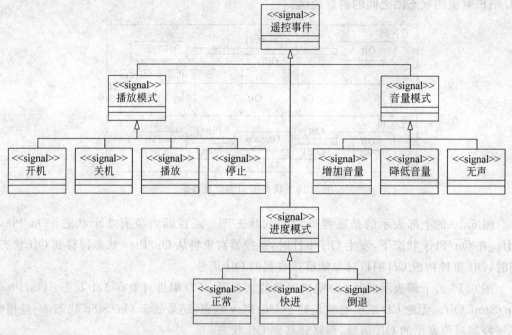

图 6.11　CD 唱机系统中的遥控器的信号层次

温状态,当时间超过 5min 时,自动关机,本次加热行为结束。在这个状态图中,加热按钮就是一个信号事件,实际上对应一个变量被赋值为"加热"。

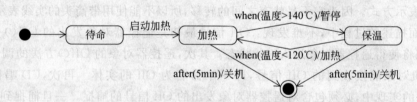

图 6.12　电烤箱控制系统中的电烤箱的状态图

　　加热按钮可以是电烤箱对象上的某个物理装置发出的信号,也可以是电烤箱的遥控器对象(如果有必要存在的话)上的某个物理装置发出的信号。无论是哪种情况,都需要电烤箱对象存在一个转移(如图 6.12 中的启动加热事件激发的转移),用于捕获加热按键信号。

　　【例 6.14】　图 6.13 显示了 Input 信号的层次结构图和一个 Input 信号发送的示意图。

　　信号是普通的类,仅用于发送信号。它们表示系统中的对象间的发送单元。信号是版型为<<signal>>的类。信号可以有自己的属性,信号的参数应声明为属性。所有的信号共享隐式的操作:发送。因为信号是一个类,所以可以通过类之间的泛化关系建立信号的层次结构。

　　图 6.13(a)显示了 Input 信号的层次结构。因为 Input 信号是一个抽象类,所以实际的信号可以是下列类中的一个对象:Keyboard、Voice Recognition、Left Mouse Button、Right Mouse Button。

　　发送一个信号等同于初始化一个信号对象,然后把它发送到目标对象的集合。目标对象集合里的每个对象可能被独立地激发零个或一个转移。

图 6.13(b)显示了 Input 信号的发送示意图。一旦某个对象发送了 Input 信号,则
Input 类被实例化(因为 Input 是一个抽象类,所以实际上是实例化它的一个普通子类),并
且执行信号的隐式操作: send。

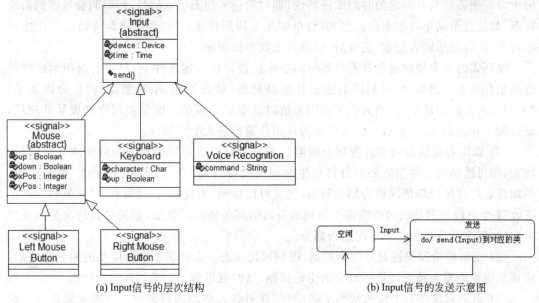

(a) Input信号的层次结构　　　　　　　　　　(b) Input信号的发送示意图

图 6.13　Input 信号的层次结构图和发送示意图

信号是对象之间最基础的通信,比过程调用具有更为简单和清楚的语义。信号内在的
含义就是从一个对象到另一对象的单方向异步通信,所有的信息通过值来传递。信号适合
于为分布式并发系统建模。为建立同步通信需使用一对信号,每个方向使用一个信号。一
个调用可以认为是带有隐式返回指针参数的信号。

6.3　建立状态图

在对系统动态建模时,有时需要对一些对象刻画它们对外部事件所做出的反应,从而描
述对象从状态到状态的转移。这时就需要绘制对象的状态图。值得注意的是,对于不是基
于控制的应用系统,多数对象不会经历有意义的状态转移,因此,只有少数的对象需要用状
态图描述。

建立状态模型的策略如下。

6.3.1　识别需要绘制状态图的实体

首先要识别出哪些实体、对象需要使用状态图进一步建模。状态图应该用于复杂状态
的对象,而不必用于具有复杂行为的对象。对于有复杂行为的对象,使用活动图会更加
合适。

6.3.2　识别状态空间

对象状态的变化过程反映了对象生命周期内的演化过程,所以应该分析对象的生命周

期，识别对象的状态空间，掌握它的活动"历程"。对象状态空间识别步骤包括以下几个方面。

（1）识别对象在问题域中的生命周期。对象的生命周期分为直线式和循环式。直线式的生命周期通常具有一定的时间顺序特性，即对象进入初态后，经过一段时间会过渡到后续状态，如此直至结束对象生命。例如，订单的生命周期描述："顾客提出购货请求后产生订单对象，然后经历顾客付款、签收后，订单对象就将被删除。"

循环式的生命周期通常并不具备时间顺序特性。在一定条件下，对象会返回到已经经过的生存状态。例如，可再利用的生活日用品对象（如玻璃瓶、塑料制品）的生命周期是："它们加入人们生活中后，当失去了使用价值时就变成了废品。废品被回收到废品处理厂，经过加工并送到工厂，然后它们又将变为日用品重新进入生活领域。"

（2）确定对象生命周期阶段划分策略。通常可以将生命周期划分为两个或多个阶段，例如，用付款情况这种策略来划分订单生命周期就可得到"未付款"和"已付款"两个阶段。而如果运用订单处理情况作为划分策略，则又可以得到"未发货"、"已发货"、"未签收"和"已签收"4个阶段。划分的策略应该是问题域关心的那些情况。例如，如果付款情况是问题域关心的，那么就应该按付款情况进行划分。

（3）重新按阶段描述对象生命周期，得到候选状态。在确定了生命周期的划分策略后，应该运用策略重新按阶段描述对象的生命周期，这时就得到了一系列候选的状态。

（4）识别对象在每个候选状态下的动作，并对状态空间进行调整。如果对象在某个状态下没有任何动作，那么该状态的存在就值得怀疑，同时如果对象在某个状态下的动作太复杂，就应该考虑对此状态进行进一步的划分。

（5）分析每个状态的确定因素（对象的数据属性）。每个状态都可由对象某些数据属性的组合来唯一确定。针对每个状态，应该识别出确定该状态的数据属性和取值情况，如果找不到这样的数据属性，一方面可能是该状态不为问题域所关心，另一方面可能是对属性的识别工作有疏漏。

（6）检查对象状态的确定性和状态间的互斥性。一般对象的不同状态间必须是互斥的，即任何两个状态之间不存在一个"中间状态"，使得该"中间状态"同时可以归结到这两个状态。

6.3.3　识别状态转移

状态空间定义了状态图的"细胞"，而状态转移则是状态图中连接"细胞"的脉络，通过它将各个状态有机地联系在一起，描述对象的活动历程。为了识别状态转移，可按照对象的生命周期把对象的状态组织起来。分析研究某个状态是否会变化到另外一个状态，如果会的话，则在两个状态之间建立一个最简单的状态转移。

建立最简单的状态转移后，就要分析这个转移在什么时候、在什么条件下被激活，或者当出现什么事件时该状态转移被激活。通过这些分析可以得到比较详细的状态图。

最后检查整个状态图，并分析问题域中所有可能与该对象相关的事件，检查是否所有事件都已经出现在状态图中。如果有些事件没有出现，则要分析该事件是否不需要对象响应，否则就应该分析应该由哪些状态转移来响应这些事件。

6.3.4 绘制并审查状态图

利用上述信息,就可以创建一个简单的状态图。

在绘制完状态图后,还要进行必要的审查,可以从以下 4 个方面进行。

(1)检查该对象的接口所期望的所有事件是否都被状态所处理。

(2)检查在状态中提到的所有动作是否被闭合对象的关系和操作所支持。

(3)通过状态,跟踪检查事件的顺序和对它们的响应,尤其要注意寻找那些未达到的状态和导致状态图不能走通的状态。

(4)重新安排各状态后,按所期望的顺序再次检查,以确保没有改变该对象的语义。

6.4 状态图的工具支持

状态图的工具支持包括两方面的内容:正向工程和逆向工程。

正向工程指的是根据状态图生成代码。逆向工程指的是从源代码逆向得到状态图。事实上根据状态图来生成代码有一套比较完整的理论,感兴趣的读者可以参考形式语言与自动机方面的书籍,见参考文献[17]。图 6.14 是引自参考文献[16]中的进行词法分析的状态图,根据这个状态图,可以生成进行词法分析用的 Java 类 MessageParser。MessageParser 类的具体代码如下所示,读者可以看参考文献[16]。

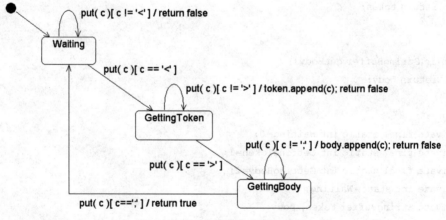

图 6.14 一个词法分析的状态图

Java 类 MessageParser 的具体代码:

```
class MessageParser {

public boolean put(char c) {
    switch (state) {
        case Waiting:
            if (c=='<') {
                state=GettingToken;
                token=new StringBuffer();
```

```
            body=new StringBuffer();
        }
        break;
    case GettingToken :
        if (c=='>')
            state=GettingBody;
        else
            token.append(c);
        break;
    case GettingBody :
        if (c==';') {
            state=Waiting;
            return true;
        }
        else
            body.append(c);
    }
    return false;
}

public StringBuffer getToken() {
    return token;
}

public StringBuffer getBody() {
    return body;
}

private final static int Waiting=0;
private final static int GettingToken=1;
private final static int GettingBody=2;
private int state=Waiting;
private StringBuffer token, body;
}
```

目前 Rose 2003 版本还不支持从状态图生成代码,但已有一些工具支持从状态图中生成代码,如 Poseidon(可从网址 http://www.gentleware.com/下载试用版本)。

软件逆向工程是在给定源代码的情况下,标识软件系统中的构造块,抽取结构依赖关系,为系统创造另一种更高抽象形式的表示。

软件逆向工程是基于以下的假设:构造软件系统的过程是从问题域到实现域的映射过程,这种映射是在正向工程中完成的,而这是一个可逆的过程,并且可以在不同的抽象级别上被重构。

在正向工程中,会有语义丢失的现象。也就是说,在分析和设计模型中包含的信息要比源代码中包含的信息多,要想让计算机在逆向工程时自动找回这些信息非常困难。因此,在逆向工程过程中,往往需要手工添加一些信息,以帮助逆向工程能得到满意的结果。

如果要用工具实现从源代码到状态图的逆向工程,那么至少在逆向工程时需要人来帮助指定一个对象具有哪些状态,否则让计算机来判断对象的状态数目会很困难。

6.5 活 动 图

活动图是对系统的动态行为建模的5种图之一。在 OMT、Booch、OOSE 方法中并没有活动图的概念,UML 中的活动图的概念是从别的方法中借鉴来的。与 Jim Odell 的事件图、Petri 网、SDL 建模技术等类似,活动图可以用于描述系统的工作流程和并发行为。活动图其实可看作状态图的特殊形式,活动图中一个活动结束后将立即进入下一个活动(在状态图中状态的转移可能需要事件的触发)。

活动图中包括的建模元素有活动、泳道、分支、分叉、汇合和对象流等。

6.5.1 活动

活动(activity)表示的是某流程中的任务的执行,它可以表示某算法过程中语句的执行。

在活动图中需要注意区分动作状态(action state)和活动状态(activity state)这两种类型的活动。

动作状态是原子的,不能被分解,没有内部转移,没有内部活动。动作状态是活动图最小粒度的构造块,并且表示动作不能被分解成子任务的任务。动作状态的工作所占用的时间是可忽略的。例如,发送一个信号,设置某个属性值等。

活动状态是可分解的,不是原子的,其工作的完成需要一定的时间。活动状态能够被分解成其他子活动和动作状态。可以把动作状态看作活动状态的特例。动作状态一般用于描述简短的操作,而活动状态用于描述复杂性的计算或持续事件的执行。

6.5.2 分支

在活动图中,对于同一个触发事件,可以根据不同的警戒条件转向不同的活动,每个可能的转移是一个分支(branch)。

在 UML 中表示分支有两种方法,如图 6.15 所示,这两种表示方法的区别是,图 6.15(b)的活动图采用菱形符号表示分支。

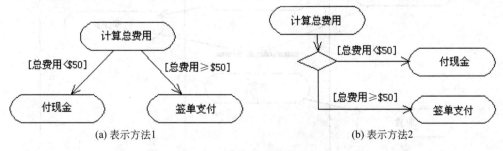

(a) 表示方法1   (b) 表示方法2

图 6.15 分支的两种表示方法

6.5.3 分叉和汇合

如果要表示系统或对象中的并发行为，则可以使用分叉(fork)和汇合(join)这两种建模元素。

分叉表示的是一个控制流被两个或多个控制流代替，经过分叉后，这些控制流是并发进行的；汇合正好与分叉相反，表示两个或多个控制流被一个控制流代替。

如图 6.16 所示是分叉和汇合的例子。"信用卡支付"活动和"配备订单货物"活动是并发进行的。

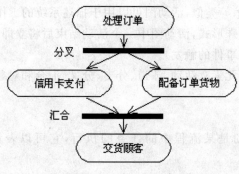

图 6.16　分叉和汇合

6.5.4 泳道

泳道(swimlane)是活动图中的区域划分，根据每个活动的职责对所有活动进行划分，每个泳道代表一个责任区。泳道和类并不是一一对应的关系，泳道关心的是其所代表的职责，一个泳道可能由一个类实现，也可能由多个类实现。如图 6.17 所示是使用泳道的活动图。

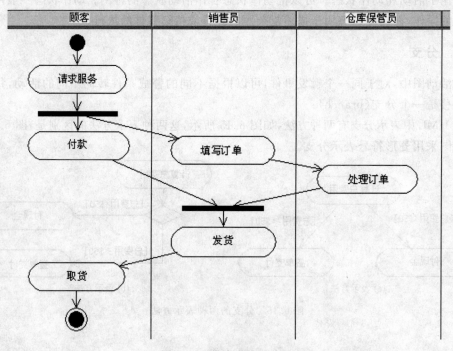

图 6.17　带泳道的活动图

6.5.5　对象流

在活动图中可以出现对象。对象可以作为活动的输入或输出。活动图中的对象流表示活动和对象之间的关系,如一个活动创建对象(作为活动的输出)或使用对象(作为活动的输入)等。活动可以修改对象状态。

对象流是一种特殊的控制流,控制流是活动之间的关系。所以如果两个活动之间有对象流,则控制流就不必重复画出了。在 UML 规范中,活动图中的对象用矩形表示,其中包含带下划线的类名。在类名下方的方括号中给出的是状态名,表明对象此时的状态。为了与控制流区分开来,用带箭头的虚线来表示对象流。

如图 6.18 所示是使用了对象流的活动图。活动 Submit Defect 创建对象 Defect,该对象的状态是 Submitted,活动 Fix Defect 使用处于 Submitted 状态的对象 Defect,同时把对象的状态改为 Fixed 状态。

6.5.6　信号

信号是表示两个对象之间异步通信的方法。当一个对象接收到一个信号时,信号事件发生。一般情况下,在状态图中表示信号事件,在活动图中不表示信号事件。

在 UML 2.0 的规范中,对活动图中的信号发送和信号接收进行了图形符号的规定。凸五边形代表信号发送,凹五边形代表信号接收。

图 6.19 给出了带信号的活动图。名为 Order 的信号被发送给外部对象:MailOrderCompany。接收从外部对象:MailOrderCompany 发来的信号 Goods delivered。

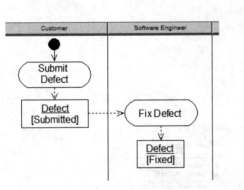

图 6.18　带对象流的活动图

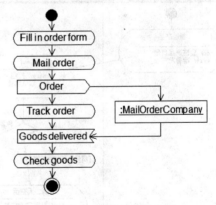

图 6.19　带信号的活动图

6.6　活动图的用途

活动图对表示并发行为非常有用,其应用范围非常广泛。此外,活动图可以对系统的工作流程建模,即对系统的业务过程建模;也可以对具体的操作建模,用于描述计算过程的细节。

6.6.1 对业务过程建模

在进行用例分析时，可以用活动图来描述具体的工作流程，即业务过程描述。

【例6.15】 图6.20所示的用例图有两个用例：产品制造和发货。由于产品的制造和发货这个工作流程涉及两个用例，所以采用脚本或顺序图都很难描述，而采用带泳道的活动图则可以很好地解决这个问题。

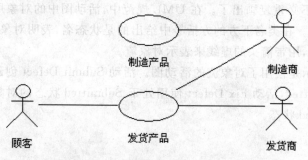

图6.20 产品的制造和发货的用例图

图6.21是对这个工作流程的具体描述。制造商生产产品，将准备发货的产品移交给发货商。发货商对产品进行包装。然后对包裹进行称重。若质量大于5千克，则走陆运；否则走空运。陆运隔一天发货，空运隔二天发货。包裹到顾客手上后，顾客验收签字。至此，整个工作流程完成。在这个工作流程中，涉及3个角色。而泳道正好可以反映出角色的职责。

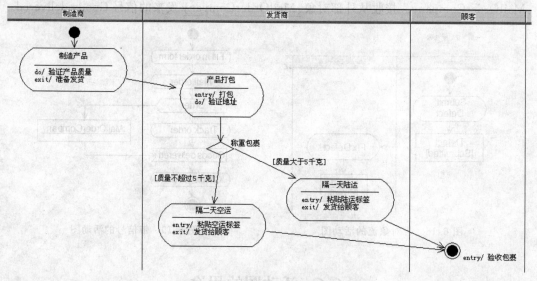

图6.21 用活动图描述工作流程

6.6.2 对具体操作建模

活动图除了可以对工作流程建模外，也可以对具体的操作建模，即算法描述。在结构化分析和设计中，开发人员往往使用流程图来描述一个算法。在UML中没有流程图的概念，从某种意义上说，活动图的功能已包含了流程图。如果需要描述一个算法，可以用活动图来描述。

【例 6.16】 图 6.22 所示的活动图描述 Line 类的求直线交点的算法,见参考文献[16]的 272 页。直线的斜率存储在 slope 属性中,直线的截距存储在 delta 属性中。第一条直线是本对象(即 this 对象),第二条直线是 l 对象(这里,l 是字母 L 的小写)。

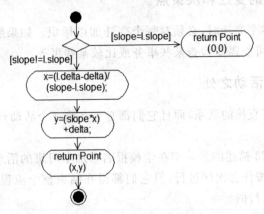

图 6.22 用活动图描述算法

求两条直线的交点,首先判断它们的斜率是否相等。若相等,则说明两条直线平行或重叠,因此无交点,所以返回(0,0)点;若不相等,则根据斜率截距计算公式,分别计算出交点的 x 坐标和 y 坐标,返回(x,y)点。

6.7　建立活动图

活动图的应用非常广泛,它既可用来描述操作(类的方法)的行为,也可以描述用例和对象内部的工作过程。活动图依据对象状态的变化来捕获动作(将要执行的工作或活动)与动作的结果。

建立活动图的策略如下。

6.7.1　定义活动图的范围

首先应该明确要在什么范围内建立活动模型。是单个用例,或一个用例的一部分,或一个包含多个用例的业务流程,还是一个类的单个方法?一旦定义了所作图的范围,就应该在其顶部用一个标注添加标签,指明该图的标题和唯一的标识符。

6.7.2　添加起始点和结束点

每个活动图有一个起始点和结束点,因此,在建立活动图时应明确它们。有时候一个活动只是一个简单的结束,如果是这种情况,指明其唯一的变迁到一个结束点也是无害的。这样,当其他人阅读活动图时就能知道是如何退出这些活动的。

6.7.3　添加活动

如果是对一个用例建模,对每个参与者所发出的主要步骤引入一个活动(该活动可能包括起始步骤,加上对起始步骤系统响应的任何步骤)。如果是对一个高层的业务流程建模,对每个主要流程引入一个活动,通常为一个用例或用例包。如果是针对一个方法建模,那么对此引入一个活动是很常见的。

6.7.4　添加活动间的变迁和决策点

一旦一个活动有多个变迁时,必须对每个变迁加以标识。如果所建模的逻辑需要做出一个决策或判断,则有可能需要检查某些事务或比较某些事务。

6.7.5　找出可并行活动之处

当两个活动间没有直接的联系,而且它们都必须在第三个活动开始前结束,那它们是可以并行运行的。

【例6.17】　图6.23描述的是一个在学校报名参加学习班的活动图,其中"参加简要介绍"和"报名研讨班"可按任意次序进行,但它们都得在结束整个流程前完成。因此,可以将这两个活动看成并行运行的。

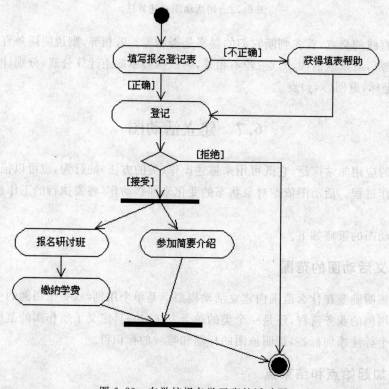

图6.23　在学校报名学习班的活动图

6.8　活动图的工具支持

利用工具可以对活动图进行正向工程和逆向工程,正向工程是利用活动图产生代码。

活动图既可以表示工作流程,也可以表示具体的算法。如果活动图是表示工作流程的,那么根据活动图产生代码会非常困难。如果活动图是表示一个具体算法的，那么根据活动图产生代码就比较容易。例如，对于图 6.22 所示的活动图，生成代码就很容易，在参考文献[16]中有具体的代码，感兴趣的读者可以自己去阅读。

逆向工程是指根据源代码产生活动图。对类的一个操作进行逆向工程是可能的，但要对一个系统进行逆向工程得到描述工作流程的活动图则非常困难。

目前支持 UML 的工具很多，但支持活动图的正向工程和逆向工程的工具并不多。Rose 2003 也不支持活动图的正向工程和逆向工程。

6.9   状态图和活动图的比较

状态图和活动图都是对系统的动态行为建模，两者很相似（指所用的图形符号的画法），但也有区别。

（1）两者描述的重点不同。状态图描述的是一个对象的生命周期内的状态及状态之间的转移，以及引起状态转移的事件和对象在状态中的动作等。而活动图描述的是从活动到活动的控制流，用于描述多个对象在交互时采取的活动，它关注对象如何相互活动以完成一个事务。

（2）两者使用的场合不同。如果是为了显示一个对象在其生命周期内的行为，则使用状态图较为理想。如果目的是为了分析用例，或理解涉及多个用例的工作流程，或处理多线程应用等，则使用活动图较为理想。

（3）两者的用途不同。状态图的主要用途是为一个对象在其生命周期中的一组属性值对所发生的事件的反应的建模。活动图的主要用途有两种：一是为业务流程建模；二是为对象的特定操作建模。

（4）两者包含的动作的性质不同。状态图中的动作是原子计算的，不能被分解。活动图中的动作有动作和活动之分；前者是原子计算的，不能被分解。而后者是非原子计算的，可以被分解。

（5）两者包含的动作的场所不同。状态图中的动作发生在状态中或转移中，活动图中的动作可以放在泳道中。

（6）两者包含的动作的执行条件不同。状态图中的动作的执行需要事件的触发，活动图中的动作的执行不需要事件的触发。

（7）两者与对象的关系不同。状态图中可以表示对象的属性值，活动图中既可以表示对象的值流，也可以表示动作的控制流。而对象的值流表示中既可以反映出输入输出值，又可以反映出参数传递的流动方向。

（8）两者在软件生命周期中的阶段位置不同。状态图只在系统设计阶段使用，活动图既可以在系统需求分析阶段使用，也可以在系统设计阶段使用。

6.10   一个行为建模的例子

本节通过一个简化的大学课程注册系统的例子，说明行为建模的过程。

6.10.1 需求陈述

某个中等规模的大学为全日制的学生提供大量本科生学位,这个大学的教学机构由学院组成,每个学院包含几个专业方向。每个学院管理一种学位,每种学位都有若干必修课和若干选修课。每门课程都处于一个给定的级别,并且有一个学分值。同一门课程可以是若干学位的一部分,一个学位还含有其他学院提供的课程。每种学位都要给定完成学位所要求的总学分值。

令该大学自豪的是,其给予了学生在选课时的自主权。选课的灵活性使得大学课程注册系统变得复杂。学生可以组合课程计划表所提供的课程,形成他们的学习计划(注册课程),一方面适合他们的个人需要,另一方面完成了这些课程他们就能得到他们所注册的学位。个人选课的自主权不应该与学位管理的规则相矛盾,例如,学生必须学习过某门课程的先修课程,才能选修该门课程。学生对课程的选择可能受时间冲突、最大的班级人数等条件的限制。

在每个学期的开始,学生们会得到一份本学期将要开设的课程计划表。学生在一段时间内要确定他自己本学期打算上的课程,作为他的课程注册信息。允许学生选择四门主选课程和两门备选课程。每门课程最多有 10 名、最少有 3 名学生选择才能开课。少于 3 个人报名的课程将被取消。系统对于每个学生提交的课程注册信息,检查他们的前提条件、所选课程的已报名人数、时间表冲突等约束,将选课成功或失败的消息通知给学生。对于成功注册的课程,系统通过收费系统统计该学生的课程费用,以便学生缴费。选课时间段结束后,教授可以查询到他自己将要讲授的哪些课程以及这些课程中每门课程有哪些学生报名。

该大学提供的教育的灵活性,是学生数量增长的主要原因。然而,为了维护它的传统强项,当前的注册系统部分是手工的,必须由新的软件系统来代替。由于这个大学课程注册系统有自身的独特性,找不到合适的商品软件,因而只能自行开发。

6.10.2 分析活动

场景用来描述用户与目标系统之间一个或多个典型的交互过程,或是系统在某一执行期间内出现的一系列事件。可以分别使用事件流和活动图来对用例场景进行描述。活动图对于定义用例执行的活动的流程特别有用。由于活动图没有显示执行这些活动的对象,一个活动图甚至在结构模型还没有被开发时,或者正在开发时就可以构造出来。最后,每个活动将被定义为在一个或多个合作类中的一个或多个操作。

图 6.24 是与"学习计划"用例相匹配的活动图。

该活动图是在较高的抽象层次上完成的,没有将事件赋予对象。主要是显示用例的流程。在设计出交互图后,可以将各个活动分配到各个对象中。

使用事件流或活动图描述用例的不足之处在于无法表示出每个用例涉及哪些对象,更不能表示出哪个对象执行哪个活动及对象之间的消息工作方式。因此,需要通过交互图精确表示对象间的交互行为和状态等动态特征。

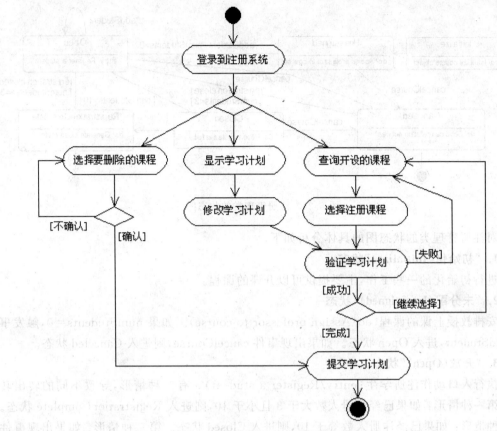

图 6.24 "学习计划"用例匹配的活动图

6.10.3 分析对象状态

状态图只是针对单个对象建模,通过分析某一单个对象的内部状态来了解一个对象的行为。对于有多种内部状态的对象,状态图可以显示对象如何从一种状态过渡到另外一种状态,以及对象在不同状态中的不同行为。

可以通过以下两种方法确定一个类是否有重要的状态行为。

(1) 检查类的属性:考虑一个类的实例在属性值不同时如何表现,因为如果对象的行为表现不同,则其状态也不同。

(2) 检查类的关联:查看关联多重性中带 0 的关联,0 表示这个关联是可选的。查看关联存在时和不存在时类似实例是否表现相同。如果不同,则可能有多种状态。

图 6.25 为 CourseOffering(开设课程类)的状态图。开设的课程的初始状态是 Open。但当注册人数达到班级人数最大限度时,就变成 Close 状态。

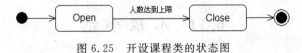

图 6.25 开设课程类的状态图

图 6.26 为 RegistrationManager(注册管理类)的状态图。

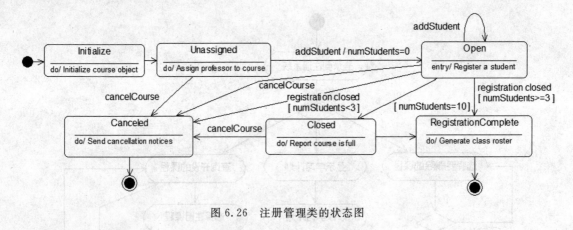

图 6.26　注册管理类的状态图

对注册管理类的状态图的具体分析如下。

1. "初始化（Initialize）"状态

进行初始化的一些工作，主要提供可以开课的课程。

2. "未分配（Unassigned）"状态

安排教授上课的课程（do/Assign professor to course）。如果 numStudents＝0，触发事件 addStudent，进入 Open 状态。如果出现事件 cancelCourse，则进入 Canceled 状态。

3. "开放（Open）"状态

执行入口动作注册学生（entry/Register a student）。有 3 种情形，导致不同的转出转移。第一种情形：如果已经注册人数大于 3 且小于 10，则进入 RegistrationComplete 状态。第二种情形：如果已经注册人数等于 10，则进入 Closed 状态。第三种情形：如果出现事件 cancelCourse 或事件 registrationClosed 且已经注册人数小于 3，则进入 Canceled 状态。

4. "注册完成（RegistrationComplete）"状态

完成注册，时间到。产生班级花名册，状态图终止。

5. "关闭（Closed）"状态

某门课程的学生人数达到上限 10 人，关闭该课程的选择。如果出现事件 cancelCourse，则进入 Canceled 状态。

6. "撤销（Canceled）"状态

由于特殊原因，导致本次课程注册计划的失败。发送撤销通知，状态图终止。

从上面的解释中看到，反映业务规则的 RegistrationManager（注册管理类）控制类，要涉及 Professor 类、Course 类、CourseRoster 类。因此，该状态图反映了跨用例的多对象行为。

本案例主要涉及业务应用，其中的状态变化比较少。因此，状态变化的建模在分析阶段要结束时才进行。

6.11　本章小结

（1）状态图和活动图都是对系统的动态行为建模，是 UML 中的动态建模机制。

（2）状态图重点在于描述对象的状态及状态之间的转移，活动图重点在于描述系统的工作流程和并发行为,或一个操作的具体算法。

(3) 状态图中包括的建模元素有状态、组合状态、子状态、历史状态、转移、事件和动作等,活动图中包括的建模元素有活动、泳道、分支、分叉和汇合、对象流等。

(4) 在 UML 中,事件分为调用事件、变化事件、时间事件和信号事件 4 种类型。

(5) 对状态图和活动图可以进行正向工程和逆向工程,但即使有工具的帮助,在某些情况下进行正向工程或逆向工程也不是很容易的事。

(6) 在状态图中,在任何特定时刻,状态由如下因素所确定:对象的属性值,与其他对象的关系,正在执行的活动。

(7) 在活动图中,活动包括动作状态和活动状态。动作状态是不能被分解成子任务的任务,是原子计算的,不能被中断。活动状态是可以被分解成子活动和动作状态的任务,是非原子计算,能够被中断。

(8) 在状态图中,状态用圆角矩形图形符号表示。在活动图中,活动(包括动作状态和活动状态)用圆边矩形图形符号表示。

(9) 在状态图和活动图中,都可以用图形符号表示信号。凸五边形表示信号发送,凹五边形表示信号接收。

(10) 在状态图中,信号发送从状态指向对象,信号接收从对象指向状态。在活动图中,信号发送从活动指向对象,信号接收从对象指向活动。

(11) 活动图是状态图的一种特殊形式。

(12) 在状态图和活动图中,都可以出现分支、分叉和汇合等建模元素。分支表示选择、分叉和汇合表示并发。

(13) 泳道是活动图中的区域划分,根据每个活动的职责对所有活动进行划分,每个泳道代表一个责任区。一个泳道可能由一个类实现,也可能由多个类实现。

(14) 状态图中的有些状态,它们所要执行的一系列动作,和/或要响应的一些事件,可以进一步地描述成若干更小规模的(内部)状态。这些(内部)状态称为子状态,用以描述一个状态内部的状态变化过程。包含子状态的状态称为组合状态。

(15) 子状态之间可分为 or 关系或 and 关系两种。or 关系说明在某一时刻仅可到达一个子状态。具有 or 关系的这些子状态称为串行子状态。and 关系说明在某一时刻可同时到达多个子状态。具有 and 关系的这些子状态称为并行子状态。

(16) 历史状态是一个特殊的子状态(称为伪状态),它记录了组合状态被转出时的活跃子状态。其目的是当再次进入组合状态时,可直接进入这个子状态,而不是再次从组合状态的初态开始。

(17) 历史状态又分浅历史状态和深历史状态。浅历史状态只记住最外层组合状态的历史;深历史状态可记住任何深度的组合状态的历史。

(18) 活动图中的某些活动,可以包含若干个子活动和动作状态。这样的活动称为活动状态。

(19) 信号是由一个对象异步地发送、并由另一个对象接收的已命名的实体。信号可以被声明为<<signal>>构造型的类元。信号有明确的参数列表,信号的参数被声明为属性。信号只有一个操作,所有的信号共享隐式的操作:发送。如果将信号看成是一个类,则可以建立信号之间的泛化关系。

（20）状态图一般是对反应型对象建模,活动图一般是对非反应型对象建模。

（21）如果状态是由对象的属性值来决定,那么必须考虑属性值的不同组合具有重要的语义差别。例如,Color 类有 3 个属性：red、green、blue。每个属性的取值范围是 0～255。这 3 个属性取值的任何一种组合(这样的组合共有 256×256×256＝16777216)都代表一种特定的颜色,不存在重要的语义差别。因此,没必要对 Color 类对象建模状态图。

（22）在状态图中,调用事件应该和为状态图提供语境的类的方法具有相同的签名。可以为调用事件指定一连串动作,每个动作之间用分号隔开。这些动作能够使用语境类的属性和操作。调用事件可以存在返回值。

（23）在状态图和活动图中,信号事件是由信号触发的事件。信号是对象间异步传递的消息。信号只有唯一的隐式操作 send,不存在其他操作。因此,信号就不是特别地面向对象。例如,发送信号 OverdrawnAccount. send(bankManager),OverdrawnAccount 是信号名,bankManager 是一个类对象,指定接收信号的对象。也可以在 send 方法的参数中指定对象列表,表示信号将发给这些类的所有对象。信号事件的事件触发器(即事件名)是将信号作为参数接收的方法。例如,信号事件 accountOverdrawn(od：OverdrawnAccount),accountOverdrawn 是信号事件名,它是 bankManager 类的一个方法。

（24）在状态图中,变化事件是边缘触发的。这表示变化事件由 when 子句中说明的布尔表达式变化为 true 的过程所触发。在变化事件再次被触发前,布尔条件要先转为 false,然后才转换为 true。变化事件需要不断测试条件。

6.12 习 题

6.12.1 填空题

1. 在 UML 中,状态图是由_____的各个状态和连接这些状态的转移组成,是展示_____与_____的图。

2. _____用于描述模型元素的实例的行为。

3. 状态可以分为_____和_____。

4. _____代表上次离开组合状态时的最后一个活动子状态,它用一个包含字母_____的小圆圈表示。

5. 在状态图中,一个_____的出现可以触发状态的改变。

6. _____的所有或多数状态都是动作状态或活动状态。

7. _____的状态必须与它所表示的参数和结果的类型匹配。

8. _____是原子性的动作或操作的执行状态,它不能被外部事件的转移中断。

9. 活动状态可以有内部转移,可以有_____动作和_____动作。

10. 为了对活动的职责进行组织而在活动图中将活动状态分为不同的组,称为_____。

11. 顺序状态表明状态之间的转移是_____的,即一个接一个顺序转移。

12. 状态图还可用复合转移的_____转移图符来表示并发子状态。

13. 在活动图中,_____也称为对象流。对象流表示动作状态或活动状态与对象之间的关联。

14. 活动图中活动状态的转移_____由事件进行触发,一个活动执行完毕_____进入下一个活动状态。

15. 活动图既可以描述对象的动态行为,还可以用来描述_____。

16. 状态图和活动图描述系统中某个_____的一系列状态变化。

6.12.2 选择题

1. 事件可以分为( )。
   A. 信号事件　　　　B. 改变事件　　　　C. 调用事件　　　　D. 时间事件

2. 以下属于组合状态的有( )。
   A. 顺序　　　　　　B. 并发　　　　　　C. 同步　　　　　　D. 异步

3. 对反应型对象建模一般使用( )。
   A. 状态图　　　　　B. 顺序图　　　　　C. 活动图　　　　　D. 类图

4. 下列对状态图的描述中,正确的是( )。
   A. 状态图通过建立类对象的生命周期模型来描述对象随时间变化的行为
   B. 状态图适用于描述状态和动作的顺序,不仅可以展现一个对象拥有的状态,还可以说明事件如何随着时间的推移来影响这些状态
   C. 状态图的主要目的是描述对象创建和销毁过程中资源的不同状态,有利于开发人员提高开发效率
   D. 状态图描述了一个实体基于事件反应的动态行为,显示了该实体如何根据当前所处的状态对不同的事件做出反应

5. 以下构成状态图的基本模型元素的是( )。
   A. 状态　　　　　　B. 转移　　　　　　C. 初始状态　　　　D. 链

6. 以下说法中正确的是( )。
   A. 分支将转换路径分成多个部分,每一部分都有单独的监护条件和不同的结果
   B. 一个组合活动在表面上看是一个状态,但其本质却是一组子活动的概括
   C. 活动状态是原子性的,用来表示一个具有子结构的纯粹计算的执行
   D. 对象流中的对象表示的不仅仅是对象本身,还表示了对象作为过程中的一个状态存在

7. 以下构成活动图的基本模型元素的是( )。
   A. 泳道　　　　　　B. 动作　　　　　　C. 对象　　　　　　D. 活动

8. 活动图中的开始状态的标记符使用( )表示。
   A. 菱形　　　　　　B. 直线箭头　　　　C. 黑色实心圆　　　D. 空心圆

9. UML 中用( )来描述过程或操作的工作步骤。
   A. 状态图　　　　　B. 活动图　　　　　C. 用例图　　　　　D. 部署图

10. ( )技术是将一个活动图中的活动状态进行分组,每一组表示一个特定的类、人或部门,它们负责完成组内的活动。
   A. 泳道　　　　　　B. 分支　　　　　　C. 分叉与汇合　　　D. 转移

11. 状态图可以表现( )在生存期内的行为、所经历的状态序列、引起状态转移的事

件以及因状态转移而引起的动作。

    A. 一组对象   B. 一个对象   C. 多个执行者   D. 几个子系统

12. 状态图描述一个对象在不同（   ）的驱动下发生的状态转移。

    A. 事件   B. 对象   C. 执行者   D. 数据

13. 一个（   ）转移图符可以有多个源状态或目标状态，它们可以把一个控制分解为并行运行的并发线程，或将多个并发线程接合成单个线程。

    A. 状态   B. 对象   C. 活动   D. 同步并发

14. 活动图中动作状态之间的转移不是靠（   ）触发的，当活动（动作）状态中的活动完成时转移就被触发。

    A. 对象   B. 事件   C. 执行者   D. 系统

15. 状态图和活动图建立了 UML 面向对象开发过程中的对象动态（   ）模型。

    A. 交互   B. 状态   C. 体系结构   D. 软件复用

16. 在 UML 的需求分析建模中，对用例模型中的用例进行细化说明应使用（   ）。

    A. 活动图   B. 状态图   C. 部署图   D. 组件图

17. 活动图中的分叉和汇合图符是用来描述（   ）。

    A. 多进程的并发处理行为   B. 对象的时序

    C. 类的关系   D. 系统体系结构框架

18. Statopia 是一家大型公司，由于公司业务的扩大，准备对公司已有的软件系统进行升级，因此委托 ObjectR 公司负责该项目。ObjectR 公司的专家建议在对系统升级前和 Statopia 公司的高层管理人员开一次讨论会，以便能更好地了解目前所使用的软件系统。那么，在这次讨论会中，（   ）最有用。

    A. 状态图   B. 部署图   C. 活动图   D. 顺序图

19. Coolsoft 准备开发一个自动餐卡服务系统 Coco。Coco 的具体需求如下：Coco 将使用 3 个插槽，第一个插槽用于制作新餐卡，第二个插槽用于向餐卡充钱，第三个插槽用于在向餐卡中充钱时插入纸币。系统运行时会显示一个界面，界面中有 3 个选项：①获取新餐卡；②为餐卡充钱；③打印与餐卡充钱和消费有关的数据。在开发 Coco 系统完成上述功能时，（   ）最有用。

    A. 构件图   B. 状态图   C. 活动图   D. 部署图

20. 为了描述和理解系统中的控制机制，如为了描述一个设备控制器在不同情况下所要完成的动作，（   ）最有用。

    A. 交互图   B. 活动图   C. 状态图   D. 类图

21. Innovation 公司正在为 Rose 开发插入件，使得 Rose 可以把 OOA/OOD 模型以各种图形格式导出，如 JPEG 格式、BMP 格式、GIF 格式等。在导出时，会根据不同的算法来生成相应的图形文件。这些算法很复杂。为了描述这些算法，（   ）最有用。

    A. 活动图   B. 状态图   C. 类图   D. 用例图

22. 如果要对一个企业中的工作流程建模，（   ）最有用。

    A. 交互图   B. 类图   C. 活动图   D. 部署图

6.12.3　简答题

1. 简述状态图和活动图之间的区别。

2. 状态图中一定要有终止状态吗？举例说明。

3. 简述转移的组成。

4. 简述分支和分叉的区别。

5. 泳道的作用是什么？

6. 什么是子状态？什么是组合状态？

7. 简述状态的组成。

8. 表达历史状态的标记符有哪几种？它们的区别是什么？

9. 建模驾驶员驾驶汽车的状态图。

10. 建模驾驶员驾驶汽车的活动图。

11. 事件的类型分为哪几种？

12. 简述信号事件的特征。

13. 对象流的作用是什么？

14. 活动图的主要用途是什么？

6.12.4 简单分析题

1. 阅览室中的灯由一个分别标记为 On、Off、Dim 三个开关的面板控制。On 把灯打开到它们的最大亮度，Off 关灯。还有一个中等亮度，在演示幻灯片和其他投影材料时使用。Dim 开关将亮度从最亮降低到中等亮度；再次按下 On 开关，将恢复最大亮度。画一个状态图对这个阅览室的照明系统的行为建模。

2. 一个简单的电梯的运行过程可以描述如下：最初电梯停在第一层。当有人按了上行或下行按钮时，电梯将根据电梯当时所在的楼层和按钮按下的楼层，决定是上行还是下行。当达到目的楼层后，电梯停留在该楼层，等待下一次的按钮事件的发生。根据上述这个过程，建立简单电梯的状态图。

3. 一个 Employee 类的动态行为包括 Apply、Employed、Leave of Absence、Terminated、Retired。

（1）Apply 状态信息：在这个状态下进行面试，出现雇佣 hire 事件时退出此状态。

（2）Employed 状态信息：该状态按工资的支付方式分类有 3 个子状态：Hourly、Salaried 和 Commissioned。其支付方式可随时改变。当进入/退出子状态时建立/删除支付方式分类。

（3）Leave of Absence 状态信息：雇员在任何雇佣子状态下最长可请假 1 年。如果他/她返回到 Employed 状态的同样支付方式子状态，则结束此状态。

（4）Terminated 状态信息：在任何 Employed 子状态下，雇员可以被开除，或辞职。此状态结束时，要做雇员记录（employee record）。

（5）Retired 状态信息：雇员在 65 岁时退休。在此状态下计算养老金信息。根据上述这个描述，建立 Employee 类的状态图。

4. 下面给出了类 ISPDialer 的状态图（见图 6.27）。这个类负责拨号到因特网服务提供商。试分析状态图表现的类 ISPDialer 的行为，并给予行为的解释。

5. 下面给出一个由控制盒、安全传感器、火警传感器和报警盒组成的简单防盗报警系统的状态图（见图 6.28）。试分析状态图表现的系统的行为，并给予行为的解释。

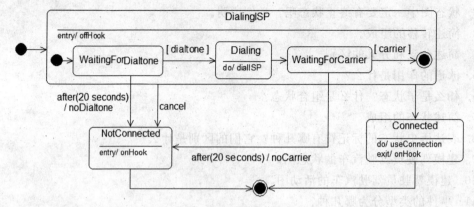

图 6.27　类 ISPDialer 的状态图

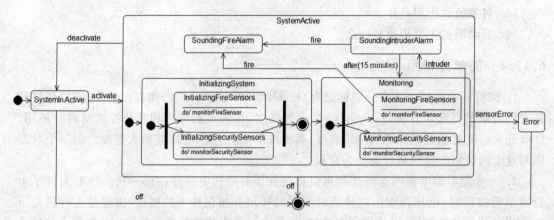

图 6.28　防盗报警系统的状态图

6. 下面给出电子商务系统中用例 BrowseCatalog 的状态图（带浅历史状态，见图 6.29）。试分析状态图表现的用例的行为，并给予行为的解释。

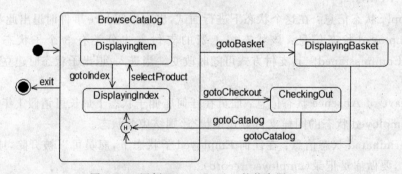

图 6.29　用例 BrowseCatalog 的状态图（一）

7. 下面给出电子商务系统中用例 BrowseCatalog 的状态图（带深历史状态，见图 6.30）。试分析状态图表现的用例的行为，并给予行为的解释。

8. 下面给出产品生产销售管理系统中有关产品设计、制造、发货的业务活动图（带泳道和对象流，见图 6.31）。试分析活动图表现的业务的行为，并给予行为的解释。

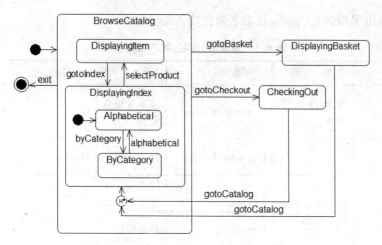

图 6.30 用例 BrowseCatalog 的状态图(二)

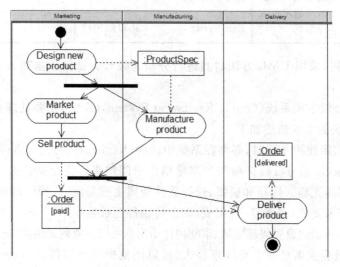

图 6.31 业务活动图

9. 某汽车停车场欲建立一个停车场信息系统。系统的需求描述如下。

(1) 在停车场的入口和出口分别安装一个自动栏杆、一台停车卡打印机、一台读卡器和一个车辆通过传感器。

(2) 当汽车达到入口时,驾驶员按下停车卡打印机的按钮获取停车卡。当驾驶员拿走停车卡后,系统命令栏杆自动抬起。汽车通过入口后,入口处的传感器通知系统发出命令,栏杆自动放下。

(3) 在停车场内分布着若干个付款机器。驾驶员将在入口处获取的停车卡插入付款机器,并缴纳停车费。付清停车费之后,将获得一张出场卡,用于离开停车场。

(4) 当汽车达到出口时,驾驶员将出场卡插入出口处的读卡器。如果这张卡是有效的,系统命令栏杆自动抬起。汽车通过出口后,出口处的传感器通知系统发出命令,栏杆自动放下。若这张卡是无效的,系统不发出栏杆抬起命令而发出告警信号。

(5) 系统自动记录停车场内空闲的停车位的数量,若停车场当前没有车位,系统将在入口处显示"车位已满"信息。这时,停车卡打印机将不再出卡,只允许场内汽车出场。

表 6.1 给出了用例名、类名、状态名及说明。

表 6.1　用例名、类名、状态名及说明

用例名	说　明	类　名	说　明	状态名	说　明
Car entry	汽车进入停车场	CentralComputer	停车场信息系统	Idle	空闲状态，汽车可以进入停车场
Car exit	汽车离开停车场	PaymentMachine	付款机器	Disable	没有车位
Report Statistics	记录停车场的相关信息	CarPark	停车场，保存车位信息	Await Entry	等待汽车进入
		Barrier	自动护栏	Await Ticket Take	等待打印停车卡
Car Entry When Full	没有停车位，汽车请求进入停车场	EntryBarrier	入口的护栏	Await Enable	等待停车场内有空闲车位
		ExitBarrier	出口的护栏		

根据上述描述，采用 UML 方法对其进行分析与设计。试画出描述入口自动栏杆行为的状态图。

10. 某在线会议审稿系统(Online Reviewing System,ORS),主要处理会议前期的投稿和审稿事务。系统的需求描述如下。

(1) 用户在初始使用系统时，必须在系统中注册(Register)，称为作者或审稿人。

(2) 作者登录(Login)后提交稿件和浏览稿件审阅结果。提交稿件必须在规定提交时间范围内，其过程为先输入标题和摘要、选择稿件所属主题类型、选择稿件所在位置(存储位置)。上述几步若未完成，则重复；若完成，则上传稿件至数据库中，系统发送通知。

(3) 审稿人登录后可设置兴趣领域、审阅稿件给出意见以及罗列录用和(或)拒绝的稿件。

(4) 会议委员会主席是一个特殊审稿人，可以浏览提交的稿件、给审稿人分配稿件、罗列录用和(或)拒绝的稿件以及关闭审稿过程。其中关闭审稿过程须包括罗列录用和(或)拒绝的稿件。

表 6.2 给出了用例名和活动名及说明。

表 6.2　用例名和活动名及说明

用　例　名	说　明	用　例　名	说　明	活　动　名	说　明
Login	登录	Register	注册	Select paper location	选择稿件位置
Submit paper	提交稿件	Browse review results	浏览稿件审阅结果	Select subject group	选择主体类型
Close reviewing process	关闭审稿过程	Assign paper to reviewer	分配稿件给审稿人	Enter title and abstract	输入标题和摘要
Set preferences	设定兴趣领域	Enter review	审阅稿件并给出意见	Upload paper	上传稿件

续表

用 例 名	说 明	用 例 名	说 明	活 动 名	说 明
List accepted/rejected papers	罗列录用或拒绝的稿件	Browse submitted papers	浏览提交的稿件	Send notification	发出通知

根据上述描述,采用 UML 方法对其进行分析与设计。试画出提交稿件过程的活动图。

11. 某企业为了方便员工用餐,给餐厅开发了一个订餐系统(Cafeteria Ordering System,COS),企业员工可以通过企业内联网使用该系统。系统的需求描述如下。

(1) 企业的任何员工都可以查看菜单和今日特价菜。

(2) 系统的顾客是注册到系统的员工,可以订餐(如果未登录,需先登录)、注册工资支付、预约规律的订餐。在特别情况下可以覆盖预订。

(3) 餐厅员工是特殊顾客,可以进行备餐、生成付费请求和请求送餐,其中对于注册工资支付的顾客生成付费请求并发送给工资系统。

(4) 菜单管理员是餐厅特定员工,可以管理菜单。

(5) 送餐员可以打印送餐说明,记录送餐信息(如送餐时间)以及记录收费(对于没有注册工资支付的顾客,由送餐员收取现金后记录)。

(6) 顾客订餐过程如下:①顾客请求查看菜单;②系统显示菜单和今日特价菜;③顾客选菜;④系统显示订单和价格;⑤顾客确认订单;⑥系统显示可送餐时间;⑦顾客指定送餐时间、地点和支付方式;⑧系统确认接受订单,然后发送 E-mail 给顾客以确认订餐,同时发送相关订餐信息通知给餐厅员工。

根据上述描述,采用 UML 方法对其进行分析与设计。试画出一次订餐的活动图,要求带有两个泳道"顾客"和"系统"。

12. 某网上药店允许顾客凭借医生开具的处方,通过网络在该药店购买处方上的药品。该网上药店的基本功能描述如下。

(1) 注册。顾客在买药之前,必须先在网上药店注册。注册过程中需填写顾客资料以及付款方式(信用卡或支付宝账户)。此外,顾客必须与药店签订一份授权协议书,授权药店可以向其医生确认处方的真伪。

(2) 登录。已经注册的顾客可以登录到网上药店购买药品。如果是没有注册的顾客,系统将拒绝其登录。

(3) 录入及提交处方。登录成功后,顾客按照"处方录入界面"显示的信息,填写开具处方的医生的信息以及处方上的药品信息。填写完毕后,提交该处方。

(4) 验证处方。对于已经提交的处方(系统将其状态设置为"处方已提交"),其验证过程如下。

① 核实医生信息。如果医生信息不正确,该处方的状态被设置为"医生信息无效",并取消这个处方的购买请求。如果医生信息正确,系统给该医生发送处方确认请求,并将处方状态修改为"审核中"。

② 如果医生回复处方无效,系统取消处方,并将处方状态设置为"无效处方"。如果医生没有在 7 天之内给出确认答复,系统也会取消处方,并将处方状态设置为"无法审核"。

③ 如果医生在 7 天内给出了确认答复，该处方的状态被修改为"准许付款"。

④ 系统取消所有未通过验证的处方，并自动发送一封电子邮件给顾客，通知顾客处方被取消以及取消的原因。

⑤ 对于通过验证的处方，系统自动计算药品的价格并邮寄药品给已经付款的顾客。

根据上述描述，采用 UML 方法对其进行分析与设计。试画出处方的状态图。

第 7 章 组件图与部署图

本章学习目标

(1) 理解组件图、部署图的基本概念。

(2) 掌握识别组件、关系的方法。

(3) 掌握通过组件图对类图进行正向工程和逆向工程的操作。

(4) 掌握识别结点、连接的方法。

(5) 熟悉 UML 中组件图、部署图建模的过程。

本章先向读者介绍组件、组件间的关系、组件图、结点、连接、部署图的概念,再重点介绍组件图、部署图建模的用途,以及正向工程和逆向工程的用途及操作,最后通过具体案例,重点介绍组件图、部署图建模的过程。

7.1 组 件 图

在分析与设计软件系统的时候,不仅要考虑系统的逻辑部分,也要考虑系统的物理部分。逻辑部分需要描述类、对象、接口、交互、活动、状态机等;物理部分需要定义组件和结点(node,也可翻译成"节点"。本书统一采用"结点"的术语)。类、对象、接口组织在组件中,组件部署在结点上。

换句话说,软件系统分析阶段的主要任务是对系统的功能需求进行静态模型和动态模型的建模,并且通过迭代方式对静态模型和动态模型进行细化和补充。软件系统设计阶段的主要任务是确定系统的体系结构,确定哪些类需要放在一个组件中,考虑如何对系统的组件进行构造和组织,以及组件如何在结点上进行分布。

以组件的方式设计系统,可以充分利用可用的软件替代品,提高软件系统的开发效率和成功率。组件图描绘了组成系统的各种组件之间的依赖性。

组件图中包括的建模元素有组件、关系。

7.1.1 组件

组件(component)也称为构件,是系统中遵从一组接口且提供其实现的物理的、可部署的、可替换的部分。

软件系统的物理设计通常采用的基本单位不是类,而是组件。组件封装了某些实现细节,同时清楚地展现了确定的接口。组件是软件系统逻辑架构中定义的概念和功能在物理架构中的实现。组件对应于组成软件系统的目标文件、可执行程序文件、动态链接库文件、数据库文件和 HTML 文件等开发环境中的实现性文件。一个组件可能包含很多类并实现很多接口。组件模型表明如何把类和接口分配给组件。

组件就是一个实现性文件,可以有以下 3 种类型。

(1) 部署组件(deployment component)。运行系统需要配置的组件,如 Java 虚拟机、

XML 文件、JAR 文件、DLL 文件、数据库表等。

（2）工作产品组件（work product component）。如源代码文件、数据文件等。这些组件可以用来产生部署组件。

（3）执行组件（execution component）。系统执行后得到的组件，如 EJB、动态 Web 页、exe 文件、COM＋对象、CORBA 对象等。

一个组件实例用于表示运行时存在的实现物理单元和在实例结点中的定位。它有两个特征：代码特征和身份特征。代码特征是指组件包含和封装的实现系统功能的类、其他元素的实现代码、某些构成系统状态的实例对象。身份特征是指组件的身份和状态。组件实例只能表示在部署图上，不能表示在组件图上。

7.1.2 组件的类型

根据组件表达的含义不同，组件可以有不同的类型，包括标准组件、数据库、虚包、主程序、子程序规范和子程序体、包规范和包体、任务规范和任务体。相应地，在 Rational Rose 2003 中使用不同的图形符号表示不同类型的组件。

数据库是存储数据的物理单元。虚包是一个提供公共视图的包。主程序是系统程序的根文件，用于指定系统的入口。子程序是一个单独处理的元素的包，子程序规范是源代码文件中的声明文件，子程序体是源代码文件中的实现文件。包规范是存放所有源代码文件中的声明文件的包，包体是存放所有源代码文件中的实现文件的包。任务规范是表示拥有独立控制线程的组件的规范，任务体是表示拥有独立控制线程的组件的实现体。标准组件是除了上述特殊组件之外的一切组件，通常也包括自定义构造型的组件。

图 7.1 给出了这些类型的组件的图形符号。

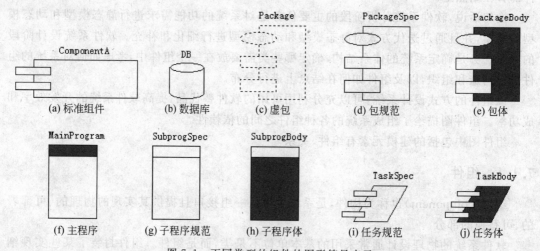

图 7.1 不同类型的组件的图形符号表示

UML 的规范中并没有强调不同类型的组件的图形符号表示。因此，在实际建模中，可以使用标准组件替代其他的类型的组件，同样地，也可以使用标准组件图形符号替代其他的类型的组件的图形符号。

Rational Rose 2003 中提供不同类型的组件的图形符号表示，只是为了能更清晰地区分不同特征的组件。

7.1.3　组件之间的关系

在组件图(component diagram)中,组件之间的关系主要是依赖关系,包括编译、链接或执行时组件之间的依赖关系。此外,也可以是泛化、关联、聚合、实现等关系。这些关系的确定主要依赖于不同组件中包含的实现元素之间的关系。这些关系的含义和图形符号与在类图中的定义是一样的。

在图 7.2 所示的组件图中,一共有 5 个组件。每个组件的图形符号中列出的文件名,就是该组件包含的实现元素。这个组件图表达了以下这种含义。index.html 文件以 hyperlink 协议依赖于 find.html 文件,find.html 文件依赖于 find.exe 文件,find.exe 文件依赖于 dbace.dll 文件和 nateng.dll 文件。

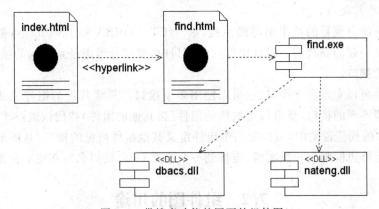

图 7.2　带搜索功能的网页的组件图

7.1.4　组件和类的关系

设计时可以将类图中的类分配到需要创建的物理组件上去,以达到由逻辑设计向物理设计的过渡。当需要将逻辑类分配到物理组件中时,可以根据类在行为上的联系程度进行合理分配。

组件具有如下特征。

(1) 拥有专门的用途,但并非针对专门的应用程序,可重用于多种应用程序。

(2) 是类和接口的集合。

(3) 隐藏实现细节,能够即插即用。

(4) 可以用任何语言编写,只要该语言支持特定的组件标准接口约定。

(5) 通常经过严格测试,相对而言,几乎没有错误。

组件图中的组件和类图中的类在许多方面很相似,例如,都有名字,都能实现接口,都可以参与依赖、泛化和关联关系,都可以有实例,都可以参与交互。但是它们之间也存在一些明显的差别。

(1) 类是逻辑抽象,组件是物理抽象,即组件可以位于结点(node)上。

(2) 组件是对其他逻辑元素,如类、协作(collaboration)的物理实现。

(3) 类可以有属性和操作,组件通常只有操作,而且这些操作只能通过组件的接口才能使用。

可以用 C++ 语言开发的系统来理解组件和类的关系。一个 .CPP 文件可能包含几个类的定义。这个 .CPP 文件就是一个组件，而这几个类就是该组件包含的实现元素。

7.1.5 组件和接口的关系

在 UML 中用组件表示将类和接口等逻辑元素打包而形成的物理模块。定义组件的目的之一是为了使用组件来组装系统和用另一个组件或改进过的组件取代一个组件。为此，组件必须为支持确定的接口而定义。

接口是一个组件提供给其他组件的一组操作。在组件重用和组件替换上接口是一个很重要的概念。在系统开发中构造通用的、可重用的组件时，如果能够清晰地定义、表达出接口的信息，那么组件的替换和重用就变得十分容易。否则，开发人员就不得不逐行编写代码，这个过程非常耗时。

目前几乎所有流行的基于组件的系统，如 .NET、CORBA 和 JavaBeans，都以接口作为把组件绑定在一起的黏合剂。设计组件间的接口时，要结合考虑子系统间的接口、子系统与外部系统间的接口。

一个组件可以实现多个接口，也可以使用多个接口。只要其他的组件也能遵循且实现一个组件所能实现的接口，就可以用这样的组件（指其他的组件）替代该组件。

在 UML 的规范说明中，可以为一个组件定义其他组件可见的接口，其图形符号是从代表组件的大矩形边框画出一条实线，连接到一个小空心圆，接口名写在空心圆附近。

7.2 组件图的用途

组件图可以对以下几个方面建模。

7.2.1 对源代码文件之间的关系建模

图 7.3 所示是对源代码文件进行建模的组件图。

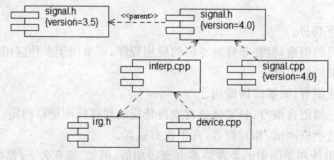

图 7.3 组件图用于对源代码建模

7.2.2 对可执行文件之间的关系建模

图 7.4 所示是对可执行文件进行建模的组件图。IDriver 是接口，组件 path.dll 和接口 IDriver 之间是依赖关系，即组件 path.dll 使用接口 IDriver。而组件 driver.dll 和接口 IDriver 之间是实现关系，即组件 driver.dll 定义了接口 IDriver 并提供了实现。

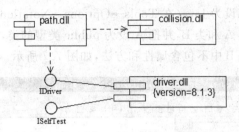

图 7.4 组件图用于对可执行文件建模

7.2.3 对物理数据库中各个具体对象之间的关系建模

图 7.5 所示是对物理数据库中各个具体对象进行建模的组件图。

7.2.4 对自适应系统建模

图 7.6 所示是对自适应系统进行建模的组件图。该自适应系统主要实现数据库的自动备份。

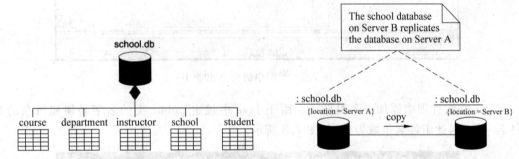

图 7.5 组件图用于对物理数据库中各个具体对象建模　　　图 7.6 组件图用于对自适应系统建模

7.3 组件图的工具支持

组件图的工具支持包括两方面的内容：正向工程和逆向工程。

7.3.1 正向工程

正向工程就是根据模型(类图和组件图)来产生源代码框架。在源代码框架中添加实现功能的实际代码(主要是在类的方法中添加实现功能的实际代码)，然后对其进行编译，即可获得可执行代码。因此，正向工程为编程自动化提供了辅助工具。

以 Java 语言为例，一般在 Rational Rose 2003 中可以直接根据类图来生成代码。如果这样，那么一个类会生成一个文件，这样类图中有多少个类就会生成多少个.java 文件。在 Java 中，有时候会遇到要求在一个文件中包含多个类(其中只有一个类的可见性是 public)的情况，这时就需要利用组件及组件图了。

下面的操作步骤说明如何利用 Rational Rose 2003 生成 A.java 文件，在该文件中包含了两个类的定义，即类 A 和类 B 的定义。

（1）首先把建模语言设为 Java（在 Tools→Options→Notation 中设置）。

（2）在类图中创建类 A 和类 B，并把 A 设为 public 类型的类，B 设为 private 类型的类。为了简单起见，类 A 和类 B 中不包含属性和方法，如图 7.7 所示。

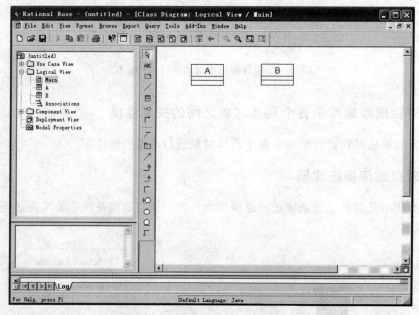

图 7.7　类图中的类 A 和类 B

（3）在组件图中添加一个组件 A。由于 Java 中规定 public 类的名字必须和所在的文件名一致，因此组件名也取为 A，如图 7.8 所示。

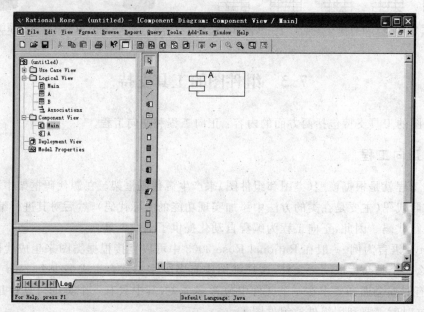

图 7.8　组件图中的组件 A

（4）在组件图中右击组件 A，在弹出的菜单中选择 Open Standard Specification 选项，如图 7.9 所示。

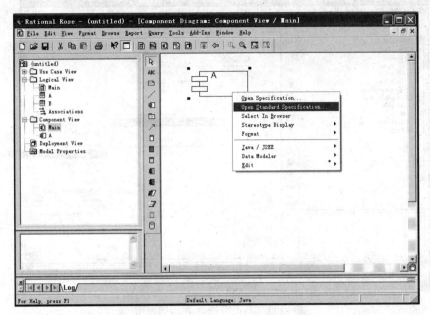

图 7.9　右击组件 A 后的弹出菜单

（5）这时弹出组件 A 的 Specification 对话框，在这个对话框中选 Realizes 标签，可看到 Class Name 下有类 A、类 B 两项。右击类 A 和类 B，在弹出的菜单中选择 Assign，如图 7.10 所示。至此，将类 A 和类 B 组装成一个组件 A，即组件 A 中包含的实现元素是类 A 和类 B。

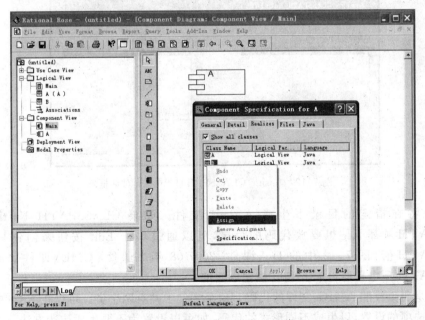

图 7.10　组件 A 实现了类 A 和类 B

（6）这时在组件图中右击组件 A，在弹出的菜单中选择 Java/J2EE→Generate Code 选项，如图 7.11 所示。

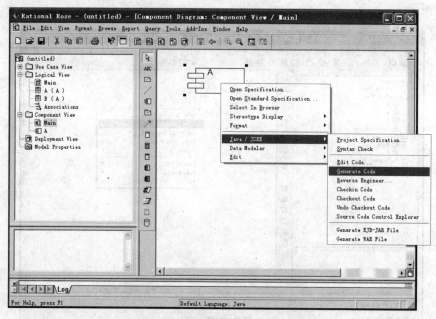

图 7.11　右击组件 A 弹出的菜单

（7）这时会弹出一个对话框，如图 7.12 所示，要求选择 CLASSPATH 的值，也就是所生成的代码要放在哪个目录下。这里选 D:\课件\2007-08 年-2-课件\UML\课件\code，然后单击 Assign 按钮，再单击 OK 按钮即可。

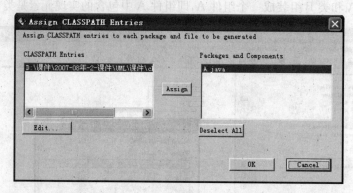

图 7.12　Assign CLASSPATH Entries 对话框

Rose 将在指定的目录下生成 A. java 文件。如果 CLASSPATH Entries 下的 CLASSPATH 项都不是想要放代码的目录，可以通过单击 Edit 按钮来创建一个新的 CLASSPATH 值（图 7.12 中的 D:\课件\2007-08 年-2-课件\UML\课件\code 这个 CLASSPATH 项也是通过单击 Edit 按钮创建的）。

下面是所生成的 A.jaya 文件的代码。这个文件中共有两个类。可以在 Rose 中做一些代码生成选项的设置，以生成不同形式的代码，如可以设置为不要生成构造方法。

```
//Source file: D:\课件\2007-08-年-2-课件\UML\课件\code\A.java
public class A
{
```

```
    /**
    * @roseuid 3F7AC554003F
    */
    public A()
    {
    }
}
private class B
{
    /**
    * @roseuid 3F7AC5540067
    */
    public B()
    {
    }
}
```

7.3.2 逆向工程

逆向工程指的是从源代码逆向得到模型(类图和组件图)。

Rational Rose 2003 支持 Java、C++ 等多种语言的逆向工程。对于 Java 来说,Rose 可以根据 Java 的源代码或.class 文件逆向得到类图和组件图。下面以 JDK 1.4.2 中附带的一个 Java 小应用程序(applet)为例来说明如何在 Rose 中进行逆向工程。

JDK 1.4.2 可以从 Sun 公司的 Java 站点 http://java.sun.com 下载,安装时假设安装在 F:\jdk 目录下,在 F:\jdk\demo 目录下有 JDK 1.4.2 附带的一些可运行的演示程序,下面对 F:\jdk\applets\Clock\Clock.java 这个例子进行逆向工程。

这是一个 Java 小应用程序,该文件的源代码(包括注释)有 200 多行,可以用一般的编辑器打开这个文件查看源代码。在该目录下还有 HTML 文件 example1.html,可以双击这个文件,查看运行结果。

(1) 在 Rose 2003 中要对 Clock.java 进行逆向工程,可选择 Tools→Java/J2EE→Reverse Engineer 选项,将弹出一个对话框,如图 7.13 所示。

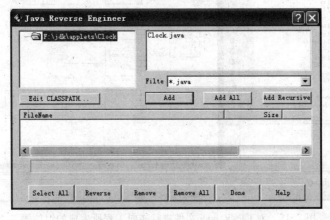

图 7.13 Java Reverse Engineer 对话框

左上角的窗口中列出了所有 CLASSPATH 值的目录。由于事先已经建了一个 CLASSPATH 值是 F:\jdk，所以可以直接在左上角窗口中寻找 Clock.java 文件所在的目录，找到后会在右上角的窗口中显示出来（如果还没有建立 CLASSPATH 值，则需单击 Edit CLASSPATH 按钮创建一个值）。

（2）找到 Clock.java 文件后，单击 Add 按钮，这时 Clock.java 文件会被放在最下面的窗口中。这个例子中只有一个文件，如果有多个文件，可以逐个加入，也可以单击 Add All 按钮一次性加入。然后单击最下面一排按钮中的 Select All 按钮，再单击 Reverse 按钮，Rose 就开始进行逆向工程，如图 7.14 所示。

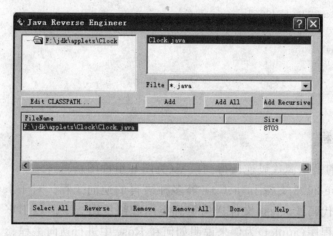

图 7.14　对 Clock.java 文件进行逆向工程

（3）最后在 Rose 中会得到一些组件和类。如果要显示各个组件之间的关系，可以把组件拖动到自创建的组件图中，得到如图 7.15 所示的组件图。

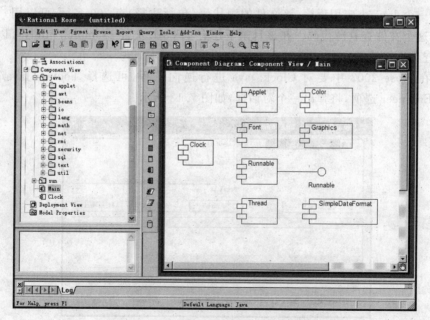

图 7.15　对 Clock.java 文件进行逆向工程所生成的组件图

从 Clock.java 文件生成 Clock 组件。因为 Clock 组件中包含的 Clock 类与这些类（Applet 类、Color 类、Font 类、Graphics 类、Thread 类、SimpleDateFormat 类、Runnable 类）相关，所以对应地生成包含这些类的组件（Applet 组件、Color 组件、Font 组件、Graphics 组件、Thread 组件、SimpleDateFormat 组件、Runnable 组件、Runnable 接口组件）。将它们和 Clock 组件一起拖动到一个自创建的组件图中即可。在拖入 Runnable 组件时，会附带着拖入 Runnable 接口组件。

（4）类似地，可以把类拖动到自创建的类图中，Rose 会自动显示类与类之间的相互关系，最后得到的类图如图 7.16 所示。

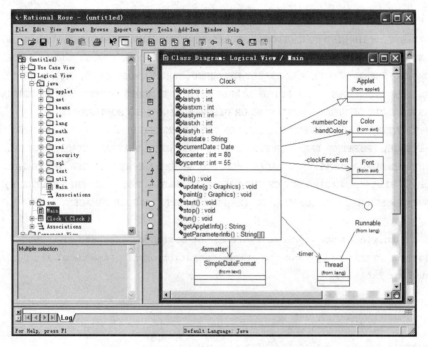

图 7.16　对 Clock.java 文件进行逆向工程所生成的类图

因为 Clock.java 文件里包含的 Clock 类的源代码中有与这些类（Applet 类、Color 类、Font 类、Graphics 类、Thread 类、SimpleDateFormat 类、Runnable 类）相关的代码，所以当将这些类和 Clock 类一起拖动到一个自创建的类图中时，就会自动建立起这些类与 Clock 类的关系连接。

（5）Clock.java 文件的内容如下。

```
/*
 * @(#)Clock.java 1.17 10/03/23
 *
 * Copyright (c) 2006, Oracle and/or its affiliates. All rights reserved.
 *
 * Redistribution and use in source and binary forms, with or without
 * modification, are permitted provided that the following conditions are met:
 *
 * -Redistribution of source code must retain the above copyright notice, this
```

```
 *    list of conditions and the following disclaimer.
 *
 * -Redistribution in binary form must reproduce the above copyright notice,
 *    this list of conditions and the following disclaimer in the documentation
 *    and/or other materials provided with the distribution.
 *
 * Neither the name of Oracle or the names of contributors may
 * be used to endorse or promote products derived from this software without
 * specific prior written permission.
 *
 * This software is provided "AS IS," without a warranty of any kind. ALL
 * EXPRESS OR IMPLIED CONDITIONS, REPRESENTATIONS AND WARRANTIES, INCLUDING
 * ANY IMPLIED WARRANTY OF MERCHANTABILITY, FITNESS FOR A PARTICULAR PURPOSE
 * OR NON-INFRINGEMENT, ARE HEREBY EXCLUDED. SUN MICROSYSTEMS, INC. ("SUN")
 * AND ITS LICENSORS SHALL NOT BE LIABLE FOR ANY DAMAGES SUFFERED BY LICENSEE
 * AS A RESULT OF USING, MODIFYING OR DISTRIBUTING THIS SOFTWARE OR ITS
 * DERIVATIVES. IN NO EVENT WILL SUN OR ITS LICENSORS BE LIABLE FOR ANY LOST
 * REVENUE, PROFIT OR DATA, OR FOR DIRECT, INDIRECT, SPECIAL, CONSEQUENTIAL,
 * INCIDENTAL OR PUNITIVE DAMAGES, HOWEVER CAUSED AND REGARDLESS OF THE THEORY
 * OF LIABILITY, ARISING OUT OF THE USE OF OR INABILITY TO USE THIS SOFTWARE,
 * EVEN IF SUN HAS BEEN ADVISED OF THE POSSIBILITY OF SUCH DAMAGES.
 *
 * You acknowledge that this software is not designed, licensed or intended
 * for use in the design, construction, operation or maintenance of any
 * nuclear facility.
 */

/*
 * @(#)Clock.java     1.17 10/03/23
 */

import java.util.*;
import java.awt.*;
import java.applet.*;
import java.text.*;

/**
 * Time!
 *
 * @author Rachel Gollub
 * @modified Daniel Peek replaced circle drawing calculation, few more changes
 */
public class Clock extends Applet implements Runnable {
    private volatile Thread timer;                    //The thread that displays clock
    private int lastxs, lastys, lastxm,lastym, lastxh, lastyh;
```

```java
private SimpleDateFormat formatter;          //Dimensions used to draw hands
private String lastdate;                      //Formats the date displayed
private Font clockFaceFont;                   //String to hold date displayed
private Date currentDate;                     //Font for number display on clock
private Color handColor;                       //Used to get date to display
private Color numberColor;                     //Color of main hands and dial
private int xcenter=80, ycenter=55;           //Color of second hand and numbers
                                               //Center position

public void init() {
    int x,y;
    lastxs=lastys=lastxm=lastym=lastxh=lastyh=0;
    formatter=new SimpleDateFormat ("EEE MMM dd hh:mm:ss yyyy", Locale.getDefault
    ());
    currentDate=new Date();
    lastdate=formatter.format(currentDate);
    clockFaceFont=new Font("Serif", Font.PLAIN, 14);
    handColor=Color.blue;
    numberColor=Color.darkGray;

    try {
        setBackground(new Color(Integer.parseInt(getParameter("bgcolor"),16)));
    } catch (NullPointerException e) {
    } catch (NumberFormatException e) {
    }
    try {
        handColor=new Color(Integer.parseInt(getParameter("fgcolor1"),16));
    } catch (NullPointerException e) {
    } catch (NumberFormatException e) {
    }
    try {
        numberColor=new Color(Integer.parseInt(getParameter("fgcolor2"),16));
    } catch (NullPointerException e) {
    } catch (NumberFormatException e) {
    }
    resize(300,300);                           //Set clock window size
}

//Paint is the main part of the program
public void update(Graphics g) {
    int xh, yh, xm, ym, xs, ys;
    int s=0, m=10, h=10;
    String today;

    currentDate=new Date();
```

```
        formatter.applyPattern("s");
        try {
            s=Integer.parseInt(formatter.format(currentDate));
        } catch (NumberFormatException n) {
            s=0;
        }
        formatter.applyPattern("m");
        try {
            m=Integer.parseInt(formatter.format(currentDate));
        } catch (NumberFormatException n) {
            m=10;
        }
        formatter.applyPattern("h");
        try {
            h=Integer.parseInt(formatter.format(currentDate));
        } catch (NumberFormatException n) {
            h=10;
        }

        //Set position of the ends of the hands
        xs=(int) (Math.cos(s * Math.PI / 30-Math.PI / 2) * 45+xcenter);
        ys=(int) (Math.sin(s * Math.PI / 30-Math.PI / 2) * 45+ycenter);
        xm=(int) (Math.cos(m * Math.PI / 30-Math.PI / 2) * 40+xcenter);
        ym=(int) (Math.sin(m * Math.PI / 30-Math.PI / 2) * 40+ycenter);
        xh=(int) (Math.cos((h * 30+m / 2) * Math.PI / 180-Math.PI / 2) * 30+xcenter);
        yh=(int) (Math.sin((h * 30+m / 2) * Math.PI / 180-Math.PI / 2) * 30+ycenter);

        //Get the date to print at the bottom
        formatter.applyPattern("EEE MMM dd HH:mm:ss yyyy");
        today=formatter.format(currentDate);

        g.setFont(clockFaceFont);
        //Erase if necessary
        g.setColor(getBackground());
        if (xs !=lastxs || ys !=lastys) {
            g.drawLine(xcenter, ycenter, lastxs, lastys);
            g.drawString(lastdate, 5, 125);
        }
        if (xm !=lastxm || ym !=lastym) {
            g.drawLine(xcenter, ycenter-1, lastxm, lastym);
            g.drawLine(xcenter-1, ycenter, lastxm, lastym);
        }
        if (xh !=lastxh || yh !=lastyh) {
            g.drawLine(xcenter, ycenter-1, lastxh, lastyh);
```

```
            g.drawLine(xcenter-1, ycenter, lastxh, lastyh);
        }


        //Draw date and hands
        g.setColor(numberColor);
        g.drawString(today, 5, 125);
        g.drawLine(xcenter, ycenter, xs, ys);
        g.setColor(handColor);
        g.drawLine(xcenter, ycenter-1, xm, ym);
        g.drawLine(xcenter-1, ycenter, xm, ym);
        g.drawLine(xcenter, ycenter-1, xh, yh);
        g.drawLine(xcenter-1, ycenter, xh, yh);
        lastxs=xs; lastys=ys;
        lastxm=xm; lastym=ym;
        lastxh=xh; lastyh=yh;
        lastdate=today;
        currentDate=null;
    }

    public void paint(Graphics g) {
        g.setFont(clockFaceFont);
        //Draw the circle and numbers
        g.setColor(handColor);
        g.drawArc(xcenter-50, ycenter-50, 100, 100, 0, 360);
        g.setColor(numberColor);
        g.drawString("9", xcenter-45, ycenter+3);
        g.drawString("3", xcenter+40, ycenter+3);
        g.drawString("12", xcenter-5, ycenter-37);
        g.drawString("6", xcenter-3, ycenter+45);


        //Draw date and hands
        g.setColor(numberColor);
        g.drawString(lastdate, 5, 125);
        g.drawLine(xcenter, ycenter, lastxs, lastys);
        g.setColor(handColor);
        g.drawLine(xcenter, ycenter-1, lastxm, lastym);
        g.drawLine(xcenter-1, ycenter, lastxm, lastym);
        g.drawLine(xcenter, ycenter-1, lastxh, lastyh);
        g.drawLine(xcenter-1, ycenter, lastxh, lastyh);
    }

    public void start() {
        timer=new Thread(this);
        timer.start();
    }
```

```
public void stop() {
    timer=null;
}


public void run() {
    Thread me=Thread.currentThread();
    while (timer==me) {
        try {
            Thread.currentThread().sleep(100);
        } catch (InterruptedException e) {
        }
        repaint();
    }
}


public String getAppletInfo() {
    return "Title: A Clock \n"
        +"Author: Rachel Gollub, 1995 \n"
        +"An analog clock.";
}


public String[][] getParameterInfo() {
    String[][] info={
        {"bgcolor", "hexadecimal RGB number",
         "The background color. Default is the color of your browser."},
        {"fgcolor1", "hexadecimal RGB number",
         "The color of the hands and dial. Default is blue."},
        {"fgcolor2", "hexadecimal RGB number",
         "The color of the second hand and numbers. Default is dark gray."}
    };
    return info;
}
}
```

以上是在 Rational Rose 2003 中对 Java 源代码的逆向工程。Rational Rose 2003 也支持对其他的程序设计语言的逆向工程，其过程类似，这里就不再细述了。

通过上述描述的正向工程和逆向工程的操作步骤，可以进一步帮助理解组件和类的关系，以及组件的概念和作用。

7.4 组件图的例子

本节通过几个具体的例子，说明组件图建模的过程。

【例7.1】 图 7.17 所示是某超市购买商品系统的组件图。顾客可以通过页面访问系统，然而具体的顾客服务处理过程则依赖于顾客服务程序。若顾客需要查询订单信息，则要通过订单查询程序获得服务；若建立订购单，则需要通过订单处理程序获得服务；而在提交订单时，还需要建立付款记录，因此，它依赖于支付处理程序。这些顾客服务程序、订单查询程序、订单处理程序、支付处理程序都以组件形式构造，它们都依赖于数据库管理程序。

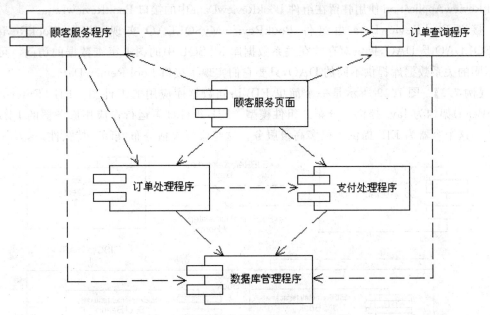

图 7.17 "超市购买商品系统"的组件图

【例 7.2】 图 7.18 所示是一个简单 Java 数据库应用的组件图。这个应用采用 Alur 所著的 *Core J 2EE Patterns* 中所描述的 DAO(数据访问对象，Data Access Object)模式。这个模式的思想是创建 DAO，它包含了访问特定数据库的代码。这个 DAO 隐藏在客户使用接口背后。信息通过接口从 DAO 传递给客户。VO(作为值对象，Value Object)包含请求信息的与数据库无关的表示。

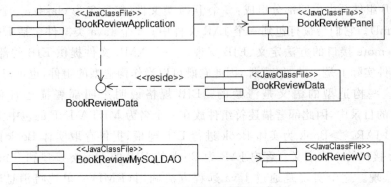

图 7.18 Java 数据库应用的组件图

这种模式的优点之一在于当决定将数据转移到不同的数据库时，只需为数据库创建一个新的 DAO。客户端代码应该保持不变，因为它们只是使用接口，而不知道 DAO 的存在。

这些组件包含编译成 Java 字节码的 Java 类代码。用构造性<<JavaClassFile>>来标记这些组件。在 Java 中，一个类文件通常包含单个 Java 类的代码，这使得类和组件之间的映射很容易。

组件 BookReviewApplication 使用组件 BookReviewPanel，为应用提供 GUI。这两个组件联系密切，并处于相同的逻辑层（可以认为是客户层），所以在它们之间使用依赖关系。组件 BookReviewApplication 使用驻留在组件 BookReviewData 中的接口 BookReviewData。

接口 BookReviewData 由组件 BookReviewMySQLDAO 实现。组件 BookReview-MySQLDAO 是 DAO，提供对存放在关系数据库 MySQL 中的图书审查数据的访问。可以为不同的关系数据库提供不同的 DAO，只要它们实现了接口 BookReviewData。

【例 7.3】 图 7.19 所示是一个简单 EJB 访问数据库应用的组件图。EJB（Enterprise JavaBean）架构为 Java 提供了分布式组件模型。EJB 组件部署运行在应用服务器的 EJB 容器中。这个容器为 EJB 提供了很多高级服务。这些服务包括分布、事务、持久性。

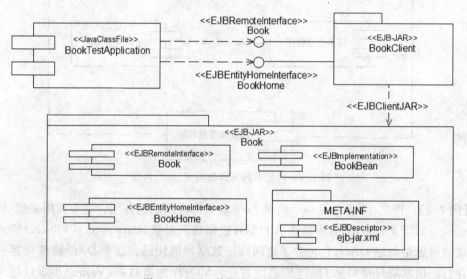

图 7.19　EJB 数据库应用的组件图

每个 EJB 组件至少由四部分组成：3 个 Java 类文件（扩展名为 class），一个 XML 文件（扩展名为 xml）。它们会被打包到一个 JAR 文件中。3 个 Java 类文件包括 Home 接口的方法定义、Remote 接口的方法定义、EJB 实现。一个 XML 文件提供 EJB 的部署描述符。因为 JAR 文件实际上是一种 zip 文件，因此它既可以当作构造型的组件，也可以当作构造型的包，只要这些构造型的语义是清楚的。EJB 规格说明声明部署描述符总是存放在 META-INF 的目录中，因此部署描述符组件放在一个名为 META-INF 的包中。

<<EJB-JAR>>Book 为实体 Book 进行 EJB 建模，提供存取实体 Book 的 Home 接口和 Remote 接口的方法定义。客户 JAR 为 Book 的 EJB 的 Home 接口和 Remote 接口提供了客户端实现。这个实现是通过 Java 远程方法调用（RMI）简单地将消息转发给 EJB 容器。

组件 BookTestApplication 作为 EJB 的测试工具，提供通过 EJB 访问数据库中 Book 的有关信息。包<<EJB-JAR>>BookClient 提供包<<EJB-JAR>>Book 的 Home 接口和 Remote 接口的客户端实现。组件<<EJBEntityHomeInterface>>BookHome 定义 EJB 的 Home 接口。组件<<EJBRemoteInterface>>Book 定义 EJB 的 Remote 接口。组

件<<EJBImplementation>>BookBean 为 EJB 提供实现。组件<<EJBDescriptor>>-ejb-jar. xml 提供 EJB 的部署描述符。包<<EJB-JAR>>BookClient 到包<<EJB-JAR>>-Book 的依赖关系<<EJBClientJAR>>表明该客户是 EJB 的客户 JAR。

7.5 部 署 图

部署图(deployment diagram)也称为配置图、实施图,是对面向对象系统物理方面建模的两个图之一(另一个图是组件图),它可以用来显示系统中计算结点的拓扑结构和通信路径与结点上运行的软组件等。一个系统模型只有一个部署图,部署图常用于帮助理解分布式系统。

部署图由体系结构设计师、网络工程师、系统工程师等描述。

部署图中包括的建模元素有结点、连接。

7.5.1 结点

结点是存在于运行时的代表计算资源的物理元素,结点一般都具有一些内存,而且常常具有处理能力。

结点可以代表一个物理设备以及运行该设备上的软件系统,如 UNIX 主机、PC、打印机、传感器等。结点之间的连线表示系统之间进行交互的通信路径,这个通信路径称为连接(connection)。

部署图中的结点分为两种类型:处理机(processor)和设备(device)。

处理机是可以执行程序的硬件组件。在部署图中,可以说明处理机中有哪些进程、进程的优先级与进程调度方式等。其中进程调度方式分为抢占式(preemptive)、非抢占式(non-preemptive)、循环式(cyclic)、算法控制方式(executive)和外部用户控制方式(manual)等。图 7.20 所示是部署图中处理机的表示符号。

设备是无计算能力的硬件组件,如调制解调器、终端等。图 7.21 所示是部署图中设备的表示符号。

图 7.20 部署图中的处理机　　　　图 7.21 部署图中的设备

尽管结点和组件经常在一起使用,但两者是有区别的。

(1) 组件是参与系统执行的事物,而结点是执行组件的事物。

(2) 组件代表逻辑元素的物理打包,而在结点上表示组件的物理部署情况。

一个结点可以有一个或多个组件,一个组件也可以部署在一个或多个结点上。

7.5.2 连接

结点通过通信关联相互连接。连接表示两个硬件之间的关联关系,它指出结点之间只存在着某种通信路径，并指出通过哪条通信路径可使这些结点交换对象或发送消息。由于连接关系是关联，所以可以像类图中那样，在关联上加角色、多重性、约束、版型等。

图 7.22　部署图中的连接

在连接上可附加诸如＜＜TCP/IP＞＞、＜＜DecNet＞＞等符号，以指明通信协议或所使用的网络。一些常见的连接有以太网连接、串行口连接、共享总线等。图 7.22 所示是计算机和显示设备之间采用 RS-232 串行口连接。

7.5.3　部署图介绍

面向对象系统的物理方面的建模是绘制组件图和部署图。物理方面建模也就是系统的物理体系架构的设计，其目的是尽可能实现软件的逻辑体系架构。

部署图描述了软件系统是如何部署到硬件环境中的，显示了该系统不同的组件将在何处物理地运行，以及它们将如何彼此通信。也就是说，部署图描述了处理机、设备和软件组件运行时的体系架构。从这个体系结构上可以看到某个结点在执行哪个组件，在组件中实现了哪些逻辑元素（类、对象、协作等）。最终可以从这些元素追踪到系统的需求分析。

例如，可以同时将 SQL Server、Internet Information Server 和 ASP. NET 安装在单个计算机上，来实现应用。但是，这样做，既不可靠，效率也不高。如果将系统的不同逻辑部件分布安装在不同的计算机上，则可使得应用具有更好的可靠性、可维护性和可扩展性。因此，可以采取以下这样的方案（当然，也可以采取其他形式的方案）：在由 3 个 Web 服务器组成的簇上部署 Web 软件，在两个应用服务器上部署 ASP. NET 组件集合，在两个故障恢复模式的数据库服务器上部署 SQL Server。这样产生的部署图将 7 个 Windows 服务器包含在 3 个主要组中，即 Web 簇、组件簇和数据库簇。

部署图涉及系统的硬件和软件，它显示了硬件的结构，包括不同的结点和这些结点之间如何连接，它还图示了软件模块的物理结构和依赖关系，并展示了对进程、程序、组件等软件在运行时的物理分配。

在进行部署图建模时应考虑以下几个问题。

（1）类和对象物理上位于哪个程序或进程。

（2）程序和进程在哪台计算机上执行。

（3）系统中有哪些计算机和其他硬件设备，它们如何相互连接。

（4）不同的代码文件之间有什么依赖关系。如果一个指定的文件被改变，那么哪些其他的文件需要重新编译。

7.5.4　分布式系统的物理建模

一般针对具体应用，都应该绘制部署图。例如，对单机式、嵌入式、客户/服务器、分布式系统拓扑结构中的处理机和设备都可以用结点进行建模。

下面就分布式系统的物理建模进行进一步阐述。

分布式系统指的是将不同地点、具有不同功能或拥有不同数据的多个结点用通信网络连接起来，在控制系统的统一管理控制下，协调完成信息处理任务。分布式系统要求各结点之间用网络连接，系统中的软件组件要物理地分布在结点上。

图7.23是超市购买商品系统的部署图。这是一个分布式系统,涉及GUI服务器、应用服务器和数据库服务器几个结点。这些结点是能够执行程序、处理资源的硬件组件。

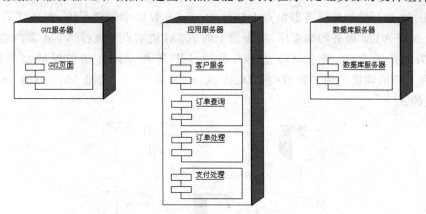

图7.23 超市购买商品系统的部署图

7.6 部署图的例子

部署图在描述较为复杂系统的物理拓扑结构时很有用。部署图建模除了要解决分布式问题外,还应解决安全性问题。安全的传送和加密协议又产生了额外的部署要求。细致的规划还需要考虑网络负荷、备份与恢复等问题。

下面列举出一些使用部署图的简单例子。

【例7.4】 图7.24所示是ATM自动取款机的分布式系统的部署图。街道上的ATM机和区域ATM服务器的连接使用了版型≪Private Network≫,表示街道上的ATM

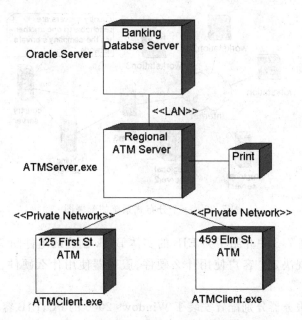

图7.24 ATM自动取款机的分布式系统的部署图

机和区域 ATM 服务器是通过私有网络连接的。区域 ATM 服务器和银行数据库服务器的连接使用了版型＜＜LAN＞＞，表示区域 ATM 服务器和银行数据库服务器是通过局域网络连接的。在银行数据库服务器结点上执行 Oracle 8 数据库管理系统，在区域 ATM 服务器结点上执行 ATM 服务器端程序，在街道上的 ATM 机结点上执行 ATM 客户端程序。

【例 7.5】 图 7.25 所示是描述 PC、外设、ISP 等相互间连接情况的部署图。外设 Modem 和 ISP 的连接使用了版型＜＜DialUpConnection＞＞，表示 Modem 和 ISP 是通过拨号连接的。

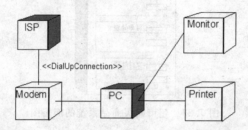

图 7.25 一台 PC 和外设及 ISP 的连接的部署图

【例 7.6】 图 7.26 所示是一个分布式系统的部署图。该例中使用了一些 Rose 2003 中没有的版型，如分别用处理机的＜＜Workstation＞＞、＜＜Server＞＞、＜＜Network-Clound＞＞版型表示工作站、服务器、Internet 等。要想在部署图中使用这些版型，可以使用软件 DeploymentIcons.exe 把这些版型添加到 Rose 2003 中。DeploymentIcons.exe 是一个小软件，它利用 Rose 的扩展机制实现了很多在部署图中没有的版型。如果不使用 DeploymentIcons.exe 中提供的版型，则在 Rose 2003 中也可以画出一个部署图，并且具有与图 7.26 一样的含义，但这样就不如图 7.26 的部署图看起来更加形象、生动。DeploymentIcons.exe 可以在网址 http://www.rationalrose.com 找到。

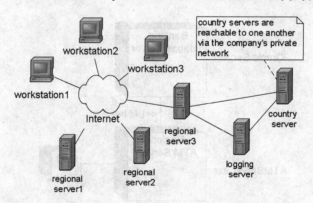

图 7.26 一个分布式系统的部署图

【例 7.7】 在例 7.3 中介绍了为 EJB 的实体 Book 创建的组件图 7.19。为了部署它，需要做出以下的实现决定：客户使用什么硬件、服务器使用什么硬件、EJB 容器使用什么软件。

假定给客户和服务器分别配置安装了 Windows 2000 的 PC，EJB 容器使用 JBoss 软件。图 7.27 给出了配置 EJB 各组件的部署图。

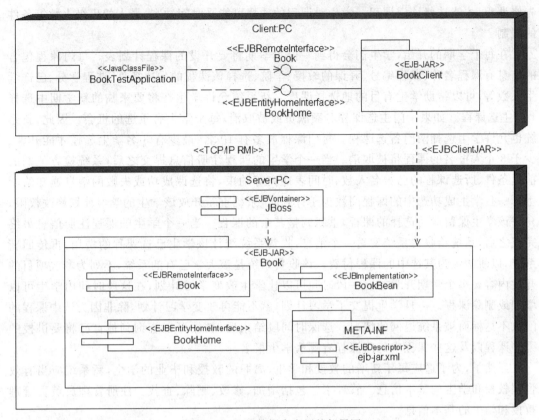

图 7.27　EJB 数据库应用的部署图

7.7　一个体系结构建模的例子

本节通过一个简化的大学课程注册系统的例子,说明体系结构建模的过程。

7.7.1　需求陈述

某个中等规模的大学为全日制的学生提供大量本科生学位,这个大学的教学机构由学院组成,每个学院包含几个专业方向。每个学院管理一种学位,每种学位都有若干必修课和若干选修课。每门课程都处于一个给定的级别,并且有一个学分值。同一门课程可以是若干学位的一部分,一个学位还含有其他学院提供的课程。每种学位都要给定完成学位所要求的总学分值。

每个学期末大学的教授要决定下个学期计划开设的课程。所有的教授决定开设的课程的汇总,形成下个学期将要开设的课程计划表。课程的名称、编号、学分、先决条件等课程信息全部取自课程库系统。该课程库系统是该大学已有的系统,不列为本次项目的开发内容。

令该大学自豪的是,其给予了学生在选课时的自主权。选课的灵活性使得大学课程注册系统变得复杂。学生可以组合课程计划表所提供的课程,形成他们的学习计划(注册课程),一方面适合他们的个人需要,另一方面完成了这些课程他们就能得到他们所注册的学位。个人选课的自主权不应该与学位管理的规则相矛盾,例如,学生必须学习过某门课程的先修课程，才能选修该门课程。学生对课程的选择可能受时间冲突、最大的班级人数等条件的限制。

在每个学期的开始，学生们会得到一份本学期将要开设的课程计划表。每门课程包含的信息有课程名称、课程编号、开课的教授、学院、选择该课程的先决条件、课程学分、已选学生人数等，可以帮助学生有目的地选择课程。新系统允许学生在将要来临的新学期中选择4门主选课程。如果一门主选课程名额满员或被取消，每个学生有重选的机会。因此，新系统也允许学生选择两门备选课程。每门课程最多有10名、最少有3名学生选择才能开课。少于3个人报名的课程将被取消。当一个学生的课程注册信息提交之后，系统检查他们的前提条件、所选课程的已报名人数、时间表冲突等约束，将选课成功或失败的消息通知给学生。一旦学生成功选中的课程门数少于计划时，系统重新开放该学生的学习计划修改权限，允许该学生保留成功选择的课程，重新调整其余的课程。当一个学生的课程注册信息最终完成之后，系统给收费系统发送一个消息，收费系统统计该学生已选课程的费用，再传回新系统，以便学生为其选中的课程付费。该收费系统是该大学已有的系统，不列为本次项目的开发内容。每个学期开学初有一段时间可以让学生改变学习计划，在这段时间内学生可以增加或删除课程。一旦学生提交了学习计划，就不能再改变学习计划，除非因为选中课程的门数不达标而被系统退回的情况。选课时间段结束后，教授可以查询到他自己将要讲授的哪些课程以及这些课程中每门课程有哪些学生报名。

当然了，为了适应每年新增的教授和学生、离职的教授和毕业的学生，新系统应当有效管理教授和学生的基本信息。管理工作包括增加、修改、删除、查找。注册管理员负责管理教授和学生的基本信息。

由于这个大学课程注册系统有其自身的独特性，找不到合适的商品软件，因而只能自行开发。

7.7.2 分析类和接口

在"大学课程注册系统"中，通过对结构建模（参考第4章）和交互建模（参考第5章）的分析，能够发现存在以下这些类：

实体类有学位（Degree）、学院（College）、教授（Professor）、课程计划表（CourseOffering）、课程（Course）、学生（Student）、学习计划（StudyProgram）、所选课程费用（CourseFee）、注册管理员（Registrar）。

边界类有学习计划制订窗口（StudyProgramWindow）、学生查询课程费用窗口（QueryCourseFeeWindow）、课程计划制订窗口（CourseProgramWindow）、教授查询课程窗口（QueryCourseInfoWindow）、学生信息维护窗口（StudentInfoManageWindow）、教授信息维护窗口（ProfessorInfoManageWindow）、登录窗口（LoginWindow）。

控制类有注册管理（RegistrationManager）。

7.7.3 确定组件

每个边界类都对应一个网页页面执行程序。根据编程语言和开发技术的不同，网页页面执行程序可能还会包括相关的控制程序和接口实现程序。

例如，在ASP.NET架构下开发的管理信息系统，每个网页页面执行程序包括一个

. ASPX 文件和配对的一个. CS 文件。在 Struts2 架构下开发的管理信息系统,每个网页页面执行程序包括一个. JSP 文件和 Action 包下的配对的一个. JAVA 文件。

因此,可以把每个边界类对应的程序代码映射到一个组件中。这样,就可以确定以下组件:StudyProgramWindow 组件、QueryCourseFeeWindow 组件、CourseProgramWindow 组件、QueryCourseInfoWindow 组件、StudentInfoManageWindow 组件、ProfessorInfoManageWindow 组件、LoginWindow 组件。

每个控制类都对应一个编程语言的源代码。此外,一个控制类可能要为一个或多个网页页面执行程序提供服务。因此,可以把控制类映射到接收它提供服务的边界类所在的组件中。

但是,为了实现程序的可扩展性和可维护性,控制类会随着需求的变化而变化,而边界类一经确定基本可以保持较长一段时间。因此,应该将控制类从边界类所在的组件中剥离出来,单独构成一个组件。这样,就可以确定以下组件:RegistrationManager 组件。

所有实体类都要永久储存。如果用关系型数据库来储存实体类对应的数据表,那么还会涉及操纵数据库的接口程序。因此,可以把所有实体类映射到一个组件中。这样,就可以确定以下组件:DB。

此外,还需要一个系统主程序(MainSystem),用来表示整个系统的启动入口。在典型的 Web 应用系统中,常常使用 Index. html 或 Default. html 作为网站的入口程序。这个主程序通常要依赖其他组件,来完成系统的整个功能。这样,就可以确定以下组件:MainSystem。

7.7.4　确定组件之间的依赖关系

因为系统主程序要依赖所有的边界类程序提供服务,所以,MainSystem 组件依赖于这些组件:StudyProgramWindow 组件、QueryCourseFeeWindow 组件、CourseProgramWindow 组件、QueryCourseInfoWindow 组件、StudentInfoManageWindow 组件、ProfessorInfoManageWindow 组件、LoginWindow 组件。

因为所有的边界类程序都要依赖数据库管理系统提供对各自的实体类的操作,所以,这些组件:StudyProgramWindow 组件、QueryCourseFeeWindow 组件、CourseProgramWindow 组件、QueryCourseInfoWindow 组件、StudentInfoManageWindow 组件、ProfessorInfoManageWindow 组件、LoginWindow 组件,都依赖于 DB 组件。

因为在制订学习计划时,学生选择了 4 门主课和 2 门备选课后,可能会选择提交学习计划,所以,StudyProgramWindow 组件依赖于 RegistrationManager 组件。

根据上述分析,画出大学课程注册系统的组件图如图 7.28 所示。

7.7.5　确定硬件结点

学生、教授、注册管理员通过 Desktop PC 登录到注册服务器中进行注册活动。因此,可以把每台 Desktop PC 作为一个硬件结点。

注册服务器提供课程信息和保存学习计划。因此,可以把注册服务器作为一个硬件结点。

Billing 系统是外部系统,负责提供缴费服务。CourseCatalog 系统也是外部系统,负责

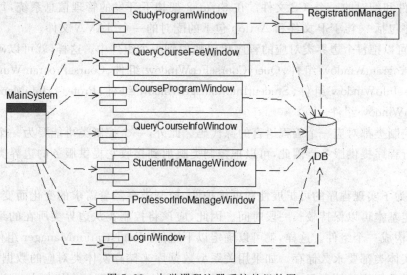

图 7.28　大学课程注册系统的组件图

提供课程目录。这两个外部系统通过校园网与大学课程注册系统的服务器交互信息。因此，可以把这两个外部系统作为两个硬件结点。

7.7.6　确定硬件结点之间的通信关系

Desktop PC 结点与注册服务器结点通信，注册服务器结点与两个外部系统结点通信，结点间的通信都是通过局域网进行的。

根据上述分析，画出大学课程注册系统的部署图如图 7.29 所示。

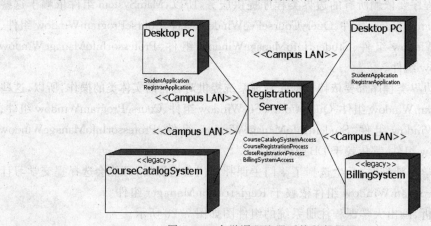

图 7.29　大学课程注册系统的部署图

7.8　本章小结

（1）组件是软件系统部署的基本单元。将软件系统中可重用的模块封装成为具有可替代性的物理单元，称为组件。在绘制组件图时，需要决定将哪些设计类和接口分配到哪些组件中。

（2）组件表示的是一个具体的物理元素。下面任何一个制品都可认为是组件：源文件、实现子系统、ActiveX 控件、JavaBean、Enterprise JavaBean、Java servlet、Java Server Page。

（3）组件图用于显示一组组件以及它们之间的相互关系。为了减弱组件之间的依赖关系，可以使用接口调节组件之间的依赖。

（4）使用组件图可以对源代码文件之间、可执行文件之间、物理数据库中各个具体对象之间的相互关系建模，也可以对自适应系统建模。

（5）利用工具的支持，在正向工程中可以利用组件图和类图对要生成的代码进行某些控制，也可以根据源代码逆向工程得到组件图和类图。

（6）部署图允许对软件系统在物理硬件上的分布建模。它将软件构架映射到硬件构架。

（7）部署图可以显示系统中计算结点的拓扑结构和通信路径、结点上运行的软构件等。

（8）一个系统模型只有一个部署图。

（9）部署图中的结点分为处理机和设备两种类型。

（10）部署图中的连接表示的是两个硬件之间的关联关系。

（11）部署图在帮助理解复杂系统的物理结构时很有用。

7.9　习　　题

7.9.1　填空题

1. 一个组件实例用于表示运行时存在的实现物理单元和在实例结点中的定位，它有两个特征：_____和_____。

2. 在_____中，将系统中可重用的模块封装成具有可替代性的物理单元，称为组件。

3. 组件图是用来表示系统中_____与_____之间，以及定义的_____与组件之间的关系的图。

4. 组件是_____（类、对象、它们间的关系和协作）中定义的概念和功能在_____中的实现。

5. 软件组件分为_____组件、_____组件和_____组件。

6. 组件图主要用于建立系统的_____模型。

7. 组件图中的组件没有实例，只有在_____中才能标识组件的实例。

8. 在 UML 中，_____描述了一个系统运行时的硬件结点，在这些结点上运行的软件组件将在何处物理地运行，以及它们将如何彼此通信的静态视图。

9. 系统体系结构建模可分为_____建模和_____建模。

10. 部署图由_____和_____之间的联系组成，描述了处理器、设备和软件组件运行时的体系结构。

11. 结点之间、结点与_____之间的联系包括通信关联、依赖关联等。

12. _____是一种只包含从其他包中引入的元素的组件。它被用来提供一个包中某些内容的公共视图。

7.9.2　选择题

1. 下面的(　　)元素组成了组件图。
    A. 接口　　　　　　B. 组件　　　　　　C. 发送者　　　　　　D. 依赖关系

2. (　　)是系统中遵从一组接口且提供实现的一个物理部件，通常指开发和运行时类的物理实现。
    A. 部署图　　　　　B. 组件　　　　　　C. 类　　　　　　　　D. 接口

3. 组件图用于对系统的静态实现视图建模，这种视图主要支持系统部件的配置管理，通常可以分为4种方式来完成。下面(　　)不是其中之一。
    A. 对源代码建模　　　　　　　　　　　B. 对事物建模
    C. 对物理数据库建模　　　　　　　　　D. 对自适应的系统建模

4. 部署图的组成元素包括(　　)。
    A. 处理器　　　　　B. 设备　　　　　　C. 组件　　　　　　　D. 连接

5. 系统体系结构是用来描述系统各部分的结构、接口以及它们用于通信的(　　)。
    A. 机制　　　　　　B. 形式　　　　　　C. 原理　　　　　　　D. 结构

6. UML 可以描述硬件之间的互联关系，也能描述硬件单元上的(　　)系统的分布。
    A. 对象　　　　　　B. 软件　　　　　　C. 系统体系结构　　　D. 数据

7. (　　)是对系统的用例、类、对象、接口以及相互间的交互和协作进行描述。
    A. 系统体系结构　　　　　　　　　　　B. 软件(逻辑)系统体系结构
    C. 硬件(物理)系统体系结构　　　　　　D. 系统框架

8. (　　)是对系统的组件、结点的配置进行描述。
    A. 软件(逻辑)系统体系结构　　　　　　B. 系统体系结构
    C. 系统框架　　　　　　　　　　　　　D. 硬件(物理)系统体系结构

9. (　　)是软件(逻辑)系统体系结构(类、对象、它们间的关系和协作)中定义的概念和功能在物理体系结构中的实现。
    A. 组件　　　　　　B. 结点　　　　　　C. 软件　　　　　　　D. 模块

10. (　　)由结点和结点之间的联系组成，描述了处理器、设备和软件组件运行时的体系结构。
    A. 组件图　　　　　B. 状态图　　　　　C. 部署图　　　　　　D. 顺序图

11. (　　)的基本元素有结点、组件、对象、连接、依赖等。
    A. 组件图　　　　　B. 状态图　　　　　C. 顺序图　　　　　　D. 部署图

12. 在 UML 中表示单元的实现是通过(　　)和(　　)。它们描述了系统实现方面的信息，使系统具有可重用性和可操作性。
    A. 包图　　　　　　B. 状态图　　　　　C. 组件图　　　　　　D. 部署图

13. 在 UML 中，提供了两种物理表示图形：(　　)和(　　)。
    A. 组件图　　　　　B. 对象图　　　　　C. 类图　　　　　　　D. 部署图

14. 在组件图中可以包含的建模元素有(　　)。
    A. 接口　　　　　　B. 包　　　　　　　C. 约束　　　　　　　D. 依赖关系

15. 一个银行业务系统的部署图如图 7.30 所示,下面叙述正确的是( )。

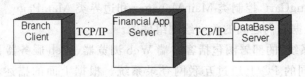

图 7.30 银行系统的部署图

A. 与 GUI 有关的类应该部署在 Branch Client 上

B. 这个图表示一个三层的体系结构,不管 Branch Client、Financial App Server、DataBase Server 是运行在同一台机器上还是在不同的机器上

C. 为了系统的可伸缩性,与业务逻辑有关的对象应该部署在 Financial App Server 上

D. 为了系统的可伸缩性,与业务逻辑有关的对象应该部署在 Branch Client 上

7.9.3 简答题

1. 简述建模包含组件的作用。

2. 在系统分析与设计中,组件图建模的主要用途是什么?

3. 在 UML 中,组件的图符由几部分组成? 每部分的内容是什么?

4. 组件有哪些种类?

5. 什么是接口? 有几种接口? 如何定义?

6. 组件之间有哪些联系? 这些联系的意义何在?

7. 什么是组件的实例? 在什么情况下使用组件的实例? 表示什么意思?

8. 组件图和部署图的区别是什么?

9. 在系统分析与设计中,部署图建模的主要用途是什么?

10. 什么是结点? 其表示的意义是什么?

11. 结点有实例吗? 在结点上可以驻留哪些模型元素?

12. 说明结点之间的联系方式。

13. 通过结点之间不同的连接,部署图可以描述系统的哪几种建模模式?

14. 在绘制组件图和部署图时,为什么要解决它们的结构层次问题? 如何解决?

7.9.4 简单分析题

1. 假设有一个用 Java 实现的在线销售 Web 应用。这个应用通过 HTML 网页和 Servlet 的方式,向终端用户提供可访问的用户界面,访问请求被传递给正在应用服务器上运行的应用。该应用包含完成所有在线销售交易所需的业务逻辑。该应用宿主于数据库中的在线销售数据库中,以便对顾客数据进行存储、操作和检索。在地理分布上,有多台应用服务器。各应用服务器与区域数据库服务器进行交互,而区域数据库服务器则与主数据库服务器同步。试确定此在线销售 Web 应用的组件和结点,并绘制相应的组件图和部署图。

2. 在"学生管理系统"中,以系统管理员添加学生信息为例,可以确定"系统管理员类 System Manager"、"学生类 Student"、"界面类 Form"3 个主要的实体类。根据这些类创建关于系统管理员添加学生信息的相关组件图。

3. 在"网上书店系统"中，可以确定的系统业务实体类包括 User、Book、Order、OrderDetail、ShoppingCart，控制类 MainManager 和边界类 MainPage。请将这些逻辑元素映射到组件中，并根据它们之间的关系绘制组件图。

4. "网上书店系统"的部署图包括客户端 Web 浏览器、Web 服务器、应用程序和数据库服务器。用户在不同的 PC 上通过互联网登录系统。根据上面的描述，创建"网上书店系统"的部署图。

第8章 包 图

本章学习目标

(1) 理解包图的基本概念。

(2) 掌握识别包之间关系的方法。

(3) 熟悉 UML 中包的 4 个设计原则以及包的应用场合。

本章先向读者介绍包、包中元素、包的可见性的概念，再重点介绍包之间的关系，设计包的 4 个原则，最后重点介绍包图的应用案例。

8.1 包图概述

软件开发时常见的一个问题是如何把一个大系统分解为多个较小系统。分解是控制软件复杂性的重要手段。在结构化方法中，考虑的是如何对功能进行分解，而在面向对象方法中，考虑的是如何把相关的类放在一起，而不再是对系统的功能进行分解。

UML 中对模型元素进行组织管理是通过包来实现的。UML 把概念上相似的、有关联的、会一起产生变化的模型元素组织在一个包中。

8.1.1 包中的元素

包在开发大型软件系统时是一个非常重要的机制，它把关系密切的模型元素组织在一起。包中的模型元素不仅仅限于类，可以是任何 UML 模型元素，如类、接口、组件、结点、用例、图、包等。一个模型元素只能被一个包所拥有。包就像一个"容器"，可用于组织模型中的相关元素以便控制模型的复杂度，使得开发人员更容易理解模型。

在包图下允许创建的各种模型元素是根据各种视图下所允许创建的内容决定的。比如在用例视图下的包中，允许创建包、角色、用例、类、用例图、类图、顺序图、协作图、状态图、活动图等。

包是纯粹的概念化的建模元素，在模型代表的软件系统的运行时刻，包是不会存在于其中的，也就是说，包不可能被实例化。

8.1.2 包的命名

和其他建模元素一样，包也必须有一个名字，以便区别于其他的包。在一个包中，同种元素必须有不同的名字，不同种类的元素可以有相同的名字。

对包的命名有两种方式，即简单包名（simple name）和路径包名（path name）。例如，Vision 是一个简单的包名，而 Sensors::Vision 是带路径的包名。其中 Sensors 是 Vision 包的外围包。也就是说，Vision 包是嵌套在 Sensors 包中的。

8.1.3 包中元素的可见性

一个设计良好的模型的内含元素应该具有较高的语义内聚性和松散的耦合度。松散的耦合度意味着不应该使包内的所有元素都和外界有联系。应当施加某种控制，使得包内的少数元素能被外界访问，而其他元素则对外界是不可见的。这种对包内含元素的可访问性的控制机制就是包的可见性。

正如类的属性和操作的可见性控制一样，包中元素的可见性控制也分为 3 种：公有访问（＋）、保护访问（♯）、私有访问（－）。其语义同类的可见性语义一样。

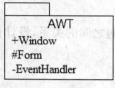

图 8.1 AWT 包

【例 8.1】 图 8.1 中的 AWT 包有 3 个元素：Window、Form 和 EventHandler。其中 Window 的可见性为公有的（public），表示在任何导入（import）AWT 包的包中，都可以引用 Window 这个元素。Form 的可见性为保护的（protected），表示只有 AWT 包的子包才可以引用 Form 这个元素。EventHandler 的可见性为私有的（privated），表示只有在 AWT 包中才可以引用 EventHandler 这个元素。

8.1.4 包的层次性

包可以拥有其他包（称为子包）作为自己的内部元素，子包又可以拥有自己的子包。因此，包可以嵌套。这样的话，包之间可以形成一个层次结构，而且是树型结构。如果包的规划比较合理，那么它们能够清晰地反映出系统的高层架构，即系统由子系统包和子系统包之间的依赖关系组成，子系统包由实现系统功能的用例包和用例包之间的依赖关系组成，用例包由实现用例描述（顺序图）的类包和类包之间的依赖关系组成。

在实际应用中，嵌套层次不应过深。一般以二到三层为宜。

子包能够看见父包中的所有公共元素，但是父包不能看见子包中的任何元素，除非父包到子包有依赖关系。

【例 8.2】 图 8.2 表示一个通用的数据访问层的组织结构。在数据访问层包中嵌套了数据操作包、持久类包和异常处理包。数据操作包依赖于持久类包和异常处理包。假定数据操作包中存在元素 Student 类，则 Student 类的完全名称是"数据访问层::数据操作::Student"。

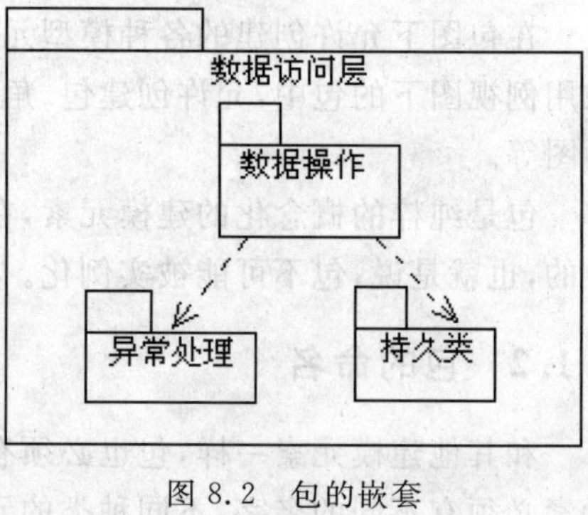

图 8.2 包的嵌套

8.1.5 包之间的关系

1. 依赖关系

包与包之间可以存在依赖关系。对于由对象类组成的包，如果两个包中的对象类之间存在着依赖关系，那么这两个包之间就有依赖关系。但是，包之间的依赖关系没有传递性。

【例 8.3】 如图 8.3 所示是包之间非传递依赖的例子，包 User Services 依赖于包 Business Services，包 Business Services 又依赖于包 Data Services，但包 User Services 并不

依赖于包 Data Services。

图 8.3 包之间的非传递依赖关系

图 8.3 中给出的依赖关系的版型都是＜＜import＞＞，称为引入依赖。对于 User Services 包到 Business Services 包的依赖关系而言，User Services 包是客户包(也有教材称为源包)，Business Services 包是提供者包(也有教材称为目的包)。

对于引入依赖，客户包会存取提供者包中可见性为公有的内容。因为提供者包的名字空间和客户包的名字空间是合并的，因此，当客户包中的元素引用提供者包中的元素时，它们可以直接使用提供者包中的元素名字，而不必使用包名称限定。

除了引入依赖(其版型为＜＜import＞＞)外，包之间还可以存在访问依赖(其版型为＜＜access＞＞)。访问依赖箭头也是从客户包指向提供者包。

对于访问依赖，客户包可以使用提供者包中可见性为公有的内容。因为提供者包的名字空间和客户包的名字空间不是合并的，因此，客户包中的元素必须总是使用路径名访问提供者包中的元素。换句话说，提供者包中的元素名字前面必须携带提供者包的包名。

2. 泛化关系

与 UML 中其他建模元素类似，包之间也可以有泛化关系，子包继承了父包中可见性为 public 和 protected 的元素。包之间的泛化关系描述了系统的接口。

【例 8.4】 如图 8.4 所示是包之间泛化关系的例子，其中包 WindowsGUI 泛化了包 GUI，包 WindowsGUI 继承了包 GUI 中的 Window 和 EventHandler 元素，同时包 WindowsGUI 重新定义(即覆盖)了包 GUI 中的 Form 元素，而 VBForm 是包 WindowsGUI 中新增加的元素。与子类和父类之间存在 Liskov 替换原则一样，子包和父包之间也存在 Liskov 替换原则，即子包可以出现在父包能出现的任何地方。

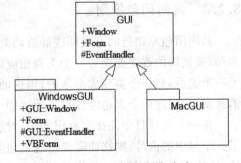

图 8.4 包之间的泛化关系

但是在实际建模过程中，包之间的泛化关系很少用到。

包是 UML 中的建模元素，但 UML 中并没有一个包图。通常一些书上所说的包图指的就是类图、用例图等这些图，只是在这些图中只有包这一元素。

UML 中，包是分组事物(grouping thing)的一种，它是在建模时用来组织模型中的元素的，在系统运行时并不存在包的实例。这点和类不一样，类在运行时会有实例(即对象)存在。

8.2 设计包的原则

在考虑如何对类进行分组并放入不同的包时，主要是根据类之间的依赖关系进行分组。包中的类应该是功能相关的，在建立包时，应把概念上和语义上相近的模型元素纳入一个包。

依赖关系其实是耦合的一种体现，如果两个包中的类之间存在依赖关系，那么这两个包之间也就有了依赖关系，也就存在了耦合关系。好的设计要求体现高内聚、低耦合的特性。

在设计包时，应遵循以下原则。

(1) 重用等价原则(Reuse Equivalency Principle，REP)。

(2) 共同闭包原则(Common Closure Principle，CCP)。

(3) 共同重用原则(Common Reuse Principle，CRP)。

(4) 非循环依赖原则(Acyclic Dependencies Principle，ADP)。

8.2.1 重用等价原则

重用等价原则指的是把类放入包中时，应考虑把包作为可重用的单元。这种设计原则和用户的使用心理有关，对于可重用的类，其开发可能比较快，开发人员会不断地推出这些可重用类的升级版本。但对于可重用类的使用者来说，不会随着可重用类的每次升级而修改自己的系统。不过，在需要升级的时候又会要求很容易地用新版本的可重用类替换旧版本的可重用类。因此设计包的一个原则是把类放在包中时要方便重用，方便对这个包的各个版本的管理。

8.2.2 共同闭包原则

共同闭包原则指的是把那些需要同时改变的类放在一个包中。例如，如果一个类的行为和/或结构的改变要求另一个类做相应的改变，则这两个类应放在一个包中；或者在删除了一个类后，另一个类变成多余的，则这两个类应放在一个包中；或者两个类之间有大量的消息发送，则这两个类也应放在一个包中。

在一个大项目中往往会有很多包，对这些包的管理并不是一件容易的工作。如果改动了一个包中的内容，则往往需要对这个包及依赖这个包的其他包进行重新编译、测试、部署等，这往往会带来很大的工作量，因此，希望在改动或升级一个包的时候要尽量少影响别的包。显然，当改动一个类时，如果那些受影响的类和这个类在同一个包中，则只对这个包有影响，别的包不会受影响。

共同闭包原则就是要提高包的内聚性、降低包与包之间的耦合度。

8.2.3 共同重用原则

共同重用原则指的是不会一起使用的类不要放在同一包中。这个原则和包的依赖关系有关。如果元素 A 依赖于包 P 中的某个元素，则表示 A 会依赖于 P 中的所有元素。也就是说，如果包 P 中的任何一个元素做了修改，即使所修改的元素和 A 完全没有关系，也要检查元素 A 是否还能使用包 P。

　　因此,一个包中包含的多个类之间如果关系不密切,改变其中的一个类不会引起别的类的改变,那么把这些类放在同一个包中会对用户的使用造成不便。修改了一个对用户实际上毫无影响的类,却使得用户不得不重新检查是否还可以同样方式使用新的包是不合理的。

　　重用等价原则、共同闭包原则、共同重用原则这 3 个原则事实上是相互排斥的,不可能同时被满足。它们是从不同使用者的角度提出的,重用等价原则和共同重用原则是从重用人员的角度考虑的,而共同闭包原则是从维护人员的角度考虑的。共同闭包原则希望包越大越好,而共同重用原则却要求包越小越好。

　　一般在开发过程中,包中所包含的类可以变动,包的结构也可以相应地变动。例如,在开发的早期,可以共同闭包原则为主。而当系统稳定后,可以对包做一些重构(refactoring),这时要以重用等价原则和共同重用原则为主。

8.2.4　非循环依赖原则

　　非循环依赖原则指的是包之间的依赖关系不要形成循环。也就是说不要有包 A 依赖于包 B,包 B 依赖于包 C,而包 C 又依赖于包 A 这样的情况出现。因为循环依赖会严重妨害软件的重用性和可扩展性,必然导致系统耦合度的增强,使得系统中的每个包都无法独立构成一个可重用的单元。当需求发生变化时,某一个包的改动必然引起其他包的变更。

　　消除循环依赖的一个有效方法是选择一个包 A,将其内部的公共部分(即被包 C 依赖的公有元素)提取出来,组成一个新包 A′。撤销包 C 到包 A 的依赖关系,换成包 C 到包 A′的依赖关系和包 A 到包 A′的依赖关系,如图 8.5 所示。

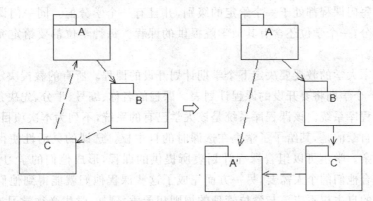

图 8.5　消除包之间的循环依赖

　　如果确实无法避免出现包之间的循环依赖,则可以把这些有循环依赖关系的包放在一个更大的包中,以消除这种循环依赖关系。

8.2.5　高内聚和低耦合原则

　　系统分组机制的建模的一个主要目的是尽力最小化系统中的耦合度。有 3 种方法可以做到高内聚和低耦合。

　　(1) 最小化包之间的依赖关系。

　　(2) 最小化每个包的公共元素和保护元素的数目。

　　(3) 最大化每个包的私有元素的数目。

要做到包内高内聚，包间低耦合，就要尽量做到包中包含一组紧密相关的类。类之间的泛化关系是最紧密相关，组成（或组合）次之，聚合（或聚集）又次之，最后是依赖。

8.3　包的应用

除了在面向对象设计中对建模元素进行分组外，在 Rational Rose 2003 中，包可以提供一些特殊的功能。

如第 9 章介绍的数据建模中，用包表示模式和域，在数据模型和对象模型之间的转换是以包为单位进行的。在 Web 建模中，包可以表示某一虚拟目录（virtual directory），在该目录下的所有 Web 元素都在这个包中；另外包在 Rational Rose 2003 中还可以作为控制单元（controlled unit），以方便团队开发和配置管理。

8.4　一个分组机制建模的例子

本节通过一个简化的大学课程注册系统的例子，说明分组机制建模的过程。

8.4.1　需求陈述

某个中等规模的大学为全日制的学生提供大量本科生学位，这个大学的教学机构由学院组成，每个学院包含几个专业方向。每个学院管理一种学位，每种学位都有若干必修课和若干选修课。每门课程都处于一个给定的级别，并且有一个学分值。同一门课程可以是若干学位的一部分，一个学位还含有其他学院提供的课程。每种学位都要给定完成学位所要求的总学分值。

每个学期末大学的教授要决定下个学期计划开设的课程。所有的教授决定开设的课程的汇总，形成下学期将要开设的课程计划表。课程的名称、编号、学分、先决条件等课程信息全部取自课程库系统。该课程库系统是该大学已有的系统，不列为本次项目的开发内容。

令该大学自豪的是，其给予了学生在选课时的自主权。选课的灵活性使得大学课程注册系统变得复杂。学生可以组合课程计划表所提供的课程，形成他们的学习计划（注册课程），一方面适合他们的个人需要，另一方面完成了这些课程他们就能得到他们所注册的学位。个人选课的自主权不应该与学位管理的规则相矛盾，例如，学生必须学习过某门课程的先修课程，才能选修该门课程。学生对课程的选择可能受时间冲突、最大的班级人数等条件的限制。

在每个学期的开始，学生们会得到一份本学期将要开设的课程计划表。每门课程包含的信息有课程名称、课程编号、开课的教授、学院、选择该课程的先决条件、课程学分、已选学生人数等，可以帮助学生有目的地选择课程。新系统允许学生在将要来临的新学期中选四门主选课程。如果一门主选课程名额满员或被取消，每个学生有重选的机会。因此，新系统也允许学生选择两门备选课程。每门课程最多有 10 名、最少有 3 名学生选择才能开课。少于 3 个人报名的课程将被取消。当一个学生的课程注册信息提交之后，系统检查他们的前提条件、所选课程的已报名人数、时间表冲突等约束，将选课成功或失败的消息通知给学生。一旦学生成功选中的课程门数少于计划时，系统重新开放该学生的学习计划修改权限，允许该学生保留成功选择的课程,重新调整其余的课程。当一个学生的课程注册信息最终完成之后,系统给收费系统发送一个消息,收费系统统计该学生已选课程的费用,再传回新系统,以便学生为其选中的课程付费。该收费系统是该大学已有的系统,不列为本次项目的开发内容。每个学期开学初有一段时间可以让学生改变学习计划,在这段时间内学生可以增加或删除课程。一旦学生提交了学习计划,就不能再改变学习计划,除非因为选中课程的门数不达标而被系统退回的情况。选课时间段结束后,教授可以查询到他自己将要讲授的那些课程以及这些课程中每门课程有哪些学生报名。

当然了,为了适应每年新增的教授和学生、离职的教授和毕业的学生,新系统应当有效管理教授和学生的基本信息。管理工作包括增加、修改、删除、查找。注册管理员负责管理教授和学生的基本信息。

由于这个大学课程注册系统有其自身的独特性,找不到合适的商品软件,因而只能自行开发。

8.4.2　分析类和接口

在"大学课程注册系统"中,通过对结构建模(参考第 4 章)和交互建模(参考第 5 章)的分析,能够发现存在以下这些类:

实体类有学位(Degree)、学院(College)、教授(Professor)、课程计划表(CourseOffering)、课程(Course)、学生(Student)、学习计划(StudyProgram)、所选课程费用(CourseFee)、注册管理员(Registrar)。

边界类有学习计划制订窗口(StudyProgramWindow)、学生查询课程费用窗口(QueryCourseFeeWindow)、课程计划制订窗口(CourseProgramWindow)、教授查询课程窗口(QueryCourseInfoWindow)、学生信息维护窗口(StudentInfoManageWindow)、教授信息维护窗口(ProfessorInfoManageWindow)、登录窗口(LoginWindow)。

控制类有注册管理(RegistrationManager)。

8.4.3　确定包

本案例主要采用共同闭包原则和基于实现用例的协作(实质上是基于顺序图或协作图),来确定包。

每个实现用例的协作都包含边界类和实体类。特殊的"提交学习计划"用例的实现涉及控制类。

每个边界类都对应一个网页页面执行程序。根据编程语言和开发技术的不同,网页页面执行程序可能还会包括相关的控制程序和接口实现程序。

例如,在 ASP.NET 架构下开发的管理信息系统,每个网页页面执行程序包括一个.ASPX 文件和配对的一个.CS 文件。在 Struts2 架构下开发的管理信息系统,每个网页页面执行程序包括一个.JSP 文件和 Action 包下的配对的一个.JAVA 文件。

因此,可以把每个边界类对应的程序代码分组到一个包中。这样,就可以确定以下包:StudyProgramWindow 包、QueryCourseFeeWindow 包、CourseProgramWindow 包、QueryCourseInfoWindow 包、StudentInfoManageWindow 包、ProfessorInfoManageWindow 包、LoginWindow 包。

每个控制类都对应一个编程语言的源代码。此外，一个控制类可能要为一个或多个网页页面执行程序提供服务。因此，可以把控制类分组到接收它提供服务的边界类所在的包中。

但是，为了实现程序的可扩展性和可维护性，控制类会随着需求的变化而变化，而边界类一经确定基本可以保持较长一段时间。因此，应该将控制类从边界类所在的包中剥离出来，单独构成一个包。这样，就可以确定以下包：RegistrationManager 包。

所有实体类都要永久储存。如果用关系型数据库来储存实体类对应的数据表，那么还会涉及操纵数据库的接口程序。因此，可以把所有实体类分组到一个包中。这样，就可以确定以下包：DB。

8.4.4 确定包之间的依赖关系

因为所有的边界类程序都要依赖数据库管理系统提供对各自的实体类的操作，所以，这些包：StudyProgramWindow 包、QueryCourseFeeWindow 包、CourseProgramWindow 包、QueryCourseInfoWindow 包、StudentInfoManageWindow 包、ProfessorInfoManageWindow 包、LoginWindow 包，都依赖于 DB 包。

因为在制订学习计划时，学生选择了 4 门主课和 2 门备选课后，可能会选择提交学习计划，所以，StudyProgramWindow 包依赖于 RegistrationManager 包，后者又依赖于 DB 包。

根据上述分析，画出大学课程注册系统的包图如图 8.6 所示。

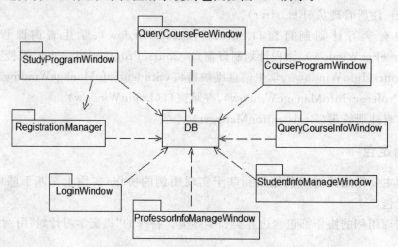

图 8.6 大学课程注册系统的包图

8.5 本章小结

（1）包就像一个"容器"，可用于组织模型中的相关元素。

（2）包之间可以存在依赖关系，但这种依赖关系没有传递性。

（3）在设计包时，应遵循重用等价原则、共同闭包原则、共同重用原则、非循环依赖原则等。

（4）包是一种很有用的建模机制，除了在面向对象设计中对建模元素进行分组外，在数据建模、Web 建模、支持团队开发等方面有不可替代的作用。

（5）包是 UML 的建模元素之一，包可以包含其他包和类。包中拥有或涉及的所有模型元素称为包的内容。

（6）包是一种分组机制，它把一些模型元素组织成语义上相关的组。用包建模，可以清晰、简洁地描述一个复杂的系统，形成一个描述系统的结构层次。这是一种解决复杂问题的有效方法。

（7）作为一种分组机制，包的实例没有意义。因此，包仅在系统建模时有用，不需要转换成可执行的系统。

8.6　习　　题

8.6.1　填空题

1. 在 UML 中，类有实例，它的实例是一个对象。包用来表示一个_____，包没有_____。

2. 组成包图的元素有_____、_____和_____。

3. 包的可见性关键字包括_____、_____和_____。

4. 包是包图中最重要的概念，它包含了一组_____和_____。

5. _____是一种维护和描述系统总体结构的模型的重要建模工具。

6. 在 UML 的建模机制中，_____的组织是通过包图来实现的。

8.6.2　选择题

1. （　　）是用于把元素组织成组的通用机制。
   A. 包　　　　　　　　B. 类　　　　　　　　C. 接口　　　　　　　　D. 组件

2. 包之间的关系总的来讲可以概括为（　　）。
   A. 泛化关系　　　　B. 依赖关系　　　　C. 聚集关系　　　　D. 组合关系

3. 下列对于创建包的说法正确的是（　　）。
   A. 在顺序图和协作图中可以创建包
   B. 在类图中可以创建包
   C. 如果将包从模型中永久删除，包及其包中内容都将被删除
   D. 在创建包的依赖关系时，尽量避免循环依赖

4. 下面（　　）是构成包图的基本元素。
   A. 发送者　　　　　　B. 包　　　　　　　C. 依赖关系　　　　D. 子系统

5. 将系统分层常用的一种方式是将系统分为三层结构，它们是（　　）。
   A. 用户界面层　　　B. 数据访问层　　　C. 业务逻辑层　　　D. 视图层

6. UML 系统分析阶段产生的包图描述了系统的（　　）。
   A. 状态
   B. 系统体系层次结构
   C. 静态模型
   D. 功能要求

8.6.3　简答题

1. 为什么要使用包？怎样划分包？
2. 简述包与包之间的关系。
3. 简述包的概念和作用。
4. 简述构成包的基本元素。

第9章 数据建模

本章学习目标

(1) 理解数据建模的意义。

(2) 掌握 Rose 中数据建模的步骤。

(3) 掌握 Rose 中对象模型和数据模型的相互转换。

本章先向读者介绍数据建模的概念;再重点介绍 Rose 中数据建模的步骤;最后重点介绍 Rose 中数据模型与对象模型的相互转换。

9.1 数据建模概述

目前数据库设计的一个比较常用的方法是采用 E-R(Entity-Relationship)图。但采用 E-R 图设计的一个问题是只能着眼于数据,而不能对行为建模。例如,不能对数据库中的触发器(trigger)、存储过程(stored procedure)等建模。

与 E-R 图相比,UML 类图的描述能力更强,UML 的类图可看作是 E-R 图的扩充。对于关系数据库来说,可以用类图描述数据库模式(database schema),用类描述数据库表,用类的操作来描述触发器和存储过程。UML 类图用于数据建模可以看作是类图的一个具体应用的例子。

9.2 数据库设计的基本过程

数据库设计主要涉及 3 个阶段,即概念设计、逻辑设计和物理设计。如图 9.1 所示是数据库设计的流程。

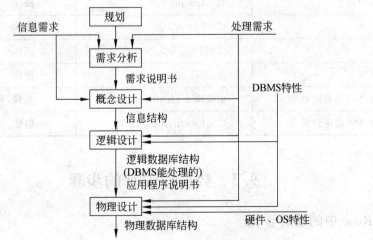

图 9.1 数据库设计的基本流程

概念设计阶段的任务是把用户的信息要求统一到一个整体逻辑结构中,此结构能表达用户的要求,且独立于任何数据库管理系统(DBMS)软件和硬件。

逻辑设计阶段的任务是把概念设计阶段得到的结果转换为与选用的 DBMS 所支持的数据模型相符合的逻辑结构。对于关系数据库而言,逻辑设计的结果是一组关系模式的定义,它是 DBMS 能接受的数据库定义。

物理设计阶段的任务是对给定的逻辑数据模型选取一个最适合应用要求的物理结构。数据库的物理结构包括数据库的存储记录格式、存储记录安排、存取方法等。数据库的物理设计是完全依赖于给定的硬件环境和数据库产品的。

在进行数据库设计时,有几个关键的概念,如模式(schema)、主键(primary key)、外键(foreign key)、域(domain,也称为 attribute types)、关系(relationship)、约束(constraint)、索引(index)、触发器(trigger)、存储过程(stored procedure)、视图(view)等。从某种意义上说,用 UML 进行数据建模就是要考虑如何用 UML 中的建模元素来表示这些概念,同时考虑满足引用完整性(referential integrity)、范式等要求。一般对于数据库中的这些概念,在 UML 中大都用版型来表示,在数据建模中常用的一些版型如表 9.1 所示。

表 9.1　数据建模时用到的一些版型

数据库中的概念	版　　型	所引用的 UML 元素
数据库	<<DataBase>>	组件(Component)
模式	<<Schema>>	包(Package)
表	<<Table>>	类(Class)
视图	<<View>>	类
域	<<Domain>>	类
索引	<<Index>>	操作(Operation)
主键	<<PK>>	操作
外键	<<FK>>	操作
唯一性约束	<<Unique>>	操作
检查约束	<<Check>>	操作
触发器	<<Trigger>>	操作
存储过程	<<SP>>	操作
表与表之间非确定性关系	<<Non-Identifying>>	关联,聚合
表与表之间确定性关系	<<Identifying>>	组成

9.3　数据库设计的步骤

9.3.1　Rose 中的设计步骤

下面结合 Rose 2003 工具提供的功能来说明如何用 UML 的类图进行数据库设计。

在 Rose 2003 中数据库设计的步骤如下。

(1) 创建数据库对象。这里所说的数据库对象是指 Rose 中组件图中的一个组件,其版型为 DataBase。

(2) 创建模式(Schema)。对于关系数据库来说,模式可以理解为所有表及表与表之间的关系的集合。

(3) 创建域包(Domain Package)和域(Domain)。域可以理解成某一特定的数据类型,它起的作用和 VARCHAR2、NUMBER 等数据类型类似,但域是用户定义的数据类型。

(4) 创建数据模型图(Data Model Diagram)。表、视图等可以放在数据模型图中,类似于类放在类图中一样。

(5) 创建表(Table)。如果有必要,也可以创建视图,视图是类的<<View>>版型。

(6) 创建列(Column)。在表中创建每一列,包括列名、列的属性等。

(7) 创建关系(Relationship)。如果表与表之间存在关系,则创建它们之间的关系。

(8) 在必要的情况下对数据模型进行规范化,如从第二范式转变为第三范式。

(9) 在必要的情况下对数据模型进行优化。

(10) 实现数据模型。在 Rose 2003 中,可以直接根据数据模型生成具体数据库(如 SQL Server、Oracle 等)中的表、触发器、存储过程等,也可以根据数据模型先生成 SQL 语句,以后再执行这些 SQL 语句,得到具体数据库中的表、触发器、存储过程等。

在 Rose 2003 中用于数据建模的菜单都在 Component View\Data Modeler 下,或者 Logical View\Data Modeler 下。在 Rose 2003 的浏览窗口中右击选中的对象 Component View,或者 Logical View,在弹出式菜单中选 Data Modeler 菜单项,如图 9.2 所示,其中灰色的选项表示当前不可用的菜单项。

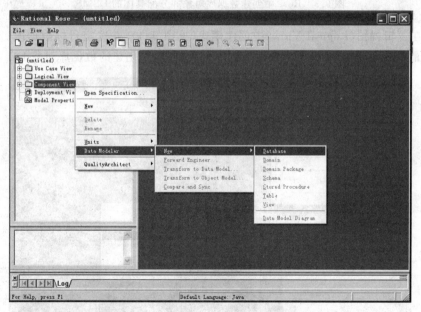

图 9.2　Rose 中用于数据建模的菜单

9.3.2　Rose 中的具体操作过程

下面是在 Rose 2003 中数据建模的具体操作过程。

（1）在构件视图（Component View）中创建数据库对象。创建数据库对象时默认的目标数据库为 ANSI SQL 92，也可设为其他数据库，如 SQL Server 2000、Oracle 9.x、DB2 等。如图 9.3 所示创建的数据库对象名为 DB_0，目标数据库设为 Oracle 9.x。

图 9.3　Rose 中创建数据库对象并分配具体的 DBMS

（2）在逻辑视图（Logical View）中创建模式（见图 9.4），并选定目标数据库。如图 9.5 所示创建的模式名是 S_0，选定的目标数据库是第（1）步中创建的数据库对象 DB_0。

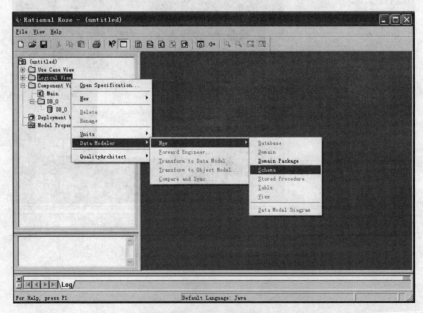

图 9.4　Rose 中创建模式

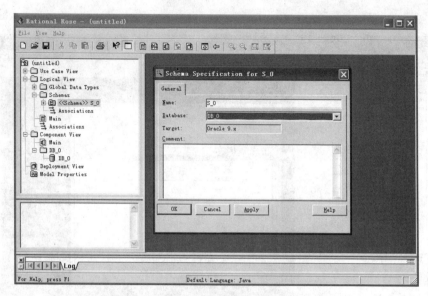

图 9.5　Rose 中为模式分配具体的目标数据库

（3）在逻辑视图中创建域包和域。首先创建域包（见图 9.6），如图 9.7 所示创建的域包的名字为 DP_0，设定的 DBMS 是 Oracle，也就是说，在这个域包下定义的域是针对 Oracle 数据库的。

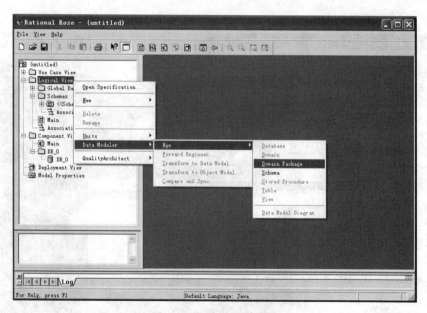

图 9.6　Rose 中创建域包

其次，在域包 DP_0 下再创建域（见图 9.8）。域可以看作是定制的数据类型，可以为每个域添加检查语句。如图 9.9 所示创建的域的名字是 DOM_0，数据类型为 VARCHAR2，长度为 10，有唯一性约束和非空约束。创建了域 DOM_0 后，以后在定义表的列的时候，就可以把该列的类型定义为 DOM_0。

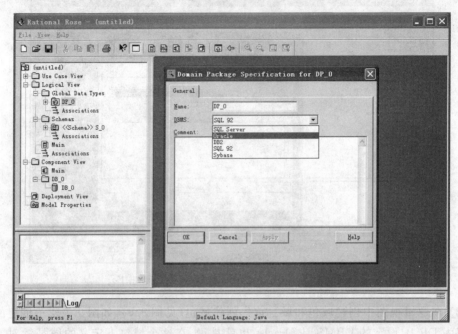

图 9.7　Rose 中为域包分配具体的数据库类型

图 9.8　Rose 中创建域

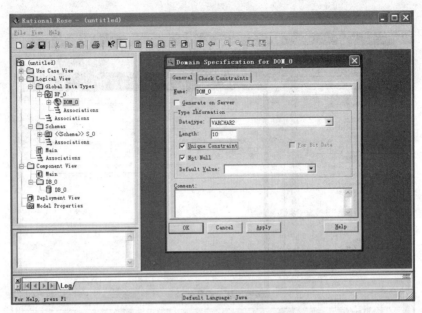

图 9.9　Rose 中为域指定具体的数据类型

（4）创建数据模型图。数据模型图在模式 S_0 下创建，如图 9.10 所示。

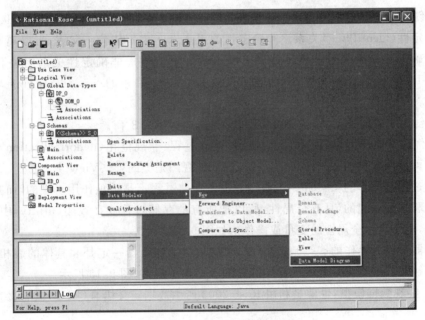

图 9.10　Rose 中创建数据模型图

（5）创建表。在数据模型图中创建表。

（6）创建列。在表上建立列。

如图 9.11 所示创建的数据模型图的名字是 DMD_0，表是 Table1 和 Table2。在表 Table1 中创建了列 COL_0 和 COL_1，其中列 COL_0 为主键。在表 Table2 中创建了列 COL_2、COL_3、COL_4，其中列 COL_2 为主键，列 COL_4 的类型为步骤（3）中创建的域

DOM_0。

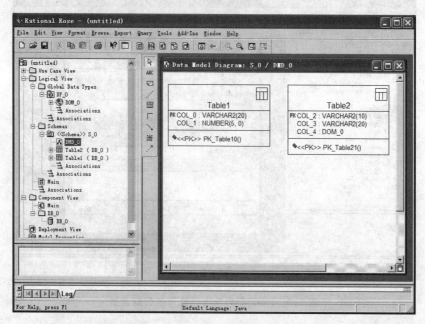

图 9.11　Rose 中在数据模型图中创建表和列

（7）创建表与表之间的关系。表与表之间存在两种关系，即非确定性（non-identifying）关系和确定性（identifying）关系。非确定性关系表示子表不依赖于父表，可以离开父表单独存在。确定性关系表示子表不能离开父表而单独存在。非确定性关系用关联关系的＜＜Non-Identifying＞＞版型表示，确定性关系用组合关系的＜＜Identifying＞＞版型表示。

（8）创建了数据模型后，还要将模型规范化，如转换为 3NF。

（9）优化数据模型，如创建索引、视图、存储过程、非规范化（denormalization）、使用域等。索引可以用操作的＜＜Index＞＞版型表示，视图是类的＜＜View＞＞版型。

存储过程是操作的＜＜SP＞＞版型。由于存储过程不是单独作用于表的，而是跟特定的数据库联系在一起的，具有全局性，所以把所有的存储过程放在效用（utility）中（效用是类的版型，用于表示全局性的变量或操作），如图 9.12 所示。

触发器是作为操作的＜＜Trigger＞＞版型，由于触发器一定是和具体的表相关的，所以建模时触发器是作为某个表的操作部分的版型表示的，如图 9.13 所示。

（10）实现数据模型，也就是利用 Rose 2003 产生数据定义语言（DDL）或直接在数据库中创建表。

9.3.3　Rose 中表之间的关系

下面对表与表之间的非确定性关系和确定性关系做进一步说明。在这两种关系中，子表中都要增加外键以便支持关系。对非确定性关系，外键并不成为子表中主键的一部分；因此，删除父表不会影响子表的存在。对确定性关系，外键成为子表中主键的一部分；因此，删除父表后，子表也要被删除。

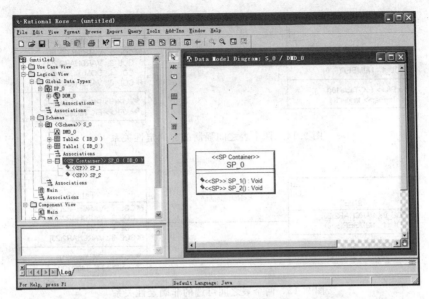

图 9.12　Rose 中的存储过程

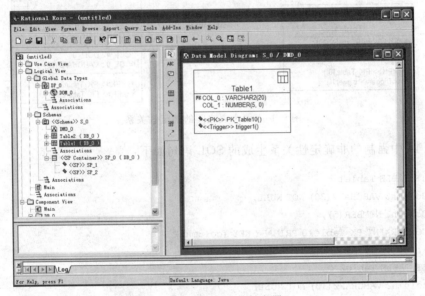

图 9.13　Rose 中的触发器

当非确定性关系的父表一端的多重性为 1 或 $1..n$ 时,称为强制的(mandatory)非确定性关系。当非确定性关系的父表一端的多重性为 $0..1$ 或 $0..n$ 时,称为可选的(optional)非确定性关系。

图 9.14～图 9.16 给出了表与表之间的各种关系的表示方法。

为了更好地理解表与表之间这几种关系的区别,下面列出对应于图 9.14～图 9.16 的 SQL 语句,这些 SQL 语句是在 Rose 2003 中自动生成的。通过比较这些代码之间的区别,可以帮助理解这几种关系,其中 SQL 语句中不同的地方已用粗体字表示。

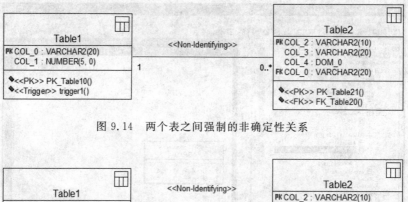

图 9.14 两个表之间强制的非确定性关系

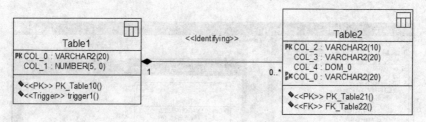

图 9.15 两个表之间可选的非确定性关系

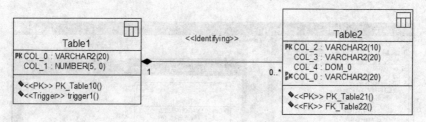

图 9.16 两个表之间的确定性关系

图 9.14 中强制的非确定性关系生成的 SQL 语句如下：

```
CREATE TABLE Table1 (
    Column0 VARCHAR2(20) NOT NULL,
    Column1 NUMBER(5),
    CONSTRAINT PK_Table10 PRIMARY KEY (column0)
    );
CREATE TABLE Table2 (
    column2 VARCHAR2(10) NOT NULL,
    column3 VARCHAR2(20),
    column4 VARCHAR2(10) UNIQUE,
    column0 VARCHAR2(20) NOT NULL,
    CONSTRAINT PK_Table21 PRIMARY KEY (column2)
    );
ALTER TABLE Table2 ADD (CONSTRAINT FK_Table20
        FOREIGN KEY (column0) REFERENCES Table1 (column0));
```

图 9.15 中可选的非确定性关系生成的 SQL 语句如下：

```
CREATE TABLE Table1 (
    Column0 VARCHAR2(20) NOT NULL,
```

```
    Column1 NUMBER(5),
    CONSTRAINT PK_Table10 PRIMARY KEY (column0)
    );
CREATE TABLE Table2 (
    column2 VARCHAR2(10) NOT NULL,
    column3 VARCHAR2(20),
    column4 VARCHAR2(10) UNIQUE,
    column0 VARCHAR2(20),
    CONSTRAINT PK_Table21 PRIMARY KEY (column2)
    );
ALTER TABLE Table2 ADD (CONSTRAINT FK_Table20
    FOREIGN KEY (column0) REFERENCES Table1 (column0));
```

图 9.16 中确定性关系生成的 SQL 语句如下：

```
CREATE TABLE Table1 (
    Column0 VARCHAR2(20) NOT NULL,
    Column1 NUMBER(5),
    CONSTRAINT PK_Table10 PRIMARY KEY (column0)
    );
CREATE TABLE Table2 (
    column2 VARCHAR2(10) NOT NULL,
    column3 VARCHAR2(20),
    column4 VARCHAR2(10) UNIQUE,
    column0 VARCHAR2(20) NOT NULL,
    CONSTRAINT PK_Table21 PRIMARY KEY (column0, column2)
    );
ALTER TABLE Table2 ADD (CONSTRAINT FK_Table22
    FOREIGN KEY (column0) REFERENCES Table1 (column0));
```

9.4 对象模型和数据模型的相互转换

在 Rose 2003 中，对象模型(类图)和数据模型可以相互转换。这种转换不是 UML 规范说明中要求的，是 Rose 2003 提供的一个功能。在转换过程中要用到包这种结构。

9.4.1 对象模型转换为数据模型

对象模型转换为数据模型，简单地说，就是把类转换为表，类与类之间的关系转换为表与表之间的关系，或者也转换为表。

在 Rose 2003 中可以把逻辑视图下的包直接转换为数据模型，但这种转换必须是对包进行的。也就是说，要转换的类要放在某个包中，然后把整个包中的所有类都转换过去。

下面给出转换的具体步骤。

(1)首先按照 9.3 节中介绍的步骤在 Rose 2003 的组件视图下创建数据库对象。

(2)在逻辑视图下创建包，例如 Demo 包，并在包中创建类，例如类 FlightAttendant 和类 Flight。在包中创建类图 NewDiagram，将类 Flight 和类 FlightAttendant 拖动到类图中。在类 Flight 和类 FlightAttendant 之间建立多对多的关联，如图 9.17 所示。需要注意的是，类 Flight 和类 FlightAttendant 必须要设置为 Persistent(表示该类具有持久性，这个属性可以在类的 Standard Specification 对话框的 Detail 标签下设置）。对于非 Persistent 的类（创建类时，默认是非 Persistent 的），在转换时不会生成对应的表。

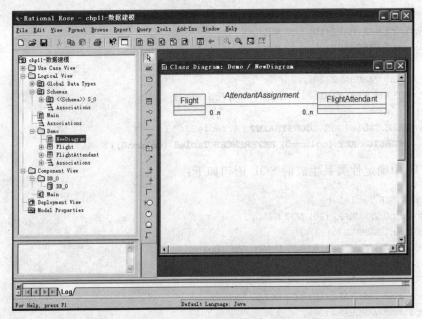

图 9.17　类 Flight、FlightAttendant 及其关联

在这个例子中，类与类之间是多对多的关联，也可以是别的关系，如一对多关联、泛化关系等，同样可以转换过去。

（3）右击包 Demo，在弹出的菜单中选择 Data Modeler→Transform to Data Model 选项，如图 9.18 所示。

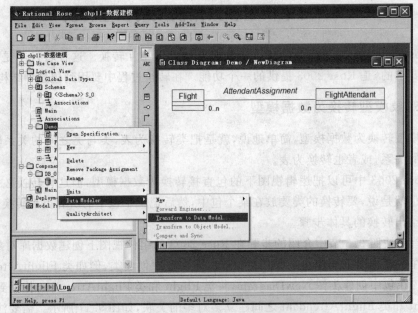

图 9.18　把对象模型转换为数据模型的菜单

这时会弹出一个对话框,如图 9.19 所示。在这个对话框中,可以对要生成的数据模型做一些设置,如要生成的模式的名字、目标数据库、所生成的表名的前缀等,也可以选择是否要对外键生成索引。这里把目标数据库设为在 9.3 节第(1)步中创建的数据库对象 DB_0,其他的选项采用默认值,然后单击 OK 按钮即可。

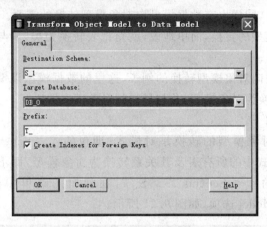

图 9.19 设置要生成的数据模型的对话框

(4) 这时在逻辑视图的 Schemas 包下会创建 S_1 模式(实际上也是一个包),在 S_1 模式中有表 T_Flight、T_FlightAttendant、T_2。为了显示表与表之间的关系,还需要按 9.3 节中介绍的步骤在模式 S_1 下,自己手工创建一个数据模型图,例如 NewDiagram2。然后把这 3 个表拖动到数据模型图中,表与表之间的关系就自动显示出来了,如图 9.20 所示。

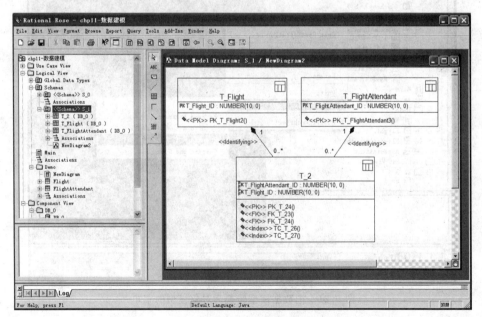

图 9.20 生成的数据模型

需要说明的是,把对象模型转换为数据模型,其结果并不是唯一的。Rose 2003 中生成的数据模型只是其中的一种结果,如果用户觉得需要,也可以自己根据对象模型创建数据模型,结果可以不一样。

9.4.2　数据模型转换为对象模型

对象模型和数据模型的开发往往是并行进行的,所以在建模过程中不只是有对象模型向数据模型转换的需要,同样也有数据模型向对象模型转换的需要。

数据模型向对象模型的转换,简单地说,就是把表转换为类,表与表之间的关系转换为类与类之间的关系。

下面给出数据模型向对象模型转换的例子,这里的数据模型以 9.4.1 节中得到的数据模型为例,然后把它转换为对象模型,并与最初的对象模型做比较。

转换的具体步骤如下。

(1) 数据模型向对象模型的转换是对模式(即包的<<Schema>>版型)进行的。Rose 2003 会把一个模式中的所有表及其关系转换为对象模型,而不会对单个的表进行转换。右击图 9.20 中的<<Schema>>S_1,在弹出的菜单中选择 Data Modeler→Transform to Object Model 选项,如图 9.21 所示。

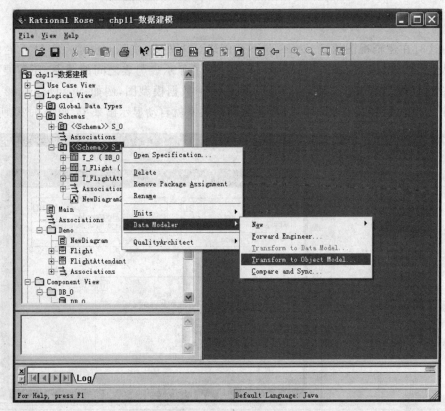

图 9.21　把数据模型转换为对象模型的菜单

(2) 这时会弹出一个对话框,如图 9.22 所示。在这个对话框中,可以对要生成的对象模型做一些设置,如要生成的包的名字、所生成的类名的前缀等,也可以选择是否根据表的主键生成类中对应的属性。这里使用默认值,即包名为 OM_S_1,类名的前缀为 OM_,不选择生成对应主键的属性,然后单击 OK 按钮即可。

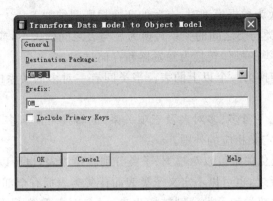

图 9.22　设置要生成的对象模型的对话框

（3）这时在逻辑视图下会创建包 OM_S_1，在这个包中有 OM_T_Flight 类和 OM_T_
FlightAttendant 类。为了显示类与类之间的关系，还需要创建一个类图，例如在包 OM_S_
1 下的 NewDiagram3。然后把这两个类拖动到类图 NewDiagram3 中，类与类之间的关系就
自动显示出来了，如图 9.23 所示。

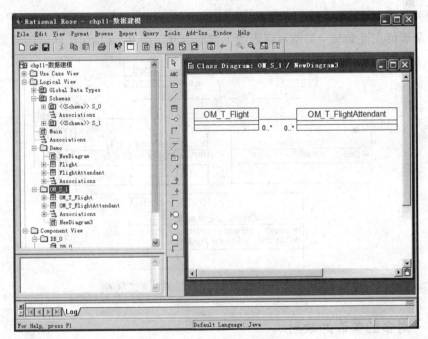

图 9.23　生成的对象模型

可以发现，除了类名带前缀和类之间的关联没有名字以外（其实可以在转换时设置不要
类名前缀），图 9.23 中的类图和最初的图 9.17 中的类图几乎一样

9.5　关联关系的多重性在数据模型中的映射

在关系数据库中，可通过外键实现表的关联。外键允许表中的某一行与其他表中的行相
关联。关联关系可以有多重性，不同的多重性映射到数据表的联系时需要采取不同的策略。

在将对象模型转换为数据模型时,有关的变换规则归纳如下。

(1) 类转换为表,类与类之间的关系转换为表与表之间的关系,或者也转换为表。类的属性转换为表的字段,类的操作转换为触发器和存储过程。

(2) 一个类可以转换为一个以上的表。当类间有一对多的关系时,一个表也可以对应多个类。

(3) 关系(一对一、一对多、多对多及三项关系)的转换可能有多种情况,但一般转换为一个表,也可以在表间定义相应的外键。

(4) 单一继承的泛化关系可以对超类、子类分别转换为表,也可以不定义父类表而让子类表拥有父类属性。反之,也可以不定义子类表而让父类表拥有全部子类属性。

(5) 对多重继承的超类和子类分别转换为表,对多次多重继承的泛化关系也转换为一个表。

(6) 对转换后的表进行冗余控制调整,使其达到合理的关系范式。

下面仅对关联关系的多重性的变换进行进一步阐述。

9.5.1　多对多的关联的映射

关联关系的两端的类分别转换为对应表,再建立第三个表(称为关联表)映射多对多的关联。关联表的主键是每个类的对应表的主键的合并。图9.24给出了映射的效果图。

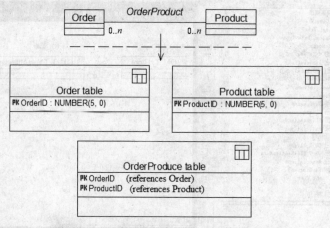

图 9.24　建议的实现：单独的多对多关联表

9.5.2　一对多的关联的映射

把一个外键隐藏在"多"端对应表中,参与者的名字成为外键属性名字的一部分。如果1端是可选的,则外键可以有空值,以表明"多"端的记录可以独立于1端的存在。如果1端是强制性的,则外键一定要非空。图9.25给出了映射的效果图。

9.5.3　零或一对一的关联的映射

把外键隐藏在"零或一"端对应表中。如果关联是 O-M(即 Optional 为可选,Mandatory 为强制),则可将外键放置在"可选"端对应表中,该外键不能为空。其他一对一的情况,外键

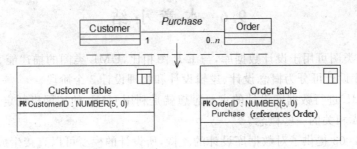

图 9.25　建议的实现：隐藏的一对多关联

可放置在任意一端的对应表中。需要注意的是，对于一对一的情况，不要在两个表中均放置对方的主键。一般情况下，对于关联的强制性，会在商业规则的程序层中实现，而不在物理层中实现。图 9.26 给出了映射的效果图。

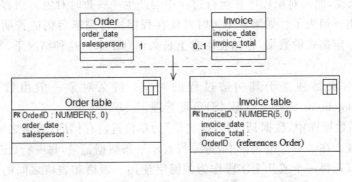

图 9.26　建议的实现：隐藏的零或一对一关联

在正常情况下，使用隐藏式的映射。但有些偶尔的情况，使用下面的单独式的映射更合适。例如，可以用单独的表来实现一对多和一对一关联。单独的表给了更统一的设计和更大的扩展性。无论如何，单独的关联表打碎了数据库，增加了表的数量。此外，单独的关联表不能强迫一个更低的多重性限度为 1。图 9.27 给出了映射的效果图。

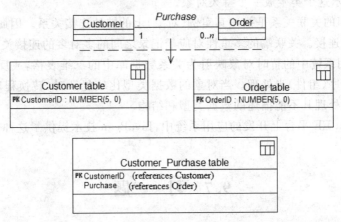

图 9.27　可选的实现：单独的一对 x 关联表

9.6　本章小结

(1) UML 类图可用于设计数据库，与 E-R 图相比，UML 类图的描述能力更强。

(2) 数据库设计可分为概念设计、逻辑设计和物理设计 3 个阶段。

(3) 用 UML 进行数据库设计的主要思想就是利用 UML 的扩展机制定义一些版型，用于表示与数据库相关的一些概念。

(4) Rose 2003 提供了对数据库设计的支持，所设计的模型可以直接生成具体数据库中的表、触发器、存储过程等，也可以先生成 SQL 语句，以后再执行这些 SQL 语句，得到具体数据库中的表、触发器、存储过程等。

(5) 在 Rose 2003 中可以把对象模型转换为数据模型，也可以把数据模型转换为对象模型。

(6) 一般来说，面向对象程序在运行过程中会产生一些暂时对象。当程序运行结束时，这些暂时对象也就消失了。如果希望暂时对象在程序执行完毕后仍能长期保存，就要把暂时对象转变成一定格式的数据，存储在磁盘上长久保存下来。这种情况下，暂时对象变为持久对象。

(7) 持久对象是独立于其构造过程的对象。持久对象一般由数据库管理系统(Database Management System，DBMS)负责管理。

(8) 在关系数据库中，数据是以"二维表格"为单位进行存储的，数据之间的关系以表格之间的关系体现。在一个二维表格中，每一行表示一条数据记录，每一行(记录)由若干字段(列)组成。可以选择一个或几个字段作为关键字使用。表格和表格之间的关系，通过关键字进行连接。

(9) 对于关系数据库而言，一个持久对象类映射为一个关系表格，类的属性映射为表格的列或字段，类的操作映射为表格的触发器或数据库的存储过程，类的实例(对象)映射为表格中的一行或一条记录。

(10) 在 Rose 2003 中，当将类转换为关系数据库中的表格时，必须将类设置成Persistent，以表示这个类生成一个持久对象。

(11) 类之间的关联关系是描述其实例(对象)上的链的连接关系。因此，类对应的表格中存在记录上的连接。关联端的多重性对应于记录之间的多对多的连接关系。

(12) 将应用系统中的暂时对象映射为关系数据库中的二维表格，或反向操作，都必须经过一个转换程序(组件)来处理。当对象的数据类型比较复杂时，转换程序要通过逻辑组合和算法模型来处理其不能描述的数据类型和结构。

(13) 在 Java EE 平台上开发的应用系统中，JavaBean 技术提供了这种类似的转换程序的组件。

9.7　习　　题

9.7.1　填空题

关系数据库不能直接存取＿＿＿＿＿，必须有一个转换程序将应用系统中的＿＿＿＿＿映射为关系数据库中的二维表格,其中列对应类中的_____,每一行对应该类的一个_____。

9.7.2　选择题

持久对象是(　　)其构造过程的对象。

A. 依赖于　　　　　　B. 区别于　　　　　　C. 独立于　　　　　　D. 都不是

9.7.3　简答题

1. 对象模型转换成数据模型时,对象模型中的类为什么要设置成 Persistent?

2. 在关系数据库中,数据表之间的非确定性关系和确定性关系是什么? 如何在 SQL 语句中反映?

3. 如果使用关系数据库进行存储,说明如何存储永久类之间的多对多关系,如何存储永久类之间的多继承?

4. 在关系数据库中,数据表的外键起什么作用?

5. 试举例说明类之间的关联关系与关系数据库中数据表之间的联系。

第 10 章　软件设计模式及应用

本章学习目标

(1) 了解软件设计模式的基本概念和作用。

(2) 掌握模式的组成要素和分类。

(3) 掌握常用的设计模式及使用原则与使用策略。

(4) 了解几种经典的设计模式。

近年来,在面向对象领域中的一个重要突破就是提出了设计模式的概念。软件的设计模式是人们在长期的开发实践中经验教训的总结,它提供了一个简单、统一的描述方法,使人们可以复用这些软件设计方法、过程管理经验。由于设计模式在表达上既经济又清楚,从而受到越来越多的重视。本章将介绍软件设计模式的概念、组成要素和分类,并重点介绍 Facade、Adapter、Abstract Factory 和 Observer 4 个常用设计模式。

10.1　设计模式概述

在任何设计活动中都存在着某些重复遇到的典型问题。不同开发人员对这些问题设计出不同的解决方案,随着设计经验在实践者之间日益广泛地被利用,描述这些共同问题和解决这些问题的方案就形成了模式。

10.1.1　设计模式的历史

模式的概念是由建筑师 Christopher Alexander(克里斯托夫·亚历山大)提出的,他提出可以把现实中一些已经实现的较好的建筑和房屋的设计经验作为模式,在以后的设计中直接加以运用。他还定义了一种"模式语言"来描述建筑和城市中的成功的架构。

Christopher Alexander 将模式分为 3 个部分:首先是特定的情景(Context),指模式在何种状况下发生作用;其二是动机(System of Forces),指问题或预期的目标;其三是解决方案(Solution),指平衡各动机或解决所阐述问题的一个构造或配置。他提出模式是表示特定的情景、动机、解决方案 3 个方面关系的一个规则,每个模式描述了一个在某种特定情景下不断重复发生的问题,以及该问题解决方案的核心所在。模式既是一个事物又是一个过程,不仅描述该事物本身,而且提出了通过怎样的过程来产生该事物。设计模式的核心是问题描述和解决方案。问题描述说明模式的最佳使用场合及它将如何解决问题。解决方案是用一组类和对象及其结构和动态协作来描述的。

20 世纪 80 年代中期由 Ward Cunningham 和 Kent Beck 将其思想引入到软件领域,于是设计模式开始在计算机界流行起来。1994 年由 Hillside Group(由 Kent Beck 等发起成立)和 OOPSLA 联合发起了国际 PLoP (Pattern Language of Programming)会议。1995 年,E. Gamma、R. Helm、R. Johnson 和 J. Vlissides 4 人合著了 *Design Patterns*：*Elements of Object-Oriented Software* 一书,这是软件设计模式领域中的一本经典书籍,从此设计模式

成为软件工程领域内的一个重要研究领域。这 4 人也因此被称为 Gang of Four(GoF),成为设计模式中的大师级人物。

10.1.2 设计模式的组成元素

模式是一个高度抽象的概念。设计模式的基本组成元素如下。

1. 模式名

模式必须具有一个有意义的名称,这样就可以用一个词或短语来指代该模式,以及它所描述的知识和结构。模式名称简洁地描述了模式的本质。模式名可以帮助思考,便于与其他人员交流设计思想及设计结果。找到恰当的模式名也是设计模式编目工作的难点之一。

2. 问题或意图

陈述问题并描述它的意图,以及它在特定的情景和动机下要达到的目标。它解释了设计问题和问题存在的前因后果,它可能描述了特定的设计问题,如怎样用对象表示算法等,也可能描述了导致不灵活设计的类或对象结构。有时候,问题部分会包括使用模式必须满足的一系列先决条件。通常情况下这些动机和目标是相互矛盾、相互影响的。

3. 情景

情景是问题及其解决方案产生时的前提条件。情景说明了该模式的适用性,可以将情景视为应用该模式之前的系统初始配置。

4. 动机

它描述相关的动机和约束,它们之间或与期望达到的目标之间的相互作用(或冲突),通常需要对各期望的目标进行优先级排序。动机阐明了问题的复杂性,定义了在相互冲突时所采取的各种权衡手段。一个好的模式应尽可能将所有产生影响的动机考虑在内。

5. 解决方案

解决方案是描述一些静态的关系和动态的规则,用以描述如何得到所需的结果。通常是给出一组指令来说明如何构造所需的工作制品。该说明可包括图表、文字,用以标示模式的结构、参与者及其之间的协作,从而表明问题是如何解决的。因为模式就像一个模板,可应用于多种不同的场合,所以解决方案并不描述一个特定而具体的设计或实现,而是提供设计问题的抽象描述和怎样用一个具有一般意义的元素组合(类或对象组合)来解决这个问题。

6. 示例

示例指一个或多个该模式的应用例子。示例说明了模式在怎样的初始情景下如何发生作用,如何改变情景而导致结果情景的出现。示例帮助读者理解模式的具体使用方法。

7. 结果情景

结果情景指在应用该模式后系统的状态或配置,包括模式发生作用后带来的后果,以及在新的情景下产生的问题、可应用的模式等。它阐述了模式的后续状态和副作用。通常通过对结果情景的描述,使该模式与其他模式联系起来(该模式的结果情景成为其他模式的初始情景)。

8. 基本原理

基本原理指对该模式中的解决步骤或采用的规则的解释、证明,解释该模式如何、为何能解决当前问题,它采用的方法为何能得到与期望相一致的结果。

9. 相关模式

该模式与其他模式的关系，包括静态的和动态的。例如，该模式的前导模式（前导模式应用后产生的结果情景与该模式的初始情景一致）、后续模式（该模式应用后产生的结果情景与后续模式的初始情景一致）、替代模式（使用该模式的替代模式产生同样的效果）等。

10. 已知应用

阐述该模式在已有应用系统中的实际应用情况，这有助于验证该模式的有效性。尽管在描述设计决策时，并不总提到模式效果，但它们对于评价设计选择和理解使用模式的代价及好处具有重要意义。软件效果大多关注对时间和空间的衡量，它们也表述了语言和实现问题。因为复用是面向对象设计的要素之一，所以模式效果包括它对系统的灵活性、扩充性或可移植性的影响，显式地列出这些效果对理解和评价这些模式很有帮助。

通常好的模式前面都有一个摘要，提供简短的总结和概述，为模式描绘出一个清晰的图画，提供有关该模式能够解决问题的快速信息。有时这种描述称为模式的缩略概要，或一个缩略图。模式应该说明它的目标读者，以及对读者有哪些知识要求。

10.1.3 设计模式的作用和研究意义

设计模式记录和提炼了软件人员在面向对象软件设计中的成功经验和问题的解决方案，是系统可复用的基础。正确地使用设计模式，有助于快速开发出可复用的系统。

设计模式的作用和研究意义表现在 4 个方面。

1. 优化的设计经验

设计模式为开发者提供了良好的经过优化的设计经验。模式中所描述的解决方案是人们从不同角度对某个问题进行研究，然后得出来最通用、最灵活的解决方案。其中蕴含了有经验的程序员的设计经验，反映了开发者的经验、知识和洞察力，使新系统的开发者更容易理解，避免没必要的失误。

2. 极高的复用性

设计模式为重用面向对象代码提供了一种方便的途径，使得复用某些成功的设计和结构更加容易。没有经验的程序员也可借助设计模式提高设计水平。多个模式可以组合起来构成完整的系统，这种基于模式的设计具有更大的灵活性、可扩展性和更好的可重用性。

3. 丰富的表达能力

设计模式极富表现力。在面向对象的编程中，软件编程人员往往更加注重以往代码的重用性和可维护性。通过提供某些类和对象的相互作用关系以及它们之间潜在的联系的说明规范，设计模式甚至能够提高已有系统的文档管理和系统维护的有效性。

4. 极低的耦合度

设计模式的基本思想是将程序中可能变化的部分与不变的部分分离，尽量减少对象之间的耦合，当某些对象发生变化时，不会导致其他对象都发生变化。这样使得代码更容易扩展和维护，而且也让程序更容易读懂。

10.1.4 为什么要使用设计模式

面向对象设计时需要考虑许多因素，例如封装性、粒度大小、依赖关系、灵活性、可重用性等。如何确定系统中类及类之间的关系？如何保证在系统内部的一个类始终只有一个实例被创建？如何动态地将追加的功能增加到一个对象？哪些是设计时要努力达到的目标？这些都是软件设计中不容易掌握的问题。要真正掌握软件设计,必须研究其他软件设计大师的设计,这些设计中包含了许多设计模式。软件模式的应用对软件开发产生了重大的作用,主要表现在以下几方面。

1. 简化并加快设计

开发人员面对的问题来自不同的层次。在最底层,涉及的是单个类的接口或实现的细节问题；在最高层,涉及的是系统的整体架构的创建问题。设计模式关注的是中间层,在这一层必须保证局部化的特定的设计性质。从设计模式入手使得软件开发无须从底层做起,开发人员可以重用成功的设计,可节省开发时间,同时有助于提高软件质量。

2. 方便开发人员之间的通信

利用设计模式可以更准确地描述问题及问题的解决方案,使解决方案具有一致性；也有利于开发人员可以在更高层次上思考问题和讨论方案。例如,如果所有人都理解 Factory 设计模式的意思,则开发人员可以用"建议采用 Factory 设计模式来解决这个问题"这样的话来表达。

3. 降低风险

由于设计模式经过很多人的使用,已被证明是有效的解决方法,所以采用设计模式可以降低失败的可能性,也有利于在复杂的系统中产生简洁、精巧的设计。

4. 有助于转到面向对象技术

新技术要在一个开发机构中得到应用,一般要经历两个阶段,即技术获取阶段和技术迁移阶段。技术获取阶段较容易,但在技术迁移阶段,由于开发人员对新技术往往会有抵触或排斥心理,对新技术可能带来的效果持怀疑态度,同时由于对新技术还是一知半解,所以要在一个开发机构中进行技术迁移并不是一件容易的事。设计模式一般都是基于面向对象技术而提出的,也可应用于接口定义良好的结构化方法中。另外,设计模式是可重用的设计经验的总结,已在实际的系统中多次得到成功应用,因此通过对设计模式的研究,能够深入理解良好设计的最基本的性质,从而有助于说服开发人员采用新技术。

成熟的软件设计模式具有以下特性。

1) 巧妙

设计模式是一些优雅的解决方案,是在大量实践经验的基础上提炼出来的。

2) 通用

设计模式通常不依赖于某个特定的系统类型、程序设计语言或应用领域,它们是通用的。

3) 得到很好的证明

设计模式在实际系统和面向对象系统中得到广泛应用,它们并不仅仅停留在理论上。

4) 简单

设计模式通常都非常简单,只涉及很少的一些类。为了构建更多更复杂的解决方案,可以把不同的设计模式与应用代码结合或混合使用。

5) 可重用

设计模式的建档方式使它们非常易于使用。因而可方便用于任何适宜的系统。

6）面向对象

设计模式是用最基本的面向对象机制（如类、对象、多态等）构造的。许多模式特别强调了某些面向对象设计擅长的领域，例如，区分接口和实现、隔离硬件和软件等。

10.1.5 设计模式的分类

软件模式主要可分为设计模式、分析模式、组织和过程模式等，每一类又可细分为若干个子类。在此着重介绍设计模式。GoF 的书中共有 23 个设计模式，这些模式可以按两个准则来分类：一是按设计模式的目的划分，可分为创建型、结构型和行为型 3 种模式；二是按设计模式的范围划分，可分为类设计模式和对象设计模式。表 10.1 列出了 GoF 的书中23 个设计模式的分类。

表 10.1 GoF 的书中 23 个设计模式的分类

范围	目 的		
	创 建 型	结 构 型	行 为 型
类	Factory Method	Adapter	Interpreter Template Method
	Abstract Factory	Adapter	Chain of Responsibility
	Builder	Bridge	Command
	Prototype	Composite	Iterator
	Singleton	Decorator	Mediator
对象		Facade	Memento
		Flyweight	Observer
		Proxy	State
			Strategy
			Visitor

1. 创建型模式

应用程序在运行时通常需要创建对象，而创建型设计模式正是基于此目的产生的。创建型模式就是描述怎样创建一个对象，它隐藏了对象创建的具体细节，使程序代码不依赖具体的对象。因此当增加一个新对象时几乎不需要修改任何代码即可完成。创建型的类模式将对象的部分创建工作延迟到子类，而创建型的对象模式则将它延迟到另一个对象中。创建型模式以灵活的、可修改的、能重用的方式来创建类或对象。

创建型类的模式有工厂方法（Factory Method）模式。创建型对象模式包括抽象工厂（Abstract Factory）、建造（Builder）、原型（Prototype）、单例（Singleton）4 种模式。Abstract Factory 模式由工厂对象产生多个类的对象；Builder 模式是由这个工厂对象使用一个相对复杂的协议，逐步创建一个相对复杂的产品；Prototype 模式是由该工厂对象通过复制原型对象来创建产品对象；Singleton 模式确保一个类只创建一个实例；Factory Method 模式先生成所要创建对象的类的子类，即由其子类进行实例化创建对象。

在上述模式中，Abstract Factory 与 Factory Method 模式的关系是：Abstract Factory

模式仅声明一个创建产品（Product）的接口，真正创建 Product 是由 AbstractProduct 类的子类 ConcreteProduct 类来实现，实现办法通常是为每一个 Product 定义一个 FactoryMethod，而一个 ConcreteFactory 类将为每个产品重定义 Factory Method 以指定产品。当然 Abstract Factory 中的 ConcreteFactory 也可以用 Prototype 模式来实现，即具体工厂使用产品系列中每一个产品的原型实例来初始化，再通过复制原型来创建新产品。Abstract Factory 模式与 Builder 模式的区别是：Builder 模式着重于一步步构造一个复杂对象，并在最后返回产品，而 Abstract Factory 模式着重于创建多个系列的产品对象，其产品是立即可见的。

2. 结构型模式

结构型模式处理类或对象的组合，即描述类和对象之间怎样组织起来形成更大的结构，从而实现新的功能。结构型的类模式采用继承机制来组合类，如适配器（Adapter）类模式。结构型的对象模式则描述了对象的组装方式，如适配器（Adapter）对象模式、桥接（Bridge）模式、组合（Composite）模式、装饰（Decorator）模式、外观（Facade）模式、享元（Flyweight）模式、代理（Proxy）模式等。

结构型模式中，Adapter 模式是将一个类的接口转换成用户希望的另外一个类的接口；Bridge 模式是将产品的抽象接口部分与具体实现部分分离；Composite 模式是将对象组合成树型结构以表示"部分-整体"的层次结构；Decorator 模式动态地给一个对象增加一些额外的职责；Facade 模式是为子系统中的一组接口提供一个一致的界面；Flyweight 模式通过使用共享技术来支持大量细粒度的对象；Proxy 模式则是为其他对象提供一种代理以控制对这个对象的访问。

在上述模式中，Adapter 模式与 Bridge 模式的区别是：Bridge 模式的目的是将接口部分和实现部分分离，使它们相对独立，从而可以较为容易地调整、修改它们，而 Adapter 模式则意味着要改变一个已有对象的接口。Decorator 模式与 Adapter 模式的区别是：Decorator 模式增强了对象的功能而又不改变对象的接口，但 Adapter 模式将给对象一个全新的接口。Proxy 模式与 Adapter 模式的区别是：Proxy 模式提供的是与其实体相同的接口，即在不改变接口的条件下，为另一个对象提供代理，而 Adapter 模式为其所适配的对象提供一个不同的接口。

3. 行为型模式

行为型模式描述算法以及对象之间的任务（职责）分配，它所描述的不仅仅是类或对象的设计模式，还有它们之间的通信模式。这些模式描述了在运行时刻难以跟踪的复杂的控制流。行为型的类模式使用继承机制在类间分派行为，如模板方法（Template Method）模式和解释器（Interpreter）模式。行为型的对象模式使用对象复合方法而不是继承，它描述一组对象怎样协作完成单个对象所无法完成的任务，如责任链（Chain of Responsibility）模式、命令（Command）模式、迭代器（Iterator）模式、中介者（Mediator）模式、备忘录（Memento）模式、观察者（Observer）模式、状态（State）模式、策略（Strategy）模式、访问者（Visitor）模式、解释器（Interpreter）模式、模板方法（Template Method）模式等。

行为型模式中，Chain of Responsibility 模式是将处理某个请求的对象连成一条链，用户可以沿着这条链传递该请求，直到有一个对象处理它为止。Command 模式是将一个请求封装成一个对象，从而可将不同的请求参数化。Interpreter 模式描述的是如何为某个语言定义文法,如何在该语言中表示一个句子以及如何解释这些句子。Iterator 模式提供一种方法顺序访问一个聚合中的各个元素而又不暴露该对象的内部表示。Mediator 模式是用一个中介对象来封装一系列复杂对象的交互,使各对象不需要显式地相互引用。Memento 模式是在不破坏封装性的前提下,捕获一个对象的内部状态并在该对象之外保存这个状态,这样以后就可将该对象恢复到原来的某一个状态。Observer 模式定义对象间的某种一对多的依赖关系,当一个对象的状态发生改变时,所有依赖于它的对象都得到通知,并自动更新。State 模式是允许一个对象在其内部状态改变时改变它的行为。Strategy 模式定义一系列的封装算法,把它们一个个封装起来,并使它们可以相互替换。Template Method 模式是定义一个操作中的算法构架,而将一些步骤延迟到子类中(即一次性实现一个算法的不变部分,并将可变的行为留给子类来实现)。Visitor 模式是在不改变各元素类的前提下定义作用于这些元素的新操作。

上述行为模式之间是相互补充的关系,例如,Iterator 模式可以遍历一个集合,而 Visitor 模式可以对集合中的每一个元素进行一个新操作。行为型模式和其他类型的模式也能很好地协同工作,如一个使用 Composite 模式的系统可以使用 Iterator 模式进行遍历或用一个 Visitor 模式对该集合中的个别元素进行一些新操作。

如上所述,创建型模式与对象的创建有关,结构型模式处理类和对象的组合,行为型模式描述算法以及对象之间的任务分配。因此所有模式之间都是通过类或对象的创建、组合或通信发生联系。

10.1.6 设计模式遵循的原则

近年来,人们为什么踊跃地提倡和使用设计模式呢?其根本原因就是为了实现代码复用,增加可维护性。那么怎样才能实现代码复用呢?设计模式的实现遵循了一些原则,从而达到了代码复用及增加可维护性的目的。下面是设计模式应当遵循的几个常用原则。

1. 开-闭原则(Open-Closed Principle,OCP)

一个软件实体应当对扩展开放,而对修改关闭。当再设计一个模块的时候,应当使这个模块可以在不修改的前提下进行扩展。换言之,应当可以在不必修改源代码的情况下改变这个模块的行为,在保持系统一定的稳定性的基础上,对系统进行扩展,即只增加新代码。

2. 里氏代换原则(Liskov Substitution Principle,LSP)

它是由 Barbar Liskov 提出的。具体表述为:一个软件实体如果使用的是一个基类的话,那么一定适用于其子类,而且它根本不能察觉出基类对象和子类对象的区别。只有派生类可以替换基类,基类才能真正被复用,而派生类也能够在基类的基础上增加新功能。但是,反过来的代换并不成立。也就是说,应当尽量从抽象类继承,而不从具体类继承。此原则的支持技术为"基于契约设计(Design By Constract,DBC)"。这个技术描述了在重新声明派生类中的例程(routine)时,只能使用相等或者更弱的前置条件来替换原始的前置条件,只能使用相等或者更强的后置条件来替换原始的后置条件。

3. 依赖倒转原则(Dependence Inversion Principle,DIP)

该原则强调:要依赖于抽象,不要依赖于具体,即针对接口编程,不要针对实现编程。针对接口编程的意思是,应当使用接口和抽象类进行变量的类型声明、参数的类型声明、方法的返回类型声明以及数据类型的转换等。不要针对实现编程的意思就是,不应当使用具体类进行变量的类型声明、参数的类型声明、方法的返回类型声明以及数据类型的转换等。

4. 接口隔离原则(Interface Segregation Principle,ISP)

一个类对另外一个类的依赖是建立在最小的接口上。使用多个专门的接口比使用单一的总接口要好。胖接口会导致它们的客户程序之间产生不正常的并且有害的耦合关系。当客户程序要求该胖接口进行一个改动时,会影响所有其他的客户程序。因此客户程序应该仅仅依赖它们实际需要调用的方法。

5. 组合/聚合复用原则(Composite/Aggregate Reuse Principle,CARP)

在一个新的对象里面使用一些已有的对象,使之成为新对象的组成部分;新的对象通过对这些对象的调用达到复用已有功能的目的。这个设计原则可以简短地表述为:要尽量使用合成/聚合,尽量不要使用继承。

6. 迪米特法则(Law of Demeter,LoD)

一个对象应该对其他对象有尽可能少的了解。就是说,如果两个类不必彼此直接通信,那么这两个类就不应当发生直接的相互作用,如果其中的一个类需要调用另一个类的某个方法的话,可以通过第三者转发这个调用。

7. 单一职责原则(Simple Responsibility Principle,SRP)

就一个类而言,应该有且仅有一个引起它变化的原因,如果有多个动机想去改变一个类,那么这个类就具有多个职责。应该把多余的职责分离出去,分别再创建一些类来完成每一个职责。

10.1.7 设计模式的使用策略

在实际的软件开发过程中,对于任意一个给定的设计问题,要想从中找出具有针对性的设计模式可能还很困难,尤其是当面对一组新模式,而设计人员又不太熟悉它的时候,就更加困难。因此,正确、合理地选择和使用设计模式是相当重要的。

1. 设计模式的选择方法

1) 理解问题需求

任意一个需求,总会涉及一个或几个特定的问题领域。例如,假定现在要准备设计一个编译器,可能设计者马上会想到这与解释器模式有关;而在解释器模式中,客户首先要创建抽象语法树,抽象语法树中的终结符是一种使用量很大的细粒度的对象,这很可能要用到共享模式来共享终结符;而为了遍历抽象语法树,很可能会想到要用迭代器模式进行遍历;并用访问者模式在一个类中维护抽象语法树中每个结点的行为;又因为抽象语法树通常是复合模式的实例,所以很可能要用到组合模式;等等。这种首先理解问题需求,然后循序渐进地不断找出可能要用到的模式或模式组,从宏观的角度上选择设计模式的方法在设计过程中是值得推荐的。

2) 研究和掌握设计模式是如何解决设计问题的

每一种模式都用来具体解决某一类软件的设计问题,每一个模式均有其目的,研究每个模式的目的,然后找出与实际问题相关的一个或多个模式。各模式之间的功能总是相互补充的,因此,必须研究模式之间的相互关联,弄清设计模式之间的关系,对寻找合适的模式或模式组具有指导作用。此外,面对一个实际问题,必须考虑设计中哪些功能是可变的,而这些变化是否会导致系统必须重新设计,然后找出相关的模式以尽量避免引起重新设计。这是从微观角度上选择设计模式的方法，它要求设计人员对各种模式有比较清楚的理解和掌握。

2. 设计模式的使用

设计模式选择好后，接下来就是如何将这些模式有效地应用到系统设计过程中。下面是 Erich Gamma 给出的一个循序渐进的使用设计模式的方法。

（1）理解所选择的模式，注意模式的适用条件和模式的使用效果，确定该模式是否适合所要解决的实际问题。

（2）研究模式的结构、组成以及它们之间如何协作，这将确保设计人员理解这个模式的类、对象以及它们的关联关系。

（3）选择模式参与者的名字，使这些名字在具体应用中有意义。设计模式中的参与对象的名字通常过于抽象而不会直接出现在应用中，然而，将参与者的名字和应用中出现的名字合并起来是很有用的。这会帮助设计人员在实现中更显式地体现出模式来。

（4）定义类，声明它们之间的接口，建立它们的继承关系，定义代表数据和对象引用的实例变量。标识出模式在具体应用中可能影响到的类，并做出相应的修改。

（5）定义模式中专用于具体应用的操作名称，操作名称一般依赖于应用，使用的操作名称必须一致。

（6）实现执行模式中责任和协作的操作。

对于设计模式，如果不提一下它们的使用限制，那么关于如何使用它们的讨论就是不完整的。设计模式不能随意使用。设计模式通常是通过引入额外的间接层次来获得灵活性和可变性的。同时，这也使设计变得更复杂，而且也降低了系统的部分性能。一个设计模式只有当它提供的性能是真正需要的时候，才有必要使用。一位资深的系统设计人员曾经讲过，做设计或者做程序的时候，如果碰到第三次做基本上相同的设计或者代码，就要考虑一下是否要使用某种设计模式了。可见设计模式就是要提高软件可复用的程度。在采用设计模式时，实际上是把变化的部分进行了封装，把其中变化的和不变的部分进行解耦，利用接口或者抽象类来采用某种模式进行设计。像"针对接口编程"等软件复用规则的基本思想，实际上也是尽量减少不同类之间的耦合度，以便封装变化。

另外，就是要考虑使用某种模式的代价问题。按照模式的思想是运用接口和抽象类进行抽象和封装，虽然这样提高了系统设计和代码的可读性，提高了系统测试和维护的效率，但是实际上忽略了系统的运行效率。封装和抽象带来的必然是大量的参数，这些参数的打包、传递和解包所需的时间将影响整个系统的运行效率。在面向对象的软件复用中本身就存在这个问题，但是在模式中大量使用接口和抽象类将使得软件的参数化程度更高。因此，封装变化和运行效率是一个不可兼得的两难问题，只有当一个设计模式所提供的灵活性是真正需要的时候，才有必要使用。

10.2 经典设计模式

下面介绍几个经典的设计模式。

10.2.1 工厂模式

一般情况下人们认为，创建一个新类型的对象，只需要在继承新类的地方修改代码就可以了,但这样做似乎并不恰当。有时即使修改了部分代码以后,仍需要再创建其他新类型的对象,并指定要使用的准确的构造函数。假设创建对象的代码遍布整个应用程序,在增加新类型时仍然必须找出代码中所有与新类型相关的地方进行修改。所以,尽量将长的代码分段"切割",将每段再"封装"起来(减少段和段之间的耦合性),这样就会将风险分散。以后如果需要修改,只要更改相关的那段代码,便不会再发生牵一发而动全身的事情了。

解决这个问题的方法是通过一个通用的工厂来生成对象,而不允许将创建对象的代码散布于整个系统。如果程序中所有需要创建对象的代码都转到这个工厂执行,那么在增加新对象时所要做的全部工作就是只需修改该工厂。这就是通常所称的工厂模式,工厂模式就是专门负责将大量有共同接口的类实例化。客户端完全不知道实例化哪些对象、如何实例化对象等细节。工厂模式有以下 3 种形态。

(1) 简单工厂(Simple Factory)模式。

(2) 工厂方法(Factory Method)模式,又称为多态性工厂(Polymorphic Factory)模式。

(3) 抽象工厂(Abstract Factory)模式。

1. 简单工厂模式

简单工厂模式是类的创建模式,又称为静态工厂方法模式。就是由一个工厂类根据传入的参数决定创建出哪一种产品类的实例。简单工厂模式涉及以下 3 个角色。

(1) 工厂类角色(Creator):工厂类角色是简单工厂模式的核心,含有与应用紧密相关的业务逻辑。工厂类在客户端的直接调用下创建产品对象,它往往由一个具体类来实现。

(2) 抽象产品角色(Product):这个角色由简单工厂模式所有要创建的对象的父类或它们共同拥有的接口担任。抽象产品角色可以用一个接口或抽象类来实现。

(3) 具体产品角色(ConcreteProduct):简单工厂模式创建的任何对象都是这个角色的实例。具体产品角色由一个具体类来实现。

简单工厂模式的类图结构如图 10.1 所示。

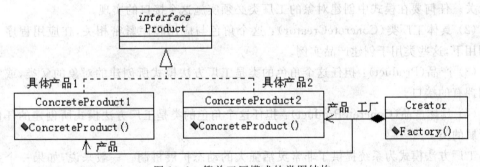

图 10.1 简单工厂模式的类图结构

简单工厂模式的优缺点如下。

(1) 该模式比较简单,核心是工厂类。这个类含有必要的判断逻辑,可以决定在什么时候创建哪一个产品类的实例。而客户端则可以免除直接创建产品对象的责任,而仅仅负责"消费"产品。简单工厂模式通过这种做法实现了责任分割。

(2) 增加新的产品时,必然要修改工厂类,这不利于软件的扩展和修改,违反了面向对象设计的基本原则。

(3) 产品类可以有复杂的多层次等级结构,而工厂类只有一个具体工厂,一旦它本身不能正常工作了，整个程序都会受影响。

（4）由于简单工厂模式使用静态方法进行工作，而静态方法无法由子类继承。因此，工厂角色无法形成基于继承的层次结构。

2．工厂方法模式

工厂方法模式又称为多态性工厂模式，显然是因为具体工厂类都有共同的接口，或者都有共同的抽象父类，这里应尽量使用抽象机制和多态技术。工厂方法模式的类图结构如图10.2所示。

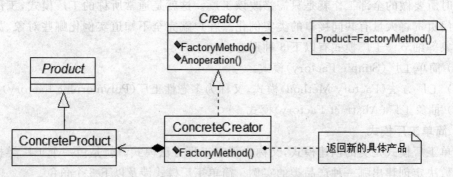

图 10.2 工厂方法模式的类图结构

在图10.2中，具体工厂类ConcreteCreator的工厂方法FactoryMethod()返还的数据类型是一个抽象工厂接口Creator，而不是某一个具体的产品类。这种设计使得工厂类将创建产品类的实例细节完全封装在工厂类内部。这样，整个实现过程就不涉及产品类Product的具体子类，达到封装效果，也就减少了发生错误修改的机会。参与的角色有4个。

（1）抽象工厂接口（Creator）：抽象工厂接口角色是工厂方法模式的核心，它与应用程序无关。任何要在模式中创建对象的工厂类必须实施这个接口的实现。

（2）具体工厂类（ConcreteCreator）：这个角色与应用程序紧密相关，在应用程序的直接调用下，这些类用于创建产品实例。

（3）产品（Product）：担任这个角色的类是工厂方法模式所创建的对象的父类，或它们共同拥有的接口。

（4）具体产品（ConcreteProduct）：担任这个角色的类是工厂方法模式所创建的任何对象所属的类。

工厂方法模式为系统提供了非常灵活强大的动态扩展机制。一般来说，如果一个系统不能事先确定某个产品类在何时进行实例化，而需要将实例化的细节局域化并封装起来，以便将产品类的实例化操作与使用这些实例的操作隔离开来时，就需要考虑使用某种形式的工厂方法模式。

工厂方法模式和简单工厂模式在定义上的不同是很明显的。它们的区别如下。

（1）工厂方法模式的核心是一个抽象工厂类；简单工厂模式把核心放在一个具体类上。

（2）工厂方法模式允许多个具体工厂类从抽象工厂类继承而来，实际上成为多个简单工厂模式的集合，从而推广了简单工厂模式。

（3）反过来讲，简单工厂模式是由工厂方法模式退化而来。

如果某个系统只用一个产品类等级就可以描述所有已有的产品类和在可预见的未来可能引进的产品类时,采用简单工厂模式是很好的解决方案。因为一个单一产品类等级只需要一个单一的具体工厂类。然而,当发现系统只用一个产品类等级不足以描述所有的产品类,及以后可能要添加的新的产品类时,就应当考虑采用工厂方法模式。由于工厂方法模式可以容许有多个具体的工厂类,每个具体工厂类负责某个产品类等级,因此这种模式可以容纳所有的产品等级。

3. 抽象工厂模式

抽象工厂模式是最具一般性的工厂方法,不过实际使用的机会很少。抽象工厂是向客户提供一个接口,使得客户可以在不必指定产品的具体类型的情况下,创建多个产品族中的产品对象。抽象工厂模式的类图结构如图10.3所示。

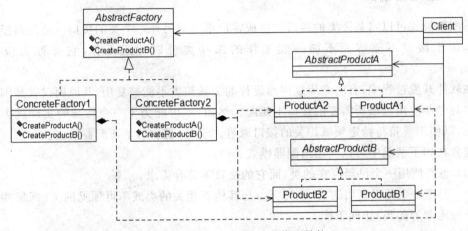

图 10.3　抽象工厂模式的类图结构

抽象工厂模式也有 4 个角色。

(1) 抽象工厂类(AbstractFactory):抽象工厂角色是工厂方法模式的核心,它与应用程序无关。任何在模式中创建对象的工厂类必须实现这个接口,或继承这个类。

(2) 具体工厂类(ConreteFactory):这个角色与应用程序紧密相关,是在应用程序的直接调用下,创建产品实例的一些类。

(3) 抽象产品类(AbstractProduct):该类是抽象工厂模式所创立的对象的父类,或它们共同拥有的接口。

(4) 具体产品类(ConcreteProduct):该类是抽象工厂模式所创立的任何对象所属的类。

在下述几种情况中可以使用抽象工厂模式。

(1) 一个系统要独立于它的产品的创建、组合和表示时。

(2) 一个系统要由多个产品系列中的一个来配置时。

(3) 当要强调一系列相关的产品对象的设计以便进行联合使用时。

(4) 当提供一个产品类库,而只想显示它们的接口而不是实现时。

抽象工厂模式有比较强的优势,它分离了具体的类,将客户与类的实现分离。由于一个抽象工厂模式创建了一个完整的产品系列,使得修改某个应用的具体工厂变得很容易,这样易于交换产品系列。而且，当某个系列中的产品对象被设计成一同工作时，有利于产品的一致性。但是，由于要支持增加新类型的产品，就需要扩展抽象工厂的接口。众所周知，这实现起来相当困难。

在实现抽象工厂模式时，要注意以下几点。

（1）最好将抽象工厂设计为单例模式。

（2）创建产品时，最好为每一个产品定义一个工厂方法。

（3）将抽象工厂定义为可扩展的。这样在每增加一种新的产品时就可以改变抽象工厂 AbstractFactrory 的接口以及所有与它相关的类。

与抽象工厂模式相关联的模式有原型模式和单例模式。

10.2.2 适配器模式

适配器模式可以将某个类的接口转换成客户希望的另外一个类的接口。适配器模式使得原本由于接口不兼容而不能一起工作的那些类可以一起工作，它又称为包装器（Wrapper）。

在软件开发过程中，有时专为复用而设计的工具箱类不能被复用，其原因仅仅是因为它的接口与专业应用领域所需要的接口不匹配。然而，不可能为了一个特殊的实现就去修改源代码，以使工具箱与特定领域相关的接口兼容。于是，就引出了适配器模式。

通常在如下情况中可以使用适配器模式。

（1）想要使用一个已经存在的类，而它的接口不符合需求。

（2）创建一个可以复用的类，该类可以与其他不相关的类或不可预见的类（即那些接口可能不一定兼容的类）协同工作。

（3）（仅适用于对象适配器）意图使用一些已经存在的子类，但是不可能对每一个子类都单独匹配它们的接口，对象适配器可以适配它的父类接口。

适配器模式有类适配器和对象适配器两种。类适配器使用多重继承对一个接口与另一个接口进行匹配，类适配器模式的类图结构如图 10.4 所示。

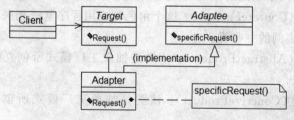

图 10.4　类适配器模式的类图结构

对象适配器依赖于对象组合，如图 10.5 所示。

由图 10.4 和图 10.5 可以看到，Target 是定义 Client 使用的与特定领域相关的接口，Client 与符合 Target 接口的对象协同，Adaptee 则定义一个已经存在的接口，这个接口需要适配，而适配器 Adapter 是对 Adaptee 接口与 Target 接口进行适配。

类适配器和对象适配器有不同的权衡。类适配器用一个具体的 Adapter 类对 Adaptee 和 Target 接口进行适配。结果是当想要适配一个类以及它所有的子类时，适配器类

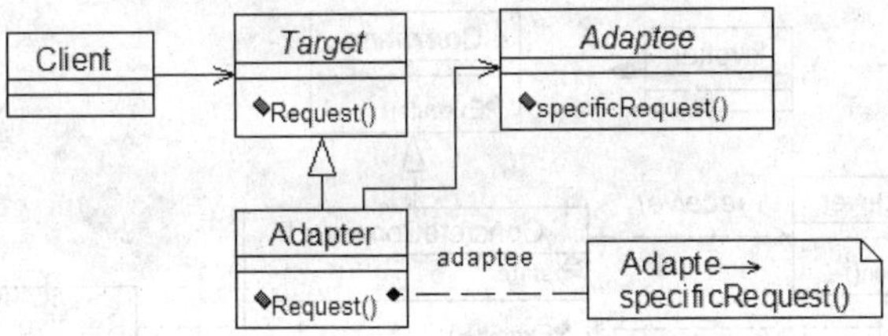

图 10.5　对象适配器模式的类图结构

Adapter 将不能胜任工作。对象适配器则允许一个适配器 Adapter 与多个 Adaptee 同时工作,适配器 Adapter 也可以一次给所有的 Adaptee 添加功能。使得重定义 Adaptee 的行为比较困难。这就需要生成 Adaptee 的子类并且使得 Adapter 引用它的子类而不是引用 Adaptee 本身。在实际应用适配器模式时,需要考虑多方面的因素。

（1）适配器 Adapter 的匹配程度。对 Adaptee 的接口与 Target 的接口进行匹配的工作量各个 Adapter 可能不一样。适配器 Adapter 的工作量取决于 Target 的接口与 Adaptee 的接口的相似程度。

（2）可插入的适配器 Adapter。当一个类使用另一个类时,需要的假定条件越少,这个类的可复用性就越大。有许多方法可以实现可插入的适配器。如为 Adaptee 找一个可用于适配的最小操作集的"窄"接口,通过使用抽象操作、代理对象或者参数化的适配器等方法,实现一些操作并匹配具体的层次结构。

（3）使用双向适配器,对所有客户都提供透明操作。

与适配器模式相关的模式有代理模式等。

10.2.3　命令模式

命令模式属于行为型的设计模式,它将一个请求封装为对象,从而可将不同的请求参数化,对请求进行排队,记录请求日志和支持可撤销的操作等。

通常在遇到下列情况之一时可使用命令模式。

（1）抽象出待执行的动作以参数化某个对象时。

（2）在不同的时刻指定、排列和执行请求时。

（3）支持取消操作时。

（4）支持修改日志,当系统崩溃时,根据已有的日志修改可以被重做一遍。

（5）用构建在原语操作上的高层操作构造一个系统。

命令模式的类图结构如图 10.6 所示。

命令模式的关键是一个抽象的命令类 Command,它定义了一个执行操作的接口,其最简单的形式是一个抽象的 Execute() 操作。

图 10.6 显示了各对象间的交互。客户类 Client 创建一个具体命令对象 ConcreteCommand,并指定它的接收者对象 Receiver,其中某一个 Invoker 对象存储该具体命令对象 ConcreteCommand,并通过调用具体命令对象 ConcreteCommand 的执行操作 Execute() 提交一个请求。如果命令撤销,具体命令对象 ConcreteCommand 就在执行操作 Execute() 之前存储当前状态以用于取消该命令。具体命令对象 ConcreteCommand 调用它的接收者对象 Receive 的一些操作以执行该请求。

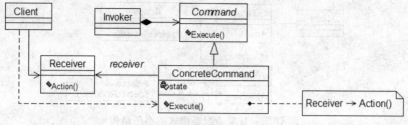

图 10.6　命令模式的类图结构

参与模式运行的角色有 5 个。

(1) 抽象类 Command 声明执行操作的接口。

(2) 具体命令类 ConcreteCommand 将接收者对象 Receiver 绑定于一个动作，同时调用接收者相应的操作，以实现 Execute()。

(3) 客户类 Client 创建一个具体命令对象并设定它的接收者。

(4) Invoker 要求该命令执行这个请求。

(5) 接收者对象 Receiver 知道如何实施并执行一个与请求相关的操作。

图 10.6 所示的结构也说明了命令模式的灵活性：它提交一个请求对象，仅需知道如何提交它，而不需知道该请求将会被如何执行。而且，命令模式将调用操作的对象与知道如何实现该操作的对象解耦。Command 对象可以像其他的对象一样被操纵和扩展，也可将多个命令装配成一个复合命令。另外增加新的 Command 无须改变已有的类，实现起来比较容易。

开发人员在实现命令模式时应注意以下几点：

(1) 应考虑一个命令对象应达到何种智能程度，以动态地找到它们的接收者。

(2) 是否支持取消（undo）和重做（redo）。如果抽象类 Command 拟提供方法支持取消和重做的功能，如采取 Unexecute 或 Undo 操作，则具体命令类 ConcreteCommand 可能需要存储额外的状态信息。状态信息包括接收者对象执行处理请求的各操作、接收者执行操作的参数、接收者提供的一些恢复某些存储值的操作。

(3) 在抽象类 Command 中存入更多的信息以保证这些对象可被精确地复原成它们的初始状态，避免取消操作过程中的错误积累。

(4) 如何很好地使用 C++ 模板。

与命令模式相关的模式有组合（Composite）模式和备忘录（Memento）模式。其中前者可用来实现宏命令，后者则可用来保持某个状态，命令模式用这一状态来取消它的效果。

10.2.4　解释器模式

解释器模式是类行为型模式。如果某种特定类型的问题发生频率很高时，就需要构建一个解释器，将该问题的各个实例表述为一个简单语言的句子。当有一个语言需要解释执行，并且可将该语言中的句子表示为一个抽象语法树时，可使用解释器模式。

解释器模式的类图结构如图 10.7 所示。

由图 10.7 可知，客户对象 Client 构建某个文法定义的语言中一个特定句子，是非终结符表达式结点类 NonterminalExpression 和终结符表达式结点类 TerminalExpression 的实

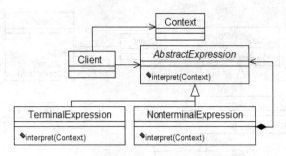

图 10.7　解释器模式的类图结构

例的一个抽象语法树,它初始化语境并调用解释操作。每一个终结符表达式结点定义相应子表达式的解释操作,而各非终结符表达式的解释操作构成了递归的基础。每一结点的解释操作用语境来存储和访问解释器的状态。

参与解释器模式的对象有 5 个。

(1) 抽象类 AbstractExpression 声明一个抽象的解释操作,被抽象语法树中所有的结点共享。

(2) 终结符表达式结点类 TerminalExpression 实现与文法中的终结符相关联的解释操作。

(3) 非终结符表达式结点类 NonterminalExpression 解释一般要递归地调用表示每一条规则的那些对象的解释操作。

(4) 语境类 Context 包含解释器之外的一些全局信息。

(5) 客户类 Client 构建表示该文法定义的语言中一个特定句子的抽象语法树。

解释器模式使用类来表示方法规则,可比较容易地使用继承来改变或扩展文法,也比较容易实现文法。同时,它使实现新的表达式的计算变得更加容易。但是,如果为文法中的每一条规则定义了一个类,包含许多规则的文法可能难以管理和维护。

解释器模式与合成模式在实现上有许多相同的地方,但解释器模式也有一些特殊的问题,要注意以下几点。

(1) 用一个语法分析程序创建抽象语法树。

(2) 定义解释操作可以在表达式类中定义,也可通过其他模式解决。

(3) 如果一个句子多次出现同一个终结符,就需要与享元模式共享终结符。

通常解释器模式需要与合成模式、访问者模式、享元模式以及迭代器模式相关联。

10.2.5　迭代器模式

迭代器模式属于对象行为型模式,它提供一种顺序访问某个对象集合中各个元素的功能,而又不需暴露该对象的内部表示的方法。其关键思想是将对一个对象集合的访问和遍历从对象中分离出来,并放入一个迭代器中。迭代器类定义了一个访问该列表元素的接口,迭代器对象负责跟踪当前的元素。迭代器和对象集合具有极强的耦合性。

迭代器模式的类图结构如图 10.8 所示。

迭代器模式可在下列情况时使用。

(1) 访问一个对象集合的内容而又不暴露它的内部表示。

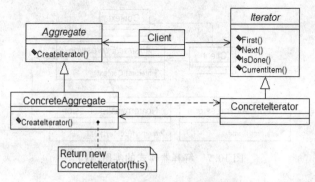

图 10.8 迭代器模式的类图结构

（2）支持对对象集合的多种遍历。

（3）为遍历不同的集合结构提供一个统一的接口，即支持多态迭代。

具体迭代器类 ConcreteIterator 跟踪集合中的当前对象，并能够计算出待遍历的后继对象。参与的对象有 4 个。

（1）抽象迭代器类 Iterator 定义访问和遍历元素的接口。

（2）具体迭代器类 ConcreteIterator 实现迭代器接口，并在对该集合遍历时跟踪当前位置。

（3）抽象集合类 Aggregate 定义创建相应迭代器对象的接口。

（4）具体集合类 ConcreteAggregate 实现创建相应迭代器的接口，该操作返回具体迭代器类 ConcreteIterator 的一个适当的实例。

迭代器模式有 3 个重要的作用。

（1）支持以不同的方式遍历一个集合，复杂的集合可用多种方式进行遍历。

（2）迭代器简化了集合的接口。

（3）在同一个集合上可以有多个遍历。

迭代器模式在实现上有许多变化和选择，因此在实现上常常要根据实际需要进行权衡。

（1）由谁控制迭代。通常由客户或者迭代器自身来控制，前者更灵活，后者使用起来较容易。

（2）由谁定义遍历算法。迭代器不是唯一可定义遍历算法的，集合本身也可以定义，并在遍历过程中用迭代器来存储当前迭代的状态。

（3）由于在遍历一个集合的同时，还要更改这个集合，这可能很危险，所以要考虑迭代器的健壮程度。

（4）迭代器附加的操作。迭代器的最小接口由 First、Next、IsDone 和 CurrentItem 操作组成，其他如 Previous、SkipTo 操作也很有用。

（5）多态迭代器的使用。只有当必须使用时才使用它们，否则代价太大。

（6）迭代器是否有特权对集合进行访问。

（7）用于复合对象的迭代器。复合常常需要多种方法遍历，前序、后序、中序以及广度优先遍历都是常用的，所以用不同的迭代器支持不同的遍历。

（8）空迭代器更容易遍历树形结构的集合。

与迭代器模式相关联的模式有合成模式、工厂方法模式、备忘录模式等。

10.2.6　观察者模式

观察者模式属于对象行为型模式,是定义对象间一种一对多的依赖关系,当一个对象的状态发生改变时,所有依赖于它的对象都得到通知并被自动更新。此模式的关键对象是目标和观察者,一个目标可以有很多依赖它的观察者,一旦目标状态发生变化,观察者都将得到通知。作为对这个通知的响应,这些观察者将对目标进行查询并自动更新,以使其状态与目标的状态同步。这种交互也称为发布-订阅模式。目标是通知的发布者,只需发出通知而并不需要知道谁是它的观察者。可以有任意多个观察者订阅并接收通知。

一般在遇到下列情况时可以使用观察者模式。

(1) 当一个抽象模式可以分为两个方面,将两者封装在分别独立的对象中,各自独立地改变和复用。

(2) 当对一个对象的改变需要同时改变其他对象,而不知道具体有多少对象有待改变。

(3) 当一个对象必须通知其他对象,而它又不能假定其他对象是谁。

观察者模式的类图结构如图 10.9 所示。

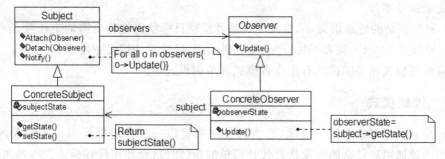

图 10.9　观察者模式的类图结构

由图 10.9 可知,各个具体目标对象 ConcreteSubject 一旦发生可能导致其观察者与自身状态不一致的变化时,将通知它的各个观察者,在得到一个具体改变通知后,具体观察者对象 ConcreteObserver 可向目标对象查询信息。具体目标对象 ConcreteObserver 使用这些信息以使它的状态与目标对象的状态一致。

参与观察者模式的对象有 4 个。

(1) 目标对象 Subject 知道自己的观察者对象 Observer,并提供注册和删除 Observer 对象的接口,一个目标对象 Subject 可以有任意多个观察者对象 Observer。

(2) 抽象观察者类 Observer 为在 Subject 改变时需获得通知的对象定义一个更新的接口。

(3) 具体目标对象 ConcreteSubject 将有关状态存入各个具体观察者对象 ConcreteObserver,当具体目标对象 ConcreteSubject 自身状态发生变化时,会向它的各个观察者对象 Observer 发出通知。

(4) 具体观察者对象 ConcreteObserver 维护一个指向具体目标对象 ConcreteSubject 的引用,存储有关状态,并更新观察者对象 Observer 接口,以使存储状态、自身状态与目标对象 Subject 状态保持一致。

因此,可以在不改动目标对象和其他观察者对象的前提下增加新的观察者对象。这样,就使得目标对象 Subject 和观察者对象 Observer 间的抽象耦合保持了系统层次的完整性。而且能较好地支持广播通信，对观察者对象 Observer 的删除或增加也比较自由。但是，一个观察者对象 Observer 并不知道目标对象 Subject 何时会发送更新通知，当对该观察者对象 Observer 进行删除或增加时，有时就可能会导致发生严重的问题。因此，在实现观察者模式时，应注意以下 9 点。

（1）创建目标对象 Subject 到其观察者对象 Observer 间的映射。

（2）尽可能观察多个目标，以进行必要的检查。

（3）要由目标对象 Subject 的状态和客户调用通知操作，以触发更新。

（4）删除某个目标对象 Subject 时不要遗留观察者对象 Observer 对该 Subject 的悬挂引用，一般是让通知它的 Observer 将 Subject 的引用复位。

（5）在发出通知前确保目标对象 Subject 的自身状态是一致的。

（6）避免使用特定的观察者对象 Observer 的更新协议——推/拉模型。推式模型使 Observer 难以复用，而拉式模型可能效率较差。

（7）可以扩展目标的注册接口，让观察者对象 Observer 注册为仅对特定事件感兴趣，以提高更新的效率。

（8）封装复杂的更新语义，尽量减少观察者反映目标状态变化所需的工作量。

（9）要结合 Subject 类和 Observer 类灵活运用，尽量不使用多重继承。

与观察者模式相关的模式有中介者模式和单例模式等。

10.2.7 代理模式

代理模式属于对象结构型模式，它为其他对象提供一种代理以控制对该对象的访问。在需要用比较通用和复杂的对象指针代替简单的指针时适合使用代理模式。一些可以使用代理模式的常见情况有 4 种。

（1）远程代理（remote proxy）：为一个对象在不同的地址空间提供局部代表。

（2）虚拟代理（virtual proxy）：根据需要来创建开销很大的对象。

（3）保护代理（protection proxy）：控制对原始对象的访问，用于对象应该有不同的访问权限时。

（4）智能引用（smart reference）：取代了简单的指针，在访问对象时执行一些附加操作。

代理模式的类图结构如图 10.10 所示。

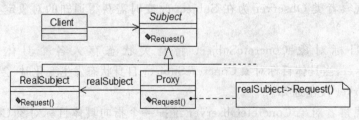

图 10.10　代理模式的类图结构

从图 10.10 可以看出，客户对象 Client 向一个作为接口的 Subject 发出请求，Subject 接口的实施代理对象 Proxy 根据请求的种类，在适当的时候向实体目标对象 RealSubject 转发请求。代理模式的参与者有 4 个。

（1）客户对象 Client 向一个作为接口的 Subject 发出请求。

（2）代理对象 Proxy 保存一个引用使其可以访问实体。若实体目标对象 RealSubject 和 Subject 的接口相同，Proxy 会引用 Subject，并提供一个与 Subject 的接口相同的接口，以代替实体。Proxy 还控制对实体的存取，并可能负责创建和删除它。

（3）抽象类 Subject 定义实体目标对象 RealSubject 和代理对象 Proxy 的共用接口，这样就允许在任何使用 RealSubject 的地方都可以使用 Proxy。

（4）实体目标对象 RealSubject 定义代理对象 Proxy 所代表的实体。

代理模式在访问对象时引入了一定程度的间接性。这样，远程代理就可以隐藏一个对象存在于不同地址空间的事实，虚拟代理就可以进行最优化处理，而保护代理和智能引用都允许在访问一个对象时附加一些内务处理。另外，还可以对用户隐藏另一种称为 Copy-on-Write 的优化处理方式，它可以大幅度地降低复制一个庞大实体时的开销。

在代理模式的实现中应注意以下 3 点。

（1）代理模式 Proxy 可以重载 C++ 中的存取运算符，以便在撤销对一个对象的引用时执行一些附加的操作，这样就可以用于实现某些种类的代理。

（2）使用 Smalltalk 中的 doesNotUnderstand，用代理类 Proxy 重定义 doesNotUnderstand，以便向它的实体转发信息。

（3）代理模式 Proxy 并不总是需要知道实体的类型，若 Proxy 类能够完全通过一个抽象接口处理实体，Proxy 可以统一处理所有的实体目标类 RealSubject；如果要 Proxy 类实例化 RealSubject，那就要知道具体的类。另外，在实例化实体以前要知道怎样引用代理。

与代理模式相关的模式有适配器模式、装饰模式等。

10.2.8 单例模式

单例模式属于对象创建型模式，它保证一个类仅有一个实例，并提供一个访问它的全局访问点。要保证仅有一个实例比较好的办法是，让类自身负责保存它的唯一性。这个类能够保证没有其他实例可以被创建，并且它可以提供一个访问该实例的方法。这是单例模式的核心思想。

通常单例模式适合在下列情况中使用。

（1）当类只能有一个实例而且客户可以从众所周知的访问点访问它时。

（2）当这个唯一实例通过子类化并且是可扩展的，客户无须更改代码就能使用一个扩展的实例时。

单例模式的类图结构如图 10.11 所示。

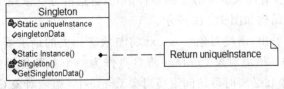

图 10.11 单例模式的类图结构

由图 10.11 可知,客户只能通过单例对象 Singleton 的 Instance 操作访问一个 Singleton 的实例。单例模式拥有一个私有构造函数,确保用户无法通过 new 直接创建它的实例。

单例模式的参与者有两个。

(1) 单例对象 Singleton 定义一个 Instance() 操作,允许客户访问它的唯一实例,并可能负责创建它自己的唯一实例。

(2) Instance() 是一个类操作(即 Smalltalk 中的一个类方法和 C++ 中的一个静态成员函数)。

单例模式的优点如下。

(1) 因为单例类 Singleton 封装了它的唯一实例,可以实现对唯一实例的受控访问。它是对全局变量的一种改进,避免了那些存储唯一实例的全局变量污染命名空间,有效缩小了命名空间。

(2) 单例类 Singleton 可以有子类,很容易用这个扩展类的实例来配置一个应用。可以用所需要的类的实例在运行时刻配置应用。

(3) 单例模式允许可变数目的实例,可以灵活改变设计想法。

(4) 通过实践表明,单例模式相比类操作要更灵活。

单例模式在实现中应注意以下 3 点。

(1) 必须保证一个唯一的实例。就是将创建这个实例的操作隐藏在一个类操作后面,由它保证只有一个实例可以被创建。

(2) 指向单件实例的变量必须用子类的实例进行初始化,以此来创建单例类的子类。

(3) 另一个选择单例模式 Singleton 的子类的方法是将 Instance() 的实现从父类中分离出来并将它放入子类,这就允许 C++ 程序员在链接时刻决定单例模式的类,但对单例的客户则隐蔽这一点。

与单例模式相关的模式有抽象工厂模式等。

10.2.9 状态模式

状态模式属于对象行为型模式,允许一个对象在其内部状态变化时改变它的行为。如一个对象在网络连接 TCP 中有不同的状态:连接已建立、正在监听、连接关闭。当一个对象收到其他对象的请求时,它根据自身的当前状态做出不同的响应。因此,需要引入一个抽象类来表示网络的连接状态。

一般在下面两种情况之一时,可以使用状态模式。

(1) 一个对象的行为取决于它的状态,并且它必须在运行时刻根据状态改变它的行为。

(2) 一个操作中含有庞大的多分支的条件语句,且这些分支依赖于该对象的状态。

状态模式的类图结构如图 10.12 所示。

由图 10.12 可以看出,语境对象 Context 将与状态相关的请求委托给当前的具体对象 ConcreteState 来处理。语境对象 Context 将自身作为一个参数传递给处理该请求的状态对象,这使得状态对象在必要时可访问语境对象 Context。语境对象 Context 是客户使用的主要接口。客户可用状态对象来配置一个语境对象 Context,一旦一个语境对象 Context 配置完毕,它的客户不再需要直接与状态对象通信。语境对象 Context 或具体状态

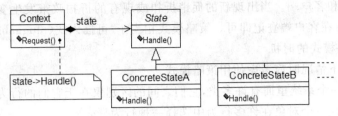

图 10.12　状态模式的类图结构

ConcreteState 子类都可以决定一个状态的后继者是什么状态,以及在何种条件下进行状态转换。

参与状态模式的对象有 3 个。

(1) 语境对象 Context 定义客户感兴趣的接口,并维护一个具体状态 ConcreteState 子类的实例,这个实例定义当前状态。

(2) 抽象类 State 定义一个接口以封装与语境对象 Context 的一个特定状态相关的行为。

(3) 具体状态 ConcreteState 子类实现一个与语境对象 Context 的一个状态相关的行为。

状态模式将所有与一个特定的状态相关的行为都放入一个对象中,这样的局部化将不同状态的行为分割开来,通过定义新的子类可以很容易地增加新的状态及转换。而且,它为不同的状态引入独立的对象,从而使得转换变得更加明确。另外,状态对象 State 可被共享。

在实现状态模式时要注意以下 4 点。

(1) 根据定义状态转换的对象,来确定语境对象 Context 的实现方法。

(2) 使用状态表将输入映射到状态转换的某一个状态,一张状态表将每一个可能的输入映射到一个后继状态。

(3) 创建和销毁状态对象 State 的问题。

(4) 使用动态继承在某种意义上是不可能实现的。

与状态模式相关的模式有享元模式和单例模式等。

10.2.10　策略模式

策略模式属于对象行为型模式。策略模式的用意是针对一组算法,将每一个算法封装到具有共同接口的独立的类中,从而使得它们可以相互替换。策略模式使得算法可以在不影响客户端的情况下发生变化。这种封装算法就成为一个策略。

假设现在要设计一个售卖各类书籍的电子商务网站的购物车(shopping cart)系统。一个最简单的情况就是把所有货品的单价乘上数量,但是实际情况肯定比这要复杂。比如,该网站可能对所有的教材类图书实行每本一元的折扣;对连环画类图书提供每本 7% 的促销折扣;而对非教材类的计算机图书有 3% 的折扣;对其余的图书没有折扣。由于有这样复杂的折扣算法,使得价格计算问题需要系统地解决。

使用策略模式可以把行为和环境分割开来。环境类负责维持和查询行为类,各种算法则在具体策略类(ConcreteStrategy)中提供。由于算法和环境独立开来,算法的增减、修改都不会影响环境和客户端。当出现新的促销折扣或现有的折扣政策发生变化时，只需要实现新的策略类，并在客户端登记即可。策略模式相当于"可插入式（pluggable）算法"。

1. 使用策略模式的时机

通常存在以下情况时应考虑使用策略模式。

（1）如果在一个系统里面有许多类，它们之间的区别仅在于它们的行为，那么使用策略模式可以动态地让一个对象在许多行为中选择一种行为。

（2）一个系统需要动态地在几种算法中选择一种。那么这些算法可以包装到各个具体算法类里面，而这些具体算法类都是一个抽象算法类的子类。换言之，这些具体算法类均有统一的接口，由于多态性原则，客户端可以选择使用任何一个具体算法类，并只持有一个数据类型是抽象算法类的对象。

（3）一个系统的算法使用的数据不可以让客户端知道。策略模式可以避免让客户端涉及不必要接触的复杂的、只与算法有关的数据。

（4）如果一个对象有很多行为，若不用恰当的模式，这些行为就只好使用多重的条件选择语句来实现。此时，使用策略模式，把这些行为转移到相应的具体策略类里面，就可以避免使用难以维护的多重条件选择语句，并体现面向对象设计的概念。

2. 策略模式的结构

策略模式是对算法的包装，是把使用算法的责任和算法本身分割开，委派给不同的对象进行管理。策略模式通常把一个系列的算法包装到一系列的策略类里面，作为一个抽象策略类的子类。用一句话来说，就是"准备一组算法，并将每一个算法封装起来，使得它们可以互换。"

策略模式的类图结构如图 10.13 所示。

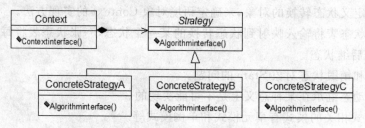

图 10.13　策略模式的类图结构

策略模式涉及 3 个角色。

（1）语境（Context）角色：持有一个策略类 Strategy 的引用。可定义一个接口让 Strategy 访问它的数据。

（2）抽象策略（Strategy）角色：这是一个抽象角色，通常由一个接口或抽象类实现。此角色给出所有的具体策略类所需的接口。

（3）具体策略（ConcreteStrategy）角色：包装了相关的算法或行为，以 Strategy 接口实现某个具体算法。

由图 10.13 可看出，Strategy 和 Context 相互作用可以实现选定的算法。当算法被调用时，Context 可以将该算法所需的所有数据都传递给 Strategy，或者 Context 可以将自身作为一个参数传递给 Strategy 操作。这就让 Strategy 在需要时可以回调 Context。

Context 将客户的请求转发给它的 Strategy。客户通常创建并传递一个 ConcreteStrategy 对象给 Context，这样客户仅与 Context 交互。通常有一系列的 ConcreteStrategy 类可供客户从中选择。

3. 策略模式的优点和缺点

策略模式有很多优点和缺点。它的优点有 3 个。

（1）策略模式提供了管理相关算法族的办法。策略类的等级结构定义了一个算法或行为族。恰当使用继承可以把公共的代码移到父类里面，从而避免重复的代码。

（2）策略模式提供了可以替换继承关系的办法。如果不使用策略模式，那么使用算法或行为的环境类就可能会有一些子类，每一个子类提供一个不同的算法或行为。但是，这样一来算法或行为的使用者就和算法或行为本身混在一起。决定使用哪一种算法或采取哪一种行为的逻辑就和算法或行为的逻辑混合在一起，从而不可能再独立演化。继承可以处理多种算法或行为，但继承使得动态改变算法或行为变得不可能。

（3）使用策略模式可以避免使用多重条件转移语句。多重条件转移语句不易维护，它把采取哪一种算法或采取哪一种行为的逻辑与算法或行为的逻辑混合在一起，统统列在一个多重条件转移语句里面，比使用继承的办法还要原始和落后。

策略模式的缺点有两个。

（1）客户端必须知道所有的策略类，并自行决定使用哪一个策略类。这就意味着客户端必须理解这些算法的区别，以便适时选择恰当的算法类。换言之，策略模式只适用于客户端知道所有的算法或行为的情况。

（2）策略模式造成很多的策略类。有时候可以通过把依赖于环境的状态保存到客户端里面，而将策略类设计成可共享的，这样策略类实例可以被不同客户端使用。换言之，可以使用享元模式来减少对象的数量。

通常在实现策略模式时要注意以下 3 点。

（1）定义 Strategy 和 Context 接口时，必须使得 ConcreteStrategy 能够有效地访问它所需要的 Context 中的任何数据，反之亦然。

（2）将 Strategy 作为模板参数时，要满足两个条件：在编译时选择 Strategy，而且在运行时不需要改变。

（3）根据 Context 的行为，尽量使 Strategy 对象能够成为可选择的对象。

10.2.11　访问者模式

访问者模式属于对象行为型模式。它表示一个作用于某对象结构中的各元素的操作，使得可以在不改变各元素的类的前提下定义作用于这些元素的新操作。访问者模式适用于数据结构相对稳定的系统，它把数据结构和作用于结构上的操作之间的耦合解脱开，使得操作集合可以相对自由地演化。

访问者模式通常适用于下列 3 种情况。

（1）一个对象结构包含很多类对象，它们有不同的接口，而设计人员要对这些对象实施一些依赖于其具体类的操作。

（2）需要对一个对象结构中的对象进行很多不同且不相关的操作，而又不想让这些操作直接接触这些对象的类。

（3）定义对象结构的类很少改变，但经常需要在此结构上定义新的操作。改变对象结构类需要重定义对所有访问者的接口，这可能需要付出很大的代价。如果对象结构类经常改变，那么可能还是在这些类中定义这些操作较好。

访问者模式的类图结构如图 10.14 所示。

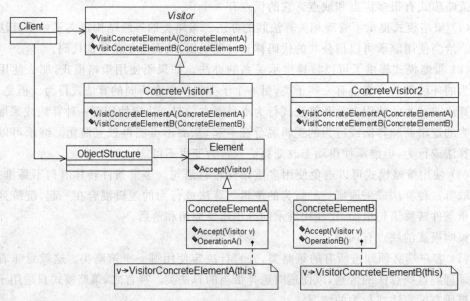

图 10.14　访问者模式的类图结构

在图 10.14 中，一个客户创建一个 ConcreteVisitor 对象，然后遍历该对象结构，并用该访问者访问每一个元素。当一个元素被访问时，它调用对应于它的类 Visitor 操作。如有必要，该元素自身作为这个操作的一个参数以便访问者访问它的状态。参与的对象有：Visitor 为该对象结构中 ConcreteElement 的每一个类声明一个 Visit 操作；ConcreteVisitor 实现每个由 Visitor 声明的操作，并为算法提供语境并存储它的局部状态；Element 定义一个 Accept 操作，它以一个访问者为参数；ConcreteElement 实现一个 Accept 操作；ObjectStructure 可以是一个复合对象或对象的集合，并能枚举它的元素，还可以提供一个高层的接口以允许访问者通过这个接口访问这些元素。

访问者模式仅需增加一个新的访问者即可在一个对象结构上定义一个新的操作，这使得增加新的操作非常容易。它集中了相关的操作，分离了无关的操作，既简化了这些元素的类，也简化了这些访问者中定义的算法。另外，还可以通过类层次进行访问，对一个 Visitor 接口增加任何类型的对象。

但是，此模式也存在诸多缺陷，它很难增加新的 ConcreteElement 类，而且当访问者访问对象结构中的每一个元素时，可能会造成状态累积。另外，由于以内部状态来调用公共操作，可能会破坏它的封装性。

在应用访问者模式时，应着重注意以下两点。

（1）双分派（double-dispatch）问题。访问者模式允许不改变类即可有效地增加其上的操作。为达到这一效果，使用了一种称为双分派的技术。它意味着得到执行的操作取决于请求的两个类和两个接收者的类型。得到执行的操作不仅取决于 Visitor 的类型，还取决于它访问的 Element 的类型。

（2）由谁负责遍历对象结构的问题。一个访问者必须访问这个对象结构的每一个元素。可以将遍历的责任放到对象结构、访问者或一个独立的迭代器对象中的任何一个。用对象结构进行迭代时，一个集合只需对它的元素进行迭代，并对每一个元素调用 Accept 操作；而一个复合通常让 Accept 操作遍历该元素的各个子构件并对它们中的每一个递归地调用 Accept 操作。使用一个迭代器来访问各个元素时，要根据实际情况使用内部或外部迭代器，两者的区别主要在于内部迭代器不会产生双分派。如果放在访问者中，主要是因为意图实现一个特别复杂的遍历，这依赖于对象结构的操作结果。

与访问者模式相关的模式有解释器模式等。

10.3 设计模式实例

对于 GoF 中的 23 种设计模式的实例，限于篇幅不做一一介绍。本节主要选择比较有代表性的几个模式的实例加以讨论，以使读者对设计模式有一个基本的认识。

10.3.1 Facade 模式

Facade（外观）模式属于对象结构型模式。Facade 模式定义了一个高层接口，这个接口使得这一子系统更加容易使用。利用 Facade 模式可以为子系统中的一组接口提供一个一致的界面，可以降低系统中各部分之间的相互依赖关系，同时增加了系统的灵活性。

1. 问题分析

将一个系统划分成为若干个子系统有利于降低系统的复杂性。一个常见的设计目标是使子系统间的通信和相互依赖关系达到最小。达到该目标的途径之一是引入一个外观（facade）对象，它为子系统中较一般的设施提供了一个单一而简单的界面。图 10.15 是使用 Facade 模式的例子。图 10.15 左边没有使用 Facade 模式，造成各个 Client 类和子系统中的很多类都有依赖关系，因此，Client 类和子系统之间的耦合度很大。图 10.15 右边使用了 Facade 模式，各个 Client 类通过调用 Facade 类中的方法与子系统通信。Client 类很少直接存取子系统中的对象，因此，Client 类和子系统之间的耦合度大大降低了。

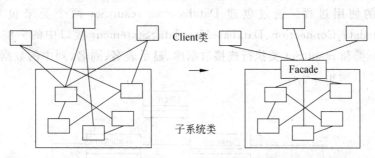

图 10.15　使用 Facade 模式后 Client 类和子系统之间的通信关系的变化

2. 应用举例

以下是说明如何应用 Facade 模式的例子。在 Java.sql 包中，Java 提供了一些对数据库进行操作的接口，如 ResultSet、ResultSetMetadata、Connection、DatabaseMetadata、

Statement 等,利用这些接口中的方法可以对数据库进行操作(实际上 JDBC 驱动程序就实现了这些接口,即提供了具体的实现类)。Java 中使用数据库的过程可分为以下几步。

(1) 装载数据库驱动程序。

```
try{
    Class.firName(driver);
}catch (Exception e){
    System.out.println(e.getMessage());
}
```

(2) 利用 Connection 接口(具体实现类)连接数据库。如有必要,获取数据库的元数据信息。

```
try{
    con=DriverManager.getConnection(url);
    dma=con.getMedataData();
}catch (Exception e){
    System.out.println(e.getMessage());
}
```

(3) 利用 dma 对象(类型为 DatabaseMetadata)获取数据库的表名。

```
Vector tname=new Vector();
try{
    results=new resultSet(dma.getTables(catalog, null, "%",types));
}catch (Exception e){
    System.out.println(e);
}
While (results.hasMoreElements()){
    tname.addElement(result.getColumnValue("TABLE_NAME");
}
```

上述操作过程还没有涉及对表的各种操作,但已有些复杂。可以利用 Facade 模式来简化对数据库的使用过程。通过创建 Database 和 resultSet 两个类来包含 ResultSet、ResultSetMetadata、Connection、DatabaseMetadata、Statement 接口中的一些主要操作,并利用 Database 类和 resultSet 类执行连接数据库、显示表名、列名、列中的数据、执行查询等操作,如图 10.16 所示。

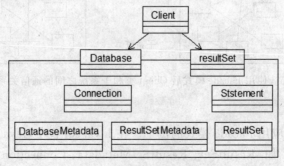

图 10.16　Facade 模式的应用

其中 Database 类的定义如下。

```
class Database {
    public Database (String driver)();
    public void Open(String url, String cat);
    public String[] getTableNames();
    public String[] getColumnNames(String table);
    public String getColumnValue (String table, String columnName);
    public String getNextValue (String columnName);
    public resultSet Execute (String sql);
}
```

resultSet 类的定义如下。

```
class resultSet {
    public resultSet (ResultSet rest)();
    public String[] getMetaData();
    public boolean hasMoreElement();
    public String[] nextElement();
    public String getColumnValue (String columnName);
    public String getColumnValue (int i);
}
```

这样，对数据库的一般操作可通过 Database 和 resultSet 两个类来进行，降低了客户程序和 ResultSet、ResultSetMetadata、Connection、DatabaseMetadata、Statement 等接口之间的耦合关系。

3. 特点

Facade 模式的特点包括以下 5 个方面。

(1) 它对客户屏蔽子系统组件，因而减少了客户处理的对象的数目，并使得子系统使用起来更加方便。

(2) 它实现了子系统与客户之间的松耦合关系，而子系统内部的功能组件往往是紧耦合的。

(3) 松耦合关系使得子系统的组件变化不会影响它的客户。Facade 模式有助于建立层次结构系统，也有助于对对象之间的依赖关系分层。Facade 模式可以消除复杂的循环依赖关系。这一点在客户程序与子系统分别实现的时候尤为重要。

(4) 在大型软件系统中降低编译依赖性至关重要。在子系统类改变时，希望尽量减少重编译工作以节省时间。用 Facade 模式可以降低编译依赖性，限制重要系统中较小的变化所需的重编译工作。Facade 模式同样也有利于简化系统在不同平台之间的移植过程，因为编译一个子系统一般不需要编译所有其他的子系统。

(5) 如果应用需要，它并不限制它们使用子系统类。因此，可以在系统易用性和通用性之间加以选择。

4. Facade 模式的适用场合

(1) 当需要为一个复杂子系统提供一个简单接口时。子系统往往因为不断演化而变得越来越复杂。大多数模式使用时都会产生更多更小的类，这使得子系统更具可重用性，也更容易对子系统进行定制,但这也给那些不需要定制子系统的用户带来一些使用上的困难。Facade 模式可以提供一个简单的默认视图,这一视图对大多数用户来说已经足够,而那些需要更多的可定制性的用户可以越过 Facade 层。

(2) 客户程序与抽象类的实现部分之间存在着很大的依赖性。引入 Facade 模式将这个子系统与客户及其他子系统分离,可以提高子系统的独立性和可移植性。

(3) 当需要构建一个层次结构的子系统时,可使用 Facade 模式定义子系统中每层的入口点。如果子系统之间是相互依赖的,可以让它们仅通过 Facade 进行通信,从而简化了它们之间的依赖关系。

10.3.2　Adapter 模式

Adapter(适配器)模式将一个类的接口转换成客户希望的另一个接口。Adapter 模式使得原本由于接口不兼容而不能一起工作的那些类可以一起工作。

1. 问题分析

有时,为重用而设计的工具箱类不能够被重用的原因仅仅是因为它的接口与专业应用领域所需要的接口不匹配。例如,有一个绘图编辑器,这个编辑器允许用户绘制和排列基本图元(点、线、多边形等)并生成图形模型。这个绘图编辑器的关键抽象是图形对象。图形对象有一个可编辑的形状,并可以"显示"自身。客户对象不必知道自己真正拥有的对象是点、线还是多边形。它们只需要知道,它们拥有的是这些形状中的一个。换句话说,希望把这些特定的图形包含在一个较高层次的概念中,即图形对象的接口由一个称为 Shape 的抽象类定义。客户对象就可以用通用的方式对待细节。例如,客户对象只是简单地告诉一个点、线或多边形对象做一些事,例如"显示自己"或"擦除自己"。每个点、线或多边形都有责任知道如何根据自己的类型做出相应的行为。当需要新增加一种图形时(例如圆型 Circle),而且新增的图形已经有一些类(或代码),并且这些类与接口互不兼容,在这样的应用中如何协同工作呢? 为了不改变原有类的代码,可以用两种方法做这件事:一是继承 Shape 类的接口和新增图形(例如 Circle)的实现;二是将一个新增图形(例如 Circle)的实例作为 CircleShape 的组成部分,并且使用 CircleView 的接口实现 CircleShape。这两种方法恰恰对应于 Adapter 模式的类和对象版本。将 CircleShape 称为适配器 Adapter。

Adapter 模式用需要的接口对无法修改的类进行包装。类适配器使用多重继承对一个接口与另一个接口进行匹配,如图 10.17 所示。对象适配器依赖于对象组合,如图 10.18 所示。

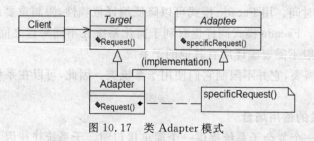

图 10.17　类 Adapter 模式

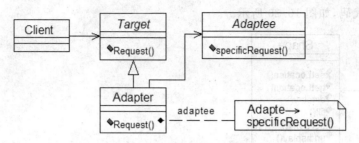

图 10.18　对象 Adapter 模式

Adaptee 是定义一个已经存在的接口,这个接口需要匹配。Adapter 对 Adaptee 的接口进行匹配,使它与 Target（Adapter 派生于它）相匹配。让 Client 把 Adaptee 当作 Target 的一个类型来使用它。

2. 应用举例

为了实现对绘图编辑器的上述需求,利用多态机制,先创建一个 Shape 的抽象类,然后为绘图编辑器中的每一种图形对象定义一个 Shape 的子类:LineShape 类对应于直线,PolygonShape 类对应于多边形,等等,如图 10.19 所示。

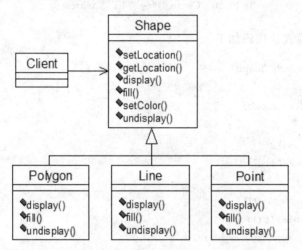

图 10.19　Polygon、Line、Point 都是 Shape 派生的类

Shape 的抽象类包括以下操作。

（1）设定一个 Shape 对象的位置。

（2）获取一个 Shape 对象的位置。

（3）显示一个 Shape 对象的位置。

（4）填充一个 Shape 对象。

（5）设置一个 Shape 对象的颜色。

（6）擦除一个 Shape 对象。

如果客户要求实现一个圆（一种新的 Shape）,就需要创建一个新的类——Circle 类——来实现这个"圆"形,并且从 Shape 抽象类派生出 Circle 类。如果已经拥有一个名为 XXCircle 的类,但 XXCircle 类拥有不同的名称和参数列表,因此无法直接引用。针对这种情况可以创建一个派生自 Shape 抽象类的新类,实现 Shape 接口而不必重写 XXCircle 类中的圆形的实现代码,如图 10.20 所示。

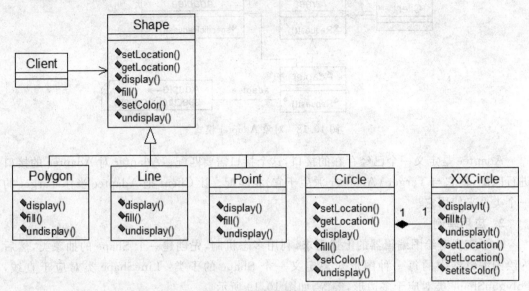

图 10.20　Circle 类"包装"了 XXCircle 类

实现 Adapter 模式的代码如下。

```
class Circle extends Shape{
    ⋮
    private XXCircle pxc;
    ⋮
    public Circle(){
        pxc=new XXCircle();
    }
    public void display(){
        pxc.displayIt();
    }
}
```

Shape 类封装了特殊类。Adapter 模式最通常的用途是保持多态。

3. 特点

类适配器和对象适配器有不同的权衡。

1) 类适配器

(1) 用一个具体的 Adapter 类对 Adaptee 和 Target 进行匹配。结果是当想要匹配一个类及所有它的子类时,类 Adapter 将不能胜任工作。

(2) 使得 Adapter 可以重定义 Adaptee 的部分行为,因为 Adapter 是 Adaptee 的一个子类。

(3) 仅仅引入了一个对象,并不需要额外的指针以间接得到 Adaptee。

2) 对象适配器

(1) 允许一个 Adapter 与多个 Adaptee,即 Adaptee 本身及它的所有子类(如果有子类的话)同时工作。Adapter 也可以一次给所有的 Adaptee 添加功能。

（2）使得重定义 Adaptee 的行为比较困难。这就需要生成 Adaptee 的子类，并且使得 Adapter 引用这个子类而不是引用 Adaptee 本身。

4. Adapter 模式的适用场合

在以下情况中使用 Adapter 模式。

（1）想使用一个已经存在的类，而它的接口不符合目前的需求。

（2）想创建一个可以重用的类，该类可以与其他不相关的类或不可预见的类（即那些接口可能不一定兼容的类）协同工作。

（3）想使用一些已经存在的子类，但是不可能对每一个都进行子类化以匹配它们的接口。对象适配器可以适配它的父类接口。

5. Facade 模式与 Adapter 模式的比较

Facade 模式与 Adapter 模式的比较如表 10.2 所示。

表 10.2　Facade 模式与 Adapter 模式的比较

	Facade 模式	Adapter 模式
是否有现存的类	是	是
是否必须针对某个接口进行设计	否	是
一个对象是否需要多态行为	否	可能
是否需要一个更简单的接口	是	否

在这两个模式中，都拥有现存的类。但是在 Facade 模式中无须针对某个接口进行设计；而在 Adapter 模式中则要针对某个特定接口进行设计。使用 Facade 模式的动机是简化接口，而使用 Adapter 模式的目的是针对一个现有的接口进行设计，并不能简化任何东西，而是将接口转换成另一个现有的接口。

10.3.3　Abstract Factory 模式

Abstract Factory(抽象工厂)模式属于对象创建型模式。使用 Abstract Factory 模式的目的是给客户程序提供一个创建一系列相关或相互依赖对象的接口，而无须指定它们具体的类。这个设计模式之所以取抽象工厂这个名字，是把类比作工厂，它能不断地制造产品。每个工厂会制造出与该工厂相关的一系列产品，各个工厂制造出的产品的种类是一样的，只是各个产品在外观和行为方面不一样。

1. 问题分析

每种图形用户界面都有自己的 look-and-feel(视感)，例如，UNIX 上的 Motif 和 IBM OS/2 上的 Presentation Manager，这些图形用户界面都有滚动条、按钮等标准窗口组件，但这些窗口组件有不同的外观和行为，即 look-and-feel 不同。有时候，用户需要一个系统能支持多种 look-and-feel。例如，对 Java 来说，MS Windows 平台上的 JDK l.4.2 版本支持 Metal、MS Windows、Motif 等风格的 look-and-feel。显然，开发人员不能也不应该事先确定用户使用哪种风格的 look-and-feel。在程序运行时，应用程序可以根据需要随时改变用户的界面风格，可以设置程序以什么样的 look-and-feel 风格出现，而且这种显示风格的种类根据需要应该很容易增加或删除。为保证 look-and-feel 风格标准间的可移植性，一个应用不应该为一个特定的 look-and-feel 外观对它的窗口组件进行编码。在整个应用中实例化特定 look-and-feel 风格的窗口组件类将使得以后很难改变 look-and-feel 风格。

为解决这一问题，可以采用 Abstract Factory 模式，如图 10.21 所示。在图中定义了一个抽象的 WidgetFactory 类，这个类声明了一个用来创建每一类基本窗口组件的接口。每一类窗口组件都有一个抽象类，而具体子类则实现了窗口组件的特定 look-and-feel 风格。对于每一个抽象窗口组件类，WidgetFactory 接口都有一个返回新窗口组件对象的操作。客户调用这些操作以获得窗口组件实例，但客户并不知道他们正在使用的是哪些具体类。这样客户就不依赖于一般的 look-and-feel 风格了。

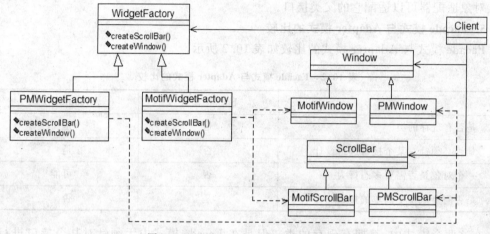

图 10.21　Abstract Factory 模式的应用

每一种视感标准都对应于一个具体的 WidgetFactory 子类。每一子类实现那些用于创建合适视感风格的窗口组件的操作。例如，WidgetFactory 的 CreateScrollBar 操作实例化并返回一个 Motif 滚动条，而相应的 PMWidgetFactory 操作返回一个 Presentation Manager 的滚动条。

客户仅通过 WidgetFactory 接口创建窗口组件，他们并不知道哪些类实现了特定视感风格的窗口组件。客户中只有类型为 WidgetFactory、Window 和 ScrollBar 的变量声明，只有在运行时，这些变量才会动态绑定到具体子类。如果运行时使用的是 Motif 图形用户界面，则客户中类型为 WidgetFactory 的变量将被绑定到 MotifWidgetFactory 类型，类型为 Window 的变量将被绑定到 MotifWindow 类型，类型为 ScrollBar 的变量将被绑定到 MotifScrollBar 类型，这样客户就能根据运行时的情况动态地改变 look-and-feel。

Abstract Factory 模式的一般结构如图 10.22 所示。

2. 特点

Abstract Factory 模式的特点包括以下 4 个方面。

（1）该模式将客户与类的实现分离。客户通过它们的抽象接口操纵实例。产品的类名也在具体工厂的实现中被分离，它们不出现在客户代码中。

（2）在应用系统中增加或删除具体工厂的种类很容易。只需改变具体的工厂即可使用不同的产品配置，这是因为一个抽象工厂创建了一个完整的产品系列，所以整个产品系列会

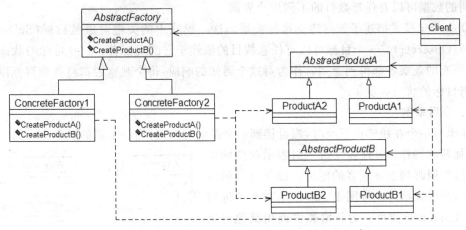

图 10.22　Abstract Factory 模式的一般结构

立刻改变。

（3）它有利于产品的一致性。当一个系列中的产品对象被设计成一起工作时，一个应用一次只能使用同一个系列中的对象，例如只使用 ProductA1、ProductB1 系列。这一点很重要。

（4）Abstract Factory 接口中已确定了可以被创建的产品集合，如果要支持新的产品种类，需要扩展 Abstract Factory 类及其所有子类中的方法，因此这种修改比较困难。

3. Abstract Factory 模式的适用场合

（1）一个系统要独立于它的产品的创建、组合和表示时。

（2）可以对系统进行配置，以便系统可以使用多个产品系列中的某一个。

（3）当需要强调一系列相关的产品对象的设计以便进行联合使用时。

（4）当希望提供一个产品类库，而只想显示它们的接口而不是实现时。

10.3.4　Observer 模式

Observer（观察者）模式属于对象行为型模式。使用 Observer 模式的目的是，定义对象间的一种一对多的依赖关系，当一个对象的状态发生改变时，所有依赖于它的对象都得到通知并被自动更新。

1. 问题分析

将一个系统分割成一系列相互协作的类有一个常见的副作用：需要维护相关对象间的一致性。但为了维持一致性而使各类紧密耦合，会降低它们的可重用性。例如，许多图形用户界面工具箱将用户应用的界面表示与底下的应用数据分离。定义应用数据的类和负责界面表示的类可以各自独立地复用。当然它们也可以一起工作。一个表格对象和一个柱状图对象可使用不同的表示形式描述同一个应用数据对象的信息。表格对象和柱状图对象互相并不知道对方的存在，这样可以根据需要单独复用表格或柱状图。但在这里它们表现得似乎互相知道。当用户改变表格中的信息时，柱状图能立即反映这一变化，反过来也是如此。

这一行为意味着表格对象和柱状图对象都依赖于数据对象，因此数据对象的任何状态改变都应立即通知它们。同时也没有理由将依赖于该数据对象的对象的数目限定为两个，对相同的数据可以有任意数目的不同用户界面。

Observer 模式描述了如何建立这种关系。这一模式中的关键对象是目标（Subject）和观察者（Observer）。一个目标可以有任意数目的依赖于它的观察者。一旦目标的状态发生改变，所有的观察者都得到通知。作为对这个通知的响应，每个观察者都将查询目标以使其状态与目标的状态同步。

2. 应用举例

在编写一个在线销售系统时，假设接到一个新的需求，每当一个新的顾客进入这个系统时，增加新的操作：向顾客发送一封表示欢迎的电子邮件；按照邮局查证顾客的地址。如果这是最终的需求，开发人员可以按图 10.23 所示对系统进行编码。Customer 类负责为新增顾客调用其他对象（WelcomeLetter 与 AddrVerification），使相应的行为得以发生。但是如果需求又发生了变化，要求根

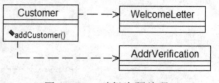

图 10.23　对行为硬编码

据不同的顾客（或公司）支持不同的欢迎信，建立不同的 Customer 对象，显然直接编写硬代码不是好的思路。

通过分析问题可以发现以下问题。

（1）当一个状态发生变化时，有一系列对象需要得到通知，这些对象往往属于不同的类。

（2）因为这些对象属于不同的类，所以它们通常拥有不同的接口。

按照 Observer 模式的思路进行设计的步骤如下。

（1）让观察者以同样的方式运转。首先，必须确定所希望得到通知的对象，把这些对象称为观察者对象，因为它们在等待某个事件发生。这时希望所有观察者对象拥有一个相同的接口。如果它们没有相同的接口，那么就必须修改目标对象，即触发事件的对象（例如 Customer 对象），使它可以处理每种类型的观察者对象。由于所有的观察者都成为系统类型的对象，目标可以轻松地向它们中的每一个发出通知。为了让观察者都成为相同类型的对象，在 Java 中是通过实现同一个接口来完成的。

（2）让观察者注册自己。一般观察者有责任知道自己要观察什么，并且目标对象不必知道哪些观察者依赖于它。因此要让观察者将它们自己注册到目标上，例如，为目标添加以下两个方法。

① attach(Observer)：将给定的观察者添加到自己的观察者列表中。

② detach (Observer)：从自己的观察者列表中删除给定的观察者对象。

（3）当事件发生时，向观察者发出通知。现在目标对象注册了它的观察者对象，当事件发生时，目标对象向观察者对象发出通知就非常简单了。为了实现这一功能，每个观察者类都实现一个称为 update 的方法。目标类这样实现通知方法：遍历自己的观察者列表，调用其中每个观察者对象的 update 方法。update 方法应该包含处理事件的代码。

（4）从目标获取信息。对于事件，一个观察者可能需要更多的信息。因此必须在目标中添加方法，让观察者可以获取它们需要的任何信息。图 10.24 展示了这个解决方案。观察者对象在实例化的时候将自己注册到 Customer 类上。如果观察者对象需要从目标（Customer）对象那里获取更多的信息，update 方法就必须传回调用者的一个引用。当一个

新的 Customer 对象被添加到数据库中时,通知(notify)方法将调用这些观察者对象。

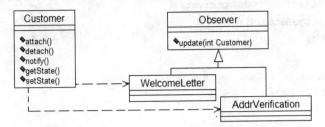

图 10.24　用 Observer 模式实现 Customer 类

下面是实现观察者模式的 Java 代码。

```
Class Customer{
    static private Vector myObs;
    static{
        myObs=new Vector();
    }
    public static void attach(Observer o){
        myObs.addElement(o);
    }
    public static void detach(Observer o){
        myObs.remove(o);
    }
    public String getState(){
        …//获得请求的其他信息
    }
    public void notifyObs(){
        for (Enumeration e=myObs.elements();e.hasMoreElements();){
        ((Observer)e).update(this);
        }
    }
}
abstract class observer {
    public Observer () {
        Customer.attach(this);
    }
    abstract public void update(Customer myCust);
}
class AddrVerification extends Observer{
    public AddrVerification(){
        super();
    }
    public void update (Customer myCust){
        …//获得 Customer 的更多信息
        }
```

```
    }
class WelcomeLetter extends Observer{
    public WelcomeLetter(){
        super();
    }
    public void update (Customer myCust){
        ···//获得 Customer 的更多信息
    }
}
```

假设现在又接到新的需求，要为某个区域的顾客发送一封附有优惠券的信时，只需要添加新的观察者（例如 BrickAndMortar），并让它成为 Customer 类的观察者即可，如图 10.25 所示。

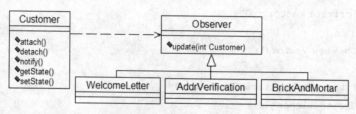

图 10.25　加入 BrickAndMortar 观察者

3. 特点

Observer 模式允许独立地改变目标和观察者。可以单独复用目标对象而无须同时复用其观察者，反之亦然。它也可以在不改动目标和其他观察者的前提下增加观察者。

观察者模式具有以下特点。

1）目标和观察者间的抽象耦合

一个目标所知道的仅仅是它有一系列观察者，每个都符合抽象的 Observer 类的简单接口。目标不知道任何一个观察者属于哪一个具体的类。这样目标和观察者之间的耦合是抽象的和最小的。因为目标和观察者不是紧密耦合的，它们可以属于一个系统中的不同抽象层次。一个处于较低层次的目标对象可与一个处于较高层次的观察者通信并通知它，这样就保持了系统层次的完整。如果目标和观察者混在一块，那么得到的对象要么横贯两个层次（违反了层次性），要么必须放在这两层的某一层中（这可能会损害层次抽象）。

2）支持广播通信

不像通常的请求，目标发送的通知不需指定它的接收者。通知被自动广播给所有已向该目标对象登记的有关对象。目标对象并不关心到底有多少对象对自己感兴趣，它唯一的责任就是通知它的各个观察者。这给了在任何时刻增加和删除观察者的自由。处理还是忽略一个通知取决于观察者。

3）意外的更新

因为一个观察者并不知道其他观察者的存在，它可能对改变目标的最终代价一无所知。在目标上一个看似无害的操作可能会引起一系列对观察者及依赖于这些观察者的那些对象的更新。此外，如果依赖准则的定义或维护不当，常常会引起错误的更新，这种错误通常很难捕捉。

简单的更新协议不提供具体细节说明目标中什么被改变了，这就使得上述问题更加严重。如果没有其他协议帮助观察者发现什么发生了改变，它们可能会被迫尽力减少改变。

4．Observer 模式的适用场合

在以下任一情况下可以使用观察者模式。

（1）当一个抽象模型有两个方面，其中一个方面依赖于另一方面时。将这两者封装在独立的对象中以使它们可以各自独立地改变和复用。

（2）当对一个对象的改变需要同时改变其他对象，而不知道具体有多少对象有待改变时。

（3）当一个对象必须通知其他对象，而它又不能假定其他对象是谁时。换言之，如果不希望这些对象是紧密耦合的。

（4）如果需要得到某个事件的通知的对象列表是变化的，那么使用 Observer 模式就很有价值。

并不是每当对象之间存在依赖关系就应该使用 Observer 模式。例如，在一个票据处理系统中，一个税收对象处理税收问题，很明显，当票据的项目增加时，税收对象必须得到通知，这样它才能重新计算税费。对这个应用不适宜使用 Observer 模式，因为这个通知行为是事先就知道的，并且不大可能有其他观察者加入。当依赖关系固定时，加入一个 Observer 模式可能只会增加复杂性。

10.4　在 Rose 中使用设计模式

在 Rose 2003 中使用设计模式有两种方式：一是根据设计模式的定义，在设计类图时直接画出每个类；二是使用 Rose 提供的设计模式生成器，自动生成各个类。两者之间的区别在于使用 Rose 提供的设计模式生成器所生成的类可以产生更详细的代码。

要想在 Rose 2003 中使用设计模式生成器，必须先把建模语言设置为 Java、VC++ 或 Analysis（在 Tools→Options…→Notation 中设置）。Rose 2003 提供了 GoF 中 20 种设计模式的生成器，但不包括对 GoF 中 Interpreter、Memento、Builder 这 3 种设计模式的支持。

在 Rose 中使用设计模式生成器时，一般需要设置参与者（participant），但对于 Singleton 设计模式，则不用设置参与者。对于其余的 19 种设计模式，则需要设置参与者。这 19 种设计模式的使用步骤是一致的。

下面给出在 Rose 2003 中使用 Visitor 模式的步骤。

（1）首先在菜单 Tools→Options…→Notation 中设置模型语言为 Java。

（2）在类图中创建类，把类名设置为 A，然后右击类 A，在弹出来的菜单中选择 Java/J2EE→GOFPatterns→Visitor 选项，如图 10.26 所示。

（3）此时，弹出一个对话框，如图 10.27 所示。要求设置参与者。

（4）根据需要可以指定具体 Visitor 类和具体 Element 类。图 10.27 中已经默认提供了一个具体 Visitor 和一个具体 Element。如果再增加一个具体 Visitor 和一个具体

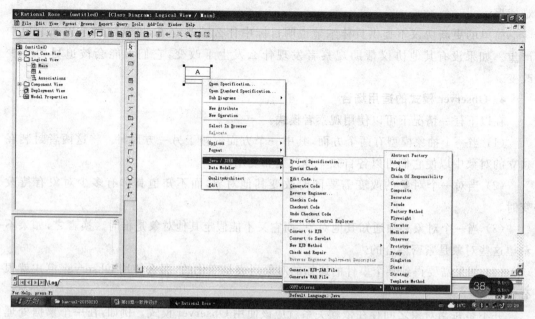

图 10.26　在 Rose 2003 中应用 Visitor 模式

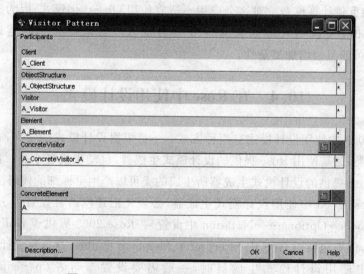

图 10.27　Visitor 模式指定参与者前的对话框

Element，则如图 10.28 所示。所增加的具体 Visitor 是类 A_ConcreteVisitor_B，所增加的具体 Element 是类 A_ConcreteElement_B。当然，这些具体 Visitor 类和 Element 类可以改成别的有意义的名字。

（5）单击 OK 按钮后，Rose 在浏览器窗口中新生成 7 个类：A_Client、A_ObjectStructure、A_Visitor、A_Element、A_ConcreteVisitor_A、A_ConcreteVisitor_B、A_ConcreteElement_B，如图 10.29 所示。

（6）把类 A 和生成的 7 个类拖动到类图中，Rose 2003 会自动加上类之间的泛化、关联、依赖等关系，如图 10.30 所示。

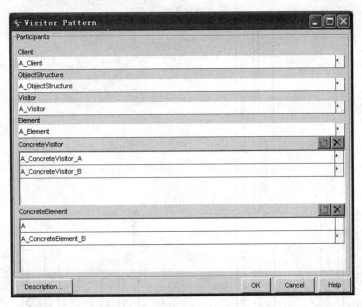

图 10.28　Visitor 模式指定参与者后的对话框

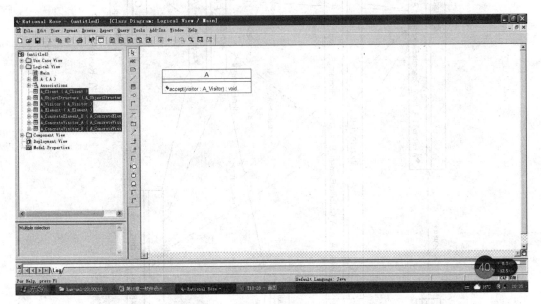

图 10.29　Visitor 模式新生成的 7 个类

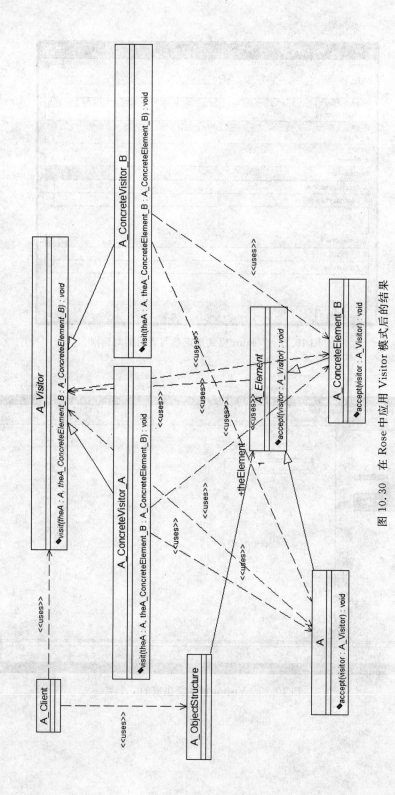

图 10.30　在 Rose 中应用 Visitor 模式后的结果

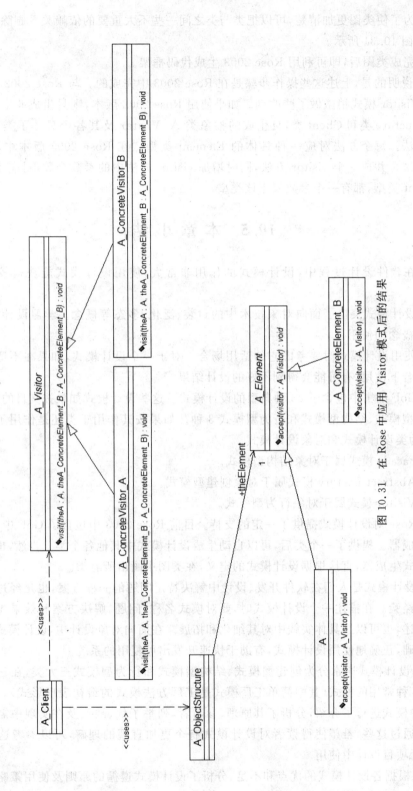

图 10.31 在 Rose 中应用 Visitor 模式后的结果

（7）为了使类图更加清楚，可以把类与类之间一些不太重要的依赖关系删除，最后得到的类图如图 10.31 所示。

（8）完成类图后，即可利用 Rose 2003 生成代码框架。

需要说明的是，上述这些操作步骤是在 Rose 2003 中完成的。与 Rose 2002 相比，Rose 2003 对 Visitor 模式稍微做了些改动。如果使用 Rose 2002 版本，则只生成 6 个类，而没有 ObjectStructure 类和 Client 类，且生成的抽象类 A_Visitor 及其各个具体子类中，有多个 visitor 方法。每个方法对应一种具体的 Element 类型。在 Rose 2003 版本中，是把多个 visitor 方法合并成一个 visitor 方法，同时增加 visitor 方法中的参数个数，对应于每种具体的 Element 类型，都有一个参数属于该类型。

10.5 本 章 小 结

（1）在软件设计过程中，设计模式的作用非常大，使用设计模式能获得较好的设计结果。

（2）设计模式突出了面向对象技术中的封装、泛化、多态等概念。学习设计模式，必须清楚这些概念的使用。

（3）使用设计模式时要考虑它的适用场合。对于一个设计模式，如果在不适合该设计模式的场合下使用，有可能会得到不好的设计结果。

（4）GoF 的书中包含了 23 种典型的设计模式。这些设计模式如果按其目的来划分，可分为创建型模式、结构型模式和行为型模式 3 种。如果按其作用于类还是作用于对象来划分，可分为类设计模式和对象设计模式。

（5）Façade 模式属于对象结构型模式。

（6）Abstract Factory 模式属于对象创建型模式。

（7）Visitor 模式属于对象行为型模式。

（8）Rose 对设计模式提供了一定的支持。目前 Rose 2003 中包含了 GoF 中 20 种设计模式的生成器。提供了一个类后，可以自动生成设计模式中其他各个类。当然，也可以不使用设计模式生成器，直接根据设计模式的定义，在类图中画出所有类。

（9）设计模式是人们在软件开发、设计中解决特定问题的一种方案，也是经过长期的实践得出的经验。在描述一个设计模式时，要对模式名称、问题、解决方案和效果 4 个基本要素进行描述，也可以在具体实践中对其细化和拓展。在面向对象设计中，设计模式是系统可复用的基础，正确地使用设计模式，有助于快速开发出可复用的系统。

（10）设计模式通常分为创建型模式、结构型模式和行为型模式三大类，在三大类中又包含了 24 种常用的模式（其中简单工厂模式是工厂方法模式的最初表现形式）。着重对其中的 11 种模式进行了介绍，分析了其原理、参与者，列举了优、缺点及在实现中需要注意的问题等。通过这些，希望使得读者对设计模式有个更加直观的理解，可以参考这些设计模式，在实际项目设计中使用。

（11）根据各设计模式的优点和不足，分析了设计模式遵循的原则及使用策略。并对几种设计模式的范例进行了简单的剖析。

（12）详细介绍了在 Rose 2003 中使用设计模式生成器的操作步骤。

10.6 习　题

10.6.1　填空题

1. 软件设计模式基本形成了_____模式、_____模式和_____模式 3 个重要的类别。

2. 工厂模式有 3 种形态：_____模式、_____模式和_____模式。

3. 一个设计模式有 4 个基本要素：_____、_____、_____和_____。

4. 设计模式按照模式的目的将其分为_____、_____和_____。这 3 种类型的设计模式分别描述了对象在创建、组合以及相互作用的过程中如何降低它们之间的耦合性、提高复用性的种种成功方案。

5. 设计模式的作用和研究意义表现在_____、_____、_____和_____。

6. 创建型模式就是描述怎样创建一个_____，它隐藏了_____创建的具体细节，使程序代码不依赖具体的对象。

7. 结构型模式处理类或对象的_____，即描述类和_____之间怎样组织起来形成更大的结构，从而实现新的功能。

8. 行为型模式描述算法以及对象之间的_____分配，它所描述的不仅仅是类或对象的设计模式，还有它们之间的_____模式。

10.6.2　选择题

1. 设计模式(　　)具体的编程语言。
   A. 依赖于　　　　　B. 独立于　　　　　C. 依附于　　　　　D. 指定了

2. 设计模式是面向对象软件工程中的一个重要概念，是由软件模式分支中衍生出来的一个解决(　　)的重要方案之一。
   A. 具体问题　　　　B. 抽象问题　　　　C. 需求分析　　　　D. 数据流程

3. "对象集合管理器"模式就是本章介绍的(　　)模式。
   A. 工厂方法　　　　B. 抽象工厂　　　　C. 单例　　　　　　D. 简单工厂

4. 单例模式属于对象创建型模式，它保证一个类仅有(　　)。
   A. 一个属性　　　　B. 一个操作　　　　C. 一个实例　　　　D. 一个对象成员

5. 在面向对象设计中，设计模式是系统(　　)的基础，正确地使用设计模式，有助于快速开发出可复用的系统。
   A. 分析　　　　　　B. 可复用　　　　　C. 设计　　　　　　D. 实现(编程)

6. 设计模式就是对(　　)的描述或解决方案，往往直接对应一段程序代码。
   A. 某个组件　　　　B. 成熟的设计　　　C. 一个用例　　　　D. 特定问题

7. 简单一点讲，模式就是解决特定问题的经验，实质上就是软件的(　　)。
   A. 建模　　　　　　B. 一个模块　　　　C. 复用　　　　　　D. 一个组件

10.6.3　简答题

1. 简述模式的作用和主要组成元素。

2. 请使用观察者模式解释 java. awt. image. ImageObserver 类的设计。

3. 分析 GoF 中的 Visitor 模式，并举例说明其应用。

4. 为什么说设计模式是软件复用的基础？

5. CoolSoft 公司准备开发一套酒店辅助管理系统，其前端采用触摸屏技术。但各个酒店使用的触摸屏由不同的生产厂家生产，这些厂家包括 Touch Screen 公司、Smart Screen 公司、Small Screen 公司等。各种型号的触摸屏在组成部分上没有差别，只是在外观上有区别。CoolSoft 公司希望开发出来的酒店辅助管理系统可以支持各种类型的触摸屏，一旦前端设备从一种型号的触摸屏转换到另一种型号时，只需要改动一些配置信息即可，整个软件系统不需要做大的改动。那么，在设计前端设备驱动程序部分时采用哪种设计模式比较好？为什么？试画出对应的设计模式的类图结构图。

6. 某游戏公司现欲开发一款面向儿童的模拟游戏，该游戏主要模拟现实世界中各种鸭子的发声特征、飞行特征和外观特征。游戏需要模拟的鸭子种类及其特征如表 10.3 所示。

表 10.3　鸭子种类及其特征

鸭 子 种 类	发 声 特 征	飞 行 特 征	外 观 特 征
灰鸭（MallardDuck）	发出"嘎嘎"声（Quack）	用翅膀飞行（FlyWithWings）	灰色羽毛
红头鸭（RedHeadDuck）	发出"嘎嘎"声（Quack）	用翅膀飞行（FlyWithWings）	灰色羽毛、红头
棉花鸭（CottonDuck）	不发声（QuackNoWay）	不能飞行（FlyNoWay）	白色
橡皮鸭（RubberDuck）	发出橡皮与空气摩擦声（Squeak）	不能飞行（FlyNoWay）	黑白橡皮色

为了支持将来能够模拟更多种类鸭子的特征，决定采用策略（Strategy）模式。试画出对应的设计模式的类图结构图，并给予解释。

7. 已知某企业的采购审批是分级进行的，即根据采购金额的不同由不同层次的主管人员来审批，主任可以审批 5 万元以下（不包括 5 万元）的采购单，副董事长可以审批 5 万元至 10 万元（不包括 10 万元）的采购单，董事长可以审批 10 万元至 50 万元（不包括 50 万元）的采购单，50 万元及以上的采购单就需要开会讨论决定。为了反映审批结构特征，决定采用责任链（Chain of Responsibility）模式。试画出对应的设计模式的类图结构图。

8. 已知某类库开发商提供了一套类库，类库中定义了 Application 类和 Document 类，它们之间的关系如图 10.32 所示。其中，Application 类表示应用程序自身，Document 类表示应用程序打开的文档。Application 类负责打开一个已有的以外部形式存储的文档。一旦从该文档中读出信息，就由一个 Document 对象表示。

当开发一个具体的应用程序时，开发者需要分别创建自己的 Application 子类和 Document 子类，如图 10.32 中的类 MyApplication 和类 MyDocument，并分别实现 Application 类和 Document 类中的某些方法。试分析 Application 类中的 openDocument 方法采用什么设计模式比较好，对应的主要操作步骤是什么？

9. 现欲实现一个图像浏览系统，要求该系统能够显示 BMP、JPEG 和 GIF 3 种格式的文件，并且能够在 Windows 和 Linux 两种操作系统上运行。系统首先将 BMP、JPEG 和 GIF 3 种格式的文件解析为像素矩阵，然后将像素矩阵显示在屏幕上。系统需具有较好的

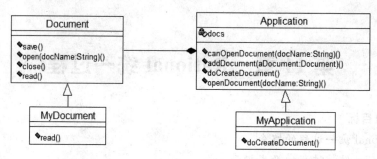

图 10.32 Application 类和 Document 类之间的关系

扩展性以支持新的文件格式和操作系统。为了满足上述需求并减少所需生成的子类数目，试分析应当采用哪种设计模式比较好，为什么？试画出对应的设计模式的类图结构图。

10. 现欲实现一个文件管理系统，要求该系统能够分别管理文件及文件所在的目录。试分析应当采用哪种设计模式比较好，为什么？试画出对应的设计模式的类图结构图。

11. 某公司的组织结构图如图 10.33 所示。为了满足将来扩展的需要，试分析应当采用哪种设计模式比较好，为什么？试画出对应的设计模式的类图结构图。

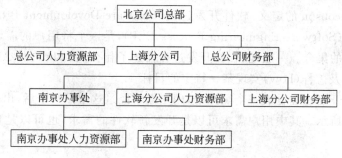

图 10.33 公司的组织结构图

第 11 章　Rational 统一过程

本章学习目标

(1) Rational 统一过程的概念。

(2) Rational 统一过程的开发模型。

(3) Rational 统一过程的软件开发生命周期。

(4) Rational 统一过程的最佳实践。

本章先介绍软件开发过程，进而引入 Rational 统一过程；然后对 Rational 统一过程的概念、历史由来、生命周期、使用方法等逐一进行阐述；最后介绍裁剪和 Builder 工具。

11.1　软件开发过程和统一过程

根据 Ivar Jacobson 的定义，软件开发过程（Software Development Process，SDP）又称为软件过程工程（Software Engineering Process，SEP），是一个将用户的需求转化为软件系统所需要的活动的集合。一般地，软件开发过程描述了什么人（who）、什么时候（when）、做什么事（what）以及怎样（how）实现某一特定的目标。

可以把软件开发过程看成一个黑匣子，用户需求经过这个黑匣子后，出来的是一个软件系统，如图 11.1 所示。其中用户需求可以是开发新软件的需求，也可以是对旧软件的修改性需求。

用户需求 ——————→ 软件开发过程 ——————→ 软件系统

图 11.1　软件开发过程

目前人们提出了很多软件开发过程，如瀑布式软件开发方法、快速原型法、螺旋式开发方法、喷泉式开发方法、净室（clean room）软件开发过程、个体软件过程（Personal Software Process，PSP）、小组软件过程（Team Software Process，TSP）、极限编程（eXtreme Programming，XP）、RUP 软件开发过程等，各种方法都有自己的特点和适用范围。这些方法往往是人们对过去的软件开发经验的总结，虽然这些方法并没有很严密的理论基础，但应用这些方法往往更有可能成功地开发出软件，因此被很多开发机构和人员使用。

统一过程（Unified Process，UP）是一个软件的开发过程，它将用户需求转化为软件系统所需的活动的集合。然而，统一过程不仅仅是一个简单的过程，而且是一个通用的过程框架，它提供了一个讨论过程的词汇表和松散的结构，可用于各种不同类型的软件系统、各种不同的应用领域、各种不同的组织、各种不同功能级别以及各种不同的项目规模。

统一过程使用统一的建模语言 UML 来制订软件系统的所有蓝图。事实上，UML 是整个统一过程的一个组成部分，它们是共同发展起来的。被 OMG 采纳的 UML 只是一种建模语言，并不包含对软件开发过程的指导。实际上，UML 是独立于过程的，可以用于不同的开发过程。但是,如果不了解建模技术如何适应于过程,那么,建模技术也就没有任何实际意义了。事实上,UML 的使用方式在很大程度上取决于过程的使用方式。可以说,UML 是项目的可视化语言部分,UP 是过程部分。

在讨论 UML 时,人们往往谈论到 Rational 统一过程(Rational Unified Process,RUP)。RUP 是一种流行的方法。但是,除了 Rational 公司各种人员的普遍介入以及"统一"的名义外,RUP 和 UML 并无任何特殊的联系。有时,RUP 也称为统一过程(Unified Process,UP)。人们希望利用 RUP 的词汇和总体风格,但不利用 Rational 软件公司的特许产品。通常可以把 RUP 想象为基于 UP 的 Rational 公司产品的待售品,或者把 RUP 和 UP 看成同义。

11.2　Rational 统一过程的概述

Rational 统一过程(Rational Unified Process,RUP)是一个面向对象且基于网络的程序开发方法论,是 Rational 软件公司(Rational 公司被 IBM 公司并购)创造的软件工程方法。它描述了如何有效地利用商业的可靠的方法开发和部署软件,是一种重量级过程(也被称为厚方法学),因此特别适用于大型软件团队开发大型项目。

11.2.1　Rational 统一过程的发展历史

RUP 包括 3 个方面的意思,即 Rational、Unified 和 Process。Rational 表示 RUP 是由 Rational 公司提出的,Unified 表示 RUP 是最佳开发经验总结,而 Process 表示 RUP 是一个软件开发过程。RUP 的发展同一个人(Ivar Jacobson)的职业生涯密切相关。

RUP 的起源可以追溯到 1967 年爱立信(Ericsson)方法。当时 Jacobson 在 Ericsson 公司就职。Ericsson 方法通过将整个系统模型拆分为相互联系的模块集合(即子系统或构件),达到了利用底层模块装配出较高层子系统的目标,从而更有利于系统的管理。这就是 RUP 发展的最初基础,即"基于构件上的开发(Component-Based Development,CBD)"。

Ericsson 方法包含 RUP 中的很多概念,最早是由 Jacobson 提出来的。这些概念有需求视图("交通事例",即用例)、静态视图(构架描述)、动态视图(顺序图、协作图、状态图)。1987 年,Jacobson 在斯德哥尔摩成立了 Objectory AB 公司,因此采用的方法也就称为 Objectory Process。Objectory 方法提出的"对象工厂过程",明确了"用例"的使用,将一系列相关的工作表现为各种开发模型(需求模型、分析模型、设计模型、实现模型和测试模型),并逐渐形成了图示化的技术。随着 Objectory 公司于 1995 年被 Rational 公司收购,Jacobson 本人也到了 Rational 公司,采用的方法也改称为 Rational Objectory Process。

Jacobson 致力于 Rational 已有的大量与过程相关的统一工作,提出了 4+1 的构架视图。Rational 公司于 1997 年提出的"Rational 对象工厂过程"是在"对象工厂过程"的基础上发展的,"对象工厂过程"虽然对软件开发的原始构架、用例建模、分析和设计等方面提出了比较好的规范,但是对于需求管理、实现、测试以及项目管理、配置管理、开发环境等方面却没有较好的解决方案。在"Rational 对象工厂过程"中,除了继承"对象工厂过程"的过程模型和用例的核心概念外,还增加了阶段和受控的迭代方法;建立了构架的精确定义,将其看成是系统组织的重要部分,并将它的模型可视化的描述视为构架视图。这使得迭代式开发方法从相对一般的概念发展成把构架放在首位的风险驱动开发方法。

到1998年，Rational公司发布了"Rational统一过程"。在此阶段中，RUP扩展了对于业务建模的新工作流方法，并将原有的工作进行了进一步的整合，如将配置与变更管理工作流从项目管理中分离出来并加以扩充，扩充分析设计工作流，从而涵盖构件开发和数据库工作等；另一方面，Rational公司通过吸收其他一些软件工具公司的成功产品，如需求管理产品Requisite、配置管理产品Pure-Atria、测试产品SQA、性能和压力测试产品Performance Awareness、数据工程产品Vigortech，进一步丰富了RUP的工具自动化支持能力。至此，RUP基本发展相对成熟稳定。

从1998年至今，RUP一直在不断地完善和发展。Rational公司在1998年将该方法正式改名为RUP 5.0，这个版本的RUP影响很大。此后Rational公司不断地对RUP进行升级，一些公司也开始采用RUP进行软件开发。尽管IBM公司于2003年收购了Rational公司，但由于RUP已在业界得到广泛的认可，所以并没有改变此产品的名称。同时，在IBM公司丰富资源的基础上，RUP得以进一步发展，包含了更多的数据工程、业务建模、项目管理、配置管理等方面的内容。

RUP的发展历史表明，软件开发过程有一个不断升级的历程，每次升级都是对旧版本的改进，就像软件的升级一样。

可以把软件开发过程看作是软件。1987年，Leon Osterweil在第9届软件工程国际会议（ICSE 87）上发表了一篇论文，题目是 *Software Processes are Software Too*，这篇论文的主要观点就是"软件开发过程也是软件"。软件过程是经过了需求捕获、分析、设计、实现和测试等活动才开发出来的，软件过程在开发出来之后，也有交付使用、维护升级直至废弃的过程，其中交付使用就是将软件过程实施，用于指导软件项目的开发。这篇论文发表之后影响非常大，在十年之后的第19届软件工程国际会议（ICSE 97）上，该论文被授予"最有影响论文"奖。

11.2.2　Rational统一过程的宏观与微观

Rational统一过程的概念可以从宏观和微观两个部分进行阐述。从宏观上讲它包括3个部分的内容。

（1）Rational统一过程是由Rational软件开发公司开发并维护的，它可以被看成是Rational软件开发公司的一款软件产品，并且和Rational软件开发公司开发的一系列软件开发工具进行了紧密的集成。

（2）Rational统一过程拥有自己的一套构架，并且这套构架是以一种大多数项目和开发组织都能够接受的形式存在的。它采用了现代软件工程开发的6项最佳实践。

（3）Rational统一过程不管如何解释，最终仍然是一种软件开发过程，它提供了如何对软件开发组织进行管理的方式，并且拥有自己的目标和方法。

从Rational统一过程的微观上来说，它包含以下4个方面的内容。

（1）Rational统一过程包含了许多现代软件开发中的最佳实践，它以一种能够被大多数项目和开发组织适应的形式来建立整个过程，其所包含的6项最佳实践如下。

①　迭代式软件开发。

②　需求管理。

③ 基于构件的构架应用。

④ 可视化建模。

⑤ 软件质量验证。

⑥ 软件变更控制。

（2）Rational 统一过程是一个过程产品，该过程产品由 Rational 软件公司开发并维护，并且 Rational 软件公司将其与自己的一系列软件开发工具进行了集成。在 Rational 与 IBM 进行合并后，这个产品由 IBM Rational 进行维护。

（3）Rational 统一过程有一套自己的过程框架，通过改造和扩展这套框架，各种组织可以使自己的项目得以适应。组成该过程框架的基本元素称为过程模型。一个模型描述了在软件开发过程中谁做、做什么、怎么做和什么时候做的问题。

（4）Rational 统一过程是一种软件工程过程。作为一种软件工程过程，它为开发组织提供了在开发过程中如何对软件开发的任务进行严格分配、如何对参与开发的人员职责进行严格的划分等方法。Rational 统一过程有着自己的工程目标，即按照预先制订的计划（这些计划包括项目时间计划和经费预算）开发出高质量的软件产品，并且能够满足最终用户的要求。Rational 统一过程拥有统一过程模型和开发过程结构，并且对开发过程中出现的各种问题有着自己的一系列解决方案。

综上所述，Rational 统一过程是这 4 个方面的统一体。根据这 4 个方面的内容，Rational 统一过程提供了一种可以预测的循环方式进行软件开发过程、一个用来确保生产高质量软件的系统产品、一套能够被灵活改造和扩展的过程框架和许多软件开发最佳实践。这些都使 Rational 统一过程对现代软件工程的发展产生了深远的影响。

11.2.3 Rational 统一过程中的核心概念

RUP 的静态开发是通过对其模型元素的定义来进行描述的。RUP 中定义了一些核心概念，它们构成了 RUP 的二维结构中的静态描述的主要概念。理解这些概念对于理解 RUP 很有帮助，这些概念包括 4 个。

1. 角色（Role）——who 的问题

角色描述某个人或一个小组的行为与职责。它是统一过程的中心概念。很多事物和活动都是围绕角色进行的。角色的职责既包括一系列的活动，还包括成为一系列产物的拥有者。

RUP 预先定义了很多角色，例如体系结构师（Architect）、设计人员（Designer）、实现人员（Implementer）、测试员（Tester）、配置管理人员（Configuration Manager）等，并对每一个角色的工作和职责都做了详尽的说明。

2. 活动（Activity）——how 的问题

活动是一个有明确目的的独立工作单元。活动定义了角色执行的行为，在项目语境中会产生有意义的结果。这些结果通常表现为一些产物，如模型、类、计划等。活动通常占用几个小时至几天。

RUP 的开发流程中常见的活动有：项目经理计划一个迭代过程，系统分析员寻找用例和参与者，测试人员执行性能测试等。

3. 制品（Artifact）——what 的问题

制品是活动生成、创建或修改的一段信息。也有些书把 Artifact 翻译为产品、工件等，和制品的意思差不多。制品可以是角色执行某个活动的输入，也可以是某个活动的输出。

RUP 的开发流程中常见的制品有系统设计模型、项目计划文档、项目程序源代码等。

4. 工作流（Workflow）——when 的问题

仅仅依靠角色、活动和制品的列举并不能组成一个过程。需要一种方法来描述能产生若干有价值的、有意义结果的活动序列，显示角色之间的交互作用，这就是工作流。

工作流描述了一个有意义的连续的活动序列，每个工作流产生一些有价值的产品，并显示了角色之间的关系。

在 RUP 中，强调以下三方面：核心工作流、工作流细节、迭代计划。核心工作流给出开发过程全面的工作流。工作流细节是将每个核心工作流进行分解，描述与工作流相关的一组特定活动，并给出这些活动的输入、输出制品，从而描述活动在不同的制品间如何交互。迭代计划是从某一典型迭代过程中所发生事情的角度，更加详细地描述过程。

RUP 的开发流程中规定了 9 个核心过程工作流，代表了所有角色和活动的逻辑分组情况。其中 6 个属于过程工作流，3 个属于支持工作流。

在 UML 术语中，工作流可以使用顺序图、协作图或活动图等形式进行表达。通常，一个工作流是使用活动图的形式来描述。因此，RUP 的二维结构中的 9 个核心过程工作流中的每一个工作流都可以使用活动图的形式来描述。

除了 Role、Activity、Artifact 和 Workflow 这 4 个核心概念外，在 RUP 中，还有其他一些基本概念，如工具教程（Tool Mentor）、检查点（Checkpoints）、模板（Template）、报告（Report）等。

RUP 2003 对这些概念有比较详细的解释，并用类图描述了这些概念之间的关系，如图 11.2 所示，是 RUP 2003 中所提供的类图。

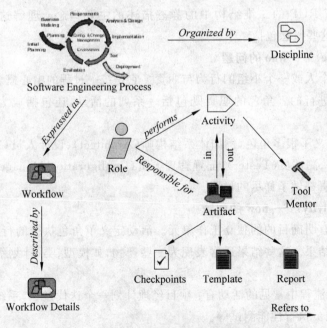

图 11.2　RUP 中各基本概念之间的关系

从图 11.2 可以看出，软件工程的开发过程由 Discipline 组织起来，由 Workflow 表达，而 Workflow 由 Workflow Details 描述。Role 执行 Activity，Activity 要求输入一些 Artifact，也会产出一些 Artifact。对于 Activity，由 Tool Mentor 来说明如何使用工具支持 Activity。对于每种类型的 Artifact，会有 Checkpoints、Template、Report 与它相关联。

对于图 11.2 中的每个概念，在 Rational 公司提供的 RUP 2003 产品中都有详细的进一步说明。

11.3 Rational 统一过程的软件开发生命周期

11.3.1 Rational 统一过程的生命周期

Rational 统一过程的开发过程使用一种二维结构来表示，如图 11.3 所示。

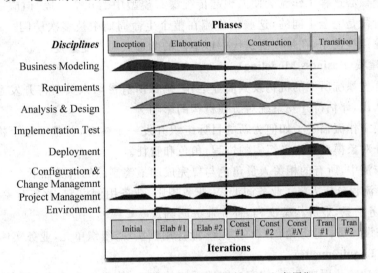

图 11.3 Rational 统一过程的软件开发生命周期

横轴代表制订软件开发过程的时间，显示了软件开发过程的生命周期安排，体现了 Rational 统一过程的动态结构。在这个坐标轴中，使用的术语包括周期、阶段、迭代和里程碑等。

从横轴来看，RUP 把软件开发生命周期划分为多个循环（Cycle），每个 Cycle 生成产品的一个新的版本，每个 Cycle 依次由 4 个连续的阶段（Phase）组成。每个阶段完成确定的任务，在结束前有一个里程碑（Milestone）评估该阶段的工作。每个阶段由一个或多个连续的迭代（Iteration）组成，每一个迭代都是一个完整的开发过程。

纵轴代表软件开发过程包含的成分，确定了开发过程包括的具体工作内容，显示了软件开发过程中的核心过程工作流，体现了 Rational 统一过程的静态结构。这些工作流按照相关内容进行逻辑分组。在这个坐标轴中，使用的术语包括活动、制品、角色和工作流等。

这种二维的过程结构构成了 Rational 统一过程的构架（Architecture）。在 Rational 统一过程中，针对构架也提出了自己的方式，指出构架包含了对如下问题的重要解决方案。

（1）软件系统是如何组织的？

（2）如何选择组成系统的结构元素和它们之间的接口，以及当这些元素相互协作时如何体现出它们的行为？

（3）如何组合这些元素，使它们逐渐集成一个更大的子系统？

（4）如何形成一套构架风格，用来指导系统组织及其元素，它们之间的接口、协作和构成？

软件的构架不仅仅包含作为软件本身的代码结构和行为，还应当包含一些其他的特性，如可用性、性能等信息。

11.3.2 Rational 统一过程的核心工作流

Rational 统一过程中有 9 个核心工作流，分为 6 个核心过程工作流和 3 个核心支持工作流。

尽管 6 个核心过程工作流会使人想起传统瀑布模型中的几个阶段，但应注意它们与迭代过程中的阶段是完全不同的，这些工作流在整个生命周期中被多次访问。9 个核心工作流在项目中轮流被使用，在每一次迭代中以不同的侧重点和强度重复。

1. 业务建模（Business Modeling）

理解待开发系统所在的机构及其商业运作，确保所有参与人员对待开发系统所在的机构有共同的认识，评估待开发系统对所在机构的影响。

业务建模工作流描述了如何为新的目标组织开发一个构想，并基于这个构想在业务用例模型和业务对象模型中定义组织的过程、角色和责任。

在此工作流中，所有的相关人员角色与要完成的最终制品的情况如下。

（1）业务流程分析人员：业务词汇表，业务规则，业务用例模型，业务对象模型，目标机构的评估，业务前景，业务构架文档，补充业务归约。

（2）业务设计员：业务角色，业务用例，业务用例实现，组织单元，业务实体，业务主角。

2. 需求（Requirements）

定义系统功能及用户界面，使客户知道系统的功能，使开发人员理解系统的需求，为项目预算及计划提供基础。

需求工作流的目标是描述系统应该做什么，并使开发人员和用户就这一描述达成共识。为了达到该目标，要对需要的功能和约束进行提取、组织、文档化；最重要的是理解系统所解决问题的定义和范围。通过需求分析，将系统构想转化成用例模型。用例模型加上补充的规格说明就定义了详细的系统软件需求。

在此工作流中，所有的相关人员角色与要完成的最终制品的情况如下。

（1）系统分析员：获取系统常用词汇表、用户需求、需求属性，制订需求管理计划、问题描述、补充归约，确定系统前景，获取涉众请求，查找主角和用例，管理依赖关系，建立用例模型。

（2）需求分析员：软件需求，软件需求规格说明书，用户用例。

（3）软件构架师：确定用例的优先级，设计软件构架文档。

（4）用例解释人员：详细说明用例，详细说明软件需求。

（5）用户界面设计员：用户界面建模，设计用户界面原型。

（6）需求评审员：完成对需求的评审，给出评审记录。

3．分析与设计（Analysis & Design）

把需求分析的结果转化为分析与设计模型。

分析和设计工作流将需求转化成未来系统的设计，为系统开发一个健壮的结构并调整设计使其与实现环境相匹配，优化其性能。分析设计的结果是一个设计模型和一个可选的分析模型。设计模型是源代码的抽象，由设计类和一些描述组成。设计类被组织成具有良好接口的设计包和设计子系统，而描述则体现了类的对象如何协同工作实现用例的功能。设计活动以体系结构设计为中心，体系结构由若干结构视图来表达，结构视图是整个设计的抽象和简化，该视图中省略了一些细节，使重要的特点体现得更加清晰，体系结构不仅仅是良好设计模型的承载媒介，而且在系统的开发中能提高被创建模型的质量。

在项目早期，需要建立一个健壮的构架，从而可以设计一个易于理解、开发和进化的系统。在开发过程中，设计应该不断地调整以适应实现环境，并要增强系统的性能、健壮性、可移植性、可测试性、可维护性及其他质量特性。

在此工作流中，所有的相关人员角色与要完成的最终制品的情况如下。

（1）软件构架设计师：完成分析模型、设计模型、部署模型，找出事件、信号和接口，确定系统中使用的协议，给出软件构架文档和参考构架文档。

（2）设计人员：分析类，分析用例实现，设计包，设计类，设计子类，给出用例实现。

（3）用户界面设计人员：系统导航图，用户界面原型。

（4）数据库设计人员：完成数据模型。

（5）封装设计人员：完成封装体。

4．实现（Implementation）

把设计模型转换为实现结果，对开发的代码做单元测试，将不同实现人员开发的模块集成为可执行系统。

实现工作流的目的包括以层次化的子系统形式定义代码的组织结构；以组件的形式（源文件、二进制文件、可执行文件）实现类和对象；将开发出的组件作为单元进行测试以及集成由单个开发者（或小组）所产生的结果，使其成为可执行的系统。

在此工作流中，所有的相关人员角色与要完成的最终制品的情况如下。

（1）软件构架设计师：完成实现模型，给出软件构架文档。

（2）实现人员：完成组件，开发者单元测试，实现子系统。

（3）系统集成人员：建立集成组件计划，产生组件工作版本。

5．测试（Test）

检查各子系统的交互与集成，验证所有需求是否均被正确实现，对发现的软件质量上的缺陷进行归档，对软件质量提出改进建议。

测试工作流的目的是验证对象间的交互作用，验证软件中所有组件的正确集成，检验所有的需求已被正确实现，识别并确认缺陷在软件部署之前被提出并处理。RUP 提出了迭代的方法，意味着在整个项目中进行测试，从而尽可能早地发现缺陷，从根本上降低修改缺陷的成本。测试类似于三维模型，分别从可靠性、功能性和系统性能来进行。

在此工作流中，所有的相关人员角色与要完成的最终制品的情况如下。

（1）测试设计人员：测试计划，工作量分析文件，测试策略，测试过程，测试用例，测试脚本，测试模型，测试评估摘要。

（2）测试人员：测试结果记录。

（3）设计人员：测试类,测试包。

（4）实现人员：测试组件,测试子系统。

（5）测试分析人员：测试分析报告。

（6）测试经理：测试评估总结。

6. 部署（Deployment）

打包、分发、安装软件,升级旧系统;培训用户及销售人员,并提供技术支持。

部署工作流的目的是成功地生成版本并将软件分发给最终用户。部署工作流描述了那些与确保软件产品对最终用户具有可用性相关的活动,包括软件打包、生成软件本身以外的产品、安装软件、为用户提供帮助。在有些情况下,还可能包括计划和进行 beta 测试版、移植现有的软件和数据以及正式验收。

在此工作流中,所有的相关人员角色与要完成的最终制品的情况如下。

（1）部署经理：部署计划,材料清单,发布说明,产品。

（2）实现人员：安装产品部件。

（3）课程开发人员：培训教材。

（4）配置经理：部署单元。

（5）图形设计人员：产品标识图标。

（6）技术文档编写人员：最终用户支持材料。

7. 配置与变更管理（Configuration & Change Management）

跟踪并维护系统开发过程中产生的所有制品的完整性和一致性。

配置和变更管理工作流描绘了如何在多个成员组成的项目中控制大量的产物。配置和变更管理工作流提供了准则来管理演化系统中的多个变体,跟踪软件创建过程中的版本。工作流描述了如何管理并行开发、分布式开发以及如何自动化创建工程,同时也阐述了对产品的修改原因、时间、人员保持审计记录。

在此工作流中,所有的相关人员角色与要完成的最终制品的情况如下。

（1）项目经理：迭代计划,软件开发计划,工作次序。

（2）配置经理：配置审核结果,配置管理计划,建立项目储存库和工作区。

（3）变更控制经理：管理变更请求。

8. 项目管理（Project Management）

为软件开发项目提供计划、人员分配、执行、监控等方面的指导,为风险管理提供框架。

软件项目管理平衡各种可能产生冲突的目标、管理风险,克服各种约束并成功交付使得用户满意的产品。其目标包括为项目的管理提供框架,为计划、人员配备、执行和监控项目提供实用的准则,为管理风险提供框架等。

在此工作流中,所有的相关人员角色与要完成的最终制品的情况如下。

（1）项目经理：软件开发计划,商业理由,迭代计划,迭代评估,状态评估,问题解决计划,风险管理计划,风险列表,工作单,产品验收计划,评测计划,质量保证计划。主持项目测评活动。

（2）项目评审员：评审记录。

9. 环境（Environment）

为软件开发机构提供软件开发环境，即提供过程管理和工具的支持。

环境工作流的目的是向软件开发组织提供软件开发环境，包括过程和工具。环境工作流集中于配置项目过程中所需要的活动，同样也支持开发项目规范的活动，提供了逐步的指导手册并介绍了如何在组织中实现过程。

在此工作流中，所有的相关人员角色与要完成的最终制品的情况如下。

（1）流程工程师：开发案例，开发组织评估，项目专用模板。

（2）业务流程分析员：业务建模指南。

（3）构架设计师：设计指南，编程指南。

（4）系统分析员：用例建模指南。

（5）用户界面设计员：用户界面指南。

（6）测试设计员：测试指南。

（7）技术文档编写员：手册风格指南。

（8）工具专家：提供使用工具和工具指南。

（9）系统管理员：开发基础环境设施。

需要说明的是，在图 11.3 中表示核心工作流的术语是 Disciplines，在 RUP 2000 以前用的是 Core Workflow 这个术语，但在最新的版本中已改为用 discipline。discipline 的中文意义较多，根据 RUP 中的定义，discipline 是相关活动的集合，这些活动都和项目的某一个方面有关，如这些活动都是和业务建模相关的，或者都是和需求相关的，或者都是和分析设计相关的，等等。

11.3.3 Rational 统一过程的阶段

RUP 中为整个开发生命周期设定了不同的阶段，并在各阶段中利用里程碑作为本阶段结束的标志，从而为管理人员提供了对项目进展进行评估和控制的基础。如果在各阶段之间没有显式里程碑的存在，就会使管理人员无法对本阶段的工作进展有所了解，造成阶段间的发展缺乏依据，最终有可能不仅会导致无法对整个项目的发展进行评估，而且有可能最终获得的是无效产品。里程碑通常是由一组可用的制品来构成的，即是由一些模型或文档构成。管理人员可以在到达里程碑时对项目情况进行评估，如根据用例或系统特性的完成数量、测试通过的程度、市场前景的评价等进行评估，决定是否需要继续、终止或者改变开发过程。同时，通过对在各阶段内所投入的时间、人力等的统计，积累大量有效的统计数据，在管理人员估计其他项目的时间需求、人力需求以及控制项目的进展等时会非常有用。

从图 11.3 的横坐标来看，RUP 把产品的软件开发生命周期划分为多个循环（Cycle），每个 Cycle 生成产品的一个新的版本，每个 Cycle 依次由 4 个连续的阶段（Phase）组成，每个阶段完成确定的任务。这 4 个阶段如下。

（1）初始（Inception）阶段：定义最终产品视图和业务模型，并确定系统范围。

（2）细化（Elaboration）阶段：设计及确定系统的体系结构，制订工作计划及资源要求。

（3）构造（Construction）阶段：构造产品并继续演进需求、体系结构、计划直至产品提交。

（4）移交（Transition）阶段：把产品提交给用户使用。

图 11.4 给出了 RUP 的二维结构中 Cycle 的示意图。

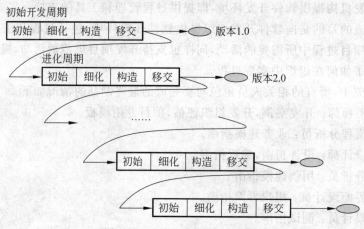

图 11.4　RUP 的 Cycle 示意图

每一个阶段都由一个或多个连续的迭代(Iteration)组成。迭代并不是重复地做相同的事，而是针对不同用例的细化和实现。每一个迭代都是一个完整的开发过程，它需要项目经理根据当前迭代所处的阶段以及上次迭代的结果，适当地对核心工作流中的行为进行裁剪。

在每个阶段结束前有一个里程碑(Milestone)评估该阶段的工作。如果未能通过该里程碑的评估，则决策者应该做出决定，是取消该项目还是继续做该阶段的工作。

图 11.5 给出了 RUP 的二维结构中阶段及迭代的示意图。

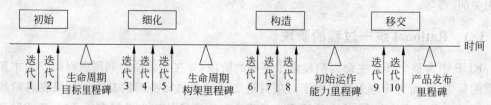

图 11.5　RUP 的阶段及迭代示意图

在图 11.3 中，对应每个迭代有一个矩形框，表示在该迭代期间要做的工作。对于不同的迭代过程，工作的重点会有所不同。例如，对于细化阶段的第 2 个迭代(Elab 2)，可能还需要做一些业务建模的工作，但业务建模已经不如初始阶段的迭代过程中那样是主要工作了，而在移交阶段的第 2 个迭代(Tran 2)，就没有业务建模的工作了。同样，在 Elab 2，主要工作是放在实现上，而在 Tran 2，实现工作已经很少了。

由于各个阶段的工作重点和难度各不相同，所以各阶段所花费的时间也是不相同的，一般来说，初始阶段所需时间较短，约占整个开发周期的 10%；细化阶段所需时间稍长，约占整个开发周期的 30%；构造阶段所需时间最长，约占整个开发周期的 50%；移交阶段所需时间也较短，约占整个开发周期的 10%。

下面详细地介绍每个阶段的主要工作内容和所产生的里程碑。

1. 初始阶段

初始阶段的工作是要将一个好的想法，发展为一个关于最终产品的构想，并定义产品的项目范围和业务用例。工作的重点在于理解所有的需求并决定开发的工作范围。

初始阶段所要明确的内容主要包括 4 项。

（1）项目的软件范围和边界条件。要明确可操作的概念、可接受的原则以及产品的部分详细说明。

（2）系统中最关键的业务用例。即系统应该为它的每个主要用户提供什么样的基本功能。

（3）系统的大致构架。给出系统大致是什么样子的。这个构架是试验性的，通常只是一个包括主要子系统的大致轮廓。

（4）产品的费用和时间计划，以及对产品风险的评估。在这个阶段的风险评估中，重点在于确定最主要风险内容，以及风险的高低次序。

初始阶段所需提供的制品主要包括 7 项。

（1）一个关于项目核心需求、关键特性和主要约束的构想文档。

（2）一个关于项目用例模型的说明，列出在当前阶段可以确定的系统用例及其用户。

（3）立项报告。描述项目的业务语境，项目的资源估计，项目成功的标准，项目的经济利益预测等。

（4）项目术语表。

（5）早期风险（技术风险、市场风险、资源风险等）的评估。

（6）项目开发计划。计划中应明确系统开发过程中的有关阶段和迭代的内容。

（7）一个或多个原型。

当初始阶段完成后，需要对初始阶段的内容进行评估，从而确定初始阶段的里程碑，即生命周期目标里程碑。在生命周期目标里程碑的评审过程中，主要需要评审的内容有 5 项。

（1）项目相关人员是否就项目范围、成本估计和时间进度安排等达成一致。

（2）项目的需求理解是否准确有效。

（3）对于成本和进度安排的评估以及优先权、风险和开发过程的可信度如何。

（4）实际成本和计划成本的对比情况。

（5）已开发原型中系统构架的深度与广度是否足以作为深入开发的基础。

如果项目没有通过这一阶段的里程碑评审，管理者需要考虑应取消这个项目或者对这个项目重新进行规划考虑。一个不适合开发的项目，取消得越早，对软件开发组织越有益。

2. 细化阶段

细化阶段的目标是详细分析问题领域，说明产品的绝大多数业务用例，设计出合理的系统构架，给出开发项目计划，评价项目中最有可能出现的风险元素。在此阶段，确定系统构架的有效程度与对系统本身的了解程度紧密相关。软件系统的构架就像系统的支撑骨架一样，只有在对整个系统的范围、主要功能和非功能性需求都有深入了解的基础上，才有可能给出对于系统而言有效合理的系统构架。

细化阶段所要明确的内容主要包括 2 项。

（1）以可能的最快速度定义、细化并确认构架，并将它基线化。在细化工作中需要细化构想、细化过程、细化构架并选择构件。细化构想即建立大多数的关键用例；细化过程中需要确认基础设施、开发环境、确认过程、工具等；细化构架并选择构件通过建立、制作、买进、重用等策略，从而有效地集成构架构件，形成系统构架。

（2）说明基线构架可以在合理的时间和成本支持这个构想，从而为构造阶段提供具有高可信度的基线，从而为对构造阶段的成本和进度安排做出决策提供可靠的依据和基础。

细化阶段所需提供的制品主要包括 7 项。

（1）用例模型。要定义所有已发现的业务用例，并完成对系统中 80％以上业务用例的描述，其中所有关键业务用例必须完成描述。

（2）系统构架描述。

（3）可执行的系统构架原型。

（4）补充需求。关于系统中的非功能性需求以及其他与用例无关的所有需求。

（5）经过修订的风险清单和经过修订的业务用例。

（6）整个项目的开发计划。计划中应给出迭代过程及每次迭代的评价标准。

（7）初步的用户手册（可选）。

细化阶段经过评审后，系统开发即将进入构造阶段和移交阶段。自此，项目从一个灵活的低风险操作阶段进入到高投入、具有巨大惯性的高风险动作阶段。因此，细化阶段必须担负起确保最大限度降低开发风险的责任。尽管软件开发过程必须不断地适应变化，但在细化阶段，还是要确保构架、需求、计划有足够的稳定性，同时在此阶段给出的对于开发所需成本和进度的安排，对于软件开发组织而言，是决定是否将项目提交到下一阶段的重要依据。

由于构架表示的是系统中所有模型的不同视图，这些视图合起来就可以表示整个系统。这是系统开发的重要基础，也是细化阶段的重要工作内容。所以细化阶段的里程碑也被称为是生命周期构架里程碑。在这个里程碑的评审过程中，主要需要评审的内容有 8 项。

（1）产品的构想是否稳定可靠。

（2）系统的构架是否稳定可靠。

（3）项目的开发计划是否稳定可靠。

（4）风险是否得到有效控制。

（5）构造阶段的开发计划是否详细准确，构造阶段的基础是否可靠。

（6）是否所有的相关人员都认可当前的系统构架、开发计划。

（7）实际资源消耗和计划资源消耗的对比。

（8）是否能按时完成开发工作。

如果项目没有通过这一阶段的里程碑评审，管理者需要考虑取消这个项目或者对这个项目重新进行规划考虑。这是开发团队开始投入大量人力、物力、财力前的最后决策点，因此这个阶段的里程碑评审必须足够慎重。

3. 构造阶段

构造阶段是一个制造产品的过程，在这个阶段中逐步完善构想、构架和计划，直到将构架基线逐渐发展成完善的系统产品，并完全准备好移交给它的用户群为止。构造阶段是最消耗资源的阶段，它会消耗掉整个项目开发中的大部分资源，所以这个阶段的重点在于管理资源和控制操作上，目的是优化项目的成本、进度和质量。

构造阶段所要明确的内容主要包括 4 项。

（1）通过资源管理、资源控制和过程优化，以达到对于资源的有效管理，避免不必要的浪费和返工，从而降低开发成本。

（2）尽快完成构件开发，以保证尽可能快地开发。

（3）根据已定义的评价准则对开发好的构件进行测试，以保证开发构件的质量。

（4）尽可能快地将已完成的构件组合成一个可用的版本，并根据系统构想所制定的接受准则对发布版本进行测试评估。

构造阶段所需提供的制品主要包括3项。

（1）在适当平台上集成的软件产品。

（2）对当前版本的描述。

（3）用户手册。

在构造阶段，虽然有可能发现更好地构造系统的方法，但是通常对于系统构架只会进行细微变动，系统的构架是基本稳定的。对于构造阶段结束时所提交的产品，要想明确任何产品没有任何缺陷是不可能的，有很多缺陷是需要在移交阶段才能被发现和修正的。对于构造阶段结束时，所要确认的事情是早期的产品是否完全满足了用户的需求，目的是避免将项目暴露在高风险中。通常构造阶段结束时所提供的版本称为 beta 版，即常说的用户测试版。而构造阶段的里程碑也称为初始运作能力里程碑。在这个里程碑的评审过程中，主要需要评审的内容有3项。

（1）产品版本是否成熟稳定，可以在用户中进行部署。

（2）项目的所有相关人员是否已准备好将产品向用户部署。

（3）实际资源消耗和计划资源消耗的对比。

如果项目没有通过这一阶段的里程碑评审，管理者需要确定是否要将产品推迟到下一次发布时再进行移交。

4．移交阶段

移交阶段是指移交产品给用户，这个阶段的工作内容包括制造、交付、培训、支持和维护产品，直到用户满意为止。这个阶段包括了产品进入 beta 版后的整个阶段，它所关注的重点在于将软件交到用户手中所需要进行的活动。当产品进入 beta 版后，意味着产品的大部分功能应该已经能够满足用户的需求，而这时，将产品在用户现场进行部署后，对于各相关方都会带来正面影响。如果部署的产品内容完全与预期构想一致，那么移交阶段即宣告结束。但大多数软件产品会在 beta 版中发现缺陷和不足，并通过用户反馈到开发人员处，开发人员改正问题，并将改进内容更新到新版本中。在移交阶段可以包括多个迭代过程，从而产生不同的版本，如 beta 版本、普通可用版本、纠错版本、升级版本等。迭代过程持续进行到移交阶段完成。有时，对于某些项目，移交阶段结束与另一个开发周期的起点相重合，即此项目将发展下一版本产品或下一代产品；而有些项目，移交阶段结束后，此项目即宣告结束，所有的后期维护工作可能移交给用户自身或第三方进行。

移交阶段所要明确的内容主要包括6项。

（1）项目的相关人员共同完成部署基线，以保证在用户现场的使用。

（2）进行 beta 版测试，确认新系统是否与用户期望一致。

（3）系统的调整改进，修正缺陷和提高性能与可用性。

（4）培训用户和维护人员。

（5）与部署有关的特定工程内容，即收尾、商业包装和生产、销售以及培训专业人员等。

（6）产品技术支持。

移交阶段所需提供的制品主要包括4项。

（1）修正后正式发布的在适当平台上集成的软件产品。

（2）产品说明。

（3）用户手册。

（4）培训手册。

在移交阶段完成后，产品就正式交付用户使用了。故此移交阶段结束时的里程碑称为产品发布里程碑。此时，需要确认的是项目是否达到了预期的目标，是否需要进入下一个新的开发周期等。在这个里程碑的评审过程中，主要需要评审的内容有两项。

（1）用户是否满意。

（2）实际的资源消耗和计划的资源消耗对比。

11.4 Rational 统一过程的模型与文档

11.4.1 Rational 统一过程的模型

为了开发复杂的软件系统，应该从不同的角度抽象出软件系统的特性，使用精确的表示方法构造系统的模型，验证模型是否满足用户对目标系统的需求，并在设计过程中逐渐把和实现有关的细节加进模型中，直至最终用程序实现模型。

使用用例驱动的方法就是首先建立用例模型，再以用例模型为核心，构造一系列的模型，包括分析模型、设计模型、配置模型、实现模型、测试模型。

各模型与用例模型之间的关系如图 11.6 所示。

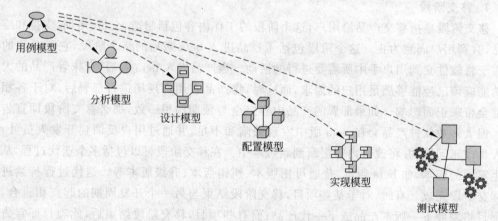

图 11.6　RUP 的各模型与用例模型之间的关系

（1）用例模型：定义所有的用例及用例之间的关系，以及用例与用户之间的关系。

（2）分析（对象）模型：定义问题域涉及的类及其属性和关系。其作用是更详细地提炼用例，将系统的行为初步分配给提供行为的一组对象。

（3）设计模型：将系统的静态结构定义为子系统、类和接口，并定义由子系统、类和接口之间的协作来实现的用例。

（4）配置模型：定义计算机的物理结点和组件到这些结点的映射。

（5）实现模型：定义组件和类到组件的映射。

（6）测试模型：定义用于验证用例的测试用例。

所有这些模型都是相关的，只不过每种模型描述的侧重点不同，它们合起来表示整个系统。在分析阶段,构造出完全独立于实现的分析模型,充分反映出问题域的结构。在设计阶段,把求解域的结构逐步加入到模型中。在实现阶段,把问题域和求解域的结构都编成程序代码,并进行严格的单元测试。在测试阶段,通过验证软件中所有组件的正确集成,来验证所有的需求是否已被正确地实现。

11.4.2 Rational 统一过程产生的模型与文档

RUP 开发过程的产物是软件开发的结果,每一个活动都有相应的产物,它既是该活动的结果,也是下一个活动的输入和依据。RUP 的最终产物就是最后提交的可执行的软件系统和相应的软件文档资料。

RUP 开发过程的产物包括两大类:模型和文档。这些产物,一部分将来要交付给睿智的投资者或最终用户,而另一部分则是供开发人员在开发过程中使用。

1. 模型

可视化、文档化的模型是现实世界的简化,用于更好地理解系统。RUP 开发过程中产生 9 种模型。

(1) 业务模型:建立问题领域的组织结构和业务流程的抽象。

描述方式:需求分析规格说明书。

(2) 领域模型:建立问题领域的需求分析说明。

描述方式:需求分析规格说明书。

(3) 用例模型:表达系统的功能。

描述方式:用例图、活动图及需求分析规格说明书。

(4) 分析模型:描述系统的基本功能,实现功能的对象以及对象间的关系。

描述方式:类图、对象图、包图、顺序图、协作图、状态图和活动图。

(5) 设计模型:描述系统具体解决方案,由调整和完善分析模型而成。

描述方式:类图、对象图、包图、顺序图、协作图、状态图和活动图。

(6) 进程模型:描述系统并发和同步机制。有多线程的并发系统才建立进程模型。

描述方式:顺序图、协作图、状态图、活动图、组件图和部署图。

(7) 实现模型:描述软件的系统体系结构。

描述方式:包图和组件图。

(8) 配置模型:描述系统软件在各个硬件结点上的配置。

描述方式:部署图。

(9) 测试模型:描述验证系统功能的途径。

描述方式:测试案例和测试报告。

2. 文档

文档资料是 RUP 开发过程所获得的信息集,包括技术文档和管理文档。

1) 技术文档

(1) 需求分析信息集:软件需求规格说明书,需求补充说明,业务用例图。

(2) 设计信息集:软件设计规格说明书,图形界面,类图,对象图,包图,顺序图,协作图,状态图,活动图。

(3) 实现信息集:源程序清单,动态链接库说明,用户使用手册,组件图。

（4）配置信息集：部署图及详细说明。

2）管理文档

风险分析说明，软件开发进度计划，配置计划，测试计划，测试方案与步骤。

RUP 开发过程的产物一般不是书面文档资料，而是作为信息集存放在软件开发环境监理的系统模型中，作为开发过程各个阶段或迭代循环环节相互之间联系的纽带，帮助开发过程顺利进行。当然，有一部分模型和信息集最终可以形成书面文档资料，与软件系统一起交付给用户。

11.5 Rational 统一过程的特点

软件开发过程是一个将用户需求转化为软件系统所需要活动的集合。随着软件规模的不断扩大，软件复杂度的不断提高，以及软件市场的不断变化，在一个软件开发团队的软件开发过程中，必然要面对这样一些问题：如何有效地确定开发何种产品？如何布置每位开发人员或整个开发团队的工作任务？如何监控和测量一个项目的产品和活动？如何安排开发团队工作次序？这些问题都是一个软件开发团队需要解决的至关重要的问题。RUP 通过提供一种可控的工作方式、一种集成软件开发方方面面的有效的过程、一种解决问题的通用方法和过程，从而为有效解决这些问题提供了一个可靠的答案。RUP 是一个通用软件开发过程框架，可适用于各种不同类型、功能、规模、应用领域的软件系统开发。

RUP 最突出的特点在于提出了用例驱动、以构架为中心、迭代和增量开发的开发过程。

1. 用例驱动

统一过程的目标是指导人们有效地实施并实现满足用户需求的系统。但从了解用户需求到最终实现用户需求的过程是相当困难的，首先用户需求通常难以识别；同时，在获取了有效的用户需求后，还必须保证系统的分析、设计、实现人员能够清楚、准确、有效地了解这些需求，这样才能保证获得一个可以满足这些需求的系统；最后，测试人员还必须依据有效的用户需求来验证已开发的系统是否真正全面满足了用户需求。由此可见，在软件开发过程中，如果没有一整套有效的工作流方法，是很难有效地完成这一系列工作的。

用例是对一组动作序列及其变体的描述，系统执行这些动作及其变体并对特定的执行者产生可观测的、有价值的结果，即用例描述的是能够向用户提供有价值结果的系统中的一种功能。通过用例可以获取系统的功能需求，而将一个系统中所有的用例放在一起就可以形成系统的用例模型，从而代替传统的系统功能说明。与传统的系统功能说明相比，利用用例模型，能够更全面地描述系统的功能情况，它更详细地描述了"系统应该为每一个用户做什么？"，而不仅仅是"系统应该做什么"。同时，用例不仅能够确定系统需求，而且还可以驱动系统设计、实现和测试的进行，从而驱动整个开发过程。基于用例模型，开发人员可以创建一系列实现这些用例的设计和实现模型，并可以通过审查后续建立的模型是否与用例模型一致来检查设计和实现模型的准确有效性；测试人员通过测试活动来确保实现模型正确实现了用例要求。由此可见，用例不只是捕获需求的工具，它们还能够驱动整个开发过程。通过用例驱动，可以完成一整套的工作流，从需求捕获、到分析、设计和实现，直至测试，并且通过用例将这一整套的工作流结合在一起。图 11.7 描述了在 RUP 中从需求到测试的一系列制品。

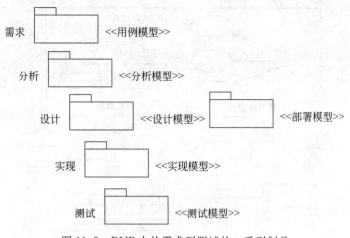

图 11.7　RUP 中从需求到测试的一系列制品

在 RUP 中,强调的是用例驱动,即用例是始终贯穿在软件开发的整个过程。软件开发过程由于用例的存在,从一个个分散的工作流形成为一个关联体,使软件的整个开发过程围绕在对用例的把握、分析、实现和检查中得以完成。

在需求阶段,通过与用户的交流,得到用户与系统间的用例;通过对需求用例的分析和筛选,最终可以获得系统的需求模型。

在分析和设计阶段,用例模型经由分析模型转化为设计模型,而这两种模型的最初输入都是用例模型,而分析模型和设计模型最终都是由类元和说明如何实现用例的用例实现集合组成的。在分析模型中,开发人员将需求模型中所描述的用例精化为概念性类元间的协作,从而更准确地理解这些用例,对于用例模型中的每个用例都存在着对应于分析模型中的用例实现;设计模型则是以分析模型为基础来完成设计类和用例实现,以便更充分地利用实现系统的产品和技术,按照子系统或构件对设计类进行分组,并定义它们之间的接口。

在分析和设计阶段,对用例的主要使用如图 11.8 所示。在图 11.8 中,用例的实化是用例的最高层实现,用 UML 的交互图表示,它体现了系统如何将用例的功能作为对象之间的一系列交互来提供。对象模型自然不会定义实化用例所需要的一切。实化揭示了对添加的类和重新确定类之间的关系的需要,并强调开发人员更详细地指定支持交互所需要的属性和操作。细化过程把最初的对象模型发展成为一个更全面的类图,其中包含了足够的细节以形成实现的基础。以此为基础,可以为需要状态图的类开发出状态图等,作为那些类的实例的生命周期的文档。开发人员可以直接使用这些模型来指导子图的实现。用例不仅开启了分析和设计阶段,而且使这些模型结合为一体。

在实现阶段,通常对于分析模块中的每个元素都是可以跟踪到实现它的设计模型中的元素。同时,开发人员还要进一步建立实现模型,包括定义结点系统的物理结构,以及验证用例是否能够实现可运行在这些结点上的构件。

在测试阶段,测试人员需要验证系统是否确实能够实现用例中所描述的功能并满足系统需求。很多测试用例是可以直接从用例模型中获得,也就是说,在测试用例和用例模型之间也存在着跟踪依赖关系,即测试人员要验证系统是否能够执行用例模型。

从以上的描述中可以看到,RUP 中所涉及的软件过程是由用例起始的一系列工作流。

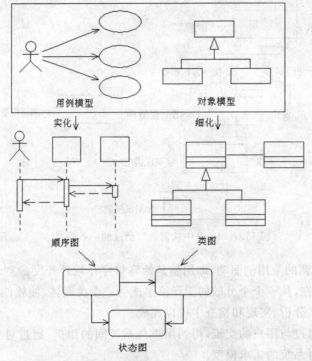

图 11.8　RUP 中使用用例进行实化和细化

用例帮助需求分析人员找到系统需求，帮助分析开发人员找到系统的类和协作关系，帮助测试人员验证系统的有效性。用例不仅推动了开发过程的开始，而且贯穿在整个开发过程中，将整个开发过程连接成为一个整体，如图 11.9 所示。

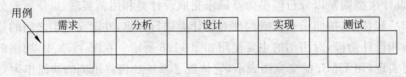

图 11.9　用例驱动中一体化的开发过程

2．以体系结构为中心

　　软件开发并不是仅仅依赖用例驱动工作流就能够完成的，软件系统的体系结构就是一个必不可少的重要因素。在软件系统开发的早期定义一个基础的体系结构是非常重要的，然后将它原型化并加以评估，最后进行精化。以软件系统的构架为中心的开发是指必须关注体系结构模型的开发，保证开发的系统能平滑（无缝）演进。软件系统的构架描述的是系统在其所处环境中最高层次的模仿，它侧重于描述系统的重要结构部件，如类、组件和子系统，以及这些利用接口交互的各个部件的组织或结构。由于结构部件又可以进一步分解为由一些更小的结构部件和接口组成，故而，软件系统的构架也可以递归地解构为通过接口交互的部件、连接部件的关系以及组装部件的一些限制条件。软件系统的构架提供了对整个系统的视图，描述了系统中的基础部分，这对于有效控制软件系统的开发而言是至关重要的。

　　软件系统的构架从不同的角度描述了即将构造的系统，它包含了系统中最重要的静态和动态特征,可以表示为多种模型的视图。构架刻画了系统的整体设计,它去掉了细节部分,突出系统的重要特征。构架是根据应用需求逐渐发展起来的,受到用户和项目其他相关人员需求的影响,并在用例中得到反映。但是,它也受软件应用平台(如计算机体系结构、操作系统、数据库管理系统、网络通信协议等)、是否有重用的组件、如何考虑实施问题、如何与遗留系统集成及非功能性需求(如性能、可靠性)等因素的影响。

众所周知,任何产品都具有功能和表现形式两方面的内容;只有任何一方面,这个产品都是不完整的。软件系统也是一样。软件系统的功能就是用例,软件系统的表现形式就是构架。用例和构架之间是一种相辅相成的互助关系。用例与软件系统的构架是协调发展的,软件系统的构架和用例会随着生命周期的延续而逐渐完善。用例驱动软件系统的构架,软件系统的构架反过来影响用例的选择。用例在实现时必须适合于构架,构架必须预留空间以实现现在或将来所有需要的用例。因此,用例和软件系统的构架必须并行进化。

RUP 中的开发活动是围绕体系结构展开的。对于软件体系结构,目前还没有一个统一的精确的定义,不同的人对软件体系结构有不同的认识。Mary Shaw 和 David Garlan 对软件体系结构的定义是:软件体系结构是关于构成系统的元素、这些元素之间的交互、元素和元素之间的组成模式以及作用在这些组成模式上的约束等方面的描述。具体来说,软件体系结构刻画了系统的整体设计,它去掉了细节部分,突出了系统的重要特征。软件体系结构的设计和代码设计无关,也不依赖于具体的程序设计语言。

软件体系结构是软件设计过程中的一个层次,这一层次超越计算过程中的算法设计和数据结构设计。体系结构层次的设计问题包括系统的总体组织和全局控制、通信协议、同步、数据存取、给设计元素分配特定功能、设计元素的组织、物理分布、系统的伸缩性和性能等。

体系结构的设计需要考虑多方面的问题:在功能性特征方面要考虑系统的功能;在非功能性特征方面要考虑系统的性能、安全性、可用性等;与软件开发有关的特征要考虑可修改性、可移植性、可重用性、可集成性、可测试性等;与开发经济学有关的特征要考虑开发时间、费用、系统的生命期等。当然,这些特征之间有些是相互冲突的,一个系统不可能在所有的特征上都达到最优,这时就需要系统体系结构设计师在各种可能的选择之间进行权衡。

对于一个软件系统,不同人员所关心的内容是不一样的,因此软件的体系结构是一个多维的结构,也就是说,会采用多个视图(view)来描述软件体系结构。打个比喻,对于一座大厦,会有大厦的电线布线结构、电梯布局结构、水管布局结构等,对于大厦的建设和维护人员来说,有些人关心大厦的电线布局,有些人关心大厦的电梯布局,还有些人关心水管布局。对于不同类型的人员,只需要提供这类人员关心的视图即可(一个视图可以用一个或多个图来描述),所有这些视图组成了大厦的体系结构。至于采用多少个视图,采用什么视图较好,不同的人就有不同的观点了。

在 RUP 中,是采用如图 11.10 所示的 4+1 视图模型来描述软件系统的体系结构。

在 4+1 视图模型中,分析人员和测试人员关心的是系统的行为,因此会侧重于用例视图;最终用户关心的是系统的功能,因此会侧重于逻辑视图;程序员关心的是系统的配置、装配等问题,因此会侧重于实现视图;系统集成人员关心的是系统的性能、可伸缩性、吞吐率等问题,因此会侧重于进程视图;系统工程师们关心的是系统的发布、安装、拓扑结构等问题,因此会侧重于部署视图。

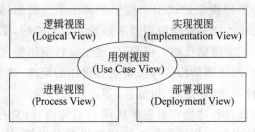

图 11.10　4＋1 视图模型

RUP 定义了关于构架的主要产物，它们分别如下。

(1) 软件构架描述(SAD)，用于描述与项目有关的构架视图。

(2) 构架原型，用于验证构架并充当开发系统其余部分的基线。

(3) 设计指南，为构架设计提供指导，提供了一些模式和习惯用语的使用。

(4) 在开发环境中基于实现视图的产品结构。

(5) 基于实现视图结构的开发群组结构。

(6) 构架师，负责构架的设计工作。

3. 迭代和增量开发

面向对象的开发模式一般采用迭代与增量的开发模式。迭代是指工作流中的步骤，增量是指系统中增加的部分。每次迭代都会增加或者明确一些目标系统的性质，但却不是对前期工作结构的本质性改动。迭代与增量开发方法提供了一个如下的以细小的、易管理的步骤来开发软件系统的策略。

(1) 计划一小步。

(2) 说明、设计、实现一小步。

(3) 集成、测试、运行(一小步)每次迭代。

软件开发项目把用户的"增量"需求变换成软件产品的增量。使用迭代与增量开发方法能逐步适应需求的变动。换句话说，就是把项目拆成若干个小项目，每个小项目都作为一次迭代。每次迭代经历软件开发项目的所有步骤：计划、需求、分析和设计、实现、测试，最后准备发行。

需要指出的是，迭代不是一个完全独立的实体，它是项目的一个阶段。迭代的小项目本身不是客户、用户或高层管理人员的要求。迭代的生命周期以内部版本形式交付，实际的结果是其中每个版本都会增加一个增量，并降低所关注的风险。这些版本可以展示给客户和用户，从而提供有价值的反馈意见。如果觉得这一步做得比较成功，可以继续一步一步地向下做。一个生命周期是由一系列的迭代组成的。早期的迭代有助于理解风险、确立可行性、构造软件的初始内核、形成业务案例。往后的迭代加入增量，直至达到可对外发行的产品。

需要强调的是，迭代生命周期并不是随机的程序设计，也不是开发者的游戏天地。它不只是影响开发者，它不是重复设计同样的东西，不是不可预知的，也不是计划和管理失败的借口，而是项目经理用来控制项目的工具。

简单地说，就是要得到更好的软件。就是要得到可用来控制开发过程的主要的与次要的里程碑。具体说来有以下几个方面的好处。

(1) 迭代开发的成功迎合了需求不断变化的软件特性。在瀑布开发方法中，需求必须在开始阶段固定下来,在后期阶段中需求的任何变化都会对整个开发过程产生重大的影响,甚至延误进度。而在现实中,用户需求通常是不可能事先充分定义好的。利用迭代式开发,需求则可以在每次迭代过程中不断精化;而每次迭代所面对的需求,又是相对稳定的。这样既保证了每次迭代的有效完成,也保证了系统最终可以满足用户的最终需求。

(2) 迭代开发使得集成工作不是在开发工作结束时集中爆发,系统相关的元素是通过每次迭代不断地逐渐集成起来的。这避免了传统方法中项目后期的困难阶段,即系统中的风险、不确定性以及系统中的问题只有到最终的系统测试阶段才能发现,从而造成在项目结尾时耗费大量精力,甚至有重做系统的风险,往往造成系统无法按进度计划提供、系统质量低下等问题。在迭代开发中,可以在迭代早期就通过检查所有的过程构件和项目的很多方面,如工具、可直接应用的软件、人员技能等,尽早发现风险和解决风险,并在迭代过程中,不断地发现新风险和解决新风险,避免了所有风险在同一时间点"统一爆炸";由于系统是在每次迭代中逐步集成起来的,通过对每次迭代成果的评审和测试,可以及早地发现和纠正系统中的问题,并建立起逐步的质量保证过程;由于可以在迭代过程中不断地修正错误,也会使系统的构架更加坚固。

(3) 受控迭代可以将成本风险降低到一次增量开发的代价。如果开发者需要重复迭代的话,损失的仅仅是发生错误的那次迭代的工作量,而不是开发整个产品的工作量。

(4) 在受控迭代过程中,开发人员可以尽早地投入工作,降低人力资源的浪费。通常在传统开发方法中,测试人员、文档编写人员等只能等到系统开发后期才可能开始工作;而在迭代增量开发方法中,他们可以很早地就介入系统开发的工作中,并且为评价系统产品的质量提供评估依据。

总而言之,受控迭代可以加速整个开发进程,因为开发的近期工作目标和结果很明确,从而开发效率相当高,项目的开发不会因为周期过长的计划而陷入歧途。同时,通过对迭代结果的评估,可以有效地提高项目的质量和准确性。

RUP 强调采用迭代和增量的方式来开发软件系统,把整个项目的开发分为多个迭代过程。在每次迭代中,只考虑系统的一部分需求,进行分析、设计、实现、测试、部署等过程。每次迭代是在已完成部分的基础上进行的,每次增加一些新的功能实现。以此进行下去,直至最后项目的完成。

11.6 Rational 统一过程的 6 个最佳实践

与其他的软件开发方法相比,RUP 是最佳软件开发经验的总结,它包含了 6 个最佳实践(最佳实践通常是指在商业中综合运用能够解决软件开发中的根本问题的策略。之所以称为"最佳",是因为不仅可以对它们的价值进行精确的量化,而且因为业界成功的组织普遍应用这些策略)。这 6 个最佳实践分别为软件的迭代增量开发、管理需求、应用基于构件的体系结构、为软件建立可视化的模型、对软件质量进行持续的验证、控制软件的变更。

1. 软件的迭代增量开发

RUP 对于软件开发过程建立的最有价值的两个观点是提出了构架和迭代式开发。面向对象方法大师 Booch 曾提出过如下的观点。

(1) 构架驱动方式的开发方法通常是开发复杂软件项目的最好方法。

（2）一个成功的面向对象的项目必须采用迭代增量式的过程。

大型软件系统非常复杂，很难按照定义整个问题、设计整个系统、实现软件、测试产品、部署等这样的顺序线性进行。在软件开发的早期阶段就想完全、准确地捕获用户的需求几乎是不可能的。事实上，需求在整个软件开发过程中经常会改变。迭代式开发允许在每次迭代过程中需求都可以有变化，通过不断细化来加深对问题的理解，因此更容易容纳需求的变更。

软件开发过程也可以看作是一个风险管理的过程，迭代式开发通过可验证的方法来帮助减少风险，降低项目的风险系数。另外，采用迭代式开发，每次迭代过程以可执行版本结束，开发人员随时有一个可交付的版本，这样也有利于鼓舞开发团队的士气。

通常人们会认为迭代式开发过程是混乱无序，难以控制。但RUP成功地通过引入4个阶段：初始阶段、细化阶段、构造阶段、移交阶段，有效地形成了更好的迭代控制过程。利用阶段化，强制迭代按照一定的顺序进行。从迭代增量开发的细节描述中可以看出，迭代增量式开发使得大型项目的开发获得有序的阶段性和可管理性，从而使得大型项目的开发从时间上和质量上达到一种可控状态。正是由于这种受控状态对于大型软件开发项目的重要程度，使得迭代增量开发延伸发展为RUP最成功的6个最佳实践之一。

2. 管理需求

在软件开发过程中，需求会不断发生变化。确定系统的需求是一个连续的过程，除了一些小系统之外，开发人员在开发系统之前不可能完全详细地说明一个系统的真正需求。

需求管理是一种系统性的方法，用于抽取、组织、交流和管理软件密集型系统或应用程序中不断变化的需求。

有效的需求管理方法应该具有如下一些特征。

（1）能够有效管理需求变更，应对需求复杂度，可以适应系统行为和需求的变更与扩大。

（2）能够准确描述系统需求内容，使项目的所有相关人员对于系统需求拥有共同认识，最终提高软件质量和客户满意度。

（3）能够尽早发现需求中的错误与问题，从而在项目早期得以解决，避免后期为需求中的错误付出高昂的变更成本和延误开发进度。

（4）易于团队交流。

RUP的需求规程中详细介绍了如何提取、组织所需要的功能和约束，以及如何为它们建档；如何跟踪和建档权衡及决策；并利用UML使得易于表达业务的需求和交流。它充分地满足了上面所提到的方法特征。在RUP过程所规定的用例和构想都已经证明：RUP是表达功能性需求，以及保证它们驱动软件的设计、实现和测试，使最终系统更充分地满足用户需要的最佳方法。

3. 应用基于构件的体系结构

基于构件的开发是非常有效的软件开发方法，构件使重用成为可能，系统可以由已经存在的、由第三方开发商提供的构件组成。基于独立的、可替换的、模块化构件的体系结构有助于管理复杂性，提高重用率。

在RUP的整个开发生命周期中，虽然用例起到了驱动的作用，但设计活动的中心却是体系结构，即软件系统的构架。软件构件是软件、模块、包或子系统的一个重要部分，它完成一个明确的功能,有着明确的界限,是抽象设计在物理上的一种实现。RUP 提供了一种系统的方法,使得软件构件可以集成到一个定义良好的构架中。

在 RUP 中,在分析和设计时利用软件构架明确地表述了系统的整个结构,用到诸如包、子系统和层这样的概念来组织构件和指定接口,并通过在构架中列举相关构件和集成它们的方法,描述构件间交互作用的基础机制和模式。在开发时,允许开发人员逐渐确定构件,并决定哪些构件需要开发、哪些构件需要利用、哪些构件需要购买等。在测试时,先对独立构件开展测试,然后再逐渐扩大到对更大的集成构件进行测试。

在 RUP 的迭代早期,产生并验证一个可用的软件构架,并以一个可执行的构架原型的形式出现,而在后期迭代中则是不断地进化这个构架原型,使得构架趋于稳定健壮,同时不断改进构架中原有构件的质量,并向构架原型中不断添加新的所需构件,直到演化成最终系统。这种方式既保证了项目的快速完成,又保证了项目的质量。

4. 为软件建立可视化的模型

RUP 整个过程中的大部分时间都是在建立和维护系统模型。模型是对现实的简化和抽象。简化可以将细节隐藏起来,使人们可以更容易把握那些难以理解的复杂系统,从而更好地理解系统,形成有效的系统方案;抽象则有助于系统不同方面的沟通,更好地表现出系统元素是如何组织在一起的,进而可以有效地保证各部件之间的一致性。

可视化建模将模型的优势发挥得更为淋漓尽致。利用标准化的图形语言,就可以避免自然语言容易产生的歧义,同时表示的效果也会更加简洁、清晰、准确、易于理解,从而更有效地表示系统的构架和构件的结构与行为。已成为工业标准的统一建模语言(UML)作为一种图形化语言,成为对系统模型进行可视化建模的基础。它提供了一种表示系统模型及其中各类元素的标准方法,从而保证利用图形化模型进行交流时理解的一致性,不会产生歧义。RUP 与 UML 结合在一起,为软件系统建立可视化模型,帮助人们提高管理软件复杂性的能力。

5. 对软件质量进行持续的验证

软件质量不仅仅指软件没有缺陷,同时更重要的是要达到预期的目的,即能够完成期望的事情。如果系统本身非常完美,但却无法完成希望它做的任何事情,则这个系统的质量就等同于有重大缺陷的系统。例如,在某种极端情况下,用户在期望开发一个公司的财务系统时,开发团队却给出的是一个可以进行图像处理的系统,无疑这个处理系统是一个无用的系统。究其原因,就是系统出现功能性错误。

从上面的描述中可以看出,软件系统功能的不准确、性能和可靠性的低下是影响软件系统质量的最重要因素。因此,应该基于可靠性、功能、应用性能和系统性能的需求,对软件的质量进行把握和评估。只有这样,才能最终保证软件系统的质量。

在生产高质量软件产品的过程中如何进行质量设计并将质量建立到产品中,这不仅仅是质量保证人员的工作,也是项目团队中每一个成员的职责。如何确认和分配各个成员的职责呢? RUP 中提供了相关的规划、设计、实现、执行和评估的指导和方法,利用阶段、核心规程、迭代规范等,将开发的整个过程划分成各个可以独立评审的小过程,并在开发的整个流程中将质量的概念贯穿其中,从而为质量的建立提供了持续验证的可能。通过质量的持续检验,使问题和缺陷的暴露尽可能发生得早,从而在小过程中快速解决或设定规避方案,减少了在项目后期质量问题的集中爆发,避免了不可预知的进度延误和质量下降。

因此,在 RUP 中,软件质量评估不再是事后型的或单独小组进行的分离活动,而是内建于过程中的所有活动,这样可以及早发现软件中存在的缺陷,避免花费更多的人力和时间去检查和修改出现的问题。

6. 控制软件的变更

在迭代式的软件开发过程中,不同的开发人员同时工作于多个迭代过程,期间会产生各种不同版本的制品,涉及很多并发的活动。如果没有严格的控制和协调方法,整个开发过程很快就会陷入混乱之中。

在软件开发过程中,存在一个公认的现实,即变更是不可避免的。变更会涉及软件开发的各个方面:需求、设计、编码、测试、发布等。如何对变更进行有效的管理,对变更的有效性进行评价,如何跟踪变更,保证变更在开发过程中的一致性等问题,是每个开发团队必然面临和要解决的问题。

在 RUP 的迭代开发过程中,开发的计划和执行都具有相当的灵活性,即在迭代过程中变更是可以被接受的,所以在 RUP 的迭代过程中更强调对变更的跟踪和在所有相关的人员和相关的事件中保证这些变更的一致性,利用严格的控制跟踪和监视变更,最终保证迭代过程的成功。

RUP 的变更管理是对需求、设计和实现中的变更进行管理的一种系统性方法,它包括了一系列的重要活动,如跟踪错误和项目任务,并将这些活动与特定的软件制品(如模型、代码、文档等)及发布版本联系起来,同时也提供了如何控制软件制品变更的方法和手段。RUP 通过控制软件开发过程中的制品,隔离来自其他工作空间的变更,为每个开发人员建立安全的工作空间,保证了每个修改都是可接受的、能被跟踪的。

11.7　Rational 统一过程的配置和实现

通常情况下,可以直接使用 Rational 统一过程或者其中一部分。但是,为了能够更好地适应软件系统的实际需要,还要配置和实现 Rational 统一过程。

11.7.1　配置 Rational 统一过程

配置 Rational 统一过程是指通过修改 Rational 软件公司交付的过程框架,使整个过程产品适应采纳了这种方法的组织的需要和约束。

在一些情况下需要修改 Rational 统一过程的在线版本,从而需要配置该过程。当将在线的 Rational 统一过程的基线复制置于配置管理之下时,配置该过程的相关人员就可以修改过程以实现变更。配置统一过程可以从以下方面着手。

(1) 根据在以前项目中发现的问题,增加一些指南。

(2) 裁减一些模板,如增加公司的标志、头注、脚注、标识扣封面等。

(3) 增加一些必要的工具指南。

(4) 在活动中增加、扩展、修改或删除一些步骤。

(5) 基于经验增加评审活动的检查点。

11.7.2　实现 Rational 统一过程

实现 Rational 统一过程是指在软件开发组织中，通过改变组织的实践，使组织能例行地、成功地使用 Rational 统一过程的全部或其中一部分。实现一个软件开发过程是一项很复杂的任务，在实现过程中不仅要要求开发团队中的各个成员通力配合，还要小心谨慎地对过程进行控制，要将实现一个过程当成一个项目来看待。下面对实现软件过程的 6 个步骤进行详细的说明。

1. 评估当前状态

评估当前状态是指需要在项目的相关参与者、过程、开发支持工具等方面对软件开发组织的当前状态进行了解，识别出问题和潜在的待改进领域，并收集外部问题的信息。

评估当前状态，对当前开发组织制订一个计划，使组织从当前状态过渡到目标状态并改进组织当前的状况是非常重要的。人员数量、项目复杂度、技术复杂度等都会为对当前状态进行评估提出挑战。

2. 建立明确目标

建立明确目标指的是建立过程、人员和工具所要达到的明确目标，指明当完成过程实现项目时希望达到什么地步。

建立明确目标为过程实现计划未来构想，产生一个可度量的目的清单，并使用所有项目参与者都能够理解的形式进行表述。当前状态的不合理评估为建立明确的目标提出挑战。建立过高的目标对于一些开发组织也是不可取的。

3. 识别过程风险

识别过程风险是指应当对项目很多可能涉及的风险进行分析，标识出一些潜在的风险，设法了解这些风险对项目产生的影响，并根据影响进行分级，同时还要制订如何缓解这些风险或者处理这些风险的计划。

识别过程风险有助于减少或避免一些风险，在达到目标的过程中尽可能少走一些弯路。软件开发者的经验对项目所能产生的风险的识别提出挑战。

4. 计划过程实现

计划过程实现是指在开发组织中对实现过程和工具制订的一系列计划，这个计划应当明确描述如何有效地从组织的当前状态转移到目的状态。

在计划过程实现中，应当包含当前组织对需求的改变以及涉及的风险，制订一系列的增量过程，逐步达到计划中的目标。根据组织的具体情况制订出符合组织的计划并引入有效的过程和工具的方法是计划过程实现的挑战。

5. 执行过程实现

执行过程实现是指按照计划逐步实现该过程。主要包括的任务如下。

（1）对开发团队中的成员进行使用新的过程和工具方面的培训。

（2）在软件开发项目中实际应用过程和工具。

（3）开发新的开发案例或更新已存在的开发案例。

（4）获取并改造工具使之支持过程并使过程自动化。

6. 评价过程实现

评价过程实现是指当在软件开发项目中已经实现了该过程和工具后，项目组织对过程是否达到预期目的的评价工作。评价的内容主要包括参与人员、过程和工具等。

11.8 RUP 裁剪

RUP 是一个通用的过程模板，包含了很多关于开发指南、开发过程中产生的制品、开发过程中所涉及的各种角色的说明。RUP 可用于各种不同类型的软件系统、不同的应用领域、不同类型的开发机构、不同功能级别、不同规模的项目中。RUP 非常庞大，没有一个项目会使用 RUP 中的所有东西，针对具体的开发机构和项目，应用 RUP 时还要做裁剪，也就是要对 RUP 进行配置。RUP 就像是一个元过程（meta-process），通过对 RUP 进行裁剪可以得到很多不同的软件开发过程，这些软件开发过程可以看作 RUP 的具体实例，这些具体的开发过程实例适合于不同的开发机构和项目的需要。

针对一个软件项目，RUP 裁剪可分为以下 5 步。

（1）确定本项目的软件开发过程需要哪些工作流。RUP 的 9 个核心工作流并不总是需要的，可以根据项目的规模、类型等对核心工作流做一些取舍，如嵌入式软件系统项目一般就不需要业务建模这个工作流。

（2）确定每个工作流要产出哪些制品。如规定某个工作流应产出哪些类型的文档。

（3）确定 4 个阶段之间（初始阶段、细化阶段、构造阶段、移交阶段）如何演进。确定阶段间演进要以风险控制为原则，决定每个阶段要执行哪些工作流，每个工作流执行到什么程度，产出的制品有哪些，每个制品完成到什么程度等。

（4）确定每个阶段内的迭代计划。规划 RUP 的 4 个阶段中每次迭代开发的内容有哪些。迭代是 RUP 非常强调的一个概念，可以进一步降低开发风险。

（5）规划工作流内部结构。工作流不是活动的简单堆积，工作流涉及角色、活动和制品，工作流的复杂程度与项目规模及角色多少等有很大关系，这一步要决定裁剪后的 RUP 要设立哪些角色。最后，规划工作流的内部结构，通常用活动图的形式给出。

在上面的 5 个步骤中，第（5）步是对 RUP 进行裁剪的难点。

如果从"软件开发过程也是软件"的角度来看，对 RUP 进行裁剪可以看作是软件过程开发的再工程。

11.9 RUP Builder

RUP 是一个通用的软件开发过程模板，针对具体的开发机构和项目还要做裁剪。但如果用手工的方法进行裁剪，不但工作量很大，且容易出错，特别是 RUP 涉及的内容非常多。可以说用手工的方法进行裁剪几乎是不可能的。

Rational Suite 2003 开发工具套件中提供了专门的工具 RUP Builder 来帮助对 RUP 进行裁剪。RUP Builder 允许软件开发过程管理人员使用预定义的过程插入件（plug-in）生成一个软件开发过程，生成的软件开发过程包括 RUP 的基本框架和插入件中所包含的内容。如果插入件不同，则生成的软件开发过程也不同。实际上就是允许开发过程管理人员对 RUP 软件开发过程进行配置，使配置后得到的软件开发过程可用于具体项目的开发。

在使用 RUP Builder 创建软件开发过程之前，需要理解 RUP 插入件（RUP plug-in）、过程构件(process component)、过程元素(process element)、过程视图(process view)等概念。

（1）RUP 插入件是一组可共享的过程元素，它是对基本 RUP(base RUP)的扩展。在基本 RUP 的基础上，RUP 插入件中可以包含一些特定技术方面的内容、增加新的角色和制品、舍弃一些制品、提供特定开发机构的准则和范例等。

（2）过程构件是关于过程知识的模块，包含多个过程元素及过程元素之间的关系。过程构件可以被命名，是过程的一部分。可以把过程插入件看作多个已"编译"好的 RUP 过程构件。

（3）过程元素是配置软件开发过程中所使用的最小单位，它包括角色、活动、制品、工具教程、准则、范例、白皮书等。

（4）过程视图是软件开发过程的某一特定部分，它是为了某个特定目的（例如系统分析目的、测试目的等）、为特定的人员（例如系统分析员、测试人员等）使用的，并组织成树型结构形式的一个视图。项目开发团队中的不同人员使用不同的视图。

如图 11.11 所示是 RUP Builder 的启动界面。可以从已有的 3 个配置模板中选择一个，这 3 个配置模板是 Classic_RUP、Medium_Project 和 Small_Project。每个配置模板适合不同类型的开发团队使用。这些配置模板是进一步对开发过程进行裁剪的基础，可以在这些配置模板上增加一些过程插入件，从而得到不同的软件开发过程。

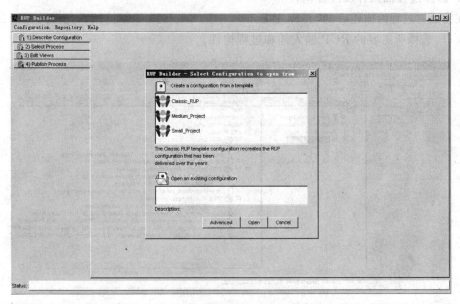

图 11.11　RUP Builder 的启动界面

从图 11.11 可以看出，使用 RUP Builder 生成软件开发过程分为以下 4 步。

（1）描述过程。

（2）选择过程插入件及过程构件。

（3）过程视图的设置。

（4）以 Web 页面的形式发布所创建的软件开发过程。

1. 描述过程

在图 11.11 中选择了 Classic_RUP 配置模板后，会得到一个基本的软件开发过程配置，如图 11.12 所示。使用菜单项 Configuration→Save As 把这个过程配置命名为一个新的过程配置，如命名为 wsf。在图 11.12 中可以修改对 wsf 过程配置的描述。

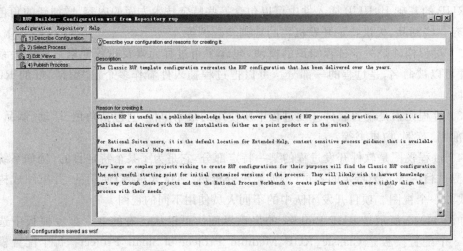

图 11.12　wsf 过程配置的描述

2. 选择过程插入件及过程构件

在完成对过程的描述后，单击 RUP Builder 中的 Select Process 按钮，切换到如图 11.13 所示的窗口，选择所需要的 RUP 插入件和过程构件。

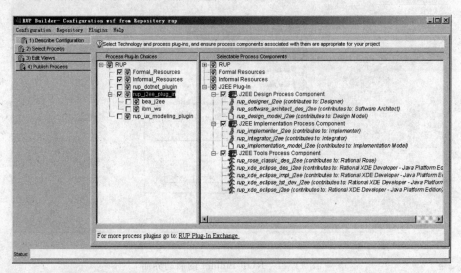

图 11.13　选择过程插入件和过程构件

事实上，生成一个 RUP 过程配置并不难，难的是要决定在 RUP 过程配置中包含哪些内容，并且理解这些内容的意义，也就是如何选择过程构件。因为每个开发机构都有自己独特的地方，有不同的企业文化、历史、机构组织、企业规则、服务领域等。

图 11.13 是在所选的 Classic_RUP 过程模板的基础上增加了 rup_j2ee_plug_in 过程插入件后的界面。rup_j2ee_plug_in 插入件中包含了很多与 Java EE 应用系统开发相关的软件开发过程的说明。

需要说明的是,图 11.13 中可选的过程插入件并不是很多,但 RUP Builder 可以从外部导入 RUP 插入件。现在有很多公司把他们关于软件开发过程的知识做成 RUP 插入件提供给别人使用,这些插入件可以从 Rational 开发人员网(Rational Developer Network)的 RUP 插入件交换区(网址为 http://www.rational.net/rupexchange)得到。

3. 过程视图的设置

在选好过程插入件和过程构件后,单击 RUP Builder 中的 Edit Views 按钮,切换到如图 11.14 所示的窗口,对过程视图进行编辑。

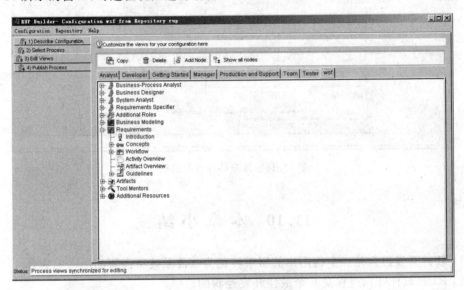

图 11.14　编辑过程视图

在 RUP Builder 中可以增加新的过程视图并删除不需要的视图。对于每个过程视图,还可以确定该视图要包含哪些过程元素。

图 11.14 中包含了 8 个过程视图,即 Analyst、Developer、Getting Started、Manager、Production and Support、Team、Tester 和 wsf,其中前 7 个视图是 Classic_RUP 配置模板默认提供的,而 wsf 视图是新创建的过程视图。

4. 以 Web 页面的形式发布所创建的软件开发过程

在确定了要创建的软件开发过程中所包含的过程视图后,单击 Publish Process 按钮,切换到如图 11.15 所示的窗口。

要生成的软件开发过程需以 Web 页面的形式发布。在图 11.15 中可以对要生成的软件开发过程做一些设置,如所生成的文件放在哪个目录下以及发布哪些过程视图、默认的过程视图(即 RUP 的首页要显示的过程视图)等。全部设置好后,单击 Publish 按钮,RUP Builder 即在指定目录下生成一个软件开发过程。

由于加入了 rup_j2ee_plug_in 插入件,因此在生成的软件开发过程中会有关于 Java EE 应用系统开发的说明。而 Rational Suite 2003 中附带的 RUP 2003 中并没有关于 Java EE 应用系统开发的说明,通过 RUP 中的搜索引擎(用关键字 java ee 搜索)就可以发现这两个软件开发过程之间的差别。

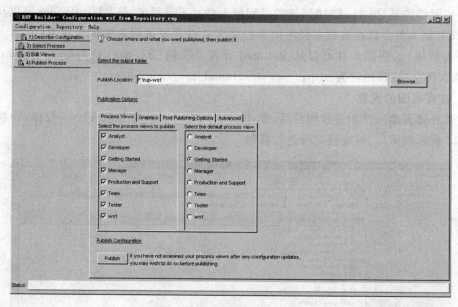

图 11.15　发布软件开发过程

11.10　本章小结

（1）软件开发过程是一个将用户的需求转化为软件系统所需要的活动的集合。

（2）RUP 软件开发过程是 6 个最佳开发经验的总结。

（3）RUP 把软件开发生命周期划分为多个循环，每个循环分为 4 个阶段，即初始阶段、细化阶段、构造阶段和移交阶段。

（4）RUP 中有 9 个核心工作流，即业务建模、需求捕获、分析与设计、实现、测试、部署、配置与变更管理、项目管理、环境。

（5）RUP 是用例驱动的、以体系结构为中心的、迭代和增量的软件开发过程。

（6）不同的开发机构和项目会使用特定的软件开发过程，针对具体的开发机构和项目，应用 RUP 时还要做裁剪，也就是要对 RUP 进行配置。

（7）RUP Builder 工具可以帮助过程管理人员对 RUP 进行裁剪。

11.11　习　　题

11.11.1　填空题

1. Rational 统一过程的静态结构，分别使用_____、_____、_____和_____ 4 种主要的建模元素来进行表达。

2. Rational 统一过程的 5 种视图结构，分别是_____、_____、_____、_____ 和_____。

3. Rational 统一过程为构架提供了一个_____、_____和_____的系统性的方法。

4. Rational 统一过程的开发过程使用一种_____结构来表达。

5. Rational 统一过程的动态结构,是通过对迭代式软件开发过程的_____阶段和_____,以及_____等描述来进行表示的。

6. RUP 的二维结构中,按时间顺序可以划分为_____、_____、_____和_____ 4 个阶段及各阶段中一系列的循环重复。

7. RUP 的二维结构中,按软件开发过程划分核心工作流,其中属于核心过程工作流的是_____、_____、_____、_____、_____和_____。

8. RUP 的二维结构中,按软件开发过程划分核心工作流,其中属于核心支持工作流的是_____、_____和_____。

9. RUP 的特点是_____、_____和_____的软件开发过程。

10. RUP 的 6 个最佳实践是_____、_____、_____、_____、_____和_____。

11.11.2　选择题

1. Rational 统一过程的 6 个最佳实践包括(　　)。
   A. 瀑布式软件开发　　　　　　B. 迭代式软件开发
   C. 基于构件的构架应用　　　　D. 软件质量验证

2. 下面属于迭代过程的 4 个连续的阶段有(　　)。
   A. 初始　　　　B. 分析　　　　C. 细化　　　　D. 构造

3. 对一个以构架为中心的开发组织来说,通常需要对构架的(　　)方面予以关心。
   A. 构架的目的　　　　　　　　B. 构架的绘制软件
   C. 构架的表示　　　　　　　　D. 构架的过程

4. 有效的需求管理指的是(　　)。
   A. 能够应对复杂项目的需求　　B. 能够有良好的用户满意度
   C. 尽可能地减少需求的错误　　D. 减少开发者之间的交流

5. 实现 Rational 统一过程的步骤有(　　)。
   A. 评估当前状态　　　　　　　B. 建立明确目标
   C. 执行过程实现　　　　　　　D. 评价过程实现

6. RUP 以(　　)为中心,以系统体系结构为主线,采用循环、迭代、渐增的方法进行开发。
   A. 用例　　　　B. 对象　　　　C. 类　　　　D. 程序

11.11.3　简答题

1. RUP 的四个阶段是什么?各阶段需要完成哪些任务?提供哪些制品?里程碑的内容有哪些?
2. RUP 的 9 个核心工作流是什么?各工作流需要提供哪些制品?
3. RUP 是如何解决 4W 的?
4. 简述 RUP 的生命周期模型。
5. 简述 RUP 产生的模型和文档。

6. 简述 RUP 的特点。

7. 简述 RUP 的 6 个最佳实践。

8. 简述 RUP 的裁剪。

9. 简述 RUP 各类模型之间的关系。

10. 对于一个以构架为中心的开发组织，需要对构架的哪些方面进行关注？

第 12 章 基于 Struts2 的个人信息管理系统应用实例

本章学习目标

(1) 了解 Struts2 技术的构架原理。

(2) 了解个人信息管理系统的软件系统设计。

(3) 通过实例熟练掌握一般软件系统设计。

(4) 了解逆向工程解读软件系统的方法。

个人信息管理系统一般都会使用数据库管理系统。Struts2 技术提供了基于 Java 语言开发 Web 方式的软件系统的构架方案。本章以"个人信息管理系统"为案例,通过逆向工程解读程序源代码,从而获取该系统的面向对象分析与设计的过程及结果,为需要利用 UML 语言为基于 Struts2 的信息管理系统进行建模的设计人员提供借鉴。

12.1 系 统 概 述

在日常办公中有许多常用的个人数据,如好友电话、邮件地址、日常安排、日常记事、文件上传和下载,这些都可以用一个信息管理系统进行管理。个人信息管理系统也可以内置于掌上的数字助力器中,以提供电子名片、便条、行程管理等功能。

Struts2 框架提供了基于 Java 技术开发 Web 应用系统的一种方案,它属于基于系统体系结构的开发方法。Struts2 框架要求具备以下开发环境。

(1) Java 语言基础,如 jdk 1.6。

(2) Java 技术开发环境,如 MyEclipse 10。

(3) Web 服务器,如 tomcat 6.0。

(4) 数据库管理系统,如 MySql 5.0。

(5) Struts2 技术框架,如 struts-2.3.16。

(6) B/S 系统的开发技术,如 JSP、Servlet、JavaBean、XML、HTML。

本案例是取自一个可运行的基于 Struts2 技术开发的个人信息管理系统。

12.2 需 求 分 析

本系统基于 B/S 设计,应用系统可以发布到网上,用户通过浏览器随时操作个人信息管理系统。

12.2.1 用户需求

通过个人信息管理系统,用户可以在系统中任意添加、修改、删除个人数据,包括个人的基本信息、个人通讯录、日程安排、个人文件管理。要实现的功能包括以下 5 个方面。

1. 登录与注册

没有账号的用户,可以申请注册一个账号。所有希望通过系统管理个人数据的用户,必须使用账号登录系统。

2. 个人信息管理

用户可以对自己的个人基本信息进行管理,包括增加、删除、修改、查找。个人基本信息包括用户的姓名、性别、出生日期、民族、学历、职称、登录名、密码、电话、家庭住址。

3. 通讯录管理

用户可以对自己的好友通讯录信息进行管理,包括增加、删除、修改、查找。好友通讯录信息包括联系人的姓名、电话、邮箱、工作单位、地址、QQ 号。

4. 日程安排管理

用户可以对自己的日程安排信息进行管理,包括增加、删除、修改、查找。日程安排信息包括日程标题、内容、开始时间、结束时间。

5. 个人文件管理

用户可以对自己的文件信息进行管理,包括文件夹管理和文件管理。文件夹管理包括新建文件夹、修改文件夹名、删除文件夹、移动文件夹。文件管理包括上传文件、修改文件名、下载文件、删除文件、移动文件。

12.2.2 系统功能模块结构图

根据用户需求,分析与设计了 18 个功能模块,它们之间的关系如图 12.1 所示。

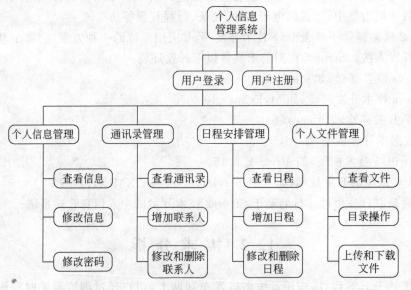

图 12.1 系统功能模块结构图

12.2.3 系统运行效果

开发的原型系统,最终的运行效果如图 12.2~图 12.15 所示。

图 12.2 系统登录界面

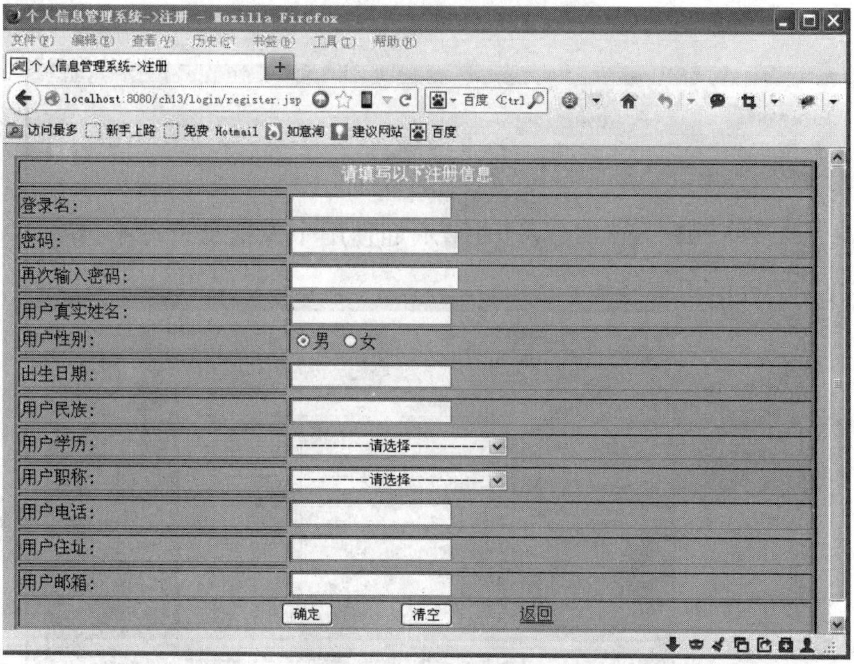

图 12.3 系统注册界面

图 12.4　系统登录后的主界面

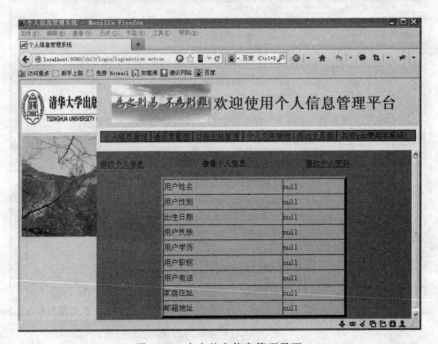

图 12.5　个人基本信息管理界面

图 12.6　修改个人基本信息界面

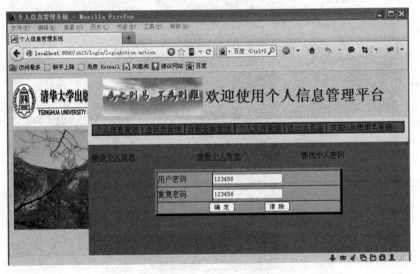

图 12.7　修改个人密码界面

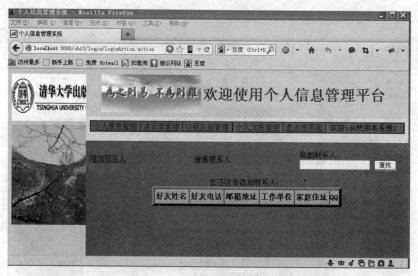

图 12.8　通讯录管理界面

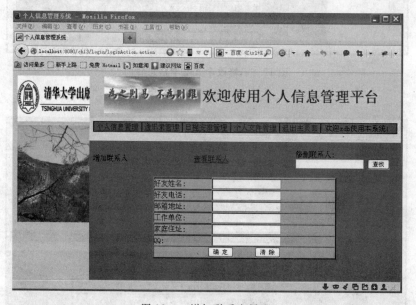

图 12.9　增加联系人界面

图 12.10　日程安排管理界面

图 12.11　增加日程安排界面

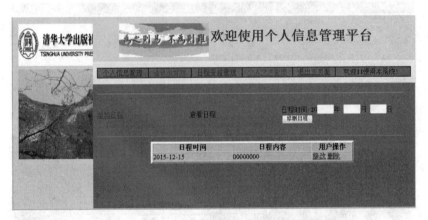

图 12.12　修删日程安排界面

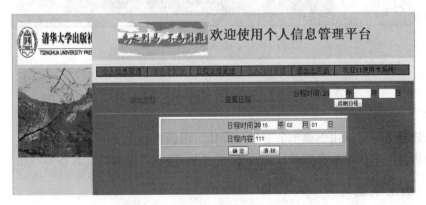

图 12.13　修改日程安排界面

图 12.14　个人文件管理界面

图 12.15　个人文件上传界面

12.3　用例建模

用例建模主要完成用例模型的分析与设计。用例模型主要由用例、用例描述、用例图组成。用例模型用来描述从系统的外部用户（即参与者）观看系统应该具备哪些功能。

12.3.1　确定系统边界

在进行用例分析和用例建模之前，必须要先确定系统边界。系统边界就是将系统的功能特性与系统的外部环境分离开来的逻辑边界线。本系统的全部功能是管理个人基本信息、好友通讯录、日程安排、个人文件。其余的功能(例如,机器日志管理、数据备份)都不属于本系统。

12.3.2　识别参与者

进行参与者识别时关注的是那些与系统交互的对象,这些对象一般不是系统内部的组成元素。在本系统中,管理个人基本信息、好友通讯录、日程安排、个人文件的操作者是一个参与者。作为一个具体的参与者(例如,张三),他能操作个人信息管理系统的全部功能,只不过处理的信息是与他本人相关的。没有登录账号的操作人(例如,Web 网站的浏览客)不能操作个人信息管理系统的任何一项功能。因此,本系统只有一种类型的参与者(即角色只有一种)。不妨将此参与者命名为"用户"。

12.3.3　识别用例

确定系统边界和参与者后,要找出本系统的参与者可能会执行哪些任务就非常容易了。显然,系统的用户需要注册账号、登录系统、管理个人基本信息、管理好友通讯录、管理日程安排、管理个人文件。这些操作都是由用户发起的用例。经过分析,可以得到以下用例。

(1) 登录。

(2) 注册。

(3) 个人信息管理。

① 修改个人信息。

② 查看个人信息。

③ 修改个人密码。

(4) 通讯录管理。

① 增加联系人。

② 查看联系人。

③ 修删联系人。

(5) 日程安排管理。

① 增加日程。

② 查看日程。

③ 修删日程。

(6) 个人文件管理。

① 上传文件。

② 文件列表。

③ 下载文件。

12.3.4　绘制用例图

只有正确地分析了用例之间的关系,才能正确建立用例模型。

1. "登录"用例与"注册"用例之间的关系

有账号的用户可以直接登录系统,也可以作为新用户再次申请一个新账号。因此,用户与"登录"用例和"注册"用例各自存在直接的通信关系。

无账号的用户可以直接申请一个新账号。但是，如果无账号的用户直接登录系统，则拒绝他登录，转而导向注册操作界面，督促他注册一个新账号。因此，"登录"用例和"注册"用例之间存在扩展关系，"登录"用例是基本用例，"注册"用例是扩展用例。

2．"个人信息管理"用例与它的3个子用例"修改个人信息"、"查看个人信息"、"修改个人密码"之间的关系

用户在个人信息管理操作界面可以修改和查看自己的个人信息，也可以修改个人密码。具体操作哪个功能由用户根据需要决定。因此，"个人信息管理"用例与它的3个子用例"修改个人信息"、"查看个人信息"、"修改个人密码"之间分别存在扩展关系。为了更准确地表达出用户操作子功能的逻辑，可以为"个人信息管理"用例与它的3个子用例之间设计版型<<use>>关系，表示"个人信息管理"用例使用某个子用例完成用户选择的子功能操作。

3．"通讯录管理"用例与它的3个子用例"增加联系人"、"查看联系人"、"修删联系人"之间的关系

参照"个人信息管理"用例与它的3个子用例之间的关系的确定方法，也可以设计成<<use>>关系。

4．"日程安排管理"用例与它的3个子用例"增加日程"、"查看日程"、"修删日程"之间的关系

参照"个人信息管理"用例与它的3个子用例之间的关系的确定方法，也可以设计成<<use>>关系。

5．"个人文件管理"用例与它的3个子用例"上传文件"、"文件列表"、"下载文件"之间的关系

参照"个人信息管理"用例与它的3个子用例之间的关系的确定方法，也可以设计成<<use>>关系。

根据上述分析，设计的该系统的用例图如图12.16所示。

12.3.5　用例描述

用例图只能反映出用例之间的关系。但是，每个用例具体完成什么任务，从用例图上是看不出来的。必须依靠每个用例的用例描述进行说明。下面给出每个用例的用例描述。

1．"登录"用例

用例名：登录。

参与者：用户。

前置条件：用户正确链接系统网址。

主事件流：

（1）用户输入登录名和登录密码。

（2）如果登录名不存在，则转"注册"用例的执行。

（3）如果密码错误，则允许重新输入密码至多三次；如果三次输入皆错，则退出登录操作。

（4）如果密码正确，则进入系统主界面。

后置条件：登录系统成功。

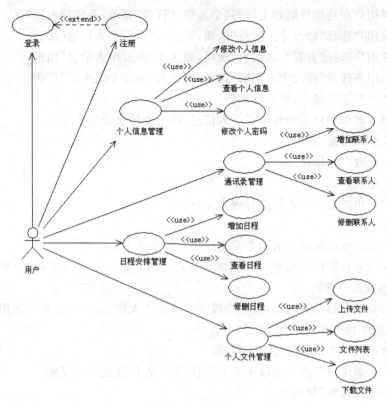

图 12.16 用例图

2. "注册"用例

用例名：注册。

参与者：用户。

前置条件：用户正确链接系统网址。

主事件流：

(1) 用户输入与注册账号相关的信息。

(2) 系统检查输入的登录名是否已存在。如果存在,则要求用户重新输入登录名。

(3) 系统检查输入的两次密码是否一样。如果不一样,则要求用户重新输入密码。

(4) 系统检查日期格式和电子邮箱地址格式是否正确。如果不正确,则要求用户重新输入出生日期或用户邮箱。

(5) 如果必填项目都有内容,且用户提交注册信息,则系统创建一个新账号给用户,系统退出。如果用户放弃提交,则系统不创建一个新账号,系统退出。

后置条件：成功创建一个新账号,或账号信息表未发生变化。

3. "个人信息管理"用例

用例名：个人信息管理。

参与者：用户。

前置条件：用户进入系统主界面。

主事件流：

（1）如果用户在功能导航栏上选择"个人信息管理"菜单，系统列出用户的个人信息。

（2）如果用户选择"修改个人信息"选项，则进入"修改个人信息"用例。

（3）如果用户选择"查看个人信息"选项，则进入"查看个人信息"用例。

（4）如果用户选择"修改个人密码"选项，则进入"修改个人密码"用例。

（5）如果用户选择退出，则退出系统。

后置条件：如果用户成功修改了个人信息，则个人信息表发生变化。

4. "修改个人信息"用例

用例名：修改个人信息。

参与者：用户。

前置条件：用户进入个人信息管理主界面。

主事件流：

（1）用户可以修改除登录名和登录密码之外的其他个人信息。

（2）系统检查日期格式和电子邮箱地址格式是否正确。如果不正确，则要求用户重新输入出生日期或用户邮箱。

（3）如果必填项目都有内容，且用户提交修改的个人信息，则系统修改该用户的个人信息。否则，系统不修改该用户的个人信息。

（4）系统退回到个人信息管理主界面。

后置条件：如果用户成功修改了个人信息，则个人信息表发生变化。

5. "查看个人信息"用例

用例名：查看个人信息。

参与者：用户。

前置条件：用户进入个人信息管理主界面。

主事件流：

（1）系统列出该用户除登录名和登录密码之外的其他个人信息。

（2）系统退回到个人信息管理主界面。

后置条件：无。

6. "修改个人密码"用例

用例名：修改个人密码。

参与者：用户。

前置条件：用户进入个人信息管理主界面。

主事件流：

（1）用户输入新登录密码和重复密码。

（2）系统检查输入的两次密码是否一样。如果不一样，则要求用户重新输入密码。

（3）如果两次密码是一样，且用户提交修改的个人密码，则系统修改该用户的个人密码。否则，系统不修改该用户的个人密码。

（4）系统退回到个人信息管理主界面。

后置条件：如果用户成功修改了个人密码，则个人信息表发生变化。

7. "通讯录管理"用例

用例名：通讯录管理。

参与者：用户。

前置条件：用户进入系统主界面。

主事件流：

(1) 用户在功能导航栏上选择"通讯录管理"菜单，系统列出用户的好友通讯录信息。

(2) 用户选择"增加联系人"选项，进入"增加联系人"用例。

(3) 用户选择"查看联系人"选项，进入"查看联系人"用例。

(4) 用户选择"修删联系人"选项，进入"修删联系人"用例。

(5) 用户选择退出，则退出系统。

后置条件：如果用户成功修改了好友通讯录信息，则通讯录表发生变化。

8. "增加联系人"用例

用例名：增加联系人。

参与者：用户。

前置条件：用户进入通讯录管理主界面。

主事件流：

(1) 用户创建一条新记录，可以输入好友的相关信息。

(2) 系统检查电话和电子邮箱地址格式是否正确。如果不正确，则要求用户重新输入电话或好友邮箱。

(3) 如果必填项目都有内容，且用户提交创建的好友信息，则系统增加该用户的好友信息。否则，系统不修改该用户的好友信息。

(4) 系统退回到通讯录管理主界面。

后置条件：如果用户成功修改了好友信息，则好友信息表发生变化。

9. "查看联系人"用例

用例名：查看联系人。

参与者：用户。

前置条件：用户进入通讯录管理主界面。

主事件流：

(1) 用户输入要查找的好友姓名。

(2) 如果该好友存在，则系统列出该好友的信息。否则系统列出该用户的所有好友的信息。

(3) 系统退回到通讯录管理主界面。

后置条件：无。

10. "修删联系人"用例

用例名：修删联系人。

参与者：用户。

前置条件：用户进入通讯录管理主界面。

主事件流：

(1) 用户输入要修删的好友姓名。

(2) 如果该好友不存在，则系统退回到通讯录管理主界面。

(3) 如果该好友存在，则用户可以修改该好友的信息。

（4）如果必填项目都有内容，且用户提交修改的好友信息，则系统修改用户的该好友信息。否则，系统不修改该用户的好友信息。

（5）如果用户删除该好友，则系统删除掉用户的该好友信息。

（6）系统退回到通讯录管理主界面。

后置条件：如果用户成功修删了好友信息，则好友信息表发生变化。

11."日程安排管理"用例

用例名：日程安排管理。

参与者：用户。

前置条件：用户进入系统主界面。

主事件流：

（1）用户在功能导航栏上选择"日程安排管理"菜单，系统列出用户已经安排好的日程信息。

（2）用户选择"增加日程"选项，进入"增加日程"用例。

（3）用户选择"查看日程"选项，进入"查看日程"用例。

（4）用户选择"修删日程"选项，进入"修删日程"用例。

（5）用户选择退出，则退出系统。

后置条件：如果用户成功修改了日程安排信息，则日程安排表发生变化。

12."增加日程"用例

用例名：增加日程。

参与者：用户。

前置条件：用户进入日程安排管理主界面。

主事件流：

（1）用户创建一条新记录，可以输入今后的日程安排的相关信息。

（2）系统检查日程时间是否在今日之后。如果不是，则认为日程时间不合规范，要求用户重新输入日程时间。

（3）如果必填项目都有内容，且用户提交创建的日程安排信息，则系统增加该用户的日程安排信息。否则，系统不修改该用户的日程安排信息。

（4）系统退回到日程安排管理主界面。

后置条件：如果用户成功修改了日程安排信息，则日程安排信息表发生变化。

13."查看日程"用例

用例名：查看日程。

参与者：用户。

前置条件：用户进入日程安排管理主界面。

主事件流：

（1）用户输入要查找的日程时间。

（2）如果该日程安排存在，则系统列出该日程安排的信息。否则系统列出该用户的所有日程安排的信息。

（3）系统退回到日程安排管理主界面。

后置条件：无。

14.“修删日程”用例

用例名：修删日程。

参与者：用户。

前置条件：用户进入日程安排管理主界面。

主事件流：

（1）用户输入要修删的日程时间。

（2）如果该日程安排不存在，则系统退回到日程安排管理主界面。

（3）如果该日程安排存在，则用户可以修改该日程安排的日程内容信息。

（4）如果必填项目都有内容，且用户提交修改的日程安排信息，则系统修改用户的该日程安排信息。否则，系统不修改该用户的日程安排信息。

（5）如果用户删除该日程安排，则系统删除掉用户的该日程安排信息。

（6）系统退回到日程安排管理主界面。

后置条件：如果用户成功修删了日程安排信息，则日程安排信息表发生变化。

15.“个人文件管理”用例

用例名：个人文件管理。

参与者：用户。

前置条件：用户进入系统主界面。

主事件流：

（1）用户在功能导航栏上选择“个人文件管理”菜单，系统列出用户的个人文件信息。

（2）用户选择“上传文件”选项，进入“上传文件”用例。

（3）用户选择“文件列表”选项，进入“文件列表”用例。

（4）用户选择“下载文件”选项，进入“下载文件”用例。

（5）用户选择退出，则退出系统。

后置条件：如果用户成功修改了个人文件信息，则个人文件表发生变化。

16.“上传文件”用例

用例名：上传文件。

参与者：用户。

前置条件：用户进入个人文件管理主界面。

主事件流：

（1）用户创建一条新记录，可以输入个人文件的相关信息。

（2）系统单击“浏览”按钮，弹出“目录确定”对话框。等待用户指定个人文件所存放的位置。

（3）系统检查欲上传的文件的目录地址是否有效。如果无效，则要求用户重新输入文件所在地址。

（4）如果必填项目都有内容，且用户提交创建的个人文件信息，则系统增加该用户的个人文件信息。否则，系统不修改该用户的个人文件信息。

（5）系统退回到个人文件管理主界面。

后置条件：如果用户成功修改了个人文件信息，则个人文件信息表发生变化。

17. "文件列表"用例

用例名：文件列表。

参与者：用户。

前置条件：用户进入个人文件管理主界面。

主事件流：

（1）系统列出该用户的所有文件的信息。

（2）系统退回到个人文件管理主界面。

后置条件：无。

18. "下载文件"用例

用例名：下载文件。

参与者：用户。

前置条件：用户进入个人文件管理主界面。

主事件流：

（1）用户输入要下载的文件标题。

（2）如果该文件不存在，则系统退回到个人文件管理主界面。

（3）如果该文件存在，则单击"下载"按钮，弹出"保存文件"对话框，要求用户确定文件下载后存放的目录。

（4）在"保存文件"对话框中，用户可以选择一个已经存在的目录，也可以临时创建一个目录。

（5）系统从服务器中下载指定文件，保存到客户机上指定的目录下。

（6）系统退回到个人文件管理主界面。

后置条件：无。

12.4 静 态 建 模

用例模型主要用于描述系统的功能，可以辅助明确需求。对象结构模型则是系统诸模型中最为重要的一个模型。面向对象分析的主要任务是根据用户需求，建立一个准确、完整、一致的结构模型。静态建模的目的就是绘制结构模型，包括类图或对象图。

一切使用数据库管理系统建立数据存储机制的应用系统，都需要按照数据库设计原则，建立数据模型。面向对象分析技术中需要永久存储的数据都可以映射成实体类。因此，实体类之间关系构成的对象（结构）模型和数据模型可以相互转换。

所以，使用面向对象分析技术分析和设计应用系统时，常采用的策略是根据用例描述，找出实体类。通过分析实体类之间的关联关系（包括聚合关系和组成关系）和泛化关系，建立反映实体类之间关系的类图。再根据这样的类图，等价地转换成数据模型。根据数据模型和数据库设计规范，再设计出数据表的结构。

12.4.1 识别对象类

面向对象的分析与设计要求从名词、用例、问题域空间和对象分类等不同角度识别对象和类。基于这一思路，在本系统的分析中，利用用例描述文本中出现的名词和名词短语来提取对象、类。

登录系统是需要账号的。根据"注册"用例和"个人信息管理"用例各自处理的信息来看,都是与个人基本情况有关的信息。因此,可以考虑建立一个"用户"类,用于存储个人基本情况。

根据"通讯录管理"用例处理的信息来看,都是与注册用户的好友情况有关的信息。因此,可以考虑建立一个"朋友"类,用于存储好友的通讯情况。

根据"日程安排管理"用例处理的信息来看,都是与注册用户的日程计划情况有关的信息。因此,可以考虑建立一个"日程"类,用于存储日程计划情况。

根据"个人文件管理"用例处理的信息来看,都是与注册用户要处理的私人文件有关的信息。因此,可以考虑建立一个"文件"类,用于存储个人文件情况。

12.4.2　识别属性

属性是一个类的所有实例对象都具备的可以相互区别的具体特征。实体类的属性对应于对象实例里保存的数据内容,也就是从属于实体类的所有信息。在面向对象的分析过程中,寻找分析类的属性时,要把注意力集中在那些数据类型较为简单的属性上。如果发现了一些复杂的数据结构,则有可能意味着两种情况:一种是把这个属性作为单独的类来认识;另一种是这个属性有可能利用分析类之间的关系来表述。由于本系统是一个小型系统,因此识别的主要属性比较简单。

(1) 用户类(User):登录名(userName)、登录密码(password)、真实姓名(name)、性别(sex)、出生日期(birth)、民族(nation)、学历(edu)、职称(work)、电话(phone)、住址(place)、邮箱(email)。

(2) 朋友类(Friends):登录名(userName)、好友姓名(name)、好友电话(phone) 、好友邮箱(email)、好友工作单位(workPlace)、好友住址(place)、好友 QQ 号(qq)。

(3) 日程类(Date):登录名(userName)、日程时间(date)、日程内容(thing)。

(4) 文件类(File):登录名(userName)、文件标题(title)、文件名称(name)、文件类型(contentType)、文件大小(size)、文件路径(filepath)。

12.4.3　绘制类图

分析实体类之间的关系表明了一个或多个类之间在结构上的相互关系。实体类之间的关系主要有关联关系、聚合关系、组成关系、泛化关系。

朋友类、日程类、文件类各自存储的数据都是与登录用户相关的,因此它们各自和用户类之间存在关联关系。朋友类、日程类、文件类之间,虽然存在共同的属性,但是这个属性只是起到关联到用户类的作用。所以,朋友类、日程类、文件类之间不存在关系。多重性分析比较简单,一个登录用户可以有 0 个或多个好友。其余的以此类推。最后,确定的实体类之间的关系如图 12.17 所示。

12.4.4　绘制数据模型

根据图 12.17 提供的类图,可以等价地转换成图 12.18 所示的数据模型,即数据库管理系统中数据表之间的关系图。

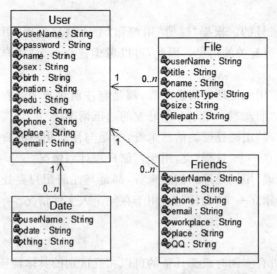

图 12.17　实体类的类图

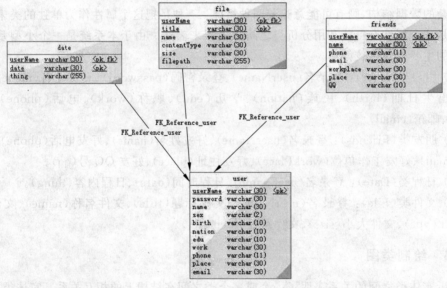

图 12.18　数据模型图

12.4.5　设计数据表

本案例使用关系型数据库 My SQL 5.0。在 DBMS 环境下建立数据表和数据表之间关系后，得到数据表关系图如图 12.19 所示。

在关系型数据库中设计数据表时，除了确定每个数据表的字段之外，最主要的任务是要确定每个数据表的主键和外键，此外每个数据表要尽量满足 3NF 范式。表 12.1～表 12.4 给出了 My SQL 5.0 中设计的数据表的结构。

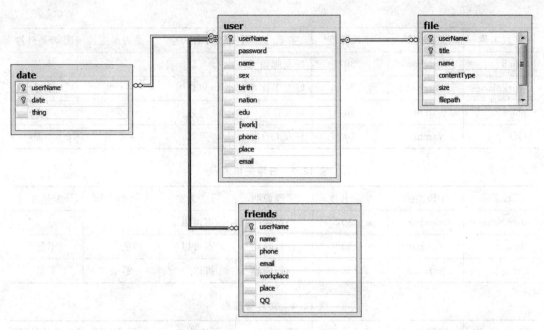

图 12.19 数据表关系图

表 12.1 用户表

字段名称	字段类型	字段长度	字段说明	可否为空	是否是主键	是否是外键
userName	varchar	30	登录名	不可以	是	不是
password	varchar	30	登录密码	可以	不是	不是
name	varchar	30	真实姓名	可以	不是	不是
sex	varchar	2	用户性别	可以	不是	不是
birth	varchar	10	出生日期	可以	不是	不是
nation	varchar	10	用户民族	可以	不是	不是
edu	varchar	10	用户学历	可以	不是	不是
work	varchar	30	用户职称	可以	不是	不是
phone	varchar	11	用户电话	可以	不是	不是
place	varchar	30	用户住址	可以	不是	不是
email	varchar	30	用户邮箱	可以	不是	不是

表 12.2 通讯录表

字段名称	字段类型	字段长度	字 段 说 明	可否为空	是否是主键	是否是外键
userName	varchar	30	登录名	不可以	是	是
name	varchar	30	好友名称	不可以	是	不是
phone	varchar	11	好友电话	可以	不是	不是

字段名称	字段类型	字段长度	字 段 说 明	可否为空	是否是主键	是否是外键
email	varchar	30	好友邮箱	可以	不是	不是
workplace	varchar	30	好友工作单位	可以	不是	不是
place	varchar	30	好友住址	可以	不是	不是
QQ	varchar	10	好友 QQ 号	可以	不是	不是

表 12.3　日程安排表

字段名称	字段类型	字段长度	字段说明	可否为空	是否是主键	是否是外键
userName	varchar	30	登录名	不可以	是	是
date	varchar	30	日程时间	不可以	是	不是
thing	varchar	255	日程内容	可以	不是	不是

表 12.4　文件管理表

字 段 名 称	字段类型	字段长度	字段说明	可否为空	是否是主键	是否是外键
userName	varchar	30	登录名	不可以	是	是
title	varchar	30	文件标题	不可以	是	不是
name	varchar	30	文件名称	可以	不是	不是
contentType	varchar	30	文件类型	可以	不是	不是
size	varchar	30	文件大小	可以	不是	不是
filepath	varchar	255	文件路径	可以	不是	不是

12.5　动 态 建 模

对象结构模型描述了系统的静态结构,但对系统的消息和操作认识不够,因此,需要进一步分析系统的动态行为。在类概念的前提下,建立交互模型,以对象为中心描述对象间的交互行为和对象的状态变化。动态建模的目的就是绘制交互模型,包括顺序图、协作图、活动图和状态图。

交互模型有助于识别系统操作和行为。对于需求而言,关心的是系统的功能内涵,至于如何实现,是详细设计时应该关注的问题。在用例建模中获得的每个用例都描述了系统的一项功能内涵。在动态建模中每个顺序图、协作图或活动图都可以精确地描述一个用例的实现。

12.5.1　绘制顺序图

顺序图描述了对象之间传递消息的时间顺序。对象之间通过消息的传递,实现合作,共同完成一个用例的全部或部分操作流程。

在面向对象分析技术中,UML 突出的贡献之一就是提出了边界类、控制类、实体类的概念。

用户操作应用系统中的某个功能,在很多情况下需要输入数据或输出(或显示)数据,因此,必然存在操作界面,为用户和应用系统进行交互提供桥梁。为了突出操作界面,便于系统的可修改性,UML 使用了边界类来完成这种工作的执行。

一个用例除了主要流程之外,有时还需要很多的分支流程。每一条分支都存在一个分支判定。分支判定越多,用例的实现越复杂。因此,为了有效地控制用例实现的复杂性,便于系统的可修改性和可扩展性,UML 使用了控制类来完成这种工作的执行。

大多数的应用系统都需要将处理过的数据保存起来,以便在下次运行系统时还能够调出这些数据进行处理。因此,为了有效地分离数据的加工和存储,便于系统的基于组件的体系结构的搭建,UML 使用了实体类来完成数据的永久存储,实体类的方法来实现数据存取的执行。一旦从实体类的对象取出属性值后,交给控制类或边界类进行数据加工,从而实现了 MVC(Model-View-Control)体系架构模式。

基于 Struts2 框架实现的应用系统,使用 JSP 页面实现边界类,使用 Action 实现控制类,使用 JavaBean 实现实体类。下面通过"登录"用例的实现代码来详细解释如何通过阅读程序源代码,寻找边界类、控制类、实体类,以及它们之间的消息。

1. Struts2 框架的工作机制

使用 Struts2 框架开发 Web 应用系统,必须创建两个文件夹 WebRoot 和 src。文件夹 WebRoot 下存放的是 JSP 文件,用于提供用户操作应用系统的界面,主要提供功能模块间的跳转、数据的输入、数据的输出。文件夹 src 下存放的是文件夹 Action,文件夹 Action 下存放的是 Java 文件,用于提供操作流程的控制和数据库的存取。

为了实现系统的分组机制,可以根据系统要实现的功能(主要指用例),将用例实现的相关类存放在一个包(即文件夹)下。在本案例的实现中,"登录"用例的实现包括 index.jsp 文件和 LoginAction.java 文件。前者存放在文件夹 WebRoot\login 下,后者存放在文件夹 src\edu\login\Action 下。简言之,JSP 文件所在的文件夹对应地有一个 Action 文件夹。index.jsp 文件实现了边界类的作用,LoginAction.java 文件实现了控制类的作用。

为了实现应用系统的功能实现与数据库中数据存取的操作实现的分离,提高系统的可扩展性和可复用性,真正实现基于体系结构的设计思想,将连接数据库和对数据库的存取操作封装到 DBJavaBean 包中的 DB 类中,该类提供了项目中对数据库中的所有数据表进行存取操作用到的所有方法。

2. 分析边界类

"登录"用例使用 index.jsp 文件实现用户操作应用系统中"登录"用例的交互界面。图 12.20 中给出了 index.jsp 文件中的核心代码。

从图 12.20 中可以看出,边界类 index.jsp 主要实现从用户那里获取 userName 和 password 两个输入数据(通过键盘输入)。随后通过表单(form)控件的 action 属性,指向 loginAction.java 文件。再通过表单(form)控件的 input 方法,调用 loginAction.java 文件,从而将 userName 和 password 两个输入数据传递给 loginAction.java 文件。调用消息的名字是 submit,也可以认为是"确定"。超链接(a href)控件完成跳转到 register.jsp 页面的功能,意味着用户在登录系统时,先进行注册操作。因此,超链接(a href)控件实现了"登录"用

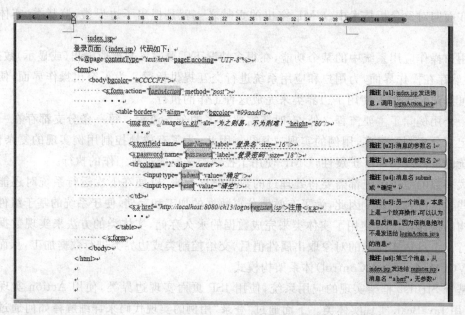

图 12.20 "登录"用例的边界类 index.jsp 的核心代码的截图

例到"注册"用例的扩展关系。

3. 分析控制类

"登录"用例的登录页面（index.jsp）对应的业务控制器类 loginAction.java 文件，实现用户操作应用系统中"登录"用例的控制行为。图 12.21 中给出了 loginAction.java 文件中的核心代码。

从图 12.21 中可以看出，控制类 loginAction.java 要检查 index.jsp 传递来的 userName 和 password 两个变量是否有值。在有值的情况下，还要通过 DB.java，到数据库中查找数据表 user 中是否有登录名为 userName 变量值同时登录密码为 password 变量值的记录。如果存在这样的记录，就返回"成功"消息，否则退出应用系统。而是否要检查用户输入的登录名和登录密码是否正确，是由"登录"功能的业务规则决定的。所以说，loginAction.java 文件实现了"登录"功能的业务规则。

4. 分析实体类

"登录"用例的控制类 loginAction.java 文件只是实现了"登录"功能的业务规则。至于如何从数据表 user 中存取数据，则由 DB.java 文件来实现。数据表 user 的结构如表 12.1 所示，对应为实体类 user。实体类 user 的属性如图 12.17 所示。

在 UML 技术中，通常把实体类映射为数据库中的数据表。因此，设计了实体类的结构和实体类之间的关系，就可以获得数据库中的数据模式的设计。反之亦然。可以通过解读数据库中存在的数据表，以及数据表之间的关系，就可以获得应用系统中所设计的所有实体类，以及实体类之间的关系。因此，分析实体类的工作，实际上已经在 12.4 节中完成了。本节的主要任务是分析操作实体类的（控制）类的设计与实现。

在本案例中，DB.java 文件实现对实体类的操作。因此，DB.java 文件是一个控制类。但是，与控制类 loginAction.java 文件不同的是，DB.java 文件与业务规则无关；DB.java 文件通过接口实现数据库的连接和数据表的操作。因此，在本案例的分析中，把对 DB.java 文

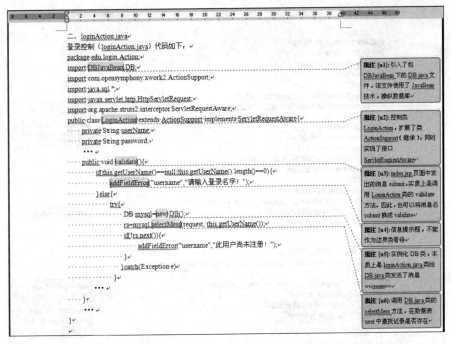

图 12.21 "登录"用例的控制类 loginAction. java 的核心代码的截图

件的分析归类到实体类的分析活动中。换句话说,通过解读 DB. java 文件,可以清晰地看到实体类的存在和操作。也就是说,即使不分析数据库中的数据表的设计,仅仅通过解读 DB. java 文件,也一定能够获知实体类的具体情况。而这是在无法获取数据库的管理工具 DBMS,或者即使有 DBMS 但无法打开数据库的情况下,能够弄明白应用系统中使用的实体类的情况的唯一途径。

数据库操作类 DB. java 文件,实现对数据库中数据表的操作的封装,即 DB 类封装了项目中所有与数据库操作有关的方法。图 12.22 中给出了 DB. java 文件中的核心代码。

DB. java 操作数据库有两种方式:一种方式是使用 DBMS 的 SQL 语句(如批注[u5]和[u6]所示);另一种方式是使用 JavaBean 技术(如批注[u7]和[u8]所示)。前者以整条记录为操作单位,后者以单个字段为操作单位。

无论是解读 SQL 语句,还是 JavaBean 技术,都可以找到要处理的数据表(如 user),以及相关字段(如 name、sex 等)。

图 12.22 只是截取了 DB. java 文件的部分代码。事实上,所有的数据表(本案例中只有 4 个数据表 user、friends、date、file)的所有字段(本案例中数据表 user 只有 11 个字段,数据表 friends 只有 7 个字段,数据表 date 只有 3 个字段,数据表 file 只有 6 个字段)的处理都封装在 DB. java 文件中了。

5. 分析消息

在图 12.20 的分析中,边界类 index. jsp 发送消息 submit 给控制类 loginAction. java。该消息 submit 实际上是调用 loginAction. java 类的 validate 方法。

在图 12.21 的分析中,控制类 loginAction. java 发送消息 new 给控制类 DB. java。该消息 new 实际上是实例化 DB 对象。控制类 loginAction. java 发送消息 selectMess 给控制类

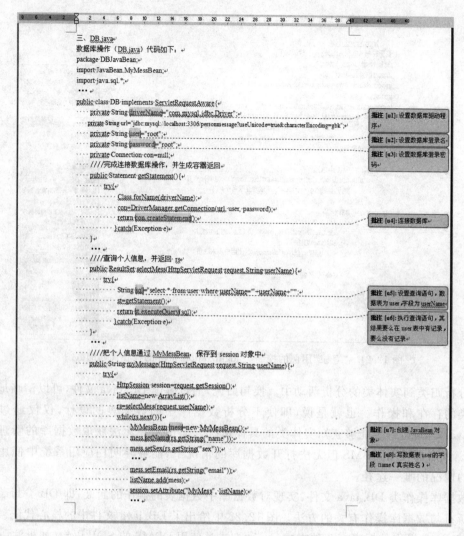

图 12.22　数据库操作类 DB.java 的核心代码的截图

DB.java。该消息 selectMess 实际上是调用 DB.java 类的 selectMess 方法。

　　因此，可以获得"登录"用例的顺序图中的消息，以及消息的发送者和接收者。在系统分析阶段，可以绘制出图 12.23 所示的"登录"用例的顺序图。在系统设计阶段，可以绘制出图 12.24 所示的"登录"用例的顺序图。

　　两者的区别在于，分析阶段只能大致确定消息的数量、类型、参数、发送者和接收者；消息的名字无法落实到对象的方法名上，只能给出表达"语义"的自然语言命名的消息名字。相反，设计阶段已经确定了类的名字及属性名和方法名，确定了类所在的组件的名字。至此，消息的名字也可以最终确定了，可以落实到对象的方法名上。

　　两者的共同点在于，两者在消息的顺序上要保持一致。进一步地，设计阶段确定的顺序图是分析阶段确定的顺序图的细化。这也体现了迭代的思想和过程。

　　基于同样的分析方法，可以设计出其他用例的实现对应的顺序图。限于篇幅，在此略去。

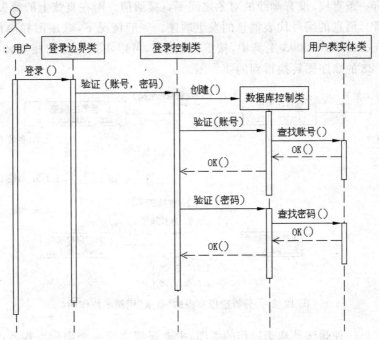

图 12.23　分析阶段获得的"登录"用例的顺序图

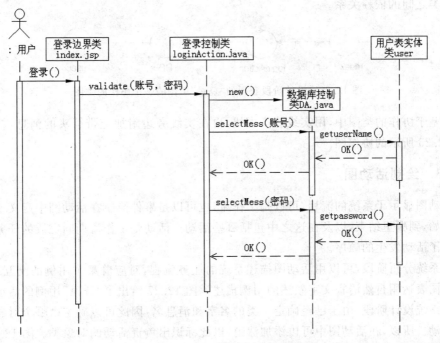

图 12.24　设计阶段获得的"登录"用例的顺序图

12.5.2　绘制协作图

协作图对在一次交互中有意义的对象和对象间的链建模。在协作图中,直接相互通信的对象之间有一条直线，没有画线的对象之间不直接通信。附在直线上的箭头代表消息（发送者和接收者），消息的编号代表消息的发生顺序。一般情况下，顺序图和协作图可以相互转换。在 Rational Rose 2003 工具中，按 F5 功能键，可以实现这样的相互转换。图 12.25 显示了图 12.23 的顺序图转换得到的协作图。

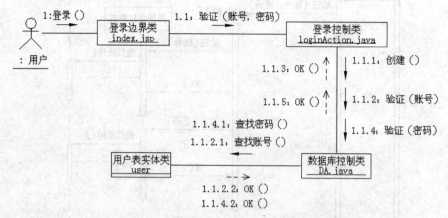

图 12.25　分析阶段获得的"登录"用例的协作图

协作图的另一种画法是基于协作的类图，主要强调完成一个用例实现所涉及的那些类之间的协作关系的语境。图 12.26 给出了这种类型的基于协作的类图。在图 12.26 中，虚线表示类之间的依赖关系。

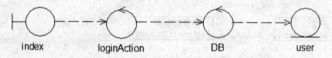

图 12.26　设计阶段获得的"登录"用例的基于协作的类图

在基于协作的类图中，用实线替换虚线，再在实线旁边附加上带箭头的消息，就可以获得图 12.25 所示的协作图。

12.5.3　绘制活动图

活动图显示了系统的流程，可以是工作流，也可以是事件流。在活动图中定义了流程从哪里开始，到哪里结束，以及在这之中包括哪些活动。活动是工作流期间完成的任务。活动图描述了活动发生的顺序。

在系统分析阶段，可以用活动图描述系统的业务流程，对应着某个用例的交互行为，即用活动图表达用自然语言文字叙述的用例描述。图 12.27 给出了"登录"用例的活动图。

在系统设计阶段，由于已经确定了类的名字和消息名，因此可以确定由哪个对象类负责哪个活动。所以，在活动图中可以添加泳道，以此标识出负责活动的对象类。图 12.28 给出了"登录"用例的带泳道的活动图。

图 12.27 和图 12.28 给出了两种类型的活动图。

两者的区别在于，分析阶段只能大致确定活动的数量、活动之间的控制流；活动的执行者还无法落实到对象类上，只能给出表达"语义"的自然语言命名的活动名字。相反，设计阶

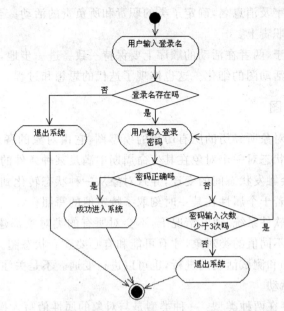

图 12.27　分析阶段获得的"登录"用例的活动图

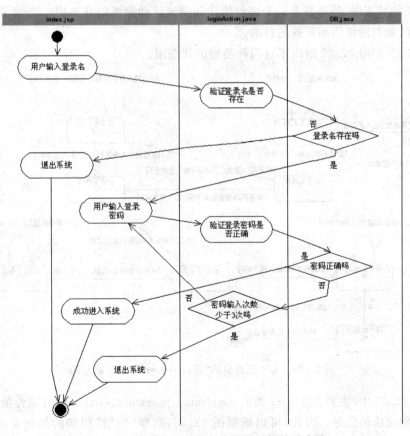

图 12.28　设计阶段获得的"登录"用例的活动图

段已经确定了类的名字及消息名,确定了类的职责和所负责的活动。至此,可以把活动归属到具体某个对象类的职责上。

两者的共同点在于,两者在活动的顺序上要保持一致。进一步地,设计阶段确定的活动图是分析阶段确定的活动图的细化。这也体现了迭代的思想和过程。

12.5.4 绘制状态图

状态图是一个类对象所经历的所有历程的模型图,它由对象的各个状态和连接这些状态的变迁组成。每个状态对一个对象在其生命周期中满足某种条件的一个时间段建模。当一个事件发生时,它会触发状态间的变迁,导致对象从一种状态转化到另一种状态。"状态"本质上是一个对象的若干个属性在某一时刻取了特定值的写照。

针对一个具体的软件系统,通常情况下,不会对所有的类对象都建立一个状态图,只有那些需要刻画属性取不同值的类对象,才有可能和有必要建立状态图。此外,为了支持测试用例的设计、编程活动和测试活动的进行,也可以进行变通。不是关注对象的属性取不同的值,而是关注对象的活动。

因此,状态图也存在两种类型:一种类型是与对象的属性值写入操作相关的状态图;另一种类型是与对象的活动(即属性值读取操作)相关的状态图。前者才是严格意义上的UML 定义的状态图,后者是专门为编程活动和测试活动服务的状态图。当然了,前者也满足为编程活动和测试活动服务的目的。

图 12.29 和图 12.30 给出了这两种类型的状态图。

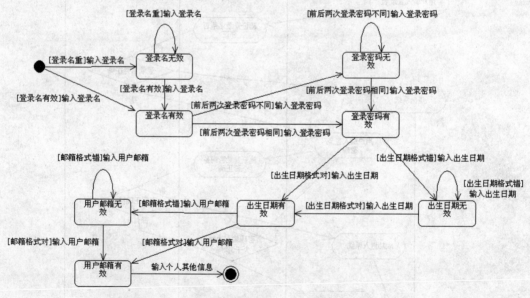

图 12.29　基于属性值的"用户类 user"对象的状态图

在图 12.29 中,主要关注 user 类的 userName、password、birth、email 属性值的赋值,是"注册"用例完成的任务。因此,可以根据图 12.29,指导"注册"用例的编程实现和测试活动。在图 12.30 中,主要关注 user 类的 userName、password 属性值的使用。当然了,根据图 12.30,也可以指导"登录"用例的编程实现和测试活动。

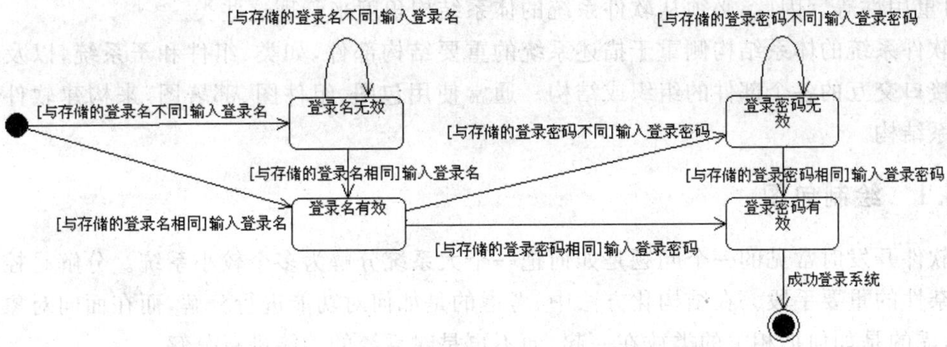

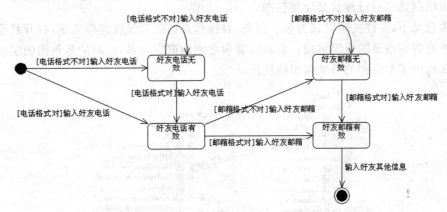

图 12.30　基于活动的"用户类 user"对象的状态图

因此,两种类型的状态图的主要区别在于是否要写入对象的属性值。前者需要写入,后者不需要写入。

图 12.31 和图 12.32 给出了其他类对象的状态图。

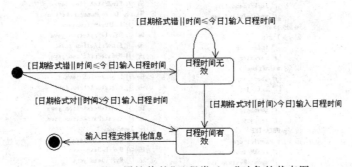

图 12.31　基于属性值的"朋友类 friends"对象的状态图

图 12.32　基于属性值的"日程类 date"对象的状态图

12.6　构 架 建 模

对象结构模型和对象动态模型刻画了实现用例功能的那些类的结构和交互行为。但是,如果不能有效地组织这些类的存放,就不利于软件系统的维护,包括可扩展性、可维护性、可重用性等。因此，必须从软件系统的体系结构角度来管理这些类。

软件系统的体系结构侧重于描述系统的重要结构部件，如类、组件和子系统，以及这些利用接口交互的各个部件的组织或结构。通常使用包图、组件图、部署图，来构建软件系统的体系结构。

12.6.1 绘制包图

软件开发时常见的一个问题是如何把一个大系统分解为多个较小系统。分解是控制软件复杂性的重要手段。在结构化方法中，考虑的是如何对功能进行分解，而在面向对象方法中，考虑的是如何把相关的类放在一起，而不再是对系统的功能进行分解。

包在开发大型软件系统时是一个非常重要的机制，它把关系密切的模型元素组织在一起。包中的模型元素不仅仅限于类，可以是任何 UML 模型元素，如类、接口、组件、结点、用例、图、包等。

包图是描述包之间关系的模型图，包之间的关系由包中所含的模型元素之间的关系决定。分组机制建模的过程就是绘制包图。

通常意义下，文件夹可以视为包。因此，在操作系统的目录管理模式下，打开目录树，就可以清晰地看到目录的组织结构。它对应着包之间的嵌套关系，反映的是包图的层次结构。图 12.33 给出了本案例的目录组织结构图。

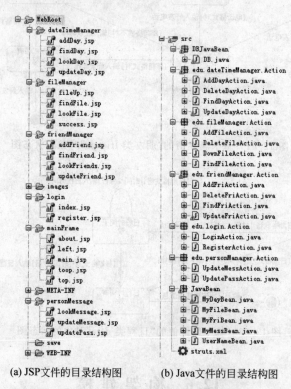

(a) JSP文件的目录结构图　　　(b) Java文件的目录结构图

图 12.33　个人信息管理系统的目录结构图

在图 12.33(a)中，描述了 JSP 文件（边界类）存放的目录结构形式。WebRoot 是一个根包，下面有 10 个一级子包（即直接子目录），分别是 dateTimeManager、fileManager、 friendManager、images、login、mainFrame、META-INF、personMessage、save、WEB-INF。

在图 12.33(b)中，描述了 Java 文件(控制类)存放的目录结构形式。src 是一个根包，下面有 3 个一级子包(即直接子目录)，分别是 DBJavaBean、edu、JavaBean。edu 包下面有 5 个一级子包，分别是 dateTimeManager、fileManager、friendManager、login、personManage。每个 edu 包的一级子包下面有一个 Action 子包。因此，Action 子包是 edu 包的孙子包，Action 子包是 src 包的重孙子包，dateTimeManager 子包是 src 包的孙子包。

此外，整个系统需要一个包 ch13，WebRoot 包和 src 包是 ch13 包的一级子包。根据上面的分析，可以获得包的嵌套关系，如图 12.34 所示。

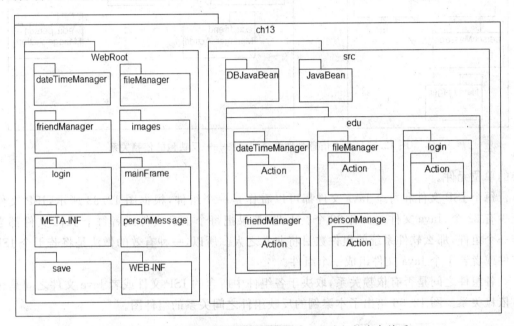

图 12.34　个人信息管理系统的包图——反映包的嵌套关系

包之间可以存在泛化关系和/或依赖关系，取决于包中所含的模型元素之间是泛化关系还是依赖关系。图 12.35 给出了本案例的反映包之间关系的包图。

例如，WebRoot∷login 包中的 index.jsp，需要用到 WebRoot∷mainFrame 包中的 about.jsp、left.jsp、main.jsp、toop.jsp、top.jsp。因此，WebRoot∷login 包依赖于 WebRoot∷mainFrame 包。src∷edu∷login∷Action 包中的 RegisterAction.java，需要用到 src∷JavaBean 包中的 MyMessBean.java，而 src∷JavaBean 包中的 MyMessBean.java 又需要用到 src∷DBJavaBean 包中的 DB.java。因此，src∷edu∷login∷Action 包依赖于 src∷JavaBean 包，而 src∷JavaBean 包又依赖于 src∷DBJavaBean 包。根据这样的分析方法，可以确定其他包之间的依赖关系。因为 WebRoot 包中的模型元素 login 包，需要用到 src 包中的模型元素 JavaBean 包，因此，WebRoot 包依赖于 src 包。

12.6.2　绘制组件图

组件图描述了系统中的各种组件(也称为构件)，用于描述系统的体系架构。组件可以是源代码组件、二进制文件组件或可执行文件组件。组件为软件系统的重用性提供了可替

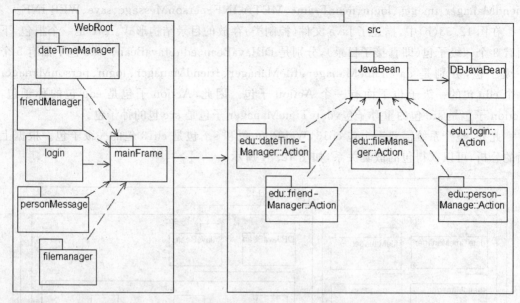

图 12.35　个人信息管理系统的包图——反映包的依赖关系

换的单位元件。

　　每个 JSP 文件和每个 Java 文件都可以看作是一个组件，根据图 12.33 所示，JSP 文件至少有 22 个，Java 文件至少有 22 个。因此，如果把每个 JSP 文件或者每个 Java 文件都当作一个组件，那么软件系统的组件数目将非常之大。所以，一种有效的做法是将若干个 JSP 文件或者若干个 Java 文件组成一个组件。

　　各组件之间是否有依赖关系，取决于各组件中所含的 JSP 文件或者 Java 文件之间是否有依赖关系。图 12.36 给出了本案例的反映组件之间关系的组件图。

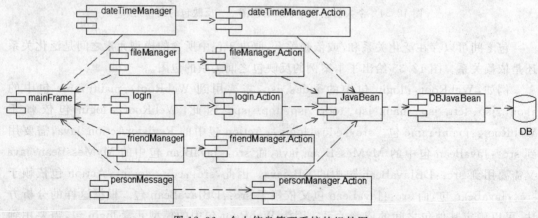

图 12.36　个人信息管理系统的组件图

　　当把若干个 JSP 文件或者若干个 Java 文件封装成一个组件时，获得的组件及组件图非常类似于反映包的依赖关系的包图，即图 12.36 与图 12.35 具有非常相似的结构。但是，它们还是有本质的区别。包图反映了软件系统的分组机制，通常说明如何把程序源代码存放在目录结构中。因此，包图有助于程序代码的编写管理。组件图反映了软件系统的软构件的替换机制,通常说明组件中的模型元素既可以是自己开发,也可以是第三方开发。因此,组件图有助于软件系统的功能模块的积木搭建管理。一种极端的情况是所有的源代码放在同一个目录下,但还是可以区分出哪些源代码需要自己开发,哪些源代码需要第三方开发。

尤其是基于体系结构的开发方法的提出,催生了许多标准的中间件的开发。比方说,连接数据库的接口中间件,Java 平台常用 JDBC 接口桥接数据库。还有网络通信方面的大量中间件。中间件技术加速了大型软件系统的研发进度,提高了软件系统的重用性。所以说,包图和组件图考虑问题的出发点是不同的,描述的软件系统的侧重点也是不同的,更不能彼此互相替代。

如果一个软件系统的源代码文件不是很多,或者,需要特别强调单个文件之间的组件关系,那么,也可以一个文件封装成一个组件。图 12.37 给出了部分 JSP 文件构成的组件图。

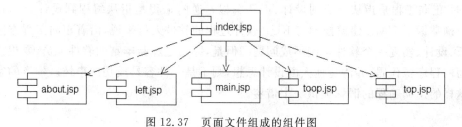

图 12.37　页面文件组成的组件图

12.6.3　绘制部署图

部署图描述了位于结点实例上的运行组件实例的安排,描述系统的实际物理结构。结点是一组运行资源,如计算机、设备、存储器、显示器、打印机等。有些资源具备运算能力,有些资源不具备运算能力。

一个软件系统只有一个部署图,部署图常用于帮助理解分布式系统。部署图涉及系统的硬件和软件,它显示了硬件的结构,包括不同的结点和这些结点之间如何连接,它还图示了软件模块的物理结构和依赖关系,并展示了对进程、程序、组件等软件在运行时的物理分配。

本案例是 Web 方式的软件系统,操作模式是 B/S 方式。因此,客户机上只需要安装浏览器。服务器上需要安装应用系统的可执行软件、支持网页浏览的 Web 服务软件、数据库管理系统。为了提高系统的安全性、可维护性、可扩展性,特地将应用系统的可执行软件安装在一台服务器上,将 Web 服务软件和数据库管理系统安装在另一台服务器上。由此得到如图 12.38 所示的部署图。

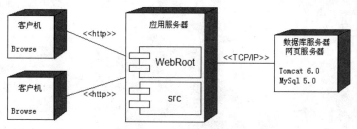

图 12.38　个人信息管理系统的部署图

12.7　本　章　小　结

（1）Web 方式的软件系统是适应互联网技术发展而兴起的一个应用领域。通过 B/S 操作模式，可以用浏览器代替客户端程序，方便用户的操作，满足系统升级的易操作性。

（2）实现 Web 方式的软件系统有两种主流流派：一种流派是基于 ASP. NET 框架；另一种流派是基于 J2EE 框架，而 J2EE 流派近些年又提出了 Struts2 框架。

（3）基于 Struts2 框架实现 Web 方式的软件系统，成为当前基于 Java 语言实现软件系统的热门技术，在世界范围内得到广泛应用，成功的案例数不胜数。因此，本章的分析与设计对从事这类软件系统开发的技术人员大有裨益。

（4）正向工程是指从分析到设计、再到编程。逆向工程是指从编程到设计、再到分析。对于正确掌握了 UML 建模技术与 RUP 软件过程的软件人员来说，沿着正向工程方向顺利地分析、设计、实现一个软件系统不成问题。但是，即使是经验丰富的软件人员，要想读懂他人编写的程序源代码，弄清楚他人的设计思想，则不是一件容易成功的事情。本章的宗旨就是为这样的逆向工程的锻炼提供一个借鉴。

12.8　习　　题

仅仅描述问题需求不是本章的目的，根据问题需求进行 UML 的设计已经分别贯穿第 2 章和第 3 章～第 8 章。本章是希望引导读者学会如何阅读他人编写的系统程序代码，来反推出 UML 的设计结果。如果读者手头上没有一个可运行的基于 Struts2 技术的系统，那么也就没有必要做练习了。如果手头上有一个可运行的基于 Struts2 技术的管理信息系统，请采用逆向工程方法分析该系统。

附录 A   部分习题参考答案

A.1   第1章习题参考答案

1.10.1   填空题

1. 标识   分类   多态   继承

2. 紧密

3. 标识

4. 服务

5. 封装

6. 消息   对象标识   输入信息

7. 功能分解   现实对象

8. 抽象   封装   继承   分类

9. 面向对象的分析(OOA)   面向对象的设计(OOD)   面向对象的编程(OOP)   面向对象的测试(OOT)   面向对象的软件维护(OOSM)

10. CRC(类、责任、协作)方法

11. 对象是对问题域中某个实体的抽象   类是对具有相同属性和行为的一个或多个对象的描述

12. 对象是类的实例   类是对象的定义模板

13. 属性是描述对象静态特征的一个数据项   服务是描述对象动态特征(行为)的一个操作序列

14. 类属性是描述类的所有对象的共同特征的一个数据项。对于任何对象实例,它的属性值都是相同的

15. 名称   属性   操作

16. 封装   继承   多态

17. 继承

18. 封装   继承   多态性

19. 对象模型   动态模型   功能模型

1.10.2   选择题

1. A B C D

2. C

3. C

4. A C

5. C

6. A D

7. A B

8. A C D

9. C

10. D

11. A B C D

12. A B D

13. A

14. C

15. D

16. A

17. A B C D

A.2 第2章习题参考答案

2.6.1 填空题

1. 依赖 泛化 关联 实现

2. 视图 图 模型元素

3. 实现视图 部署视图

4. 构造型 标记值 约束

5. 规格说明 修饰 通用划分

6. 用例 静态 动态

7. 用例 逻辑 实现 进程 部署

8. 用例 类图 对象图 包图 组件图 部署图 活动图 顺序图 状态图 协作图

9. 基本构造块 规则 公共机制

10. 需求模型 静态模型 动态模型 构架模型

11. 唯一性 连续性 维护性 复用性 逐步完善

2.6.2 选择题

1. D

2. C

3. A

4. A B

5. C

6. A

7. B

8. C

9. D

10. B

2.6.3 简答题

7. 答：管理 UML 规范的组织是对象管理组织（Object Management Group，OMG），其

目标是标准化分布式系统开发的对象技术。

8. 答：用例图。

9. 答：类图、对象图、组件图、部署图。

10. 答：用例图、活动图、顺序图、协作图、状态图。

11. 答：基本构造块规范了使用 UML 进行建模的模型元素的定义及图形符号；规则规范了如何将基本构造块放在一起；公共机制规范了对各种图中的模型元素进行详细的说明和解释的方式。

14. 答：需求分析包括建立问题领域的业务模型和用户需求分析模型。通过获取需求，得到描述系统所需功能的用例、业务流程或清晰的正文。在分析阶段创建的 UML 图有用例图、类图、活动图。

15. 答：设计是分析结果在技术上的扩充和改编，它的注意力集中于计算机中如何实现该系统。设计阶段可以分为两部分：结构设计和详细设计。

结构设计是高层设计，其任务是定义包(子系统)，包括包与包之间的依赖关系和主要通信机制。详细设计是底层设计，其任务是细化包的内容，使编程人员得到所有类的足够清晰的描述。在设计阶段创建的 UML 图有类图、对象图、包图、顺序图、协作图、活动图、状态图、组件图、部署图。

16. 答：实现活动实际上就是编写代码，把设计模型图和规约转换成程序代码。在实现阶段要依靠设计阶段的类图、顺序图、协作图、活动图、状态图、组件图。

17. 答：测试的目的是发现代码中的错误。测试使用的每个测试用例，要指明做什么，测试哪些数据，期望得到什么结果。在测试阶段要依靠用例图、顺序图、协作图、状态图、活动图、组件图、部署图。

18. 答：配置是在系统建模阶段后期和移交阶段进行的，其任务是根据系统工作环境的硬件设备，将组成系统体系结构的软件构件分配到相应的计算机上。在配置阶段要依靠组件图、部署图。

19. 答：核心支持工作包括配置与变化管理、项目管理及环境设置。

(1) 配置与变化管理贯穿于整个开发过程的各个阶段，主要工作是协调各开发活动之间因环境配置发生变化所引起的矛盾，调整各个活动的进度及相互之间的连接。

(2) 项目管理贯穿于整个开发过程的各个阶段，主要工作是为开发过程的各个阶段和循环迭代中相应的活动制订计划、检查计划执行情况、调整进度、调配人员、经费使用管理等。还要协调与项目有关的投资方、用户与开发人员之间的关系。

(3) 环境设置在开始阶段和详细规划阶段进行，包括硬件环境、软件系统使用环境、企业文化背景和最终用户操作人员的素质等。

20. 答：可视化、文档化的模型是现实世界的简化，用于更好地理解系统。UML 开发过程产生 9 种模型。

(1) 业务模型：建立问题领域的组织结构和业务流程的抽象。描述方式：需求分析规格说明书。

(2) 领域模型：建立问题领域的需求分析说明。描述方式：需求分析规格说明书。

(3) 用例模型：表达系统的功能。描述方式：用例图、活动图及需求分析规格说明书。

(4) 分析模型：建立实现功能的对象及对象之间的关系。描述方式：类图、对象图、包图、顺序图、协作图、状态图、活动图。

（5）设计模型：细化分析模型中的各种图的细节，提出系统具体解决方案。描述方式：类图、对象图、包图、顺序图、协作图、状态图、活动图。

（6）进程模型：描述系统并发和同步机制。有多线程的并发系统才建立进程模型。描述方式：顺序图、协作图、状态图、活动图、组件图、部署图。

（7）实现模型：描述软件的系统体系结构。描述方式：包图、组件图。

（8）配置模型：描述系统在各个硬件上的配置。描述方式：部署图。

（9）测试模型：描述验证系统功能的途径。描述方式：测试用例、测试报告。

21. 答：文档资料是 UML 开发过程中所获得的信息集，包括技术文档和管理文档。

技术文档又包括：①需求分析信息集：软件需求规格说明书、需求补充说明、业务用例图等；②设计信息集：软件设计规格说明书、图形界面、类图、对象图、包图、顺序图、协作图、状态图、活动图；③实现信息集：源程序清单、动态链接库说明、用户使用手册、组件图等；④配置信息集：部署图及详细说明。

管理文档包括风险分析说明、软件开发进度计划、配置计划、测试计划、测试方案与步骤等。

A.3　第 3 章习题参考答案

3.8.1　填空题

1. 参与者（角色）　用例　系统边界　关联
2. 用例图
3. 包含　扩展　泛化
4. 用例粒度
5. 组成部分　系统外部
6. 用例　活动　类和对象
7. 确定系统边界　确定参与者和用例　细化用例　编写用例描述　审核用例模型
8. 人　外部系统
9. 继承　包含　扩展　使用

3.8.2　选择题

1. B　C　D
2. A　C　D
3. C
4. C
5. D
6. A
7. C
8. D
9. B

10. A

3.8.3 简答题

1. 答：包含关系中基本用例的部分功能被提取出来,组成另一个独立的用例——包含用例。因此,在包含关系中,基本用例的部分功能需要包含用例来提供,即包含用例是一定会执行的。

扩展关系和泛化关系类似,都是对一个公共用例进行功能扩大。不同的是,在泛化关系中,子用例可能提供了覆盖父用例的功能,且子用例可以单独执行;在扩展关系中,扩展用例(相当于子用例)只能提供基本用例(相当于父用例)没有的功能,且扩展用例不能单独执行,且扩展用例的执行受基本用例中的扩展点上的条件的约束。

2. 答：有缺陷。用例只能反映系统的功能需求,不能反映系统的非功能需求。采用自然语言描述的文本格式的需求规格说明补充说明,加以弥补。

3. 答：有 2 个层次。在"含义"层次上的泛化,在"行为"层次上的泛化。

4. 答：可以自定义新版型的关系。例如,"使用"关系,表明"读者"参与者通过"使用""图书管理员"参与者,来操作图书借还功能。

5. 答：箭头指向用例,表明参与者使用用例。箭头指向参与者,表明用例传递处理结果给参与者。

6. 答：相同点：两者都是可独立执行的功能单元,都要说明动作序列。

不同点：用例需要指明参与交互的系统外部实体。

7. 答：用例的核心是用例和参与者之间的交互行为。由用例描述表达。

8. 答：用例是与实现无关的,它只描述用户看到的系统的功能。因此,用例不可能涉及实现操作步骤的类的方法。用例到类的映射是在系统分析与设计阶段完成的。可以用"协作"来表达用例的实现。此时,协作不是用例,从两者的图形符号不一样也可以看出结果。

9. 答：用例描述的核心至少包括四部分：前置条件,后置条件,主事件流,子事件流。

10. 答：用例图＋用例描述。用例图包含参与者、用例、它们之间的关系。用例描述说明每个用例的动作序列的详细情况。

11. 答：多个用例图构成用例模型,用例建模是创建用例模型的过程。

12. 答：确认系统要实现的功能有哪些。

13. 答：共同特征：都必须带有参与者(可以是执行者,也可以是接收者)及他要完成的任务。

14. 答：共同特征：处理的事件和处理事件的步骤。

15. 答：进一步调整用例的粒度,创建新的泛化、包含、扩展等关系,提高软件重用率。

16. 答：提供主要业务术语和定义的字典,解决同音异义词和同义异音词的问题。

17. 答：用例粒度是指用例的规模,即它的主事件流和子事件流的综合步骤的大小。动作步骤越多,表明用例粒度越大,将来对应的程序代码就越长。用例粒度的大小决定了用例模型的复杂度,决定了用例之间进行通信的成本大小,进而决定了系统耦合复杂度。

A.4 第4章习题参考答案

4.12.1 填空题

1. 对象 链

2. 依赖 泛化 关联 实现

3. 类

4. 类 接口 数据类型 构件

5. 共有类型 私有类型 受保护类型

6. 对象的静态模型 对象的动态模型 系统功能模型

7. *

8. 确定对象和类 定义类的接口 定义类之间的关系 建立类图 建立系统包图

9. 1

10. 深入细化

4.12.2 选择题

1. A B

2. C

3. D

4. D

5. C

6. B

7. D

8. C

4.12.3 简答题

1. 答：对象是类的实例，链是关联的实例。

2. 答：建立对象静态模型、对象动态模型和系统功能模型，编制系统分析规格说明文档。

3. 答：对象静态模型描述了系统的静态结构，包括构成系统的类和对象、它们的属性和操作，以及这些对象类之间的关系。建立对象静态模型的开发过程是一个不断反复精炼的过程，需要对对象静态模型做整体性和一致性的检查。对象静态模型是系统开发模型的核心模型，实质上是定义系统"对谁做"的问题。

4. 答：[可见性]属性名[：类型]['[多重性 [次序]]'] [＝初始值][{约束特性}]

5. 答：[可见性]操作名[(参数列表)][：返回类型][{约束特性}]

6. 答：关联类是描述关联的属性的类。一个关联类图如图 A.1 所示。

Contract 类是一个关联类，Contract 类中有属性 salary，这个属性描述的是 Company 类和 Person 类之间的关联的属性。

4.12.4 简单分析题

1. 超市购买商品系统

解：

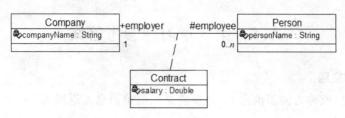

图 A.1 关联类图

（1）需求陈述中隐含的关联。

① 超市拥有多个销售点终端；②系统处理并发的访问；③系统维护事务日志；④系统必须提供安全性与可靠性。

（2）根据问题域知识得出的关联。

① 系统是由一个局域网络组成的；②购物单处理在后台服务器端。

经过初步分析得出的关联只能作为候选的关联，还需要经过进一步的筛选，以去掉不必要、不正确的关联。筛选标准如下。

（1）已删除的类之间的关联。

如果在分析确定类与对象的过程中已经删除了某个候选类，则与这个类有关的关联也应该去掉，或重新表达这个关联。例如，由于已经删除了"系统"、"营业厅"等候选类，因此与这些类有关的关联也应该删除。

（2）与问题域无关的或应在实现阶段考虑的关联。

例如，"系统处理并发的访问"并没有标明对象之间的新关联，它告诉人们在实现阶段需要使用实现并发访问的算法，以处理并发事务。

（3）瞬时事件。

关联关系应描述问题域的静态结构，而不应是一个瞬时事件。例如，"出纳员与销售点终端交互"并不是出纳员与销售终端之间固有的关系，因此应该删去。

（4）避免冗余和遗漏。

应该去掉那些可以用其他关联定义的冗余关联；发现遗漏应该及时补上。

（5）标明多重性。

最后应该初步判定各个关联的类型，并粗略地确定关联的多重性。但是，无须为此花费过多的精力，因为在分析过程中，随着认识的深入，多重性会经常变动。

经过上述分析，得出类图如图 A.2 所示。

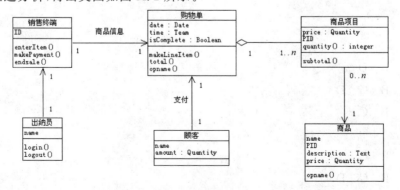

图 A.2 超市购买商品系统的类图

A.5　第5章习题参考答案

5.10.1　填空题

1. 调用消息（或称为同步消息）　异步消息　简单消息　返回消息

2. 顺序　协作

3. 动作流

4. 进程

5. 主动对象

6. 被动对象

7. 发送者　接收者

8. 顺序

9. 发送者　接收者　活动

10. 生命线

11. 对象　协作关系中的链

12. 协作图

13. 激活

14. 矩形框　下划线

15. 对象　对象　发送消息

16. 独立连接　关联

17. 消息

5.10.2　选择题

1. C

2. B

3. A

4. D

5. A

6. A　B　C　D

7. A

8. B

9. B

10. A　B　D

11. A　B　C　D

12. A　B　C

13. D

14. A　B　C

15. A　B　C　D

16. A B

5.10.4 简单分析题

1. 解：顺序图中类 Account 必须实现 withdraw 方法和 checkBalance 方法，因为 User 参与者给类 Account 发送了消息 withdraw(anAmount)，类 Account 给自己发送了消息 checkBalance(anAmount)。而类 AuditLog 给类 Account 发送的返回消息不用在类 Account 中实现。

2. 解：XXX 类是 Supplier，YYY 类是 DeliverySchedule。因为在类图中，Supplier 类和 InventoryProduct 类有关联关系。因此，在协作图的语境中，对象：Supplier 和对象：InventoryProduct 有链连接，而消息必须附在链上。结合顺序图中对象：InventoryProduct 发送消息 nextDeliveryFor(p) 给对象：Supplier，所以可以确定 XXX 类是 Supplier。

同理，可知 YYY 类是 DeliverySchedule。

此外，XXX 类是 PreferredSupplier，YYY 类是 DeliverySchedule，也是一种正确的答案。因为子类 PreferredSupplier 可以替换父类 Supplier 出现在父类出现的任何地方。

3. 解：XXX 类是 TourCoordinator，YYY 类是 BoxOffice。因为在类图中，Customer 类和 TourCoordinator 类及 Sale 类有关联关系，但是，TourCoordinator 类有方法 reserve，而 Sale 类没有方法 reserve。因此，在协作图的语境中，对象 c：Customer 和对象：TourCoordinator 有链连接，而消息必须附在链上。结合顺序图中对象 c：Customer 发送消息 reserve() 给对象：TourCoordinator，所以可以确定 XXX 类是 TourCoordinator。

同理，可知 YYY 类是 BoxOffice。

4. 解：顺序图中类 PaymentController 必须实现 payment 方法和 save 方法，因为对象 aPaymentWindow：Window 给类 PaymentController 发送了消息 payment() 和消息 save()。

5. 解：{transaction} 是约束，说明对象类：Transaction 是一个临时对象，因此一定存在创建和销毁该对象的消息。在本协作图中，对象 c：Client 发送给对象类：Transaction 的消息 <<create>> 和 <<destroy>> 就分别对应创建消息和销毁消息。

消息 2.1：setValues(d,3.4) 和 2.2：setValues(a,"CO") 是同一个方法名而参数不同的调用消息，因此说明对象 p：ODBCProxy 的 setValues() 方法被重载了。

协作图的整个交互流程如下：对象 c：Client 发送消息 <<create>> 给对象：Transaction，创建接收对象。然后，对象 c：Client 发送消息 setActions(a,b,c) 给对象：Transaction，调用对象：Transaction 的 setActions() 方法。对象：Transaction 在执行 setActions() 方法的过程中，又发送两条消息 setValues(d,3.4) 和 2.2：setValues(a,"CO") 给对象 p：ODBCProxy。当对象 p：ODBCProxy 的 setValues() 方法的第二次执行结束时，通过返回消息通知对象：Transaction，对象：Transaction 再通过返回消息通知对象 c：Client。最后，对象 c：Client 发送消息 <<destroy>> 给对象：Transaction，销毁接收对象。

6. 解：(1) 中断事件()；(2) 读取用户指纹()；(3) 读取用户开锁权限()；(4) 读取锁的安全级别()；(5) 判断用户是否有权限开锁或用户是否可以开锁()。

7. 解：商家在发布促销信息时，要先浏览自己所销售的商品的分类及分类中的具体商品信息。商家通过 getCategories 消息将浏览请求提交给类 CategoryManager 的实例，再由类 CategoryManager 的实例通过 getCommodities 消息请求类 Category 实例，获得其分类中该商家的所有商品。类 Category 的实例通过 getCommodityinfo 消息请求类 Commodity 的实例返回商品的详细描述信息。

当把商家所销售的商品分类及分类中的具体商品信息返回给商家之后，商家在其中选择要促销的一个或多个商品，并输入一些促销信息，通过 createPromotion 消息请求类 PromotionManager 实例生成促销信息。类 PromotionManager 的实例通过 Create 消息创建一个促销对象，并通过 addCommodities 消息向新建的促销对象中添加要促销的商品对象。

因此，(1)~(4)处应填的消息如下。

(1) getCategories() (2)getCommodities() (3)createPromotion() (4)addCommodities()

8. 解：根据需求描述，从 ATM 机判断卡已插入（cardInserted()）开始会话，即为当前 ATM 创建会话（create（this）），并开始执行会话（performSession()）。读卡器读卡（readCard()），获得 ATM 卡信息（card），然后从控制台读取个人验证码输入（readPIN()），并获得个人验证码信息 PIN。然后，根据用户的选择，启动并执行事务，即为当前会话创建事务（create(atm,this,card,pin)）和执行事务（performTransaction()）。可以继续选择执行某个事物（doAgain()）循环，或者选择退卡（ejectCard()）。

因此，(6)~(9)处应填的消息如下。

(6) ReadPIN() (7)PIN (8)create(atm,this,card,pin) (9)performTransaction()

A.6　第 6 章习题参考答案

6.12.1　填空题

1. 对象　状态　状态转移

2. 状态图

3. 简单状态　复合状态

4. 历史状态　H

5. 事件

6. 活动图

7. 一个对象流

8. 动作状态

9. 入口　出口

10. 泳道

11. 串行

12. 同步并发

13. 带箭头的虚线

14. 不需要　可以直接

15. 用例

16. 对象

6.12.2 选择题

1. A B C D

2. A B

3. A

4. A C D

5. A B C

6. A B D

7. A B D

8. C

9. B

10. A

11. B

12. A

13. D

14. B

15. B

16. A

17. A

18. C

19. B

20. C

21. A

22. C

6.12.4 简单分析题

2. 解：简单电梯运行状态图如图 A.3 所示。

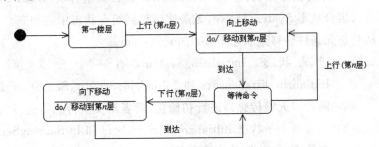

图 A.3 简单电梯运行状态图

4. 解：

1：无条件转移到组合状态 DialingISP，并立即执行入口动作，即将调制解调器挂断。

2：无条件进入子状态"初态"。

3：无条件转移到子状态 WaitingForDialtone。

　3.1：在子状态 WaitingForDialtone 最多等待 20s。

　3.2：如果在此期间没有拨号音：

　　3.2.1：执行动作 noDialtone,转移到状态 NotConnected。

　　3.2.2：进入状态 NotConnected,将电话挂起。

　　3.2.3：无条件转移到终态。

　3.3：如果在 20s 内有拨号音（即警戒条件［dialtone］为真）：

　　3.3.1：转移到状态 Dialing。在该状态执行活动 dialISP。

　　3.3.2：一旦活动 dialISP 结束,自动转移到状态 WaitingForCarrier。

　　3.3.3：在状态 WaitingForCarrier 最多等待 20s。

　　3.3.4：如果在 20s 内没有载波信号（carrier）：

　　　3.3.4.1：执行动作 noCarrier,转移到状态 NotConnected。

　　　3.3.4.2：进入状态 NotConnected,将电话挂起。

　　　3.3.4.3：无条件转移到终态。

　　3.3.5：如果在 20s 内有载波信号：

　　　3.3.5.1：自动从组合状态转移到状态 Connected。

　　　3.3.5.2：执行动作 useConnection 至结束。

　　　3.3.5.3：退出状态 Connected,将电话挂起。

　　　3.3.5.4：无条件转移到终态。

4：在组合状态 DialingISP 的任何位置,如果接收到事件 cancel,立即转移到状态 NotConnected。

　4.1：进入状态 NotConnected,将电话挂起。

　4.2：无条件转移到终态。

5. 解：

1：无条件转移到状态 SystemInactive（"系统未激活"状态）。

2：当 activate 事件发生时,从状态 SystemInactive 转移到组合状态 SystemActive。

　2.1：进入组合状态 SystemActive,无条件转移到组合状态中的初态。

　2.2：从初态无条件转移到状态 InitializingSystem。

　　2.2.1：进入状态 InitializingSystem,有一个分叉,两个子状态 InitializingFireSensors 和 InitializingSecuritySensors 开始并发执行。前者对火警传感器进行初始化,后者对安全传感器进行初始化。

　　2.2.2：当这两个子状态 InitializingFireSensors 和 InitializingSecuritySensors 都结束时,才能从组合状态 InitializingSystem 中退出。此时,有一个汇合图符,表明要等待到同步结束。

　2.3：当从状态 InitializingSystem 退出后,从状态 InitializingSystem 无条件转移到状态 Monitoring。

　　2.3.1：进入状态 Monitoring,有一个分叉,两个子状态 MonitoringFireSensors

和 MonitoringSecuritySensors 开始并发执行。前者监控火警事件 fire,后者监控安全事件 intruder。

2.3.2：当事件 fire 发生时,从状态 MonitoringFireSensors 转移到状态 SoundingFireAlarm,发出火警报警鸣声,一直到手动复位(即事件 deactivate 发生)为止。并转移到组合状态 Monitoring 之外。

2.3.3：当事件 intruder 发生时,从状态 MonitoringSecuritySensors 转移到状态 SoundingIntruderAlarm,发出非法侵入报警鸣声,在手动复位发生之前,一直持续 15min。

2.3.4：15min 过后,从状态 SoundingIntruderAlarm 转移到状态 Monitoring,重复 2.3.1 以后的步骤。

2.3.5：如果在报警非法侵入的同时,又发生火警报警,则将立即从状态 SoundingIntruderAlarm 转移到状态 SoundingFireAlarm,发出火警报警鸣声。这表明火警的优先级高于非法侵入。

2.3.6：当在状态 Monitoring 中时,无论处于哪个子状态,只要发生事件 sensorError,则从状态 Monitoring 转移到状态 Error。

2.3.7：从状态 Error 无条件转移到终态。

2.4：当在状态 SystemActive 中时,无论处于哪个子状态,只要发生事件 deactivate,则从状态 SystemActive 转移到状态 SystemInactive。

2.5：当在状态 SystemActive 中时,无论处于哪个子状态,只要发生事件 off,则从状态 SystemActive 转移到终态。

3：当 off 事件发生时,从状态 SystemInactive 转移到终态。

6. 解:

1：从初态无条件转移到组合状态 BrowseCatalog。

2：进入状态 BrowseCatalog 后,会根据历史状态指示符转移到子状态 DisplayingIndex。

2.1：在状态 BrowseCatalog 中,发生事件 selectProduct,则从状态 DisplayingIndex 转移到状态 DisplayingItem。

2.2：在状态 BrowseCatalog 中,发生事件 gotoIndex,则从状态 DisplayingItem 转移到状态 DisplayingIndex。

2.3：在状态 BrowseCatalog 中,由于存在浅历史状态指示符,因此,当从状态 BrowseCatalog 离开时,将根据当时所在的子状态(即状态 BrowseCatalog 的子状态),保证下次进入状态 BrowseCatalog 时,从记忆的子状态开始活动。

3：exit、gotoBasket、gotoCheckout 这 3 种事件将导致从状态 BrowseCatalog 离开。

3.1：事件 exit 将导致从状态 BrowseCatalog 转移到终态。

3.2：事件 gotoBasket 将导致从状态 BrowseCatalog 转移到状态 DisplayingBasket。该状态显示购物篮中的当前内容。

3.3：事件 gotoCheckout 将导致从状态 BrowseCatalog 转移到状态 CheckingOut。

该状态显示客户总的购物单。

4：当发生事件 gotoCatalog 时，导致从状态 DisplayingBasket 或 CheckingOut 转移到状态 BrowseCatalog。由于存在浅历史状态指示符，因此，会回到刚才从 BrowseCatalog 中离开的位置。

7. 解：

1：从初态无条件转移到组合状态 BrowseCatalog。

2：进入状态 BrowseCatalog 后，会根据历史状态指示符转移到子状态 DisplayingIndex。

    2.1：在状态 BrowseCatalog 中，发生事件 selectProduct，则从状态 DisplayingIndex 转移到状态 DisplayingItem。

    2.2：在状态 BrowseCatalog 中，发生事件 gotoIndex，则从状态 DisplayingItem 转移到状态 DisplayingIndex。

    2.3：在状态 BrowseCatalog 中，由于存在深历史状态指示符，因此，当从状态 BrowseCatalog 离开时，将根据当时所在的子状态（无论是状态 BrowseCatalog 的子状态，还是状态 DisplayingIndex 的子状态），保证下次进入状态 BrowseCatalog 时，从记忆的子状态开始活动。

    2.4：在状态 DisplayingIndex 中。

        2.4.1：从初态无条件转移到子状态 Alphabetical。

        2.4.2：当发生事件 byCategory 时，导致从状态 Alphabetical 转移到状态 ByCategory。

        2.4.3：当发生事件 alphabetical 时，导致从状态 ByCategory 转移到状态 Alphabetical。

3：exit、gotoBasket、gotoCheckout 这三种事件将导致从状态 BrowseCatalog 离开。

    3.1：事件 exit 将导致从状态 BrowseCatalog 转移到终态。

    3.2：事件 gotoBasket 将导致从状态 BrowseCatalog 转移到状态 DisplayingBasket。该状态显示购物篮中的当前内容。

    3.3：事件 gotoCheckout 将导致从状态 BrowseCatalog 转移到状态 CheckingOut。该状态显示客户总的购物单。

4：当发生事件 gotoCatalog 时，导致从状态 DisplayingBasket 或 CheckingOut 转移到状态 BrowseCatalog。由于存在深历史状态指示符，因此，会回到刚才从 BrowseCatalog 或 DisplayingIndex 中离开的位置。

8. 解：

1：市场部设计新产品，从初始活动进入到活动 Design new product。该活动输出对象 ProductSpec 给制造商的相关活动。

2：从活动 Design new product 出来，有一个分叉，导致两个活动 Market product 和 Manufacture product 开始并行执行。

3：市场部投放新产品到市场上，从分叉进入到活动 Market product。

4：市场部销售新产品，从活动 Market product 进入到活动 Sell product。活动 Sell product 输出对象 Object 给发货商的相关活动，并将其状态设置为 paid。

5：制造商制造产品，从分叉进入到活动 Manufacture product。该活动输入对象 ProductSpec。

6：活动 Sell product 和 Manufacture product 汇合到一处，结束并发执行。

7：发货商负责发货，从汇合进入到活动 Deliver product。该活动输入对象 Object，并将其状态设置为 delivered。

8：发货商完成整个业务流程，从活动 Deliver product 进入到结束活动。

9. 解：入口自动栏杆行为的状态图如图 A.4 所示。

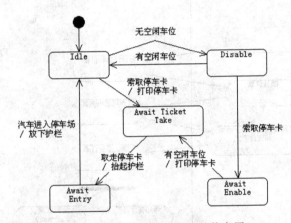

图 A.4　入口自动栏杆行为的状态图

10. 解：在线会议审稿系统的提交稿件过程的活动图如图 A.5 所示。

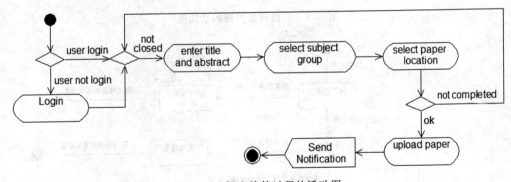

图 A.5　提交稿件过程的活动图

11. 解：企业订餐系统的一次订餐过程的活动图（带泳道"顾客"和"系统"）如图 A.6 所示。

12. 解：某网上药店系统的处方的状态图如图 A.7 所示。

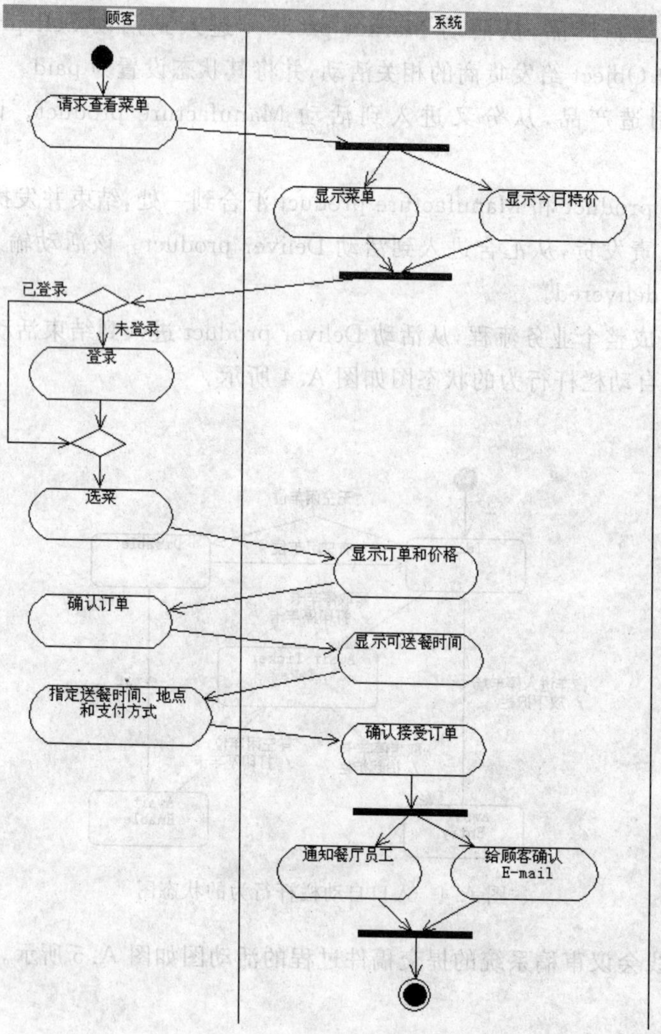

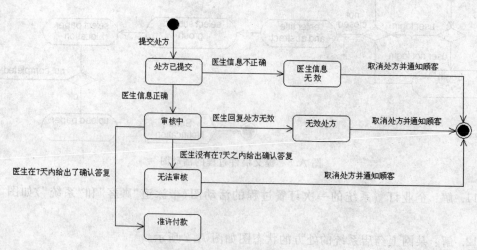

图 A.6　一次订餐过程的活动图

图 A.7　药店系统的处方的状态图

A.7　第7章习题参考答案

7.9.1　填空题

1. 代码特征　身份特征
2. 组件图
3. 组件　组件　类和接口
4. 逻辑体系结构　物理体系结构
5. 源代码　二进制代码　可执行代码
6. 静态实现视图
7. 部署图
8. 部署图
9. 软件系统体系结构　硬件系统体系结构
10. 结点　结点
11. 组件
12. 虚包

7.9.2　选择题

1. A　B　D
2. B
3. B
4. A　B　D
5. A
6. B
7. B
8. D
9. A
10. C
11. D
12. C　D 或 D　C
13. A　D 或 D　A
14. A　B　C　D
15. A　B　C

7.9.3　简答题

8. 答：通常使用组件图和部署图来描述系统的物理体系结构。组件图显示了组成系统的各种组件之间的依赖性，部署图描绘了在一个部署环境中这些组件的位置是怎样安排的。

物理设计通常采用的基本单位不是类，而是组件。组件是一个系统的、可部署的和可替换的部分，它封装了某些实现细节，也清楚地展现了确定的接口。组件是软件系统逻辑架构中定义的概念和功能在物理架构中的实现。

部署图中可以看到某个结点在执行哪个组件,该组件中实现了哪些逻辑元素(类、对象、协作等)。

7.9.4 简单分析题

2. 答:添加学生信息相关的组件图如图 A.8 所示。

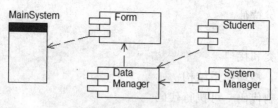

图 A.8 添加学生信息相关的组件图

3. 答:"网上书店系统"中的组件图如图 A.9 所示。

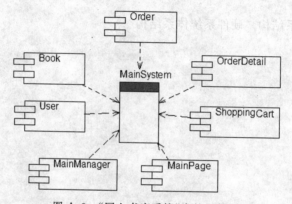

图 A.9 "网上书店系统"中的组件图

4. 答:"网上书店系统"的部署图如图 A.10 所示。

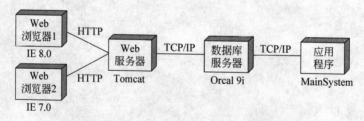

图 A.10 "网上书店系统"的部署图

A.8 第8章习题参考答案

8.6.1 填空题

1. 子系统 实例
2. 包 子系统 依赖关系
3. 公共的 私有的 受保护的
4. 模型元素 图

5. 包图

6. 模型

8.6.2 选择题

1. A

2. A B

3. A B C D

4. B C D

5. A B C

6. B

8.6.3 简答题

1. 答：对一个较为复杂的系统建模，要使用大量的模型元素，这时就有必要把这些元素进行组织。包在开发大型软件系统时是一个非常重要的机制，它把关系密切的模型元素组织在一起。不但可以控制模型的复杂度，而且也有助于模型的开发人员更好地理解和表达模型的内容。

UML 中给出了设计包的 4 个原则。

(1) 重用等价原则，指的是把类放入包中时，应该考虑把包作为可重用的单元。

(2) 共同闭包原则，指的是把那些需要同时改变的类放在一个包中。

(3) 共同重用原则，指的是不会一起使用的类不要放在一个包中。

(4) 非循环依赖原则，指的是包之间的依赖关系不要形成循环。

A.9 第 9 章习题参考答案

9.7.1 填空题

持久对象 暂时对象 属性 实例或对象

9.7.2 选择题

C

A.10 第 10 章习题参考答案

10.6.1 填空题

1. 概念 设计 编程

2. 简单工厂 工厂方法 抽象工厂

3. 模式名称 问题 解决方案 模式效果

4. 创建型 结构型 行为型

5. 优化的设计经验 极高的复用性 丰富的表达能力 极低的耦合度

6. 对象 对象

7. 组合 对象

8. 任务（或职责） 通信

10.6.2 选择题

1. B
2. A
3. B
4. C
5. B
6. D
7. C

10.6.3 简答题

5. 答：采用抽象工厂（Abstract Factory）设计模式比较好。理由如下：抽象工厂设计模式能够提供很多工厂（即所谓的类），每个工厂会制造出和该工厂相关的一系列产品，各个工厂制造出的产品的种类都是一样的，只是各个产品在外观和行为方面不一样。根据题意，各种型号的触摸屏在组成部分上是一样的，只是在外观上有区别。因此，采用抽象工厂设计模式是理想的方案。抽象工厂设计模式的类图结构如图 A.11 所示。

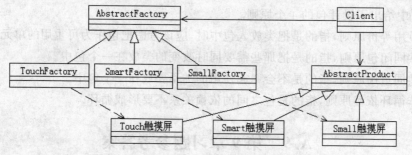

图 A.11　抽象工厂设计模式的类图结构

6. 答：策略（Strategy）设计模式的类图结构如图 A.12 所示。

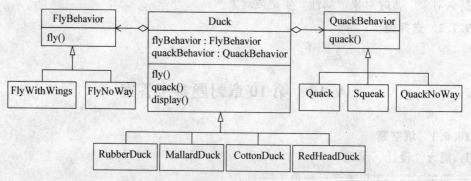

图 A.12　策略设计模式的类图结构

　　类 Duck 为抽象类，描述了抽象的鸭子。类 RubberDuck、MallardDuck、CottonDuck、RedHeadDuck 分别描述具体的鸭子种类。方法 fly()、quack()、display() 分别表示不同种类的鸭子都具有飞行特征、发声特征、外观特征。类 FlyBehavior 和 QuackBehavior 为抽象类，分别用于表示抽象的飞行行为和发声行为。类 FlyNoWay 和 FlyWithWings 分别描述不能飞行的行为和用翅膀飞行的行为。类 Quack、Squeak、QuackNoWay 分别描述发出"嘎嘎"声的行为、发出橡皮与空气摩擦声的行为、不发声的行为。

7. 答：责任链（Chain of Responsibility）设计模式的类图结构如图 A.13 所示。

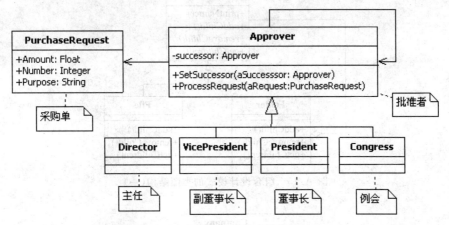

图 A.13 责任链设计模式的类图结构

8. 答：Application 类中的 openDocument 方法采用模板方法（Template Method）设计模式比较好，可以固定下来一些操作步骤。

对应的主要操作步骤如下。

（1）检查文档是否能打开。若不能打开，则给出错误信息并返回。

（2）创建文档对象。

（3）通过文档对象打开文档。

（4）通过文档对象读取文档信息。

（5）将文档对象加入到 Application 的文档对象集合中。

9. 答：采用桥接（Bridge）设计模式比较好。理由如下：系统解析 BMP、JPEG、GIF 文件的代码仅与文件格式相关，而在屏幕上显示像素矩阵的代码仅与操作系统相关。桥接设计模式的类图结构如图 A.14 所示。

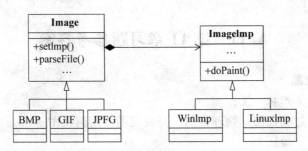

图 A.14 桥接设计模式的类图结构

10. 答：采用组合（Composite）设计模式比较好。理由如下：文件与文件存储的目录是统一的，目录可以按树的结构进行组织，文件存放在各自的目录下。将来需要扩展时，只需要扩展目录树上的结点即可。组合设计模式的类图结构如图 A.15 所示。

11. 答：采用组合（Composite）设计模式比较好。理由如下：在组织结构上添加和删除分机构方便处理。组合设计模式的类图结构如图 A.16 所示。

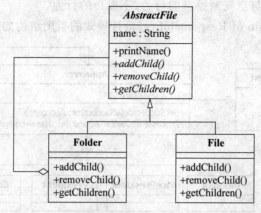

图 A.15　组合设计模式的类图结构（一）

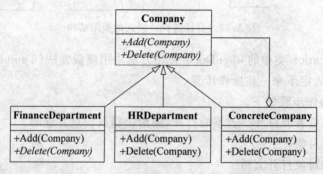

图 A.16　组合设计模式的类图结构（二）

Company 为抽象类，定义了在组织结构图上添加（Add）和删除（Delete）分公司/办事处或部门的方法接口。类 ConcreteCompany 表示具体的分公司或者办事处。分公司或办事处下可以设置不同的部门。类 HRDepartment 和 FinanceDepartment 分别表示人力资源部和财务部。

A.11　第 11 章习题参考答案

11.11.1　填空题

1. 角色　活动　产物　工作流
2. 逻辑视图　过程视图　物理视图　开发视图　用例视图
3. 设计　开发　验证
4. 二维
5. 周期　迭代过程　里程碑
6. 初始阶段　细化阶段　构造阶段　移交阶段
7. 业务建模　需求捕获　分析与设计　实现　测试　部署
8. 配置与变更管理　项目管理　环境
9. 用例驱动的　以体系结构为中心的　迭代和增量开发
10. 软件的迭代增量开发　管理需求　应用基于构件的体系结构　为软件建立可视化

的模型　对软件质量进行持续的验证　控制软件的变更

11.11.2　选择题

1. B　C　D
2. A　C　D
3. A　C　D
4. A　B　C　D
5. A　B　C　D
6. A

参 考 文 献

[1] 王少锋. 面向对象技术 UML 教程[M]. 北京：清华大学出版社，2004.

[2] 郭宁. UML 及建模[M]. 北京：清华大学出版社，北京交通大学出版社，2007.

[3] Grady Booch，James Rumbaugh，Ivar Jacobson 著. UML 用户指南(第 2 版)[M]. 邵维忠，麻志毅，马浩海，等译. 北京：人民邮电出版社，2006.

[4] 谢星星，刘小松，王坚宁. UML 统一建模教程与实验指导[M]. 北京：清华大学出版社，2013.

[5] James Rumbaugh，雅各布(Ivar Jacobson)，Grady Booch 著. UML 参考手册[M]. 姚淑珍，唐发根，等译. 北京：机械工业出版社，2001.

[6] Craig Larman 著. UML 和模式应用(第 2 版)[M]. 方梁，等译. 北京：机械工业出版社，2004.

[7] Tom Pender 著. UML 宝典[M]. 耿国桐，史立奇，叶卓映，等译. 北京：电子工业出版社，2004.

[8] 刁成嘉. UML 系统建模与分析设计[M]. 北京：机械工业出版社，2007.

[9] Jim Arlow，Ila Neustadt 著. UML 2.0 和统一过程(第 2 版)[M]. 方贵宾，胡辉良，译. 北京：机械工业出版社，2006.

[10] Philippe B Kruchten. The 4+1 view model of architecture. IEEE Software，1995，12(6)：42-50.

[11] 陈涵生，郑明华. 基于 UML 的面向对象建模技术[M]. 北京：科学出版社，2006.

[12] Russ Miles，Kim Hamilton. UML 2.0 学习指南[M]. 汪青青译. 北京：清华大学出版社，2007.

[13] I Jacobson. Object-oriented software engineering：a use case driven approach. New Jersey：Addison-Wesley，1992.

[14] 邵维忠，杨芙清. 面向对象的系统分析[M]. 北京：清华大学出版社，1998.

[15] James Rumbaugh，Ivar Jacobson，Grady Booch. The Unified Modeling Language Reference Manual [M]. New Jersey：Addison-Wesley，1999.

[16] Grady Booch，James Rumbaugh，Ivar Jacobson. The Unified Modeling User Guide[M]. New Jersey：Addison-Wesley，1999.

[17] John E Hopcroft，Rajeev Motwani and Jeffrey D Ullman. Introduction to Automata Theory，Language，and Compution(2nd Edition)[M]. New Jersey：Addison-Wesley，2000.